月刊誌

毎月 20 日発売
本体 954 円

予約購読のすゝめ

本誌の性格上、配本書店が限られます。**郵送料弊社負担**にて確実にお手元へ届くお得な予約購読をご利用下さい。

年間　**11000円**
　　　　（本誌12冊）

半年　　**5500円**
　　　　（本誌6冊）

予約購読料は**税込み価格**です。

なお、**SGC** ライブラリのご注文については、予約購読者の方には、商品到着後のお支払いにて承ります。

お申し込みはとじ込みの振替用紙をご利用下さい！

サイエンス社

SGC ライブラリ-183

行列解析から学ぶ
量子情報の数理

日合 文雄 著

サイエンス社

─── **SGC ライブラリ**（The Library for Senior & Graduate Courses）───

近年，特に大学理工系の大学院の充実はめざましいものがあります．しかしながら学部上級課程並びに大学院課程の学術的テキスト・参考書はきわめて少ないのが現状であります．本ライブラリはこれらの状況を踏まえ，広く研究者をも対象とし，**数理科学諸分野および諸分野の相互に関連する領域**から，現代的テーマやトピックスを順次とりあげ，時代の要請に応える魅力的なライブラリを構築してゆこうとするものです．装丁の色調は，

　　数学・応用数理・統計系（黄緑），**物理学系**（黄色），**情報科学系**（桃色），

　　脳科学・生命科学系（橙色），**数理工学系**（紫），**経済学等社会科学系**（水色）

と大別し，漸次各分野の今日的主要テーマの網羅・集成をはかってまいります．

まえがき

　本書の主題である量子情報は量子力学に基づく情報理論を研究する分野である．もともと 1970 年代に C.W. Helstrom による量子推定理論の提唱や，A.S. Holevo による Shannon の情報理論の量子版を作る動きがあった．当時は量子情報という名前はあまり普及していなかったようで，むしろ量子確率論の名前を見かけることが多かった．量子情報の研究はその後の 20 年くらい大きな発展はなく停滞気味であったが，1990 年代後半になって懸案であった Shannon の通信路符号化定理の量子版の証明がついに完成した．また量子エンタングルメントと呼ばれる量子状態に特有な現象に興味がもたれ研究が進んだ．これらを契機として量子情報はこの 25 年くらいの間に爆発的に発展し，現在では非常に広大な領域を含む学問分野となっている．J. von Neumann の名著 "Mathematische Grundlagen der Quantenmechanik" (1932) に書かれたように，量子力学の数学的基礎は Hilbert 空間上の作用素である．量子情報の数学的基礎も同じであるが，量子情報の (現状の) 研究はごく一部を除いてほとんどが有限次元の量子系 (Hilbert 空間) の設定でなされているため，有限次元の作用素である行列が中心的な役割を演じている．したがって行列解析と呼ばれる数学分野が理論と方法の両面で量子情報と密接に関係している．ついでに言うと，将来的な方向として，量子情報は無限次元の Hilbert 空間，さらに作用素環の設定で研究すべきであるというのが著者の見解である．

　3 年近く前にサイエンス社から著者が 2013 年に「数学」の論説に書いた小論 (参考文献の [63]) を膨らませて「行列解析と量子情報」のタイトルで SGC ライブラリから出版しないかと提案があった．行列解析についても量子情報についても英語の本は既にかなり多く出版されているが，行列解析の日本語の専門書を見かけないし，量子情報の専門的な和書も少ないようである．また，行列解析と量子情報を 1 冊の本にまとめるアイデアが魅力的に思われたこともあり引き受けることにした．著者にとって行列解析が本業で量子情報が副業であるので，執筆が楽でない量子情報から少しずつ書き進めたところ，量子情報の部分だけで紙幅の大部分が尽きてしまった．これは「書くことはすべて証明しなければならない」という数学者に多いドグマ (悪癖というべきか) から著者も逃れられないせいである．そのため，行列解析については必要最低限に限定して第 1 章に詰め込むことになり，本のタイトルも変更した．結果的に「行列解析と量子情報」のタイトルでの最初のアイデアが実現できなかったことは少し残念である．サイエンス社には行列解析の部分はいずれ執筆すると話したが，もうすぐ後期老齢者になる身の著者としては保証の限りでない．

　各章の最初にやや長めのアブストラクトが付いているので，ここでは全体の構成について少し説明しておきたい．上に記したように行列解析が量子情報の数学的基礎である．行列解析では，線形代数で勉強する代数的な方法だけでなく，実解析や複素解析で勉強する解析的な方法が使われる．さらに作用素・行列の順序関係に基づく考え方が重要であり，作用素単調関数と作用素凸関数の理論やマジョリゼーションと呼ばれる技法が行列のノルム・トレース不等式の研究に不可欠である．

また作用素論の主要なテーマである作用素結合と作用素パースペクティブも量子情報と関連が強い．第1章では行列解析の話題から第2章以降の量子情報の解説で必要な事項に限定して説明する．上に述べた紙数の制限により証明は省略するか略証に留めている．

　第2章では量子情報の基本事項を説明する．特に行列環の間のトレースを保存する完全正写像で定義される量子操作あるいは量子情報路の概念は量子情報の全般において基本的に重要である．他方，Shannon エントロピーと Kullback–Leibler ダイバージェンスの量子版である von Neumann エントロピーと Umegaki 相対エントロピーは量子情報で基本的な量である．第2章ではこれらの概念と量子情報の議論でしばしば現れるフィデリティについて説明する．残りの章で量子情報の広大な領域からいくつかの話題を取り上げる．これらは著者の興味と知識に基づくが，量子情報の主要な話題であることは間違いない．第3章と最後の第7章ではこのまえがきの最初の段落で記した量子エンタングルメントと量子通信路符号化を解説する．実際，量子エンタングルメントは量子情報の最も興味ある話題の1つであるし，量子通信路符号化が量子情報の最も中心的な話題であることに疑問の余地はない．それゆえ，量子情報の専門書としてこれらを外すわけにはいかないと考えた．第3章では量子エンタングルメントの関連で著者が以前から興味をもっていた Bell の不等式も取り上げた．第4–6章が本書の主要部分である．第4, 5章では量子 f-ダイバージェンスと量子 Rényi ダイバージェンスについて，第6章では量子仮説検定について解説する．著者はこれらのテーマでそこそこの仕事をしているので，第4–6章の解説は他の章より詳細かつ包括的である．

　当初の予定では，行列解析の重要な話題である Petz の単調計量について説明した上で，量子 Fischer 情報量などのその他の量子情報量について追加の第8章を書くつもりであったが，紙幅の余裕がなく断念した．興味ある読者には例えば参考文献の [77], [78] に解説があるので参照されたい．

　付録で本論で必要な補足事項を13個の小節にまとめた．内容は多岐にわたるが，A.8節以外はすべて1, 2ページの短い説明と証明である．A.8節は複素補間ノルムについての独立した解説として有益かもしれない．

　各章末にその章の結果の原論文あるいは参考にした論文などについて「文献ノート」として説明してあるので，興味ある読者の参考になるであろう．

　本書には独立した演習問題は付けてないが，代わりに本論のあちこちで証明の細部を省いたところで「読者の演習問題とする」と括弧書きで注記してあるので，読者には証明を埋めてほしい．

　本書の読み方として，読者はとりあえず第1章を飛ばして第2章から読み進め，第1章の内容が参照されるところで参照部分に戻るという読み方をされても十分である．第2–7章については，第2章を読んでから第3章を飛ばして第4章に進んでもよい．第4章以降は順番に読むのが適当である．特に第6, 7章では第5章の結果をたくさん使うので，第6, 7章の前に第5章を読むのが必須である．ただし第6章と第7章は独立に読むことは可能である．

　最後に，第5章で解説する標準 (Petz 型の) Rényi ダイバージェンス D_α とサンドイッチ Rényi ダイバージェンス $\widetilde{D}_\alpha$ の量子情報における意義について記しておこう．前者の量子 Rényi ダイバージェンスは古く1980年代から知られていたものであり，後者のそれは2010年代前半に導入された新しいものである．これらはパラメータ $\alpha \to 1$ の極限で相対エントロピー D になる．一昔前は

量子ダイバージェンスとして相対エントロピーが特別に重要であり，他のものはあまり重要でないという考えが普通であった．しかし第6章で解説した異なる型の量子仮説検定において，エラー確率の指数レイトの漸近限界を記述するのに2種類の量子 Rényi ダイバージェンス D_α と $\widetilde{D}_\alpha$ が現れる．他方，古くから知られた Stein 型の量子仮説検定では相対エントロピー D が現れる．また第7章の古典-量子通信路符号化定理の証明でも D_α と $\widetilde{D}_\alpha$ が有用であることが示される．一般的に言って，量子仮説検定や量子通信路符号化などの量子情報で重要な定理は，漸近的な問題設定で与えられ

$$\begin{bmatrix}\text{所与の条件の下で最小化または最大化して}\\\text{達成される\textbf{操作的}な量の漸近極限}\end{bmatrix} = \begin{bmatrix}\text{1つのエントロピー的な量から}\\\text{定まる\textbf{内在的}な量}\end{bmatrix}$$

の形式で述べられる．この形式は確率論の大偏差原理と類似している．上のような結果が成立したなら，右辺に現れるエントロピー的な量が量子情報の**操作的な解釈** (operational interpretation) をもつという．第 6, 7 章の主要定理においては，内在的な量として

- Stein の補題における相対エントロピー D (6.4 節),
- D_α $(0 \leq \alpha < 1)$ で定まる Chernoff 限界 (6.2 節),
- D_α $(0 < \alpha < 1)$ で定まる Hoeffding 限界 (6.3 節),
- $\widetilde{D}_\alpha$ $(\alpha > 1)$ から定まる逆型 Hoeffding 限界 (6.5 節),
- D (また von Neumann エントロピー) で定まる Holevo 容量 (7.1 節)

が現れる．これらの事実は $D, D_\alpha, \widetilde{D}_\alpha$ のすべてが量子情報の操作的な解釈をもつことを主張する．最近では，パラメータ付きの $D_\alpha, \widetilde{D}_\alpha$ がむしろ重要であり，相対エントロピーはそれらの $\alpha = 1$ の特別の場合として意味をもつというのが主流の考え方となっている．

謝辞

第7章で与えた量子 Rényi ダイバージェンス D_α と $\widetilde{D}_\alpha$ を明示的に使った古典-量子通信路符号化の証明のやり方は Milán Mosonyi 氏に教えていただいた．「数理科学」編集部の大溝良平氏には本書を執筆するきっかけを与えてくださり，また著者の遅筆を辛抱強くサポートしていただいた．ここに記して感謝を申し上げたい．

2022 年 10 月

日合 文雄

目　次

第 1 章
行列解析の準備

　本書では量子情報の分野からいくつかの興味ある話題を取り上げて解説するが，ここで強調すべきことは行列解析と呼ばれる数学分野が理論的にも技術的にも重要な役割を演じるということである．本章では第 2 章以降の量子情報の解説に必要な行列解析からの準備を行う．紙数の制限のため，行列解析の話題は網羅的ではなく必要最低限に限定し，証明についても省略するか略証に留める．

　まず 1.1 節で行列の基本事項を確認してから，1.2 節で (完全) 正写像に関する基本事項を説明する．完全正写像は量子情報路あるいは量子操作を記述するもので量子情報では不可欠な概念である．1.3 節で 1930 年代に Löwner と Kraus によって導入された作用素単調関数と作用素凸関数について解説する．行列・作用素解析で広範囲にわたり重要な役割を果たしている作用素単調・凸関数の理論は量子情報でもしばしば有用である．1.4 節では Kubo–Ando による作用素結合と Effros 等によって研究された作用素パースペクティブについて触れる．作用素パースペクティブは第 4 章の量子ダイバージェンスと関係する．1.5 節で説明する行列の固有値・特異値に対するマジョリゼーションは行列・作用素のノルム・トレース不等式を示すための強力な道具を与えるものである．最後の 1.6 節で行列のノルム・トレース不等式についての広大な領域から第 2 章以降で必要であるか特に関係が強いものに限定して解説する．

1.1　行列の基本事項

　各 $n \in \mathbb{N}$ に対し $\mathbb{M}_n = \mathbb{M}_n(\mathbb{C})$ は $n \times n$ 複素行列の全体とする．$\mathbb{M}_n$ は線形演算 $\lambda A := [\lambda a_{ij}]$, $A + B := [a_{ij} + b_{ij}]$ $(A = [a_{ij}]_{i,j=1}^n$, $B = [b_{ij}]_{i,j=1}^n$, $\lambda \in \mathbb{C})$ により n^2 次元複素線形空間である．さらに**行列積** $AB = [c_{ij}]_{i,j=1}^n$, $c_{ij} := \sum_{k=1}^n a_{ik} b_{kj}$ と**随伴 (共役転置)** $A^* := \overline{A}^t = [\overline{a}_{ji}]_{i,j=1}^n$ により，$\mathbb{M}_n$ は単位行列 I $(= I_n)$ を単位元とする *-環である．$\mathbb{C}^n$ は **Hermite 内積**

$$\langle x, y \rangle := \sum_{i=1}^n \overline{x}_i y_i, \qquad x = \begin{bmatrix} x_1 \\ \vdots \\ x_n \end{bmatrix}, \ y = \begin{bmatrix} y_1 \\ \vdots \\ y_n \end{bmatrix}$$

により Hilbert 空間である. 行列 $A \in \mathbb{M}_n$ は $y = Ax$, $y_i := \sum_{j=1}^{n} a_{ij} x_j$ $(1 \leq i \leq n)$ により $\mathbb{C}^n$ 上の線形作用素と同一視できる.

$\mathcal{H}$ は内積[*1)] $\langle \cdot, \cdot \rangle$ をもつ n 次元 Hilbert 空間とする. $\xi \in \mathcal{H}$ の**ノルム**を $\|\xi\| := \langle \xi, \xi \rangle^{1/2}$ と定めると, **Schwarz の不等式**

$$|\langle \xi, \eta \rangle| \leq \|\xi\| \, \|\eta\|, \qquad \xi, \eta \in \mathcal{H}$$

が成立する. $\xi, \eta \in \mathcal{H}$ は $\langle \xi, \eta \rangle = 0$ のとき**直交**するといい $\xi \perp \eta$ と書く. $\mathcal{H}$ 上の線形作用素の全体 $B(\mathcal{H})$ は通常の線形演算で複素線形空間である. $A, B \in B(\mathcal{H})$ の積 AB は合成 $(AB)\xi = A(B\xi)$ であり, **随伴** A^* は $\langle \eta, A\xi \rangle = \langle A^* \eta, \xi \rangle$ $(\xi, \eta \in \mathcal{H})$ で定まる. すると $B(\mathcal{H})$ は恒等作用素 I を単位元とする *-環である. $\langle e_i, e_j \rangle = \delta_{ij}$ $(1 \leq i, j \leq n)$ を満たす $\mathcal{H}$ の基底 $\{e_i\}_{i=1}^{n}$ を**正規直交基底**という. これの存在は Gram–Schmidt の直交化により示せる. 正規直交基底 $\{e_i\}_{i=1}^{n}$ を固定すると, 任意の $\xi \in \mathcal{H}$ は $\xi = \sum_{i=1}^{n} \langle e_i, \xi \rangle e_i$ と **Fourier 展開**でき, $\langle \xi, \eta \rangle = \sum_{i=1}^{n} \overline{\langle e_i, \xi \rangle} \langle e_i, \eta \rangle$ $(\xi, \eta \in \mathcal{H})$ が成立するから,

$$\xi \in \mathcal{H} \mapsto \begin{bmatrix} \langle e_1, \xi \rangle \\ \vdots \\ \langle e_n, \xi \rangle \end{bmatrix} \in \mathbb{C}^n$$

により $\mathcal{H} \cong \mathbb{C}^n$ (Hilbert 空間として同型) である. さらに $A \in B(\mathcal{H})$ に対し行列 $[a_{ij}] \in \mathbb{M}_n$ を $a_{ij} := \langle e_i, A e_j \rangle$ $(1 \leq i, j \leq n)$ で対応させると, $\xi = \sum_{i=1}^{n} x_i e_i$, $\eta = A\xi = \sum_{i=1}^{n} y_i e_i$ に対し $y_i = \sum_{j=1}^{n} a_{ij} x_j$ $(1 \leq i \leq n)$ が成立するから, $A \in B(\mathcal{H}) \mapsto [a_{ij}] \in \mathbb{M}_n$ により $B(\mathcal{H}) \cong \mathbb{M}_n$ (*-環として同型) であることがいえる.

$\mathcal{H}$ と別に $\mathcal{K}$ を m 次元 Hilbert 空間とする. 線形作用素 $A \colon \mathcal{H} \to \mathcal{K}$ の全体 $B(\mathcal{H}, \mathcal{K})$ は複素線形空間であり, $A \in B(\mathcal{H}, \mathcal{K})$ の随伴 $A^* \in B(\mathcal{K}, \mathcal{H})$ が $\langle \eta, A\xi \rangle = \langle A^* \eta, \xi \rangle$ $(\xi \in \mathcal{H}, \eta \in \mathcal{K})$ により定まる. $\mathcal{H}$, $\mathcal{K}$ の正規直交基底 $\{e_j\}_{j=1}^{n}$, $\{f_i\}_{i=1}^{m}$ をそれぞれ固定して, $A \in B(\mathcal{H}, \mathcal{K})$ に対し $m \times n$ 行列 $[a_{ij}]$, $a_{ij} := \langle f_i, A e_j \rangle$ $(1 \leq i \leq m, 1 \leq j \leq n)$ を対応させると, $B(\mathcal{H}, \mathcal{K})$ は線形空間として $B(\mathcal{H}, \mathcal{K}) \cong \mathbb{M}_{m \times n}$ ($m \times n$ 複素行列全体) であり, 同様に $B(\mathcal{K}, \mathcal{H}) \cong \mathbb{M}_{n \times m}$. このとき $A \mapsto [a_{ij}]$ なら $A^* \mapsto [a_{ij}]^*$ (随伴行列) である.

上述のように, 有限次元の $\mathcal{H}$ 上の線形作用素に関することは, $\mathcal{H}$ の正規直交基底により行列表現すれば常に $\mathbb{M}_n = B(\mathbb{C}^n)$ の場合に帰着できる. 以下本章では主に作用素の言葉で記述することにして, 1.4 節を除き $\mathcal{H}$, $\mathcal{K}$ は常に有限次元の Hilbert 空間とする.

$A \in B(\mathcal{H})$ の**零空間** $\ker A$ と**値域** $\operatorname{ran} A$ は

$$\ker A := \{\xi \in \mathcal{H} \colon A\xi = 0\}, \qquad \operatorname{ran} A := \{A\xi \colon \xi \in \mathcal{H}\}.$$

A が**可逆**とは $B \in B(\mathcal{H})$ が存在して $AB = BA = I$ のときをいう, このとき B は一意に定まり, $B = A^{-1}$ と書いて A の**逆 (作用素)** という. 次に $\mathcal{H}$ 上の基本的な作用素をいくつか説明する:

- $A = A^*$ である $A \in B(\mathcal{H})$ を**自己共役**または **Hermite** という. これは $\langle \xi, A\xi \rangle \in \mathbb{R}$

[*1)] 数学では内積 $\langle x, y \rangle$ は通常 x について線形, y について共役線形とするが物理では逆である. 本書では物理方式に従った.

($\xi \in \mathcal{H}$) と同値. 自己共役な $A \in B(\mathcal{H})$ の全体を $B(\mathcal{H})^{\mathrm{sa}}$ で表す. 行列環 $\mathbb{M}_n$ では $\mathbb{M}_n^{\mathrm{sa}}$ と書く.

- $A \in B(\mathcal{H})$ が**半正定値**または単に**正**であるとは $\langle \xi, A\xi \rangle \geq 0$ ($\xi \in \mathcal{H}$) のときをいう. このとき $A \geq 0$ と書く. A が正作用素なら自己共役である. $\mathcal{H}$ 上の正作用素の全体を $B(\mathcal{H})^+$ で表す. また $\mathcal{H}$ 上の可逆な正作用素の全体を $B(\mathcal{H})^{++}$ で表す. 行列環 $\mathbb{M}_n$ では $\mathbb{M}_n^+$, $\mathbb{M}_n^{++}$ と書く.

- $A, B \in B(\mathcal{H})^{\mathrm{sa}}$ について, $B - A \geq 0$ のとき $A \leq B$ と書く. これは $\langle \xi, A\xi \rangle \leq \langle \xi, B\xi \rangle$ ($\xi \in \mathcal{H}$) と同じ. $A \leq B$ は $B(\mathcal{H})^{\mathrm{sa}}$ 上の半順序である.

- $U^*U = UU^* = I$ である $U \in B(\mathcal{H})$ を**ユニタリ作用素**という. 有限次元だから $U^*U = I$, $UU^* = I$ の片方だけで十分. U がユニタリであることは, $\langle U\xi, U\eta \rangle = \langle \xi, \eta \rangle$ ($\xi, \eta \in \mathcal{H}$) あるいは $\|U\xi\| = \|\xi\|$ ($\xi \in \mathcal{H}$) と同値.

- $\mathcal{H}$ の部分空間 $\mathcal{M}$ の**直交補空間**は

$$\mathcal{M}^{\perp} := \{\xi \in \mathcal{H} : \langle \xi, \eta \rangle = 0, \eta \in \mathcal{M}\}.$$

任意の $\xi \in \mathcal{H}$ に対し $\eta \in \mathcal{M}$ と $\zeta \in \mathcal{M}^{\perp}$ が一意に存在して $\xi = \eta + \zeta$ と書ける. よって $\mathcal{H}$ の**直交分解** $\mathcal{H} = \mathcal{M} \oplus \mathcal{M}^{\perp}$ が成立. $P_{\mathcal{M}}\xi := \eta$ と定めると $P_{\mathcal{M}} \in B(\mathcal{H})$ である. この $P_{\mathcal{M}}$ を $\mathcal{M}$ への**直交射影**という.

命題 1.1. $P \in B(\mathcal{H})$ が $\mathcal{H}$ のある部分空間への直交射影であるためには $P^* = P = P^2$ が必要十分である. このとき P は $\mathrm{ran}\, P$ への直交射影である.

次に定義する記号は便利である: $u, v \in \mathcal{H}$ に対し

$$(|u\rangle\langle v|)\xi := \langle v, \xi \rangle u, \qquad \xi \in \mathcal{H} \tag{1.1}$$

と定めると, $u, v \neq 0$ なら $|u\rangle\langle v|$ は $\mathcal{H}$ 上のランク 1 (値域が 1 次元) の作用素である ($u = 0$ または $v = 0$ なら $|u\rangle\langle v| = 0$)[*2)]. 次は簡単 (読者の演習問題とする):

$$(|u\rangle\langle v|)^* = |v\rangle\langle u|, \qquad (|u\rangle\langle v|)(|u'\rangle\langle v'|) = \langle v, u' \rangle |u\rangle\langle v'|,$$

$$A(|u\rangle\langle v|) = |Au\rangle\langle v|, \qquad (|u\rangle\langle v|)A = |u\rangle\langle A^*v| \qquad (A \in B(\mathcal{H})).$$

$\mathcal{H} = \mathbb{C}^n$ の場合, $|u\rangle = \begin{bmatrix} u_1 \\ \vdots \\ u_n \end{bmatrix}$, $\langle v| = \begin{bmatrix} \bar{v}_1 & \cdots & \bar{v}_n \end{bmatrix}$ とおいて $|u\rangle\langle v| = [u_i\bar{v}_j]_{i,j=1}^n \in \mathbb{M}_n$ と行列計算すればよい.

$A \in B(\mathcal{H})$ と $\lambda \in \mathbb{C}$ に対し $v \in \mathcal{H}$, $v \neq 0$ が存在して $Av = \lambda v$ であるとき, λ を A の**固有値**, v を A の λ に対する**固有ベクトル**という. λ が A の固有値であるための必要十分条件は $\det(\lambda I - A) = 0$ である. ただし $B \in \mathcal{H}$ の**行列式** $\det B$ は $\mathcal{H}$ の正規直交基底による B の行列表現の行列式として定義できる (正規直交基底のとり方によらない). A の固有値の全体を A の**スペクトル**といい $\mathrm{Sp}(A)$ で表す. $A \in B(\mathcal{H})^{\mathrm{sa}}$ なら $\mathrm{Sp}(A) \subset \mathbb{R}$,

---

[*2)] 物理ではブラ $|u\rangle$ とケット $\langle v|$ が単独でも使われる. ブラ・ケットは Dirac により考案されたもので便利であるが数学では使わない. 本書では, 最後の第 7 章を除き, ランク 1 作用素である (1.1) の形でのみ使う.

$A \geq 0$ なら $\mathrm{Sp}(A) \subset [0, \infty)$. U がユニタリなら $\mathrm{Sp}(U) \subset \{\lambda \in \mathbb{C} : |\lambda| = 1\}$. P が直交射影なら $\mathrm{Sp}(P) \subset \{0, 1\}$.

次の**固有値展開定理**は行列の基本定理である.

定理 1.2. 任意の $A \in B(\mathcal{H})^{\mathrm{sa}}$ に対し，$\lambda_1, \ldots, \lambda_n \in \mathbb{R}$ と $\mathcal{H}$ の正規直交基底 $\{u_1, \ldots, u_n\}$ が存在して $Au_i = \lambda_i u_i$ $(1 \leq i \leq n)$. つまり λ_i は A の固有値で u_i はそれに対する固有ベクトル. このとき

$$A = \sum_{i=1}^{n} \lambda_i |u_i\rangle\langle u_i| \tag{1.2}$$

と書ける. この表示を A の**固有値展開**という.

$A \in \mathbb{M}_n^{\mathrm{sa}}$ のとき上の定理の $u_1, \ldots, u_n$ に対し $U := \begin{bmatrix} u_1 & \cdots & u_n \end{bmatrix} \in \mathbb{M}_n$ とすると，U はユニタリ行列であり (1.2) は A の**対角化**

$$A = U \operatorname{Diag}(\lambda_1, \ldots, \lambda_n) U^* \tag{1.3}$$

に書き直すことができる. ここで $\operatorname{Diag}(\lambda_1, \ldots, \lambda_n)$ は対角成分が $\lambda_1, \ldots, \lambda_n$ である対角行列を表す. $\mathrm{Sp}(A)$ は $\lambda_1, \ldots, \lambda_n$ の相異なるものの集合である. $a \in \mathrm{Sp}(A)$ に対し $P_a := \sum_{\lambda_i = a} |u_i\rangle\langle u_i|$ は $\ker(aI - A)$ への直交射影である. このとき $\sum_{a \in \mathrm{Sp}(A)} P_a = I$ であり，A の**スペクトル分解**

$$A = \sum_{a \in \mathrm{Sp}(A)} a P_a$$

が得られる. 任意の複素関数 $f \colon \mathrm{Sp}(A) \to \mathbb{C}$ に対し A の**関数カルキュラス**を

$$f(A) := \sum_{a \in \mathrm{Sp}(A)} f(a) P_a = \sum_{i=1}^{n} f(\lambda_i) |u_i\rangle\langle u_i|$$

と定める. 例えば，$A_+ := \sum_{a>0} a P_a$, $A_- := \sum_{a<0} a P_a$ とすると $A_\pm \geq 0$ で **Jordan 分解** $A = A_+ - A_-$ が得られる. $A \geq 0$ と $p > 0$ に対し $A^p := \sum_{a \in \mathrm{Sp}(A)} a^p P_a$ が定まる. また $A \geq 0$ が可逆でなくても $A^{-1} := \sum_{a>0} a^{-1} P_a$ を A の**一般逆**という.

任意の $A \in B(\mathcal{H})$ に対し $A^*A \geq 0$ だから A の**絶対値** $|A|$ を $|A| := (A^*A)^{1/2}$ と定める. $|A|$ の固有値を A の**特異値**という.

定理 1.3. 任意の $A \in B(\mathcal{H})$ に対しユニタリ作用素 $U \in B(\mathcal{H})$ が存在して

$$A = U|A|. \tag{1.4}$$

これを A の**極分解**という. (A が可逆でないなら U は一意でない.)

$|A|$ の固有値展開 (1.2) と極分解 (1.4) より $A = \sum_{i=1}^{n} \lambda_i |Uu_i\rangle\langle u_i|$. $v_i := Uu_i$ とおくと $\{v_1, \ldots, v_n\}$ が $\mathcal{H}$ の正規直交基底であり $A = \sum_{i=1}^{n} \lambda_i |v_i\rangle\langle u_i|$ が得られる. これを A の**特異値分解**という. $A \in \mathbb{M}_n$ のときは A の特異値分解はユニタリ行列 U, V により $A = U \operatorname{Diag}(\lambda_1, \ldots, \lambda_n) V$ と書ける (λ_i は A の特異値). $A \in B(\mathcal{H}, \mathcal{K})$ に対しても絶対値 $|A| := (A^*A)^{1/2} \in B(\mathcal{H})^+$ と等距離作用素 $U \colon \operatorname{ran} |A| \to \operatorname{ran} A$ により $A = U|A|$ と極

分解できる．上と同様にして $\operatorname{ran}|A|$ の正規直交基底 $\{u_i\}_{i=1}^m \subset \mathcal{H}$ と $\operatorname{ran} A$ の正規直交基底 $\{v_i\}_{i=1}^m \subset \mathcal{K}$ がとれて A の特異値分解

$$A = \sum_{i=1}^m \lambda_i |v_i\rangle\langle u_i| \tag{1.5}$$

が得られる (ここで λ_i は A の正の特異値であり，$|v_i\rangle\langle u_i| \in B(\mathcal{H},\mathcal{K})$ の定義は (1.1) と同様)．

$A \in B(\mathcal{H})$ の**作用素ノルム**は

$$\begin{aligned}\|A\|_\infty &:= \sup\{\|A\xi\|\colon \xi \in \mathcal{H},\ \|\xi\| \le 1\} \\ &= \sup\{|\langle\xi, A\eta\rangle|\colon \xi,\eta \in \mathcal{H},\ \|\xi\|, \|\eta\| \le 1\}.\end{aligned}$$

実際，$\|\cdot\|_\infty$ は $B(\mathcal{H})$ 上のノルムになり，$\|A^*\|_\infty = \|A\|_\infty$，$\|A^*A\|_\infty = \|A\|_\infty^2$ が成立.

$A = [a_{ij}] \in \mathbb{M}_n$ の**トレース**は $\operatorname{Tr} A := \sum_{i=1}^n a_{ii}$．$A \in B(\mathcal{H})$ に対しても $\mathcal{H}$ の正規直交基底 $\{e_i\}$ により

$$\operatorname{Tr} A := \sum_{i=1}^n \langle e_i, A e_i \rangle$$

と定義できる (正規直交系のとり方によらない)．トレースの基本性質は

$$\operatorname{Tr} AB = \operatorname{Tr} BA, \qquad A, B \in B(\mathcal{H}).$$

$B(\mathcal{H})$ 上の **Hilbert–Schmidt 内積**は

$$\langle A, B \rangle_{\mathrm{HS}} := \operatorname{Tr} A^* B, \qquad A, B \in B(\mathcal{H}).$$

これが内積の性質を満たすことは簡単に分かる．すると $(B(\mathcal{H}), \langle\cdot,\cdot\rangle_{\mathrm{HS}})$ は n^2 次元の Hilbert 空間である．この内積から A の **Hilbert–Schmidt ノルム**が定まる:

$$\|A\|_2 := \sqrt{\langle A, A \rangle_{\mathrm{HS}}} = (\operatorname{Tr} A^* A)^{1/2}.$$

さらに A の**トレース・ノルム**は

$$\|A\|_1 := \operatorname{Tr}|A| = \sup\{|\operatorname{Tr} AX|\colon X \in B(\mathcal{H}),\ \|A\|_\infty \le 1\}.$$

上の等号は A の極分解を使って示せる．$\|\cdot\|_1$ も $B(\mathcal{H})$ 上のノルムになる．

$B(\mathcal{H})$ 上の複素線形汎関数の全体からなる複素線形空間 $B(\mathcal{H})^*$ を $B(\mathcal{H})$ の**双対空間**という．$\varphi \in B(\mathcal{H})^*$ の**汎関数ノルム**は

$$\|\varphi\| := \sup\{|\varphi(A)|\colon A \in B(\mathcal{H}),\ \|A\|_\infty \le 1\}.$$

同様に，$B(\mathcal{H})^{\mathrm{sa}}$ の双対空間 $(B(\mathcal{H})^{\mathrm{sa}})^*$ は $B(\mathcal{H})^{\mathrm{sa}}$ 上の実線形汎関数の全体からなる実線形空間である．

命題 1.4. (1) 任意の $\varphi \in B(\mathcal{H})^*$ に対し $D_\varphi \in B(\mathcal{H})$ が一意に存在して

$$\varphi(X) = \operatorname{Tr} D_\varphi X, \qquad X \in B(\mathcal{H}).$$

さらに $\|\varphi\| = \|D_\varphi\|_1$.

(2) $D_\varphi \in B(\mathcal{H})^{\mathrm{sa}} \iff \varphi$ が自己共役，つまり $\varphi(X^*) = \overline{\varphi(X)}$ $(X \in B(\mathcal{H}))$，つまり $\varphi(X) \in \mathbb{R}$ $(X \in B(\mathcal{H})^{\mathrm{sa}})$.

(3) $D_\varphi \geq 0 \iff \varphi \geq 0$，つまり $\varphi(X) \geq 0$ $(X \in B(\mathcal{H})^+)$.

略証. (1) だけ示す ((2), (3) は演習問題とする). 任意の $\varphi \in B(\mathcal{H})^*$ に対し，Hilbert 空間における Riesz の表現定理より $D_\varphi \in B(\mathcal{H})$ が一意に存在して $\varphi(A) = \langle D_\varphi^*, A \rangle_{\mathrm{HS}} = \mathrm{Tr}\, D_\varphi A$ $(A \in B(\mathcal{H}))$. $\qquad\square$

D_φ は φ の Tr に関する **Radon–Nikodym 微分**と呼ばれる．命題 1.4 より双対形式 $(X, Y) \mapsto \mathrm{Tr}\, XY$ $(X, Y \in B(\mathcal{H}))$ により等距離同型

$$(B(\mathcal{H}), \|\cdot\|_\infty)^* \cong (B(\mathcal{H}), \|\cdot\|_1), \qquad (B(\mathcal{H})^{\mathrm{sa}}, \|\cdot\|_\infty)^* \cong (B(\mathcal{H})^{\mathrm{sa}}, \|\cdot\|_1)$$

がいえる．

Hilbert 空間 $\mathcal{H}, \mathcal{K}$ に対し，テンソル積ベクトル空間 $\mathcal{H} \otimes \mathcal{K}$ は $\{\xi \otimes \eta \colon \xi \in \mathcal{H},\, \eta \in \mathcal{K}\}$ 上の自由ベクトル空間を

$$(\xi_1 + \xi_2) \otimes \eta - \xi_1 \otimes \eta - \xi_2 \otimes \eta, \quad \xi \otimes (\eta_1 + \eta_2) - \xi \otimes \eta_1 - \xi \otimes \eta_2,$$

$$(\lambda \xi) \otimes \eta - \lambda(\xi \otimes \eta), \quad \xi \otimes (\lambda \eta) - \lambda(\xi \otimes \eta) \quad (\lambda \in \mathbb{C})$$

で張られる部分空間で割った商ベクトル空間として抽象的に定義できる．実際，$\mathcal{H}, \mathcal{K}$ の正規直交基底をそれぞれ $\{e_i\}_{i=1}^n$, $\{f_j\}_{j=1}^m$ $(n = \dim \mathcal{H},\, m = \dim \mathcal{K})$ とすると，$\mathcal{H} \otimes \mathcal{K}$ は $\{e_i \otimes f_j\}_{1 \leq i \leq n,\, 1 \leq j \leq m}$ を基底とするベクトル空間である．さらに

$$\langle \xi_1 \otimes \eta_1, \xi_2 \otimes \eta_2 \rangle = \langle \xi_1, \xi_2 \rangle \langle \eta_1, \eta_2 \rangle, \qquad \xi_i \in \mathcal{K},\, \eta_i \in \mathcal{K}$$

を満たす $\mathcal{H} \otimes \mathcal{K}$ 上の内積が一意的に定まり，$\mathcal{H} \otimes \mathcal{K}$ は nm 次元の Hilbert 空間になる．これを $\mathcal{H}, \mathcal{K}$ の**テンソル積 Hilbert 空間**という．作用素 $A \in B(\mathcal{H})$ と $B \in B(\mathcal{K})$ のテンソル積 $A \otimes B$ は

$$(A \otimes B)(\xi \otimes \eta) := A\xi \otimes B\eta, \qquad \xi \in \mathcal{H},\, \eta \in \mathcal{K}$$

を $\mathcal{H} \otimes \mathcal{K}$ 全体に線形拡張して定義できる．すると

$$B(\mathcal{H} \otimes \mathcal{K}) = B(\mathcal{H}) \otimes B(\mathcal{K}) = \mathrm{span}\{A \otimes B \colon A \in B(\mathcal{H}),\, B \in B(\mathcal{K})\}$$

となる．実際，$|e_i \otimes f_j\rangle\langle e_{i'} \otimes f_{j'}| = (|e_i\rangle\langle e_{i'}|) \otimes (|f_j\rangle\langle f_{j'}|)$ だから

$$B(\mathcal{H} \otimes \mathcal{K}) = \mathrm{span}\big\{(|e_i\rangle\langle e_{i'}|) \otimes (|f_j\rangle\langle f_{j'}|) \colon 1 \leq i, i' \leq n,\, 1 \leq j, j' \leq m\big\}.$$

$\{e_i\}_{i=1}^n$, $\{f_j\}_{j=1}^m$ をそれぞれ $\mathbb{C}^n$, $\mathbb{C}^m$ の標準基底とすると，$\mathbb{C}^n \otimes \mathbb{C}^m$ は

$$\{e_1 \otimes f_1, \ldots, e_1 \otimes f_m, e_2 \otimes f_1, \ldots, e_2 \otimes f_m, \ldots\ldots, e_n \otimes f_1, \ldots, e_n \otimes f_m\}$$

を標準基底とする $\mathbb{C}^{nm}$ と同一視できる．このとき，行列 $A = [a_{ij}] \in \mathbb{M}_n$, $B = [b_{kl}] \in \mathbb{M}_m$ のテンソル積の行列表現はブロック行列で

$$A \otimes B = \begin{bmatrix} a_{11}B & a_{12}B & \cdots & a_{1n}B \\ a_{21}B & a_{22}B & \cdots & a_{2n}B \\ \vdots & \vdots & \ddots & \vdots \\ a_{n1}B & a_{n2}B & \cdots & a_{nn}B \end{bmatrix}$$

と書ける. この形の行列のテンソル積は A, B の **Kronecker 積**と呼ばれる.

$A, A_i \in B(\mathcal{H})$, $B, B_i \in B(\mathcal{K})$ とすると次は簡単に示せる (演習問題とする):

- $(A_1 \otimes B_1)(A_2 \otimes B_2) = A_1 A_2 \otimes B_1 B_2$, $(A \otimes B)^* = A^* \otimes B^*$.
- A, B が可逆なら $A \otimes B$ が可逆で $(A \otimes B)^{-1} = A^{-1} \otimes B^{-1}$.
- $A \geq 0$, $B \geq 0$ なら $A \otimes B \geq 0$.

この節の最後に関数カルキュラスの微分に関する結果を与える.

定理 1.5. f は (a,b) 上の C^1 (連続微分可能) 実数値関数とし, $A \in B(\mathcal{H})$ は $\mathrm{Sp}(A) \subset (a,b)$ であるとする. A の固有値展開 (定理 1.2) を $A = \sum_{i=1}^{n} \lambda_i |u_i\rangle\langle u_i|$ とする.

(1) 任意の $X \in B(\mathcal{H})^{\mathrm{sa}}$ に対し

$$\frac{d}{dt} f(A+tX)\Big|_{t=0} = \sum_{i,j=1}^{n} f^{[1]}(\lambda_i, \lambda_j) \langle u_i, X u_j \rangle |u_i\rangle\langle u_j|. \tag{1.6}$$

ただし $s, t \in (a,b)$ に対し

$$f^{[1]}(s,t) := \begin{cases} \frac{f(s)-f(t)}{s-t} & (s \neq t \text{ のとき}), \\ f'(s) & (s = t \text{ のとき}). \end{cases} \tag{1.7}$$

(2) 任意の $X \in B(\mathcal{H})^{\mathrm{sa}}$ に対し

$$\frac{d}{dt} \mathrm{Tr}\, f(A+tX)\Big|_{t=0} = \mathrm{Tr}\, f'(A) X.$$

定理の仮定より関数カルキュラス $f(A+tX)$ は $|t|$ が十分小さいなら定義できる. (1.6) は **Daleckii–Krein の微分公式**と呼ばれる. (1.7) の $f^{[1]}(s,t)$ は f の**差商 (divided difference)** と呼ばれる. (2) は (1.6) の両辺のトレースをとれば直ちに得られる. 行列の場合, A の対角化 (1.3) を用いて (1.6) は

$$\frac{d}{dt} f(A+tX)\Big|_{t=0} = U \Big(\big[f^{[1]}(\lambda_i, \lambda_j)(U^* X U)_{ij} \big]_{i,j=1}^{n} \Big) U^*$$

とも書ける.

1.2　正写像と完全正写像

この節で線形写像 $\Phi \colon B(\mathcal{H}) \to B(\mathcal{K})$ に関する事項をまとめる. まず基礎的な定義として

- $A \in B(\mathcal{H})^+$ なら $\Phi(A) \in B(\mathcal{K})^+$ のとき, Φ は**正写像**という.
- $\Phi(I_{\mathcal{H}}) = I_{\mathcal{K}}$ のとき, Φ は**単位的**という.

• 任意の $A \in B(\mathcal{H})$ に対し $\operatorname{Tr}\Phi(A) = \operatorname{Tr} A$ のとき，Φ は**トレースを保存する**という．

Φ が正写像なら $\Phi(A^*) = \Phi(A)^*$ $(A \in B(\mathcal{H}))$ は直ちに分かる．線形写像 $\Phi\colon B(\mathcal{H}) \to B(\mathcal{K})$ の双対写像 $\Phi^*\colon B(\mathcal{K}) \to B(\mathcal{H})$ が

$$\operatorname{Tr} B\Phi(A) = \operatorname{Tr}\Phi^*(B)A, \qquad A \in B(\mathcal{H}),\ B \in B(\mathcal{K})$$

により定まる．明らかに $\Phi^{**} = \Phi$．次は容易に示せる：

$$\Phi \text{ が正写像} \iff \Phi^* \text{ が正写像．}$$

Φ が正写像なら，Φ^* は Φ を Hilbert 空間 $(B(\mathcal{H}), \langle\cdot,\cdot\rangle_{\mathrm{HS}})$ から $(B(\mathcal{K}), \langle\cdot,\cdot\rangle_{\mathrm{HS}})$ への作用素としたときの随伴作用素と一致する[*3]．

命題 1.6. $\Phi\colon B(\mathcal{H}) \to B(\mathcal{K})$ は正写像とする．

(1) **Kadison の不等式**: Φ が単位的なら，任意の $A \in B(\mathcal{H})^{\mathrm{sa}}$ に対し

$$\Phi(A)^2 \leq \Phi(A^2).$$

(2) **Choi の不等式**: Φ が単位的なら，任意の可逆な $A \in B(\mathcal{H})^+$ に対し

$$\Phi(A)^{-1} \leq \Phi(A^{-1}).$$

(3) Φ が単位的 $\iff$ Φ^* がトレースを保存．

(4) $\|\Phi\| = \|\Phi(I)\|_\infty$．ただし $\|\Phi\| := \sup_{X \neq 0} \frac{\|\Phi(X)\|_\infty}{\|X\|_\infty}$．よって Φ が単位的なら $\|\Phi(X)\|_\infty \leq \|X\|_\infty$ $(X \in B(\mathcal{H}))$．

(5) Φ がトレースを保存するなら $\|\Phi(X)\|_1 \leq \|X\|_1$ $(X \in B(\mathcal{H}))$．

次に線形写像のもっと強い正値性の概念を定義する．

定義 1.7. 各 $n \in \mathbb{N}$ に対しテンソル積 Hilbert 空間 $\mathbb{C}^n \otimes \mathcal{H}$ は n-重直和 Hilbert 空間 $\mathcal{H} \oplus \cdots \oplus \mathcal{H}$ と同一視できる．$B(\mathbb{C}^n \otimes \mathcal{H})$ の作用素は $A_{ij} \in B(\mathcal{H})$ $(1 \leq i,j \leq n)$ を成分とするブロック作用素行列 $\boldsymbol{A} = [A_{ij}]_{1 \leq i,j \leq n}$ として表現される．つまり $B(\mathbb{C}^n \otimes \mathcal{H}) = B(\mathbb{C}^n) \otimes B(\mathcal{H}) = \mathbb{M}_n \otimes B(\mathcal{H})$ と同一視できる．線形写像 $\Phi\colon B(\mathcal{H}) \to B(\mathcal{K})$ が n-正とは $\mathrm{id}_n \otimes \Phi\colon \mathbb{M}_n \otimes B(\mathcal{H}) \to \mathbb{M}_n \otimes B(\mathcal{K})$ が正写像であるときをいう．ここで id_n は $\mathbb{M}_n$ 上の恒等写像である．つまり $\mathbb{M}_n \otimes B(\mathcal{H})$ で $[A_{ij}]_{i,j=1}^n \geq 0$ なら $\mathbb{M}_n \otimes B(\mathcal{K})$ で $[\Phi(A_{ij})]_{i,j=1}^n \geq 0$ であることをいう．Φ がすべての $n \in \mathbb{N}$ に対し n-正であるとき Φ は**完全正 (completely positive)** という (**CP** と略記する)．

命題 1.8. Φ が単位的な 2-正写像なら

$$\Phi(A)^*\Phi(A) \leq \Phi(A^*A), \qquad A \in B(\mathcal{H}). \tag{1.8}$$

略証．任意の $A \in B(\mathcal{H})$ に対し $\begin{bmatrix} A^*A & A^* \\ A & I \end{bmatrix} \geq 0$ だから $\begin{bmatrix} \Phi(A^*A) & \Phi(A)^* \\ \Phi(A) & I \end{bmatrix} \geq 0$ が成立．これより (1.8) が示せる． $\square$

[*3] しかし，$\mathcal{H} = \mathcal{K}$ のとき，$\Phi\colon B(\mathcal{H}) \to B(\mathcal{H})$ が正写像であることと，Φ が Hilbert 空間 $(B(\mathcal{H}), \langle\cdot,\cdot\rangle_{\mathrm{HS}})$ 上の作用素として正であることは意味が違う．

(1.8) を満たす Φ は **Schwarz 写像** と呼ばれる. 上記の Φ の条件について

$$\text{CP 写像} \implies \cdots \implies \text{3-正写像} \implies \text{2-正写像} \implies \text{Schwarz 写像}$$
$$\implies \text{正写像} \tag{1.9}$$

の関係にある (逆はいずれも成立しない). 例えば $\mathbb{M}_n$ 上の **転置写像** $A \mapsto A^t$ は正写像であるが Schwarz 写像でない. 次は容易:

$$\Phi \text{ が } n\text{-正} \iff \Phi^* \text{ が } n\text{-正}, \qquad \Phi \text{ が CP} \iff \Phi^* \text{ が CP}. \tag{1.10}$$

次は CP 写像のいくつかの特徴付けを与える.

定理 1.9. 線形写像 $\Phi \colon B(\mathcal{H}) \to B(\mathcal{K})$ $(n = \dim\mathcal{H}, \ m = \dim\mathcal{K})$ について次は同値:

(i) Φ が CP.

(ii) $\mathcal{H}$ の 1 つ (任意としても同値) の正規直交基底 $\{e_i\}_{i=1}^n$ に対し

$$\sum_{i,j=1}^n |e_i\rangle\langle e_j| \otimes \Phi(|e_i\rangle\langle e_j|) \geq 0. \tag{1.11}$$

(iii) $V_k \in B(\mathcal{H}, \mathcal{K})$ $(1 \leq k \leq K)$ が存在して

$$\Phi(A) = \sum_{k=1}^K V_k A V_k^*, \qquad A \in B(\mathcal{H}). \tag{1.12}$$

上で $K \leq nm$ にとれる.

(iv) 任意の $A_i \in B(\mathcal{H})$, $B_i \in B(\mathcal{K})$ $(1 \leq i \leq r)$ に対し

$$\sum_{i,j=1}^r B_i^* \Phi(A_i^* A_j) B_j \geq 0.$$

(v) Hilbert 空間 $\widetilde{\mathcal{K}}$, 表現 (*-準同型) $\pi \colon B(\mathcal{H}) \to B(\widetilde{\mathcal{K}})$, $V \in B(\mathcal{K}, \widetilde{\mathcal{K}})$ が存在して

$$\Phi(A) = V^* \pi(A) V, \qquad A \in B(\mathcal{H}). \tag{1.13}$$

上で $\dim\widetilde{\mathcal{K}} \leq n^2 m$ にとれる.

略証. (i)–(iii) の同値性だけ示す. (iii) $\implies$ (i) は明らか.

(i) $\implies$ (ii). $\mathcal{H} = \mathbb{C}^n$ で $\{e_i\}_{i=1}^n$ が標準基底であるとしてよい. $|e_i\rangle\langle e_j|$ $(1 \leq i, j \leq n)$ は $\mathbb{M}_n$ の行列単位であり $[|e_i\rangle\langle e_j|]_{i,j=1}^n \geq 0$. よって (i) より $[\Phi(|e_i\rangle\langle e_j|)]_{i,j=1}^n \geq 0$.

(ii) $\implies$ (iii). $\mathcal{H}$ の正規直交基底 $\{e_i\}_{i=1}^n$ をとると, (ii) と定理 1.2 より $\mathcal{H} \otimes \mathcal{K}$ の直交系 $\{v_k\}_{k=1}^K$ $(K \leq \dim(\mathcal{H} \otimes \mathcal{K}) = nm)$ が存在して

$$\sum_{i,j=1}^n |e_i\rangle\langle e_j| \otimes \Phi(|e_i\rangle\langle e_j|) = \sum_{k=1}^K |v_k\rangle\langle v_k|.$$

各 k に対し $v_k = \sum_{i=1}^n e_i \otimes v_{ki}$ と書いて $V_k \in B(\mathcal{H}, \mathcal{K})$ を $V_k e_i := v_{ki}$ $(1 \leq i \leq n)$ により定めると,

$$\sum_{k=1}^K |v_k\rangle\langle v_k| = \sum_{i,j=1}^n |e_i\rangle\langle e_j| \otimes \left(\sum_{k=1}^K |v_{ki}\rangle\langle v_{kj}|\right) = \sum_{i,j=1}^n |e_i\rangle\langle e_j| \otimes \sum_{k=1}^K V_k|e_i\rangle\langle e_j|V_k^*$$

だから $\Phi(|e_i\rangle\langle e_j|) = \sum_{k=1}^{K} V_k|e_i\rangle\langle e_j|V_k^*$ $(1 \le i, j \le n)$. よって (1.12) が成立. $\qquad\square$

(1.11) は **Choi 作用素** (または **Choi 行列**) あるいは **Choi–Jamiołkowski 対応**と呼ばれる. (1.12) の表現は **Kraus 表現**または **Choi–Kraus 表現**と呼ばれる. (1.13) の表現は **Stinespring 表現**と呼ばれ, $\widetilde{\mathcal{K}}$ の有限次元性を外せば一般の C^* 環の CP 写像に対して成立する. 上の (ii) と (1.10) から Φ は $\min\{n, m\}$-正なら CP であることがいえる.

もっと一般に, $\mathcal{A}, \mathcal{B}$ がそれぞれ $B(\mathcal{H})$, $B(\mathcal{K})$ の *-部分環として線形写像 $\Phi\colon \mathcal{A} \to \mathcal{B}$ に対し上述の正値性を考えることができる.

命題 1.10. $\mathcal{A}$ または $\mathcal{B}$ が可換環である正写像 $\Phi\colon \mathcal{A} \to \mathcal{B}$ は CP である.

例 1.11. $\mathcal{A}$ を $B(\mathcal{H})$ の *-部分環で $I_{\mathcal{H}}$ を含むとする. 任意の $A \in B(\mathcal{H})$ に対し $A_0 \in \mathcal{A}$ が一意に存在して $\mathrm{Tr}\, A_0 B = \mathrm{Tr}\, AB$ $(B \in \mathcal{A})$. $A_0 = E_{\mathcal{A}}(A)$ と書くと $E_{\mathcal{A}}\colon B(\mathcal{H}) \to \mathcal{A}$ $(\subset B(\mathcal{H}))$ は正の線形写像である. $E_{\mathcal{A}}$ は $B(\mathcal{H})$ から $\mathcal{A}$ へのトレースに関する**条件付き期待値**と呼ばれる. これは

$$E_{\mathcal{A}}(B_1 A B_1) = B_1 E_{\mathcal{A}}(A) B_1, \qquad A \in B(\mathcal{H}),\ B_1, B_2 \in \mathcal{A}$$

を満たす. さらに, 任意の $A_i \in B(\mathcal{H})$, $B_i \in \mathcal{A}$ $(1 \le i \le r)$ に対し

$$\sum_{i,j=1}^{r} B_i^* E_{\mathcal{A}}(A_i^* A_j) B_j = E_{\mathcal{A}}\left(\sum_{i,j=1}^{r} B_i^* A_i^* A_j B_j\right) \ge 0$$

だから $E_{\mathcal{A}}$ は CP である (定理 1.9 (iv) を見よ). Hilbert 空間 $(B(\mathcal{H}), \langle\cdot,\cdot\rangle_{\mathrm{HS}})$ 上の作用素として $E_{\mathcal{A}}$ は $\mathcal{A}$ への直交射影でもある.

$P_k \in B(\mathcal{H})$ $(1 \le k \le K)$ が直交射影で $\sum_{k=1}^{K} P_i = I$ とすると,

$$\Phi(A) := \sum_{k=1}^{K} P_k A P_k, \qquad A \in B(\mathcal{H})$$

は $B(\mathcal{H})$ から $\bigoplus_{k=1}^{K} P_k B(\mathcal{H}) P_k = \bigoplus_{k=1}^{K} B(P_k\mathcal{H})$ へのトレースに関する条件付き期待値である. これを $\{P_k\}_{k=1}^{K}$ による**ピンチング**という.

例 1.12. 線形写像

$$\mathrm{Tr}_{\mathcal{K}}\colon B(\mathcal{H}) \otimes B(\mathcal{K}) \to B(\mathcal{H}), \qquad \mathrm{Tr}_{\mathcal{H}}\colon B(\mathcal{H}) \otimes B(\mathcal{K}) \to B(\mathcal{K})$$

が $\mathrm{Tr}_{\mathcal{K}}(A \otimes B) := (\mathrm{Tr}\, B)A$, $\mathrm{Tr}_{\mathcal{H}}(A \otimes B) := (\mathrm{Tr}\, A)B$ $(A \in B(\mathcal{H}), B \in B(\mathcal{K}))$ を線形拡張して定義できる. $\mathrm{Tr}_{\mathcal{K}}, \mathrm{Tr}_{\mathcal{H}}$ は**部分トレース**と呼ばれる. $(\dim \mathcal{K})^{-1}\mathrm{Tr}_{\mathcal{K}}$, $(\dim \mathcal{H})^{-1}\mathrm{Tr}_{\mathcal{H}}$ はそれぞれ $B(\mathcal{H}) \otimes B(\mathcal{K})$ の *-部分環 $B(\mathcal{H}) = B(\mathcal{H}) \otimes I_{\mathcal{K}}$, $B(\mathcal{K}) = I_{\mathcal{H}} \otimes B(\mathcal{K})$ へのトレースに関する条件付き期待値であることが容易に分かる. それゆえ $\mathrm{Tr}_{\mathcal{K}}, \mathrm{Tr}_{\mathcal{H}}$ は CP である.

$\mathcal{H}$ の正規直交基底を 1 つ固定して $B(\mathcal{H})$ を $\mathbb{M}_n$ と同一視すると, $B(\mathcal{H})$ 上の転置写像 $A \to A^t$ が定義できる. $\Phi\colon B(\mathcal{H}) \to B(\mathcal{K})$ が**完全余正 (completely copositive)** とは $A \in B(\mathcal{H}) \mapsto \Phi(A^t)$ が完全正であるときをいう ($\mathcal{H}$ の正規直交基底のとり方によらない). 完全余正写像なら正写像である. 完全正写像 $\Phi_1\colon B(\mathcal{H}) \to B(\mathcal{K})$ と完全余正写像

$\Phi_2\colon B(\mathcal{H}) \to B(\mathcal{K})$ が存在して $\Phi = \Phi_1 + \Phi_2$ と書ける正写像 Φ は**分解可能**と呼ばれる.分解可能写像については次が知られている.

定理 1.13 (Choi, Woronowicz). $\dim\mathcal{H} \cdot \dim\mathcal{K} \leq 6$ なら,すべての正写像 $\Phi\colon B(\mathcal{H}) \to B(\mathcal{K})$ が分解可能である.$\dim\mathcal{H} \cdot \dim\mathcal{K} > 6$ なら分解不可能な正写像 $\Phi\colon B(\mathcal{H}) \to B(\mathcal{K})$ が存在する.

1.3　作用素単調関数と作用素凸関数

次の定義は通常の数値関数の単調性,凸性の概念を関数カルキュラスに基づいて作用素・行列を変数とした場合に拡張したものである.

定義 1.14. J を $\mathbb{R}$ の任意の区間 (閉区間でも開区間でもよい) とし,f を J 上の実数値関数とする.

(1) 各 $n \in \mathbb{N}$ に対し,f が n-**単調**とは $\mathrm{Sp}(A), \mathrm{Sp}(B) \subset J$ である $A, B \in \mathbb{M}_n^{\mathrm{sa}}$ に対し $A \leq B$ なら $f(A) \leq f(B)$ であるときをいう.f がすべての $n \in \mathbb{N}$ に対し n-単調であるとき f は**作用素単調**という.$-f$ が作用素単調のとき f は**作用素単調減少**という.

(2) f が n-**凸**であるとは $\mathrm{Sp}(A), \mathrm{Sp}(B) \subset J$ であるすべて $A, B \in \mathbb{M}_n^{\mathrm{sa}}$ に対し

$$f(\lambda A + (1 - \lambda)B) \leq \lambda f(A) + (1 - \lambda)f(B), \qquad \lambda \in (0, 1)$$

であるときをいう.f がすべての $n \in \mathbb{N}$ に対し n-凸であるとき f は**作用素凸**という.$-f$ が作用素凸のとき f は**作用素凹**という.

f が作用素単調 (また作用素凸) なら,任意の Hilbert 空間 $\mathcal{H}$ (無限次元でもよい) と $\mathrm{Sp}(A), \mathrm{Sp}(B) \subset J$ を満たす任意の $A, B \in B(\mathcal{H})^{\mathrm{sa}}$ に対し上の (1) (また (2)) の性質が成立する.

例 1.15. 作用素単調関数と作用素凸関数の例を挙げる.

- $\alpha > 0$ のとき,$\frac{x}{x+\alpha}$ は $[0, \infty)$ で作用素単調.$\frac{x^2}{x+\alpha}$ は $[0, \infty)$ 上で作用素凸.
- $0 \leq p \leq 1$ なら x^p は $[0, \infty)$ 上で作用素単調.$1 \leq p \leq 2$ なら x^p は $[0, \infty)$ 上で作用素凸.さらに

  $$\{p \in \mathbb{R}\colon x^p \text{ が } (0, \infty) \text{ 上で作用素単調}\} = [0, 1],$$

  $$\{p \in \mathbb{R}\colon x^p \text{ が } (0, \infty) \text{ 上で作用素単調減少}\} = [-1, 0],$$

  $$\{p \in \mathbb{R}\colon x^p \text{ が } (0, \infty) \text{ 上で作用素凸}\} = [-1, 0] \cup [1, 2].$$

  特に作用素単調性 $A \geq B \geq 0 \implies A^p \geq B^p$ $(0 \leq p \leq 1)$ は **Löwner–Heinz の不等式**と呼ばれる.

- $\log x$ は $(0, \infty)$ 上で作用素単調で作用素凹.$x \log x$ は $[0, \infty)$ 上で作用素凸 (ただし $0 \log 0 = 0$).

定義 1.14 の性質について次の結果がよく知られている.

命題 1.16. f は (a, b) 上の実数値関数とする.

(1) f が 2-単調なら f は (a, b) 上で C^1.

(2) f が 2-凸なら f は (a, b) 上で C^2.

(3) f が作用素凸であるための必要十分条件は, f が (a, b) 上で C^1 であり, ある (任意としても同値) $s \in (a, b)$ に対し $f^{[1]}(s, \cdot)$ ((1.7) を見よ) が作用素単調であることである.

作用素単調関数は Pick 関数と呼ばれる正則関数と密接な関係がある. 上半平面を $\mathbb{C}^+$ と書く. つまり $\mathbb{C}^+ := \{z \in \mathbb{C} : \operatorname{Im} z > 0\}$. 関数 $f : \mathbb{C}^+ \to \mathbb{C}$ が **Pick 関数**とは, f が $\mathbb{C}^+$ で正則であり値域 $f(\mathbb{C}^+)$ が閉上半平面 $\{z \in \mathbb{C} : \operatorname{Im} z \geq 0\}$ に含まれるときをいう. 複素関数論の開写像定理より, Pick 関数 f が定数でなければ, $f(\mathbb{C}^+)$ は領域で $f(\mathbb{C}^+) \subset \mathbb{C}^+$ を満たす. Pick 関数の全体を $\mathcal{P}$ で表す. さらに開区間 (a, b) $(-\infty \leq a < b \leq \infty)$ に対し, (a, b) を横切って鏡像により $\mathbb{C}^- := \{z \in \mathbb{C} : \operatorname{Im} z < 0\}$ に解析接続できる $f \in \mathcal{P}$ の全体を $\mathcal{P}(a, b)$ で表す. つまり $f \in \mathcal{P}(a, b)$ は $(\mathbb{C} \setminus \mathbb{R}) \cup (a, b)$ 上の正則関数であり, (a, b) 上で実数値で $f(\bar{z}) = \overline{f(z)}$ $(z \in \mathbb{C}^+)$ を満たす.

次の **Nevanlinna の定理**は Pick 関数の積分表示を与える.

定理 1.17. 関数 $f : \mathbb{C}^+ \to \mathbb{C}$ に対し次は同値:

(i) $f \in \mathcal{P}$;

(ii) $\alpha \in \mathbb{R}$, $\beta \geq 0$ と $\mathbb{R}$ 上の有限正測度 ν が存在して

$$f(z) = \alpha + \beta z + \int_{-\infty}^{\infty} \frac{1 + tz}{t - z} \, d\nu(t), \qquad z \in \mathbb{C}^+.$$

さらに $f \in \mathcal{P}(a, b)$ であるための必要十分条件は (ii) で ν が $\mathbb{R} \setminus (a, b)$ 上にサポートをもつことである.

また, 次の **Löwner の定理**は作用素単調関数についての基本定理である.

定理 1.18 ([104]). (1) $-\infty \leq a < b \leq \infty$ のとき, f が (a, b) 上の作用素単調関数であるための必要十分条件は $f \in \mathcal{P}(a, b)$ である.

(2) f が $(-1, 1)$ 上の定数でない作用素単調関数なら, $[-1, 1]$ 上の確率測度 μ が一意に存在して

$$f(x) = f(0) + f'(0) \int_{-1}^{1} \frac{x}{1 - tx} \, d\mu(t), \qquad x \in (-1, 1).$$

上の (1) と命題 1.16 (3) より作用素単調関数と作用素凸関数は解析関数であることがいえる. $f \in \mathcal{P}(a, b)$ なら f が (a, b) 上で作用素単調であることは定理 1.17 を使えば容易に示せる. これの逆を示すには, 上の (2) を先に証明するのが教科書的なやり方である. (2) の積分表示を使えば, f が $(-1, 1)$ 上で作用素単調なら $f \in \mathcal{P}(-1, 1)$ であることを示すのは難しくない. 一般の開区間 (a, b) の場合は 1 次関数で変換すれば (1) が示せる. 逆に (1) の主張を仮定すれば, (2) の積分表示は定理 1.17 の Nevanlinna の積分表示を書き直したものになる. 定理 1.17, 1.18 の証明の詳細は [24], [62] などに譲る.

作用素凸関数については次の **Hansen–Pedersen の定理**が重要である.

定理 1.19. $0 < \alpha \leq \infty$ とする．$[0, \alpha)$ 上の実数値連続関数 f に対し，次の条件は同値 ($\mathcal{H}$ は任意の Hilbert 空間にわたる)：

(i) f は作用素凸で $f(0) \leq 0$.

(ii) $f(x)/x$ は $(0, \infty)$ 上で作用素単調で $f(0) \leq 0$.

(iii) $\mathrm{Sp}(A) \subset [0, \alpha)$ である任意の $A \in B(\mathcal{H})^{\mathrm{sa}}$ と $\|X\| \leq 1$ である任意の $X \in B(\mathcal{H})$ に対し $f(X^*AX) \leq X^*f(A)X$.

(iv) $\mathrm{Sp}(A), \mathrm{Sp}(B) \subset [0, \alpha)$ である任意の $A, B \in B(\mathcal{H})^{\mathrm{sa}}$ と $X^*X + Y^*Y \leq I$ である任意の $X, Y \in B(\mathcal{H})$ に対し $f(X^*AX + Y^*BY) \leq X^*f(A)X + Y^*f(B)Y$.

前定理を条件 $f(0) \leq 0$ を外し定義域を一般の区間にして修正した次の定理も重要である．

定理 1.20. 任意の区間 J 上の実数値関数 f に対し，次の条件は同値 ($\mathcal{H}, \mathcal{H}_i, \mathcal{K}$ は任意の Hilbert 空間にわたる)：

(i) f は作用素凸.

(ii) $\mathrm{Sp}(A) \subset J$ である任意の $A \in B(\mathcal{H})^{\mathrm{sa}}$ と任意の等距離作用素 $X \in B(\mathcal{K}, \mathcal{H})$ に対し

$$f(X^*AX) \leq X^*f(A)X.$$

(iii) $\mathrm{Sp}(A_i) \subset J$ である任意の $A_i \in B(\mathcal{H}_i)^{\mathrm{sa}}$ と $\sum_{i=1}^k X_i^*X_i = I_{\mathcal{K}}$ である任意の $X_i \in B(\mathcal{K}, \mathcal{H}_i)$ $(1 \leq i \leq k)$ に対し

$$f\left(\sum_{i=1}^k X_i^*A_iX_i\right) \leq \sum_{i=1}^k X_i^*f(A_i)X_i.$$

上の (iii) は通常の凸関数に対する Jensen 不等式の作用素版である．つまり作用素凸関数では Jensen 不等式は作用素不等式に強められる．次は上の (ii) の不等式を一般化したもので **Davis–Choi の Jensen 不等式**と呼ばれる．

命題 1.21. $\Phi\colon B(\mathcal{H}) \to B(\mathcal{K})$ は単位的な正写像とし，f は区間 (a, b) 上の作用素凸関数とする．$A \in B(\mathcal{H})^{\mathrm{sa}}$ が $\mathrm{Sp}(A) \subset (a, b)$ なら

$$f(\Phi(A)) \leq \Phi(f(A)).$$

証明. 歴史的順序と逆であるが定理 1.20 を使って証明する．$\mathrm{Sp}(A) \subset (a, b)$ より $\varepsilon > 0$ がとれて $(a+\varepsilon)I_{\mathcal{H}} \leq A \leq (b-\varepsilon)I_{\mathcal{H}}$. Φ が単位的だから $(a+\varepsilon)I_{\mathcal{K}} \leq \Phi(A) \leq (b-\varepsilon)I_{\mathcal{K}}$. よって $f(\Phi(A))$ が定義できる．$I_{\mathcal{H}}, A$ で生成される $B(\mathcal{H})$ の *-部分環を $\mathcal{A}$ とすると，$\mathcal{A}$ が可換環だから命題 1.10 より $\Phi|_{\mathcal{A}}$ は CP である．定理 1.9 (iii) ($\Phi \circ E_{\mathcal{A}}$ に適用) より $V_k \in B(\mathcal{H}, \mathcal{K})$ $(1 \leq k \leq K)$ がとれて $\Phi(A) = \sum_{k=1}^K V_kAV_k^*$ $(A \in \mathcal{A})$. Φ が単位的だから $\sum_{k=1}^K V_kV_k^* = I_{\mathcal{K}}$. よって定理 1.20 (iii) より結論がいえる． $\square$

以下この節で，応用範囲が広い半直線 $[0, \infty)$ または $(0, \infty)$ 上の作用素単調・凸関数について説明する．次に示すこれらの関数の積分表示は極めて有用である．

定理 1.22. (1) 関数 $h\colon [0, \infty) \to \mathbb{R}$ が $x = 0$ で連続で作用素単調であるための必要十分条件は，$a \in \mathbb{R}, b \geq 0$ と $(0, \infty)$ 上の有限正測度 ν が (一意に) 存在して

$$h(x) = a + bx + \int_{(0,\infty)} \frac{x(1+t)}{x+t}\, d\nu(t), \qquad x \in [0,\infty). \tag{1.14}$$

このとき $a = h(0)$, $b = \lim_{x\to\infty} h(x)/x$.

(2) 関数 $h\colon (0,\infty) \to \mathbb{R}$ が作用素単調であるための必要十分条件は, $a \in \mathbb{R}$, $b \geq 0$ と $\int_{[0,\infty)}(1+t)^{-1}\, d\mu(t) < +\infty$ である $[0,\infty)$ 上の正測度 μ が (一意に) 存在して

$$h(x) = a + b(x-1) + \int_{[0,\infty)} \frac{x-1}{x+t}\, d\mu(t), \qquad x \in (0,\infty). \tag{1.15}$$

このとき $a = h(1)$, $b = \lim_{x\to\infty} h(x)/x$.

(3) 関数 $f\colon [0,\infty) \to \mathbb{R}$ が $x = 0$ で連続で作用素凸であるための必要十分条件は, $a,b \in \mathbb{R}$, $c \geq 0$ と $\int_{(0,\infty)}(1+t)^{-2}\, d\mu(t) < +\infty$ である正測度 ν が (一意に) 存在して

$$f(x) = a + bx + cx^2 + \int_{(0,\infty)} \left(\frac{x}{1+t} - \frac{x}{x+t} \right) d\nu(t), \quad x \in [0,\infty). \tag{1.16}$$

このとき $a = f(0)$, $c = \lim_{x\to\infty} f(x)/x^2$, $b = f(1) - a - c$.

(4) 関数 $f\colon (0,\infty) \to \mathbb{R}$ が作用素凸であるための必要十分条件は, $a,b \in \mathbb{R}$, $c \geq 0$ と $\int_{[0,\infty)}(1+t)^{-1}\, d\mu(t) < +\infty$ である $[0,\infty)$ 上の正測度 μ が (一意に) 存在して

$$\begin{aligned}
f(x) = {}& a + b(x-1) + c(x-1)^2 \\
& + \int_{[0,\infty)} \frac{(x-1)^2}{x+t}\, d\mu(t), \qquad x \in (0,\infty).
\end{aligned} \tag{1.17}$$

このとき $a = f(1)$, $b = f'(1)$, $c = \lim_{x\to\infty} f(x)/x^2$.

(1.14) はよく知られた $[0,\infty)$ 上の作用素単調関数の積分表示である. (1.15) は $h(0^+) := \lim_{x\searrow 0} h(x) = -\infty$ の場合も含む $(0,\infty)$ 上の作用素単調関数の積分表示である. この場合 $h(0^+) > -\infty$ であるのは $\int_{[0,\infty)} t^{-1}\, d\mu(t) < +\infty$ (特に $\mu(\{0\}) = 0$) のときであり,

$$\frac{x-1}{x+t} = \frac{1}{t} \cdot \frac{x(1+t)}{x+t} - \frac{1}{t}$$

に注意すると, $d\nu(t) = t^{-1}\, d\mu(t)$ により (1.15) から (1.14) に移行できる. f が $(0,\infty)$ 上で作用素凸なら, 命題 1.16 (3) より $f^{[1]}(1,x) = \frac{f(x)-f(1)}{x-1}$ が作用素単調だから, (1.15) から (1.17) が従う. また (1.17) の f について, $f(0^+) < +\infty$ であるのは $\int_{[0,\infty)} t^{-1}\, d\mu(t) < +\infty$ (特に $\mu(\{0\}) = 0$) のときであり,

$$\frac{(x-1)^2}{x+t} = \frac{(1+t)^2}{t} \left(\frac{x}{1+t} - \frac{x}{x+t} \right) - \frac{1}{t}(x-1)$$

に注意すると, $d\nu(t) = t^{-1}(1+t)^2\, d\mu(t)$ により (1.17) から (1.16) に移行できる.

定理 1.22 で与えた作用素単調・凸関数の積分表示に対応して作用素の関数カルキュラスの積分表示ができる. 例えば (1.14) の場合, 任意の $A \in B(\mathcal{H})^+$ に対し

$$h(A) = aI + bA + \int_{(0,\infty)} (1+t)A(A+tI)^{-1}\, d\nu(t) \tag{1.18}$$

と表せる. 実際,

$$\|(1+t)A(A+tI)^{-1}\|_\infty \le \begin{cases} 1+t \le 2 & (0 < t \le 1), \\ \frac{1+t}{t}\|A\|_\infty \le 2\|A\|_\infty & (t > 1) \end{cases}$$

だから (1.18) の作用素値積分は可積分である.

例 1.23. 定理 1.22 で示した積分表示の具体例をいくつか挙げる.

- $0 < p < 1$ のとき, $[0,\infty)$ 上の作用素単調関数 x^p の積分表示は

$$x^p = \frac{\sin p\pi}{\pi} \int_0^\infty \frac{x}{t(x+t)}\, dt = \frac{\sin p\pi}{\pi} \int_0^\infty \frac{x(1+t)}{x+t}\frac{dt}{t(1+t)}, \qquad x \in [0,\infty).$$

- $1 < p < 2$ のとき, $[0,\infty)$ 上の作用素凸関数 x^p の積分表示は

$$\begin{aligned} x^p &= \frac{\sin(p-1)\pi}{\pi} \int_0^\infty \frac{x^2 t^{p-2}}{x+t}\, dt \\ &= x + \frac{\sin(p-1)\pi}{\pi} \int_0^\infty \Big(\frac{x}{1+t} - \frac{x}{x+t}\Big) t^{p-1}\, dt \\ &= 1 + p(x-1) + \frac{\sin(p-1)\pi}{\pi} \int_0^\infty \frac{(x-1)^2}{x+t}\frac{t^p}{(1+t)^2}\, dt, \qquad x \in [0,\infty). \end{aligned}$$

- $(0,\infty)$ 上の作用素単調関数 $\log x$ の積分表示は

$$\log x = \int_0^\infty \Big(\frac{1}{1+t} - \frac{1}{x+t}\Big)\, dt = \int_0^\infty \frac{x-1}{x+t}\frac{dt}{1+t}, \qquad x \in (0,\infty).$$

- $[0,\infty)$ 上の作用素凸関数 $x\log x$ の積分表示は

$$x\log x = \int_0^\infty \Big(\frac{x}{1+t} - \frac{x}{x+t}\Big)\, dt, \qquad x \in [0,\infty).$$

命題 1.24. (1) $h\colon [0,\infty) \to [0,\infty)$ について, f が作用素単調 $\Longleftrightarrow$ h が作用素凹
(2) $h\colon (0,\infty) \to (0,\infty)$ について,

$$h \text{ が作用素単調} \iff xh(x^{-1}) \text{ が作用素単調} \tag{1.19}$$

$$\iff h(x^{-1})^{-1} \text{ が作用素単調} \tag{1.20}$$

$$\iff x/h(x) \text{ が作用素単調} \tag{1.21}$$

$$\implies 1/h(x) \text{ が作用素凸}. \tag{1.22}$$

(3) $f\colon (0,\infty) \to \mathbb{R}$ について, f が作用素凸 $\Longleftrightarrow$ $xf(x^{-1})$ が作用素凸.

略証. (1) h が作用素凹なら, $0 \le A \le B$ と $0 < \lambda < 1$ に対し

$$h(\lambda B) \ge \lambda h(A) + (1-\lambda)h((1-\lambda)^{-1}\lambda(B-A)) \ge \lambda h(A).$$

$\lambda \nearrow 1$ とすると $h(B) \ge h(A)$. 逆を示すには, 定理 1.22 (1) と (1.18) より, 任意の $t > 0$ に対し $\frac{x}{x+t}$ が作用素凹をいえばよい. $\frac{x}{x+t} = 1 - \frac{t}{x+t}$ だから, x^{-1} が $(0,\infty)$ で作用素凸を示せばよい (これの証明は演習問題とする).

(2) (1.19) は定理 1.22 (1) を使うと簡単: (1.14) の h に対し $d\widetilde{\nu}(t) := d\nu(t^{-1})$ とすると

$$xh(x^{-1}) = b + ax + \int_{(0,\infty)} \frac{x(1+t)}{x+t}\, d\widetilde{\nu}(t), \qquad x > 0.$$

(1.20) は簡単．$\widetilde{h}(x) := xh(x^{-1})$ に対し $\widetilde{h}(x^{-1})^{-1} = x/h(x)$ だから (1.21) も分かる．
(1.22) は上の (1) と x^{-1} の作用素凸性から容易．

(3) は定理 1.22 (4) を使うと簡単: (1.17) で $d := \mu(\{0\})$ とすると

$$f(x) = a + b(x-1) + c(x-1)^2 + d\frac{(x-1)^2}{x} + \int_{(0,\infty)} \frac{(x-1)^2}{x+t}\, d\mu(t). \qquad (1.23)$$

これより (1.19) の証明と同様に $xf(x^{-1})$ を書き直せばよい． □

注意 1.25. 作用素単調関数 $h\colon [0,\infty) \to [0,\infty)$ に対して (1.19)–(1.21) の関数を

$$\widetilde{h}(x) := xh(x^{-1}), \quad h^*(x) := h(x^{-1})^{-1}, \quad h^\perp(x) := x/h(x), \qquad x > 0 \qquad (1.24)$$

と書いて，それらを $[0,\infty)$ に連続拡張したものをそれぞれ h の **転置**，**随伴**，**双対** と呼ぶ．
これらは次節の Kubo–Ando の作用素平均で使われる (注意 1.32 を見よ)．

この節の最後に $(0,\infty)$ 上の正の作用素単調減少関数について次の結果を記しておく．

定理 1.26 (Ando–Hiai)．関数 $f\colon (0,\infty) \to (0,\infty)$ について次は同値:
 (i) f は作用素単調減少．
 (ii) f は作用素凸関数で (数値関数として) 単調減少．
 (iii) 任意の $n \in \mathbb{N}$ と $A \in \mathbb{M}_n^{++}$ に対し $\xi \in \mathbb{C}^n \mapsto \log\langle \xi, f(A)\xi\rangle$ が凸関数．
 (iv) 任意の $n \in \mathbb{N}$ に対し $(\xi, A) \in \mathbb{C}^n \times \mathbb{M}_n^{++} \mapsto \langle \xi, f(A)\xi\rangle$ が同時凸関数．
 (v) $a \geq 0$ と $[0,\infty)$ 上の有限正測度 μ が (一意に) 存在して

$$f(x) = a + \int_{[0,\infty)} \frac{1+t}{x+t}\, d\mu(t), \qquad x \in (0,\infty).$$

このとき $a = \lim_{x\to\infty} f(x)$．

1.4 作用素結合と作用素パースペクティブ

この節では $\mathcal{H}$ は可分な無限次元 Hilbert 空間として議論する[*4]．$B(\mathcal{H})^+$ は $\mathcal{H}$ 上の有界正作用素の全体とし，$B(\mathcal{H})^{++}$ は $\mathcal{H}$ 上の可逆な有界正作用素の全体とする．次に Kubo–Ando による作用素結合の抽象的 (公理的) な定義を述べる．

定義 1.27. 2 項演算 $\sigma\colon B(\mathcal{H})^+ \times B(\mathcal{H})^+ \to B(\mathcal{H})^+$ が **作用素結合** であるとは，任意の $A, B, C, D \in B(\mathcal{H})^+$ に対し次の条件が成立するときをいう:
 (i) **同時単調性**: $A \leq C$, $B \leq D$ なら $A\sigma B \leq C\sigma D$,
 (ii) **トランス不等式**: $C(A\sigma B)C \leq (CAC)\sigma(CBC)$,

[*4] 作用素結合 $A\sigma B$ を有限次元に制限して導入する場合，任意の $A, B \in \mathbb{M}_n^+$ ($n \in \mathbb{N}$ は任意) に対し $A\sigma B$ を定義されるとした上で同一性の仮定 ($n < m$ のとき $A\sigma B = (A \oplus 0_{m-n})\sigma(B \oplus 0_{m-n})$) をおく必要がある．無限次元の $\mathcal{H}$ を 1 つ用意して議論する方が簡潔である．

(iii) **下向き連続性**: $A_n, B_n \in B(\mathcal{H})^+$, $A_n \searrow A$, $B_n \searrow B$ なら $A_n \sigma B_n \searrow A \sigma B$. ただし $A_n \searrow A$ は $A_1 \geq A_2 \geq \cdots$ かつ $A_n \to A$ (強収束[*5]) を意味する.

作用素結合 σ は $I \sigma I = I$ のとき**作用素平均**という.

次は Kubo–Ando による作用素結合の理論の主要定理で，作用素平均と $h(1) = 1$ を満たす $[0, \infty)$ 上の作用素単調関数 $h \geq 0$ が 1 対 1 に対応することをいう.

定理 1.28. 任意の作用素結合 σ に対し $[0, \infty)$ 上の作用素単調関数 $h \geq 0$ が一意に存在して

$$h(x)I = I\sigma(xI), \qquad x \geq 0.$$

さらに次が成立:

(1) 写像 $\sigma \mapsto h$ は作用素結合 σ の全体から $[0, \infty)$ 上の作用素単調関数 $h \geq 0$ の全体へのアフィン順序同型である．ここで順序同型とは $\sigma_i \mapsto h_i$ ($i = 1, 2$) のとき，$A\sigma_1 B \leq A\sigma_2 B$ ($A, B \in B(\mathcal{H})^+$) と $h_1(x) \leq h_2(x)$ ($x \geq 0$) が同値であることをいう.

(2) A が可逆なら

$$A\sigma B = A^{1/2} h(A^{-1/2} B A^{-1/2}) A^{1/2}. \tag{1.25}$$

(3) σ が作用素平均 $\iff h(1) = 1$. このとき，すべての A に対し $A\sigma A = A$.

上の h は σ の**表現関数**という．定義 1.27 (iii) と定理 1.28 (2) を合わせると，任意の $A, B \in B(\mathcal{H})^+$ に対し $A_\varepsilon := A + \varepsilon I$, $B_\varepsilon = B + \varepsilon I$ ($\varepsilon > 0$) とすると，

$$A\sigma B = \lim_{\varepsilon \searrow 0} A_\varepsilon \sigma B_\varepsilon = \lim_{\varepsilon \searrow 0} A_\varepsilon^{1/2} h(A_\varepsilon^{-1/2} B_\varepsilon A_\varepsilon^{-1/2}) A_\varepsilon^{1/2} \quad (\text{強収束}). \tag{1.26}$$

例 1.29. 線形和 $aA + bB$ ($a, b \geq 0$ は定数) を除けば，次に定義される**並列和 (parallel sum)** が最も基本的な作用素結合である: $A, B \in B(\mathcal{H})^{++}$ に対し

$$A : B := (A^{-1} + B^{-1})^{-1}.$$

一般の $A, B \in B(\mathcal{H})^+$ に対し $A : B := \lim_{\varepsilon \searrow 0} A_\varepsilon : B_\varepsilon$ と拡張され，次の変分表示をもつ: 任意の $\zeta \in \mathcal{H}$ に対し

$$\langle \zeta, (A : B)\zeta \rangle = \inf\{\langle \xi, A\xi \rangle + \langle \eta, B\eta \rangle : \xi, \eta \in \mathcal{H}, \, \xi + \eta = \zeta\}. \tag{1.27}$$

並列和 $A : B$ の表現関数は $1 : x = \frac{x}{x+1}$ ($x \geq 0$).

定理 1.22 (1) の積分表示から次の作用素結合の積分表示が得られる.

定理 1.30. 任意の作用素結合 σ に対し $[0, \infty]$ 上の有限正測度 ν が一意に存在して

$$A\sigma B = aA + bB + \int_{(0,\infty)} \frac{1+t}{t}\{(tA) : B\} \, d\nu(t), \qquad A, B \in B(\mathcal{H})^+. \tag{1.28}$$

[*5] 無限次元の $\mathcal{H}$ の場合 $B(\mathcal{H})$ には作用素ノルムによるノルム収束，強作用素位相による強収束，弱作用素位相による弱収束などの異なる収束概念が入る．有限次元の $\mathcal{H}$ ではこれらはすべて同値である.

ただし $a := \nu(\{0\})$, $b := \nu(\{\infty\})$ とする．さらに写像 $\sigma \mapsto \nu$ は作用素結合 σ の全体から $[0, \infty]$ 上の有限正測度 ν の全体へのアフィン順序同型である．

略証. 任意の作用素結合 σ に対し $A, B \in B(\mathcal{H})^{++}$ なら (1.25) と (1.18) より

$$
\begin{aligned}
A\sigma B = A^{1/2}\Big[&aI + bA^{-1/2}BA^{-1/2} \\
&+ \int_{(0,\infty)} (1+t)A^{-1/2}BA^{-1/2}(A^{-1/2}BA^{-1/2} + tI)^{-1}\, d\nu(t) \Big] A^{1/2} \\
= &\, aA + bB + \int_{(0,\infty)} (1+t)B(B+tA)^{-1}A\, d\nu(t) = (1.28) \text{ の右辺}.
\end{aligned}
$$

上の最後の等号は

$$
B(B+tA)^{-1}(tA) = \big[(tA)^{-1}(B+tA)B^{-1}\big]^{-1} = \big[(tA)^{-1} + B^{-1}\big]^{-1} = (tA):B
$$

による．逆に (1.28) で定義される σ が作用素結合であることを示すには，並列和 $A:B$ が作用素結合であることを示せばよい．最後の主張は (1.28) で $A = I$, $B = xI$ とすれば定理 1.28, 1.22 (1) に帰着する． □

例 1.31. 典型的な作用素平均を挙げておく．$A, B \in B(\mathcal{H})^+$, $0 \leq \alpha \leq 1$ とする．
- **重み付き算術平均**: $A\nabla_\alpha B := (1-\alpha)A + \alpha B$．この表現関数は $(1-\alpha) + \alpha x$．特に $A\nabla B := A\nabla_{1/2}B = (A+B)/2$ は算術平均．
- **重み付き調和平均**: $A!_\alpha B := \lim_{\varepsilon \searrow 0}((1-\alpha)A_\varepsilon^{-1} + \alpha B_\varepsilon^{-1})^{-1}$．この表現関数は $\frac{x}{(1-\alpha)x+\alpha}$．特に $A!B := A!_{1/2}B = 2(A:B)$ は調和平均．
- **重み付き幾何平均**: $A\#_\alpha B := \lim_{\varepsilon \searrow 0} A_\varepsilon^{1/2}(A_\varepsilon^{-1/2}B_\varepsilon A_\varepsilon^{-1/2})^\alpha A_\varepsilon^{1/2}$ この表現関数は x^α．特に $A\#B := A\#_{1/2}B$ は幾何平均．

$h(1) = 1$ を満たす $[0, \infty)$ 上の任意の作用素単調関数 h に対し $\alpha := h'(1)$ とすると，$0 \leq \alpha \leq 1$ であり

$$
\frac{x}{(1-\alpha)x + \alpha} \leq h(x) \leq (1-\alpha) + \alpha x \qquad (x \geq 0)
$$

が成立する (読者の演習問題とする)．それゆえ h に対応する作用素平均を σ とすると定理 1.28 より $A!_\alpha B \leq A\sigma B \leq A\nabla_\alpha B$．特に

$$
A!_\alpha B \leq A\#_\alpha B \leq A\nabla_\alpha B.
$$

注意 1.32. σ が表現関数 h をもつ作用素平均とする．注意 1.25 の (1.24) で定義した 3 種類の変換 $\widetilde{h}$, h^*, $h^\perp$ を表現関数とする作用素平均をそれぞれ $\widetilde{\sigma}$, σ^*, $\sigma^\perp$ と書くと，
- $A\widetilde{\sigma}B = B\sigma A$,
- A, B が可逆なら $A\sigma^* B = (A^{-1}\sigma B^{-1})^{-1}$,
- A, B が可逆なら $A\sigma^\perp B = (B^{-1}\sigma A^{-1})^{-1}$.

$\widetilde{\sigma}$, σ^*, $\sigma^\perp$ をそれぞれ σ の**転置，随伴，双対**という．

　この節の残りで作用素パースペクティブについて説明する．関数 $f: (0,\infty) \to \mathbb{R}$ に対

し $(0,\infty) \times (0,\infty)$ 上の関数 $(x,y) \mapsto yf(x/y)$ は f のパースペクティブ[*6)]と呼ばれる.
次に変数を作用素に拡張したパースペクティブを定義する.

定義 1.33. 任意の関数 $f \colon (0,\infty) \to \mathbb{R}$ と任意の $A,B \in B(\mathcal{H})^{++}$ に対して, **作用素パースペクティブ** $P_f(A,B)$ $(\in B(\mathcal{H})^{\mathrm{sa}})$ を

$$P_f(A,B) := B^{1/2} f(B^{-1/2} A B^{-1/2}) A^{1/2} \tag{1.29}$$

と定義する[*7)]. $[0,\infty)$ 上の作用素単調関数 $h \geq 0$ を表現関数とする作用素結合を σ とすると, (1.25) より

$$P_h(A,B) = B\sigma A, \qquad A,B \in B(\mathcal{H})^{++}.$$

この場合, 作用素パースペクティブは作用素結合に帰着する.

関数 $f \colon (0,\infty) \to \mathbb{R}$ の**転置** $\widetilde{f}$ を

$$\widetilde{f}(x) := xf(x^{-1}), \qquad x \in (0,\infty) \tag{1.30}$$

と定めると, 任意の $A,B \in B(\mathcal{H})^{++}$ に対し

$$P_{\widetilde{f}}(A,B) = P_f(B,A) \tag{1.31}$$

が成立する. これは $X = B^{1/2} A^{-1/2}$ に対し $f(XX^*)X = Xf(X^*X)$ が成立することから容易に示せる (読者の演習問題とする).

次の定理は f が作用素凸なら P_f が**同時凸**であることをいう.

定理 1.34. f が $(0,\infty)$ 上の連続な実数値関数とすると次は同値:
(i) f が作用素凸関数.
(ii) $(A,B) \in B(\mathcal{H})^{++} \times B(\mathcal{H})^{++} \mapsto P_f(A,B) \in B(\mathcal{H})^{\mathrm{sa}}$ が同時凸, つまり任意の $A_i, B_i \in B(\mathcal{H})^{++}$ $(i=1,2)$ と $0 < \lambda < 1$ に対し

$$P_f(\lambda A_1 + (1-\lambda)A_2, \lambda B_1 + (1-\lambda)B_2) \leq \lambda P_f(A_1,B_1) + (1-\lambda)P_f(A_2,B_2).$$

証明. (ii) $\Longrightarrow$ (i). $B_1 = B_2 = I$ とすればよい.

(i) $\Longrightarrow$ (ii). $A := \lambda A_1 + (1-\lambda)A_2$, $B := \lambda B_1 + (1-\lambda)B_2$, $X_1 := (\lambda B_1)^{1/2} B^{-1/2}$, $X_2 := ((1-\lambda)B_2)^{1/2} B^{-1/2}$ とすると, 次は容易に確かめられる:

$$B_1^{-1/2} X_1 = X_1^* B_1^{-1/2} = \lambda^{1/2} B^{-1/2}, \quad B_2^{-1/2} X_2 = X_2^* B_2^{-1/2} = (1-\lambda)^{1/2} B^{-1/2},$$

$$X_1^* X_1 + X_2^* X_2 = I.$$

よって

$$\begin{aligned} B^{-1/2} A B^{-1/2} &= \lambda B^{-1/2} A_1 B^{-1/2} + (1-\lambda) B^{-1/2} A_2 B^{-1/2} \\ &= X_1^* (B_1^{-1/2} A_1 B_1^{-1/2}) X_1 + X_2^* (B_2^{-1/2} A_2 B_2^{-1/2}) X_2 \end{aligned}$$

だから, 定理 1.20 (iii)[*8)] より

[*6)] 日本語の「遠近法」だと絵画技法のイメージが強すぎるようなのでカタカナ書きにした.
[*7)] 定義式 (1.29) は (1.25) の表示と A, B の立場が逆である. これはやや不便であるが, 作用素結合とパースペクティブの書き方はそれぞれ歴史的に定着しているので統一するのは難しい.
[*8)] 1.3 節の内容は無限次元の $\mathcal{H}$ で成立することに注意する.

$$P_f(A,B) = B^{1/2} f\big(X_1^*(B_1^{-1/2} A_1 B_1^{-1/2}) X_1 + X_2^*(B_2^{-1/2} A_2 B_2^{-1/2}) X_2\big) B^{1/2}$$
$$\leq B^{1/2} \big(X_1^* f(B_1^{-1/2} A_1 B_1^{-1/2}) X_1 + X_2^* f(B_2^{-1/2} A_2 B_2^{-1/2}) X_2\big) B^{1/2}$$
$$= B_1^{1/2} f(B_1^{-1/2} A_1 B_1^{-1/2}) B_1^{1/2} + B_2^{1/2} f(B_2^{-1/2} A_2 B_2^{-1/2}) B_2^{1/2}$$
$$= P_f(A_1, B_1) + P_f(A_2, B_2)$$

がいえる. □

次は作用素結合と作用素パースペクティブに対する Jensen 型の不等式である. これは命題 1.21 の変形であるが, ここでは Φ の単位性の仮定は不要であることに注意する.

命題 1.35. $\Phi\colon \mathcal{H} \to \mathcal{K}$ は正写像とする.
(1) 任意の作用素結合 σ と $A, B \in B(\mathcal{H})^+$ に対し

$$\Phi(A)\sigma\Phi(B) \geq \Phi(A\sigma B).$$

(2) f は $(0,\infty)$ 上の作用素凸関数とし, $A, B \in B(\mathcal{H})^{++}$ とする. $\Phi(A), \Phi(B) \in B(\mathcal{K})^{++}$ なら

$$\Phi(P_f(A,B)) \geq P_f(\Phi(A), \Phi(B)).$$

略証. (1) A, B, Φ の代わりに $A_\varepsilon := A + \varepsilon I_\mathcal{H}$, $B_\varepsilon := B + \varepsilon I_\mathcal{H}$, $\Phi_\varepsilon(X) := \Phi(X) + \varepsilon\langle\xi, X\xi\rangle I_\mathcal{K}$ ($\xi \in \mathcal{H}$, $\xi \neq 0$ を 1 つ固定する) に対して証明して $\varepsilon \searrow 0$ の極限をとればよいから, A, B, $\Phi(A)$, $\Phi(B)$ はすべて可逆としてよい. 単位的な正写像 $\Phi_0\colon B(\mathcal{H}) \to B(\mathcal{K})$ を

$$\Phi_0(X) := \Phi(A)^{-1/2}\Phi(A^{1/2} X A^{1/2})\Phi(A)^{-1/2}, \qquad X \in B(\mathcal{H})$$

と定める. σ の表現関数を h とすると, 命題 1.21 を $-h$ (命題 1.24 (1) を見よ) と Φ_0 に適用して

$$\Phi(A\sigma B) = \Phi(A)^{1/2}\Phi_0(h(A^{-1/2} B A^{-1/2}))\Phi(A)^{1/2}$$
$$\leq \Phi(A)^{1/2} h(\Phi_0(A^{-1/2} B A^{-1/2}))\Phi(A)^{1/2} = \Phi(A)\sigma\Phi(B).$$

(2) も同様に示せる. □

注意 1.36. 作用素結合は定義 1.27 (iii) の下向き連続性を満たすが, 作用素凸関数 f に対する作用素パースペクティブ P_f はこの性質をもたない. 例えば, $f(x) = x^2$ の場合, $A = \varepsilon^\alpha I$, $B = \varepsilon I$ ($\varepsilon > 0$, $\alpha > 0$) とすると $P_{x^2}(A,B) = \varepsilon^{2\alpha-1} I$ は $\varepsilon \searrow 0$ のとき, $\alpha < 1/2$ なら発散, $\alpha = 1/2$ なら I に収束, $\alpha > 1/2$ なら 0 に収束する (4.1 節の (4.10) に一般的な説明がある). また P_f に対しても (1.26) の極限表示が考えられるが, f と $A, B \in B(\mathcal{H})^+$ に一定の条件を課さないと $\lim_{\varepsilon \searrow 0} P_f(A_\varepsilon, B_\varepsilon)$ は有界作用素として定まらない.

1.5 行列のマジョリゼーション

行列のマジョリゼーションの基礎は次に定義する $\mathbb{R}^n$-ベクトルのマジョリゼーションで

ある.

定義 1.37. $\boldsymbol{a} = (a_1, \ldots, a_n), \boldsymbol{b} = (b_1, \ldots, b_n) \in \mathbb{R}^n$ に対し, $(a_{[1]}, \ldots, a_{[n]})$ を $\boldsymbol{a}$ の成分を大きい順, つまり $a_{[1]} \geq \cdots \geq a_{[n]}$ と並べたもの (単調減少再配列) とする. $(b_{[1]}, \ldots, b_{[n]})$ も同様とする.

- 弱マジョリゼーション (weak majorization)[*9] $\boldsymbol{a} \prec_w \boldsymbol{b}$ とは

$$\sum_{i=1}^{k} a_{[i]} \leq \sum_{i=1}^{k} b_{[i]}, \qquad 1 \leq k \leq n \tag{1.32}$$

であるときをいう. $\boldsymbol{a} \prec_w \boldsymbol{b}$ は $\boldsymbol{b} \succ_w \boldsymbol{a}$ とも書く.

- マジョリゼーション (majorization) $\boldsymbol{a} \prec \boldsymbol{b}$ とは $\boldsymbol{a} \prec_w \boldsymbol{b}$ であり (1.32) の最後の $k = n$ で等号が成立 (つまり $\sum_{i=1}^{n} a_i = \sum_{i=1}^{n} b_i$) のときをいう. $\boldsymbol{a} \prec \boldsymbol{b}$ は $\boldsymbol{b} \succ \boldsymbol{a}$ とも書く.

- $\boldsymbol{a}, \boldsymbol{b} \geq 0$ (つまりすべての i に対し $a_i, b_i \geq 0$) のとき, **弱対数マジョリゼーション** (weak log-majorization) $\boldsymbol{a} \prec_{w \log} \boldsymbol{b}$ とは

$$\prod_{i=1}^{k} \boldsymbol{a}_i \leq \prod_{i=1}^{k} \boldsymbol{b}_i, \qquad 1 \leq k \leq n \tag{1.33}$$

であるときをいう.

- $\boldsymbol{a}, \boldsymbol{b} \geq 0$ のとき, **対数マジョリゼーション** (log-majorization) $\boldsymbol{a} \prec_{\log} \boldsymbol{b}$ とは $\boldsymbol{a} \prec_{w \log} \boldsymbol{b}$ であり (1.33) の最後の $k = n$ で等号が成立 (つまり $\prod_{i=1}^{n} a_i = \prod_{i=1}^{n} b_i$) のときをいう.

(弱) マジョリゼーションは古く Hardy–Littlewood–Pólya により研究されたもので **Hardy–Littlewood–Pólya の順序**と呼ばれることもある. $\boldsymbol{a}, \boldsymbol{b} > 0$ (すべての i に対し $a_i, b_i > 0$) なら, 明らかに

$$\boldsymbol{a} \prec_{w \log} \boldsymbol{b} \iff \log \boldsymbol{a} \prec_w \log \boldsymbol{b}, \qquad \boldsymbol{a} \prec_{\log} \boldsymbol{b} \iff \log \boldsymbol{a} \prec \log \boldsymbol{b}.$$

これが (弱) 対数マジョリゼーションと呼ぶ理由である.

次は $\boldsymbol{a} \prec \boldsymbol{b}$ と $\boldsymbol{a} \prec_w \boldsymbol{b}$ のそれぞれの同値条件を与える.

命題 1.38. (1) $\boldsymbol{a}, \boldsymbol{b} \in \mathbb{R}^n$ に対し次は同値:

(i) $\boldsymbol{a} \prec \boldsymbol{b}$.

(ii) すべての a_i, b_i を含む区間上の任意の凸関数 f に対し $\sum_{i=1}^{n} f(a_i) \leq \sum_{i=1}^{n} f(b_i)$.

(iii) $\boldsymbol{a}$ は $\boldsymbol{b}$ の成分を置換したベクトル全体の凸結合.

(iv) $n \times n$ の 2 重確率行列 D (つまり $D = [d_{ij}]_{i,j=1}^n$, $d_{ij} \geq 0$, すべての i に対し $\sum_{j=1}^{n} d_{ij} = 1$, すべての j に対し $\sum_{i=1}^{n} d_{ij} = 1$) が存在して $\boldsymbol{a} = D\boldsymbol{b}$.[*10]

(2) $\boldsymbol{a}, \boldsymbol{b} \in \mathbb{R}^n$ に対し次は同値:

(i)′ $\boldsymbol{a} \prec_w \boldsymbol{b}$.

[*9] Majorization の日本語は「優越関係」が適当であるが, あまり普及していないのでカタカナ書きにした.

[*10] この節では $\boldsymbol{a}, \boldsymbol{b}$ は横ベクトルで書いているが, $\boldsymbol{a} = D\boldsymbol{b}$ の式では $\boldsymbol{a}, \boldsymbol{b}$ は縦ベクトルとみなしている.

(ii)$'$ $\boldsymbol{a} \leq \boldsymbol{c} \prec \boldsymbol{b}$ である $\boldsymbol{c} \in \mathbb{R}^n$ が存在する (ただし $\boldsymbol{a} \leq \boldsymbol{c}$ は $a_i \leq c_i$, $1 \leq i \leq n$).

(iii)$'$ すべての a_i, b_i を含む区間上の単調増加$^{*11)}$な凸関数 f に対し $\sum_{i=1}^{n} f(a_i) \leq \sum_{i=1}^{n} f(b_i)$.

さらに $\boldsymbol{a}, \boldsymbol{b} \geq 0$ なら上の (i)$'$–(iii)$'$ は次とも同値:

(iv)$'$ $n \times n$ の 2 重劣確率行列 S (つまり $S = [s_{ij}]_{i,j=1}^{n}$, $s_{ij} \geq 0$, すべての i に対し $\sum_{j=1}^{n} s_{ij} \leq 1$, すべての j に対し $\sum_{i=1}^{n} s_{ij} \leq 1$) が存在して $\boldsymbol{a} = S\boldsymbol{b}$.

ベクトルの (弱) マジョリゼーションと (弱) 対数マジョリゼーションについて次の性質は有用である.

命題 1.39. $\boldsymbol{a}, \boldsymbol{b} \in \mathbb{R}^n$ とする.

(1) $\boldsymbol{a} \prec \boldsymbol{b}$ なら, すべての a_i, b_i を含む区間上の任意の凸関数 f に対し $f(\boldsymbol{a}) \prec_w f(\boldsymbol{b})$. ただし $f(\boldsymbol{a}) := (f(a_1), \ldots, f(a_n))$. また f が凹関数なら $f(\boldsymbol{a}) \succ_w f(\boldsymbol{b})$.

(2) $\boldsymbol{a} \prec_w \boldsymbol{b}$ なら, すべての a_i, b_i を含む区間上の任意の単調増加な凸関数 f に対し $f(\boldsymbol{a}) \prec_w f(\boldsymbol{b})$.

(3) $\boldsymbol{a}, \boldsymbol{b} \geq 0$ で $\boldsymbol{a} \prec_{\log} \boldsymbol{b}$ とする. f が $[0, \infty)$ 上の連続関数であり $f(e^x)$ が $\mathbb{R}$ 上で凸なら $f(\boldsymbol{a}) \prec_w f(\boldsymbol{b})$.

(4) $\boldsymbol{a}, \boldsymbol{b} \geq 0$ で $\boldsymbol{a} \prec_{w \log} \boldsymbol{b}$ とする. f が $[0, \infty)$ 上の単調増加な連続関数であり $f(e^x)$ が $\mathbb{R}$ 上で凸なら $f(\boldsymbol{a}) \prec_w f(\boldsymbol{b})$. 特に $\boldsymbol{a} \prec_w \boldsymbol{b}$.

以下この節で行列 (作用素) に対するマジョリゼーションについて説明する. 以下 $n = \dim \mathcal{H}$ とする.

定義 1.40. (1) $A \in B(\mathcal{H})^{\mathrm{sa}}$ に対し A の固有値を重複度込みで大きい順に並べたベクトルを

$$\lambda(A) = (\lambda_1(A), \ldots, \lambda_n(A)), \qquad \lambda_1(A) \geq \cdots \geq \lambda_n(A)$$

と書く. また任意の $A \in B(\mathcal{H})$ に対し A の特異値を重複度込みで大きい順に並べたベクトルを

$$s(A) = (s_1(A), \ldots, s_n(A)), \quad \text{つまり } s(A) = \lambda(|A|)$$

と書く.

(2) $A, B \in B(\mathcal{H})^{\mathrm{sa}}$ に対し $\lambda(A) \prec \lambda(B)$, $\lambda(A) \prec_w \lambda(B)$ のとき, それぞれ $A \prec B$, $A \prec_w B$ と書く. また $A, B \in B(\mathcal{H})^+$ に対し $\lambda(A) \prec_{\log} \lambda(B)$, $\lambda(A) \prec_{w \log} \lambda(B)$ のとき, それぞれ $A \prec_{\log} B$, $A \prec_{w \log} B$ と書く. つまり A, B の **(弱, 対数) マジョリゼーション**は固有値ベクトル $\lambda(A)$, $\lambda(B)$ のそれに帰着して定める. $A \prec B$, $A \prec_w B$, $A \prec_{\log} B$, $A \prec_{w \log} B$ について, 定義 1.37 で記した最後の $k = n$ の条件はそれぞれ $\mathrm{Tr}\, A = \mathrm{Tr}\, B$, $\mathrm{Tr}\, A \leq \mathrm{Tr}\, B$, $\det A = \det B$, $\det A \leq \det B$ と書ける.

$A \in B(\mathcal{H})^{\mathrm{sa}}$ の固有値に対する次の変分表示は **minimax 原理**と呼ばれ有用である:

*11) 本書では「単調増加」「減少関数」はそれぞれ「単調非減少」「単調非増加」の意味で使う. 狭義の単調増加・減少の場合は「狭義」を付けて書く.

22 第 1 章 行列解析の準備

$k = 1, \ldots, n$ に対し

$$\lambda_k(A) = \min\left\{\max_{\xi \in \mathcal{M}^\perp, \|\xi\|=1} \langle \xi, A\xi \rangle \colon \mathcal{M} \text{ は } \mathcal{H} \text{ の部分空間}, \dim \mathcal{M} = k - 1\right\}.$$

これより次の **Weyl の単調定理**が成立する．(1.34) は k 番目の固有値ごとの不等式だから $A \prec_w B$ より強い．

命題 1.41. $A, B \in B(\mathcal{H})^{\mathrm{sa}}$ が $A \le B$ なら

$$\lambda_k(A) \le \lambda_k(B), \qquad 1 \le k \le n. \tag{1.34}$$

行列 (作用素) の和に対するマジョリゼーションについて次の **Ky Fan の定理**が成立する．

定理 1.42. (1) 任意の $A, B \in B(\mathcal{H})^{\mathrm{sa}}$ に対し

$$\lambda(A + B) \prec \lambda(A) + \lambda(B).$$

(2) 任意の $A, B \in B(\mathcal{H})$ に対し

$$s(A + B) \prec_w s(A) + s(B).$$

略証. (1) 任意の $A \in B(\mathcal{H})^{\mathrm{sa}}$ に対し次の Ky Fan の変分表示が成立:

$$\sum_{i=1}^{k} \lambda_i(A) = \max\{\mathrm{Tr}\, AP \colon P \text{ は射影}, \dim P\mathcal{H} = k\}, \qquad 1 \le k \le n.$$

これより $\dim P\mathcal{H} = k$ である射影 P に対し

$$\mathrm{Tr}(A + B)P = \mathrm{Tr}\, AP + \mathrm{Tr}\, BP \le \sum_{i=1}^{k} \{\lambda_i(A) + \lambda_i(B)\}$$

だから $\sum_{i=1}^{k} \lambda_i(A + B) \le \sum_{i=1}^{k} \{\lambda_i(A) + \lambda_i(B)\}$ が成立．$k = n$ のとき $\mathrm{Tr}(A + B) = \mathrm{Tr}\, A + \mathrm{Tr}\, B$ で等号成立．

(2) $A, B \in B(\mathcal{H})$ に対し $\widetilde{A} := \begin{bmatrix} 0 & A \\ A^* & 0 \end{bmatrix}$, $\widetilde{B} := \begin{bmatrix} 0 & B \\ B^* & 0 \end{bmatrix} \in B(\mathcal{H} \oplus \mathcal{H})^{\mathrm{sa}}$ とする．上の (1) より $\lambda(\widetilde{A} + \widetilde{B}) \prec \lambda(\widetilde{A}) + \lambda(\widetilde{B})$．また $\begin{bmatrix} I & 0 \\ 0 & -I \end{bmatrix} \widetilde{A} \begin{bmatrix} I & 0 \\ 0 & -I \end{bmatrix} = -\widetilde{A}$ と $|\widetilde{A}| = \begin{bmatrix} |A| & 0 \\ 0 & |A^*| \end{bmatrix}$ より

$$\lambda(\widetilde{A}) = (s_1(A), \ldots, s_n(A), -s_n(A), \ldots, -s_1(A))$$

が示せる．よって結論がいえる． $\square$

ここで，対数マジョリゼーションの導出に極めて有用な反対称テンソル積の手法を手短に説明する．各 $k \in \mathbb{N}$ に対し $\mathcal{H}^{\otimes k}$ は $\mathcal{H}$ の k-重テンソル積を表す．$\xi_1, \ldots, \xi_k \in \mathcal{H}$ に対し $\xi_1 \wedge \cdots \wedge \xi_k \in \mathcal{H}^{\otimes k}$ を

$$\xi_1 \wedge \cdots \wedge \xi_k := \frac{1}{\sqrt{k!}} \sum_\pi (\operatorname{sgn} \pi) \xi_{\pi(1)} \otimes \cdots \otimes \xi_{\pi(k)}$$

と定める．ここで π は $\{1, \ldots, k\}$ 上のすべての置換にわたり，π の偶奇により $\operatorname{sgn} \pi = \pm 1$ とする．そこで $\{\xi_1 \wedge \cdots \wedge \xi_k : \xi_i \in \mathcal{H}\}$ で張られる $\mathcal{H}^{\otimes k}$ の部分空間を $\mathcal{H}$ の k-重反対称テンソル積と定義し $\mathcal{H}^{\wedge k}$ で表す．$\dim \mathcal{H}^{\wedge k} = \binom{n}{k}$ $(1 \leq k \leq n)$ であり $\mathcal{H}^{\wedge k} = \{0\}$ $(k > n)$.

次に，任意の $A \in B(\mathcal{H})$ と $k \in \mathbb{N}$ に対し $A^{\otimes k}(\xi_1 \otimes \cdots \otimes \xi_k) := A\xi_1 \otimes \cdots \otimes A\xi_k$ で定まる $A^{\otimes k} \in B(\mathcal{H}^{\otimes k})$ が $\mathcal{H}^{\wedge k}$ を不変にするから，A の反対称テンソル冪 (べき) を $A^{\wedge k} := A^{\otimes k}|_{\mathcal{H}^{\wedge k}}$ と定めることができる．特に $\mathcal{H}^{\wedge n} \cong \mathbb{C}$ であり，$A^{\wedge n} = \det A$ (スカラー) になる．任意の $A, B \in B(\mathcal{H})$, $1 \leq k \leq n$ に対し次は容易 (演習問題とする):

$$(A^*)^{\wedge k} = (A^{\wedge k})^*, \quad (AB)^{\wedge k} = (A^{\wedge k})(B^{\wedge k}), \quad |A|^{\wedge k} = |A^{\wedge k}|,$$

$$A \geq 0 \text{ なら } A^{\wedge k} \geq 0 \text{ であり } (A^p)^{\wedge k} = (A^{\wedge k})^p \ (p > 0).$$

反対称テンソル冪を使う以下の議論において次の補題が鍵になる．

補題 1.43. 任意の $A \in B(\mathcal{H})$ と任意の $k = 1, \ldots, n$ に対し

$$\prod_{i=1}^{k} s_i(A) = s_1(A^{\wedge k}) \ (= \|A^{\wedge k}\|_\infty).$$

略証．$A \geq 0$ としてよい．A の固有ベクトルからなる $\mathcal{H}$ の正規直交基底 $\{u_i\}_{i=1}^{n}$ をとると，

$$A^{\wedge k}(u_{i_1} \wedge \cdots \wedge u_{i_k}) = \left(\prod_{j=1}^{k} s_{i_j}(A) \right) u_{i_1} \wedge \cdots \wedge u_{i_k}$$

であり，$\{u_{i_1} \wedge \cdots \wedge u_{i_k} : 1 \leq i_1 < \cdots < i_k \leq n\}$ が $A^{\wedge k}$ の固有ベクトルからなる $\mathcal{H}^{\wedge k}$ の正規直交基底である．よって $\prod_{i=1}^{k} s_i(A)$ が $A^{\wedge k}$ の最大固有値である． $\square$

次に反対称テンソル冪の手法で証明できる 4 つの対数マジョリゼーションの定理をまとめて示す．

定理 1.44. (1) **Weyl の定理**: 任意の $A \in B(\mathcal{H})$ に対し $\lambda_1(A), \ldots, \lambda_n(A)$ を A の固有値を重複度込みで $|\lambda_1(A)| \geq \cdots \geq |\lambda_n(A)|$ と並べたものとすると，

$$(|\lambda_1(A)|, \ldots, |\lambda_n(A)|) \prec_{w \log} s(A).$$

(2) **Horn の定理**: 任意の $A, B \in B(\mathcal{H})$ に対し

$$s(AB) \prec_{\log} s(A)s(B).$$

ただし $s(A)s(B) := (s_i(A)s_i(B))_{i=1}^{n}$.

(3) **Araki の定理**: 任意の $A, B \in B(\mathcal{H})^+$ に対し

$$(A^{1/2}BA^{1/2})^r \prec_{\log} A^{r/2}B^r A^{r/2}, \qquad r \geq 1,$$

$$(A^{p/2}B^p A^{p/2})^{1/p} \prec_{\log} (A^{q/2}B^q A^{q/2})^{1/q}, \qquad 0 < p \leq q.$$

(4) Ando–Hiai の定理: 任意の $A, B \in B(\mathcal{H})^+$, $0 \leq \alpha \leq 1$ に対し

$$A^r \#_\alpha B^r \prec_{\log} (A \#_\alpha B)^r, \qquad r \geq 1,$$
$$(A^p \#_\alpha B^p)^{1/p} \prec_{\log} (A^q \#_\alpha B^q)^{1/q}, \qquad p \geq q > 0.$$

略証. (1) は省略.

(2) 補題 1.43 より

$$\prod_{i=1}^{k} s_i(AB) = \|(AB)^{\wedge k}\|_\infty \leq \|A^{\wedge k}\|_\infty \|B^{\wedge k}\|_\infty = \prod_{i=1}^{k} \{s_i(A)s_i(B)\}.$$

$k = n$ のとき $\det|AB| = |\det(AB)| = \det|A|\det|B|$.

(3) 連続性より A, B は可逆としてよい. まず $\|(A^{1/2}BA^{1/2})^r\|_\infty \leq \|A^{r/2}B^r A^{r/2}\|_\infty$ を示すには $A^{r/2}B^r A^{r/2} \leq I \implies A^{1/2}BA^{1/2} \leq I$ をいえばよいが, Löwner–Heinz の不等式 (例 1.15 を見よ) より $B^r \leq A^{-r} \implies B \leq A^{-1}$ だから成立. そこで

$$((A^{1/2}BA^{1/2})^r)^{\wedge k} = ((A^{\wedge k})^{1/2}(B^{\wedge k})(A^{\wedge k})^{1/2})^r,$$
$$(A^{r/2}B^r A^{r/2})^{\wedge k} = (A^{\wedge k})^{r/2}(B^{\wedge k})^r (A^{\wedge k})^{r/2}$$

だから, 補題 1.43 より $\prod_{i=1}^{k} s_i((A^{1/2}BA^{1/2})^r) \leq \prod_{i=1}^{k} s_i(A^{r/2}B^r A^{r/2})$ がいえる. $k = n$ のとき 両辺 $= (\det A \det B)^r$.

(4) 連続性 (定義 1.27 (iii) を見よ) より A, B は可逆としてよい. $\|A^r \#_\alpha B^r\|_\infty \leq \|(A \#_\alpha B)^r\|_\infty$ を示すのが証明の主要部分である. このためには **Ando–Hiai の不等式**

$$A \#_\alpha B \leq I \implies A^r \#_\alpha B^r \leq I, \qquad r \geq 1$$

を示せばよい. これの証明はここでは割愛する. 後は

$$(A^r \#_\alpha B^r)^{\wedge k} = (A^{\wedge k})^r \#_\alpha (B^{\wedge k})^r, \qquad ((A \#_\alpha B)^r)^{\wedge k} = ((A^{\wedge k}) \#_\alpha (B^{\wedge k}))^r$$

と $\det(A^r \#_\alpha B^r) = (\det A)^{r(1-\alpha)}(\det B)^{r\alpha} = \det(A \#_\alpha B)^r$ に注意して補題 1.43 を使えばよい. $\qquad\square$

注意 1.45. 本書では使わないので詳細は省略するが, 行列のマジョリゼーションについて次の 2 つは有名である.

(a) **Lidskii–Wielandt の定理**: 任意の $A, B \in B(\mathcal{H})^{\text{sa}}$ に対し

$$(\lambda_1(A) + \lambda_n(B), \lambda_2(A) + \lambda_{n-1}(B), \ldots, \lambda_n(A) + \lambda_1(B)) \prec \lambda(A + B).$$

B を $-B$ に置き換えると $\lambda_{n+1-i}(-B) = -\lambda_i(B)$ だから, 上のマジョリゼーションは次と同値:

$$(\lambda_1(A) - \lambda_1(B), \ldots, \lambda_n(A) - \lambda_n(B)) \prec \lambda(A - B).$$

(b) **Gelfand–Naimark の定理**: 任意の $A, B \in B(\mathcal{H})$ に対し

$$(s_1(A)s_n(B), s_2(A)s_{n-1}(B), \ldots, s_n(A)s_1(B)) \prec_{\log} s(AB).$$

上の (a), (b) はそれぞれ定理 1.42 (1) と定理 1.44 (2) の強いバージョンである．実際，(a) を $A + B$, $-B$ に適用すると，$\sum_{i=1}^{k}\{\lambda_i(A + B) - \lambda_i(B)\} \leq \sum_{i=1}^{k} \lambda_i(A)$. よって $\sum_{i=1}^{k} \lambda_i(A + B) \leq \sum_{i=1}^{k}\{\lambda_i(A) + \lambda_i(B)\}$. また (b) を AB, B^{-1} (ただし B は可逆とする) に適用すると，$s_{n+1-i}(B^{-1}) = s_i(B)^{-1}$ だから $\prod_{i=1}^{k} s_i(AB)s_i(B)^{-1} \leq \prod_{i=1}^{k} s_i(A)$. よって $\prod_{i=1}^{k} s_i(AB) \leq \prod_{i=1}^{k} s_i(A)s_i(B)$.

1.6 行列のノルム・トレース不等式

この節では行列 (作用素) のノルム不等式とトレース不等式について，第 2 章以降で使われるものを中心に解説する．行列ノルムに関して次の定義は重要である．

定義 1.46. (1) $\mathbb{R}^n$ 上のノルム Φ は，$\{1, \dots, n\}$ 上の任意の置換 π と任意の $\varepsilon_i = \pm 1$ に対し

$$\Phi(a_1, \dots, a_n) = \Phi(\varepsilon_1 a_{\pi(1)}, \dots, \varepsilon_n a_{\pi(n)}), \qquad \boldsymbol{a} = (a_1, \dots, a_n) \in \mathbb{R}^n$$

を満たすとき，**対称ノルム**または**対称ゲージ関数**と呼ばれる．上の条件は $\Phi(\boldsymbol{a}) = \Phi(a_1^*, \dots, a_n^*)$ と書いても同じである．ただし $(a_1^*, \dots, a_n^*)$ は $(|a_1|, \dots, |a_n|)$ の単調減少再配列とする．

(2) $B(\mathcal{H})$ 上のノルム $\|\cdot\|$ は，任意のユニタリ作用素 $U, V \in B(\mathcal{H})$ に対し

$$\|UAV\| = \|A\|, \qquad A \in B(\mathcal{H})$$

を満たすとき，**ユニタリ不変ノルム** (または**対称ノルム**) と呼ばれる[*12]．

補題 1.47. Φ は $\mathbb{R}^n$ 上の対称ノルムとする．
(1) $\boldsymbol{a}, \boldsymbol{b} \in \mathbb{R}^n$ が $(|a_1|, \dots, |a_n|) \prec_w (|b_1|, \dots, |b_n|)$ なら $\Phi(\boldsymbol{a}) \leq \Phi(\boldsymbol{b})$.
(2) $\Phi(1, 0, \dots, 0) = 1$ とすると

$$\max_{1 \leq i \leq n} |a_i| \leq \Phi(\boldsymbol{a}) \leq \sum_{i=1}^{n} |a_i|, \qquad \boldsymbol{a} \in \mathbb{R}^n.$$

ユニタリ不変ノルムについては，次の **von Neumann** の定理が基本的である．

定理 1.48. $\mathbb{R}^n$ 上の対称ノルム Φ と $B(\mathcal{H})$ ($n = \dim \mathcal{H}$) 上のユニタリ不変ノルム $\|\cdot\|$ の間に 1 対 1 の対応が次で定まる:

$$\|A\| = \Phi(s(A)), \qquad A \in B(\mathcal{H}). \tag{1.35}$$

略証. $\mathbb{R}^n$ 上の対称ノルム Φ に対し (1.35) により $B(\mathcal{H})$ 上の $\|\cdot\|$ を定める．定理 1.42 (2) と補題 1.47 (1) より

$$\|A + B\| = \Phi(s(A + B)) \leq \Phi(s(A) + s(B))$$

[*12] $\|\cdot\|$ を $B(\mathcal{H})$ 上の作用素ノルムの記号として使う場合，一般のユニタリ不変ノルムを表すのに $\|\|\cdot\|\|$ を使うことが多い．本書では作用素ノルムを $\|\cdot\|_\infty$ で一般のユニタリ不変ノルムを $\|\cdot\|$ で表す．

$$\leq \Phi(s(A)) + \Phi(s(B)) = \|A\| + \|B\|, \qquad A, B \in B(\mathcal{H}).$$

また $\|\alpha A\| = |\alpha|\, \|A\|\ (\alpha \in \mathbb{C})$, $\|A\| = 0 \iff A = 0$, ユニタリ U, V に対し $\|UAV\| = \|A\|$ は容易. 逆に $B(\mathcal{H})$ 上のユニタリ不変ノルム $\|\cdot\|$ に対し

$$\Phi(\boldsymbol{a}) := \Big\| \sum_{i=1}^{n} a_i |e_i\rangle\langle e_i| \Big\|, \qquad \boldsymbol{a} \in \mathbb{R}^n$$

と定める. 上で $\mathcal{H}$ の任意の正規直交基底 $\{e_i\}$ を 1 つ固定する. Φ が $\mathbb{R}^n$ 上の対称ノルムであることは簡単にいえる. さらに $\Phi(s(A)) = \|A\|$ だから, 対応 $\Phi \leftrightarrow \|\cdot\|$ は 1 対 1 である. $\qquad\square$

例 1.49. $\mathbb{R}^n$ 上の ℓ^p-ノルム

$$\Phi_p(\boldsymbol{a}) := \begin{cases} \big(\sum_{i=1}^{n} |a_i|^p\big)^{1/p} & (1 \leq p < \infty), \\ \max_{1 \leq i \leq n} |a_i| & (p = \infty) \end{cases}$$

は典型的な対称ノルムである. 対応する $B(\mathcal{H})$ 上のユニタリ不変ノルムは **von Neumann–Schatten** p-**ノルム**

$$\|A\|_p := \Phi_p(s(A)) = \begin{cases} \big(\sum_{i=1}^{n} s_i(A)^p\big)^{1/p} = (\operatorname{Tr} |A|^p)^{1/p} & (1 \leq p < \infty), \\ s_1(A) = \|A\|_\infty & (p = 1) \end{cases}$$

であり, 特に $p = 1, 2, \infty$ のとき $\|\cdot\|_p$ はそれぞれ**トレース・ノルム**, **Hilbert–Schmidt ノルム**, **作用素ノルム**である. さらに $0 < p < 1$ に対しても

$$\|A\|_p := \left(\sum_{i=1}^{n} s_i(A)^p\right)^{1/p} = (\operatorname{Tr} |A|^p)^{1/p}$$

と定める. $0 < p < 1$ のときは $\|\cdot\|_p$ はノルムでなく擬ノルムになる.

ユニタリ不変ノルムの性質を次にまとめる.

命題 1.50. $\|\cdot\|$ が $B(\mathcal{H})$ 上のユニタリ不変ノルムとし, $A, B, X, Y \in B(\mathcal{H})$ とする.
(1) $\|A\| = \|A^*\|$.
(2) $\|XAY\| \leq \|X\|_\infty \|Y\|_\infty \|A\|$.
(3) $s(A) \prec_w s(B) \implies \|A\| \leq \|B\|$.
(4) 対応する対称ゲージ関数 Φ が正規化条件 $\Phi(1, 0, \dots, 0) = 1$ を満たすなら, $\|A\|_\infty \leq \|A\| \leq \|A\|_1$. つまり正規化条件の下で, $\|\cdot\|_\infty$, $\|\cdot\|_1$ がそれぞれ最小, 最大のユニタリ不変ノルムである.

次に行列に対する Hölder の不等式と逆向き Hölder の不等式, およびそれらの等号成立条件を示す.

定理 1.51. (1) $0 < p, q, r \leq \infty$, $1/p + 1/q = 1/r$ とすると, 任意の $A, B \in B(\mathcal{H})$ に対し

$$\|AB\|_r \leq \|A\|_p \|B\|_q \quad (\textbf{Hölder の不等式}).$$

さらに，$\|AB\|_r = \|A\|_p \|B\|_q \iff |A|^p$ が $|B^*|^q$ の定数倍または $|B^*|^q$ が $|A|^p$ の定数倍.

(2) $0 < p, r < \infty$, $q < 0$, $1/p + 1/q = 1/r$ とすると，任意の $A \in B(\mathcal{H})$ と任意の可逆な $B \in B(\mathcal{H})$ に対し

$$\|AB\|_r \geq \|A\|_p (\mathrm{Tr}\, |B|^q)^{1/q} \quad (\text{逆向き Hölder の不等式}).$$

さらに，$\|AB\|_r = \|A\|_p (\mathrm{Tr}\, |B|^q)^{1/q} \iff |A|^p$ が $|B^*|^q$ の定数倍.

略証. (1) 定理 1.44 (2) と命題 1.39 (4) より $s(AB)^r \prec_w s(A)^r s(B)^r$ だから

$$\|AB\|_r^r = \sum_{i=1}^n s_i(AB)^r \leq \sum_{i=1}^n s_i(A)^r s_i(B)^r$$
$$\leq \left(\sum_{i=1}^n s_i(A)^p\right)^{r/p} \left(\sum_{i=1}^n s_i(B)^q\right)^{r/q} = \|A\|_p^r \|B\|_q^r.$$

(2) $1/r + 1/(-q) = 1/p$ に注意して (1) より

$$\|A\|_p = \|(AB)B^{-1}\|_p \leq \|AB\|_r \|B^{-1}\|_{-q}.$$

$\|B^{-1}\|_{-q} = (\mathrm{Tr}\, |B^{-1}|^{-q})^{-1/q} = (\mathrm{Tr}\, |B|^q)^{-1/q}$ だから，結論の不等式が示せた.

(1), (2) の等号成立条件については本書で使わないので省略する. $\square$

特に $p, q \in [1, \infty]$, $1/p + 1/q = 1$ のとき，定理 1.51 (1) より任意の $A, B \in B(\mathcal{H})$ に対し，$|\mathrm{Tr}\, AB| \leq \mathrm{Tr}\, |AB| \leq \|A\|_p \|B\|_q$ であり，

$$\|A\|_p = \max\{|\mathrm{Tr}\, AB| : B \in B(\mathcal{H}), \|B\|_q \leq 1\}$$

が成立する. これより双対形式 $(A, B) \mapsto \mathrm{Tr}\, AB$ $(A, B \in B(\mathcal{H}))$ により等距離同型 $(B(\mathcal{H}), \|\cdot\|_p)^* \cong (B(\mathcal{H}), \|\cdot\|_q)$ がいえる. さらに $A \in B(\mathcal{H})^+$ なら

$$\|A\|_p = \max\{\mathrm{Tr}\, AB : B \in B(\mathcal{H})^+, \|B\|_q \leq 1\} \tag{1.36}$$

が成立する.

以下この節で行列 (作用素) のトレース不等式について解説する. 次はトレース関数の単調性と凸性についての基礎的な結果である.

命題 1.52. (1) $f : (a, b) \to \mathbb{R}$ が単調増加とすると，$A, B \in B(\mathcal{H})^{\mathrm{sa}}$ が $\mathrm{Sp}(A), \mathrm{Sp}(B) \subset (a, b)$ で $A \leq B$ なら $\mathrm{Tr}\, f(A) \leq \mathrm{Tr}\, f(B)$.

(2) $f : (a, b) \to \mathbb{R}$ が凸関数とすると，$\mathrm{Tr}\, f(A)$ は $\{A \in B(\mathcal{H})^{\mathrm{sa}} : \mathrm{Sp}(A) \subset (a, b)\}$ 上の凸関数である.

略証. (1) は命題 1.41 (Weyl の単調定理) から分かる.

(2) は定理 1.42 (1) より $0 < \alpha < 1$ に対し

$$\lambda(\alpha A + (1 - \alpha)B) \prec \lambda(\alpha A) + \lambda((1 - \alpha)B) = \alpha \lambda(A) + (1 - \alpha)\lambda(B)$$

だから命題 1.38 (1) より結論がいえる. $\square$

有名なトレース不等式に $H, K \in B(\mathcal{H})^{\mathrm{sa}}$ に対する **Golden–Thompson** のトレース不等式

$$\mathrm{Tr}\, e^{H+K} \le \mathrm{Tr}\, e^H e^K \tag{1.37}$$

がある. これの一般化である Golden–Thompson 型のノルム・トレース不等式とその補完型を次に示す. これらは定理 1.44 の (3), (4) のマジョリゼーションと命題 1.39 (4), 1.50 (3) の帰結である.

定理 1.53. (1) 任意の $A, B \in B(\mathcal{H})^+$ と任意のユニタリ不変ノルム $\|\cdot\|$ に対し,

$$p \in (0, \infty) \mapsto \|(A^{p/2} B^p A^{p/2})^{1/p}\|$$

は単調増加である. 特に $p \in (0, \infty) \mapsto \mathrm{Tr}(A^{p/2} B^p A^{p/2})^{1/p}$ は単調増加である (**Araki–Lieb–Thirring の不等式**).
(2) 任意の $A, B \in B(\mathcal{H})^+$, $\alpha \in [0, 1]$ と任意のユニタリ不変ノルム $\|\cdot\|$ に対し,

$$p \in (0, \infty) \mapsto \|(A^p \#_\alpha B^p)^{1/p}\|$$

は単調減少である. 特に $p \in (0, \infty) \mapsto \mathrm{Tr}(A^p \#_\alpha B^p)^{1/p}$ は単調減少である.

注意 1.54. $H, K \in B(\mathcal{H})^{\mathrm{sa}}$ に対し, **Lie–Trotter** の積公式

$$\lim_{p \searrow 0} (e^{pH/2} e^{pK} e^{pH/2})^{1/p} = e^{H+K},$$
$$\lim_{p \searrow 0} (e^{pH} \#_\alpha e^{pK})^{1/p} = e^{(1-\alpha)H + \alpha K}$$

が成立する. よって上の定理より, 任意の $p, q > 0$ に対し

$$\mathrm{Tr}(e^{2qH} \# e^{2qK})^{1/q} \le \mathrm{Tr}\, e^{H+K} \le \mathrm{Tr}(e^{pH/2} e^{pK} e^{pH/2})^{1/p}$$

であり, $p, q \searrow 0$ のとき 右辺 $\searrow \mathrm{Tr}\, e^{H+K}$, 左辺 $\nearrow \mathrm{Tr}\, e^{H+K}$ である. それゆえ Araki-Lieb–Thirring の不等式が (1.37) の一般化であることがいえる.

次は定理 1.53 のトレース不等式の等号成立条件である.

定理 1.55. (1) $A, B \in B(\mathcal{H})^+$ に対し次は同値:
- ある $p > q > 0$ に対し $\mathrm{Tr}(A^{p/2} B^p A^{p/2})^{1/p} = \mathrm{Tr}(A^{p/2} B^p A^{p/2})^{1/p}$;
- $\mathrm{Tr}(A^{p/2} B^p A^{p/2})^{1/p}$ $(p > 0)$ が定数;
- $AB = BA$.

(2) $A, B \in B(\mathcal{H})^{++}$ と $0 < \alpha < 1$ に対し次は同値:
- ある $p > q > 0$ に対し $\mathrm{Tr}(A^p \#_\alpha B^p)^{1/p} = \mathrm{Tr}(A^q \#_\alpha B^q)^{1/q}$;
- $\mathrm{Tr}(A^p \#_\alpha B^p)^{1/p}$ $(p > 0)$ が定数;
- $AB = BA$.

以下に行列のトレース関数の凹凸性に関する重要な定理を述べる. 次の Lieb の定理は有名である.

定理 1.56. $p, q \geq 0$, $p + q \leq 1$ とする.

(1) **Lieb の凹性定理**: 任意の $X \in B(\mathcal{H})$ に対し

$$(A, B) \mapsto \operatorname{Tr} X^* A^p X B^q$$

は $B(\mathcal{H})^+ \times B(\mathcal{H})^+$ 上で同時凹である.

(2) **Lieb の凸性定理**:

$$(X, A, B) \mapsto \operatorname{Tr} X^* A^{-p} X B^{-q}$$

は $B(\mathcal{H}) \times B(\mathcal{H})^{++} \times B(\mathcal{H})^{++}$ 上で同時凸である.

注意 1.57. $0 < p < 1$, 密度作用素 $\rho \in B(\mathcal{H})$ と $K \in B(\mathcal{H})^{\mathrm{sa}}$ に対し **Wigner–Yanase–Dyson のスキュー情報量 (skew information)** は

$$I_p(\rho, K) := -\frac{1}{2} \operatorname{Tr}[\rho^p, K][\rho^{1-p}, K]$$

(ただし $[X, Y] := XY - YX$ は**交換子**). Lieb の凹性定理のもともとの目的は Wigner–Yanase–Dyson が予想した $\rho \mapsto I_p(\rho, K)$ の凸性を解決することであった. 実際,

$$I_p(\rho, K) = \operatorname{Tr} \rho K^2 - \operatorname{Tr} K \rho^p K \rho^{1-p}$$

に注意する. そのため Lieb の凹性は **WYDL-凹性**とも呼ばれる.

次の Ando の定理は Lieb の凹性を補完するものである.

定理 1.58. $p, q \in \mathbb{R}$ とする.

(1) $(A, B) \mapsto A^p \otimes B^q$ が $B(\mathcal{H})^{++} \times B(\mathcal{H})^{++}$ ($\mathcal{H}$ は任意) 上で同時凹であるための必要十分条件は $p, q \geq 0$ かつ $p + q \leq 1$ である.

(2) **Ando の凸性定理**: $(A, B) \mapsto A^p \otimes B^q$ が $B(\mathcal{H})^{++} \times B(\mathcal{H})^{++}$ ($\mathcal{H}$ は任意) 上で同時凸であるための必要十分条件は p, q が次のいずれかを満たすことである:

$$\begin{cases} -1 \leq p, q \leq 0, \\ -1 \leq p \leq 0 \text{ かつ } 1 - p \leq q \leq 2, \\ -1 \leq q \leq 0 \text{ かつ } 1 - q \leq p \leq 2. \end{cases}$$

注意 1.59. $B(\mathcal{H}) \otimes B(\mathcal{H}) = B(\mathcal{H} \otimes \mathcal{H})$ の Hilbert 空間 $(B(\mathcal{H}), \langle \cdot, \cdot \rangle_{\mathrm{HS}})$ 上の忠実な *-表現 π が $\pi(A \otimes B) := L_A R_{B^t}$ $(A, B \in B(\mathcal{H}))$ を線形拡張して定義できる. ただし L_A は A の左掛け算作用素, R_{B^t} は B の転置 B^t の右掛け算作用素とする. このとき,

$$\langle X, \pi(A \otimes B) X \rangle_{\mathrm{HS}} = \langle X, AXB^t \rangle_{\mathrm{HS}} = \operatorname{Tr} X^* AXB^t, \qquad A, B, X \in B(\mathcal{H})$$

であり $(B^t)^q = (B^q)^t$ $(B \in B(\mathcal{H})^{++})$ だから, $(A, B) \mapsto A^p \otimes B^q$ が $B(\mathcal{H})^{++} \times B(\mathcal{H})^{++}$ 上で同時凸 (また凹) であることは, 任意の $X \in B(\mathcal{H})$ に対し $(A, B) \mapsto \operatorname{Tr} X^* A^p X B^q$ が $B(\mathcal{H})^{++} \times B(\mathcal{H})^{++}$ 上で同時凸 (また凹) であることと同値である. それゆえ定理 1.58 (1) は Lieb の凹性と同値であり, 定理 1.58 (2) は $(A, B) \mapsto \operatorname{Tr} X^* A^p X B^q$ の $B(\mathcal{H})^{++} \times B(\mathcal{H})^{++}$ 上の同時凸性を特徴付ける.

次の定理の (a) で $0 < p \leq 1$, $s = 1/p$ の場合が有名な **Epstein** の凹性定理である.

定理 1.60. $p \in \mathbb{R}$, $s \geq 0$ とする. 任意の $X \in B(\mathcal{H})$ に対し

$$A \mapsto \mathrm{Tr}(X^* A^p X)^s = \mathrm{Tr}\,|A^{p/2}X|^{2s}$$

は $B(\mathcal{H})^{++}$ 上で,

(a) $0 < p \leq 1$, $0 \leq s \leq 1/p$ なら凹,

(b) $-1 \leq p \leq 0$, $s \geq 0$ なら凸,

(c) $1 \leq p \leq 2$, $s \geq 1/p$ なら凸.

定理 1.56 と定理 1.60 の (a) の場合は定理 1.62 の後で略証を与えるが, 定理 1.58 と定理 1.60 の残りの場合はここでは証明を割愛する. 実際, 定理 1.56 (1), 1.58, 1.60 はすべて後述の定理 1.64 に含まれる. また, 4.1 節の定理 4.7 (1) の結果として定理 1.56 (1), 1.58 の実質的な $q = 1 - p$ の場合が得られる (例 4.12 参照).

トレースを保存する CP 写像の下で行列のトレース関数が満たす不等式について, 次の定理が強力である.

定理 1.61 (Hiai–Petz). 関数 $f: (0, \infty) \to (0, \infty)$ と $A, B \in B(\mathcal{H})^{++}$ に対し $J_{A,B}^f : (B(\mathcal{H}), \langle \cdot, \cdot \rangle_{\mathrm{HS}}) \to (B(\mathcal{H}), \langle \cdot, \cdot \rangle_{\mathrm{HS}})$ を

$$J_{A,B}^f := f(L_A R_{B^{-1}}) R_B$$

と定める. このとき次は同値である:

(i) f が作用素単調.

(ii) トレースを保存する任意の CP 写像 $\Phi: B(\mathcal{H}) \to B(\mathcal{K})$ ($\mathcal{H}$, $\mathcal{K}$ は任意) と $\Phi(A), \Phi(B) \in B(\mathcal{K})^{++}$ である任意の $A, B \in B(\mathcal{H})^{++}$ に対し

$$\Phi^*(J_{\Phi(A),\Phi(B)}^f)^{-1}\Phi \leq (J_{A,B}^f)^{-1}. \tag{1.38}$$

(iii) 上の (ii) と同じ任意の Φ と A, B に対し

$$\Phi J_{A,B}^f \Phi^* \leq J_{\Phi(A),\Phi(B)}^f. \tag{1.39}$$

(iv) $(A, B, X) \mapsto \langle X, (J_{A,B}^f)^{-1} X \rangle_{\mathrm{HS}}$ が $B(\mathcal{H})^{++} \times B(\mathcal{H})^{++} \times B(\mathcal{H})$ 上で同時凸である.

略証. (ii) $\Longleftrightarrow$ (iii) は次より簡単に分かる:

$$(1.38) \iff (J_{A,B}^f)^{1/2}\Phi^*(J_{\Phi(A),\Phi(B)}^f)^{-1}\Phi(J_{A,B}^f)^{1/2} \leq I$$
$$\iff (J_{\Phi(A),\Phi(B)}^f)^{-1/2}\Phi J_{A,B}^f \Phi^*(J_{\Phi(A),\Phi(B)}^f)^{-1/2} \leq I \iff (1.39).$$

(i) $\Longrightarrow$ (ii). 積分表示 (1.14) より

$$\Phi R_B \Phi^* \leq R_{\Phi(B)}, \qquad \Phi L_A \Phi^* \leq L_{\Phi(A)},$$
$$\Phi \frac{L_A}{tI + L_A R_{B^{-1}}} \Phi^* \leq \frac{L_{\Phi(A)}}{tI + L_{\Phi(A)} R_{\Phi(B)^{-1}}} \qquad (t > 0)$$

を示せば十分. 任意の $X \in B(\mathcal{H})$ に対し

$$\langle X, \Phi R_B \Phi^*(X) \rangle_{\mathrm{HS}} = \mathrm{Tr}\, \Phi^*(X)^* \Phi^*(X) B \leq \mathrm{Tr}\, \Phi^*(X^* X) B$$
$$= \mathrm{Tr}\, X^* X \Phi(B) = \langle X, R_{\Phi(B)} X \rangle_{\mathrm{HS}}.$$

2 番目も同様. 3 番目は上で示した (1.38) $\Longleftrightarrow$ (1.39) より

$$\Phi^*\Big(\frac{L_{\Phi(A)}}{tI + L_{\Phi(A)} R_{\Phi(B)^{-1}}}\Big)^{-1}\Phi \leq \Big(\frac{L_A}{tI + L_A R_{B^{-1}}}\Big)^{-1},$$

つまり $\Phi^*(tL_{\Phi(A)^{-1}} + R_{\Phi(B)^{-1}})\Phi \leq tL_{A^{-1}} + R_{B^{-1}}$ を示せばよい. これは **Lieb–Ruskai** の不等式

$$\Phi(X)^* \Phi(A)^{-1} \Phi(X) \leq \Phi(X^* A^{-1} X) \tag{1.40}$$

からいえる.

(ii) $\Longrightarrow$ (iv). $\Phi: B(\mathcal{H} \oplus \mathcal{H}) \to B(\mathcal{H})$, $\Phi\left(\begin{bmatrix} X_{11} & X_{12} \\ X_{21} & X_{22} \end{bmatrix}\right) := X_{11} + X_{12}$ はトレースを保存する CP 写像である. $A_i, B_i \in B(\mathcal{H})^{++}$, $X_i \in B(\mathcal{H})$ $(i = 1, 2)$ とする. $A := \begin{bmatrix} A_1 & 0 \\ 0 & A_2 \end{bmatrix}$, $B := \begin{bmatrix} B_1 & 0 \\ 0 & B_2 \end{bmatrix}$, $X := \begin{bmatrix} X_1 & 0 \\ 0 & X_2 \end{bmatrix}$ に (ii) を適用すると,

$$\langle X_1 + X_2, (J^f_{A_1 + A_2, B_1 + B_2})^{-1}(X_1 + X_2) \rangle_{\mathrm{HS}}$$
$$\leq \langle X_1, (J^f_{A_1, B_1})^{-1} X_1 \rangle_{\mathrm{HS}} + \langle X_2, (J^f_{A_2, B_2})^{-1} X_2 \rangle_{\mathrm{HS}}$$

がいえる. 任意の $\lambda > 0$ に対し $\langle \lambda X, (J^f_{\lambda A, \lambda B})^{-1}(\lambda X) \rangle_{\mathrm{HS}} = \lambda \langle X, (J^f_{A, B})^{-1} X \rangle_{\mathrm{HS}}$ だから (iv) が成立.

(iv) $\Longrightarrow$ (i). (iv) で $B = I$, $X = |u\rangle\langle v|$ $(u, v \in \mathcal{H}, \|v\| = 1)$ とすると

$$\langle X, (J^f_{A, I})^{-1} X \rangle_{\mathrm{HS}} = \langle X, L_{f(A)^{-1}} X \rangle_{\mathrm{HS}} = \langle u, f(A)^{-1} u \rangle$$

だから, $(u, A) \mapsto \langle u, (1/f)(A)u \rangle$ が $\mathcal{H} \times B(\mathcal{H})^{++}$ 上で同時凸. それゆえ定理 1.26 より (i) が成立. $\qquad\square$

$0 \leq p \leq 1$, $f(x) = x^p$ のとき, $A, B \in B(\mathcal{H})^{++}$, $X \in B(\mathcal{H})$ に対し

$$\langle X, J^f_{A, B} X \rangle_{\mathrm{HS}} = \langle X, (L_A R_{B^{-1}})^p R_B X \rangle_{\mathrm{HS}} = \mathrm{Tr}\, X^* A^p X B^{1-p},$$
$$\langle X, (J^f_{A, B})^{-1} X \rangle_{\mathrm{HS}} = \langle X, (L_A R_{B^{-1}})^{-p} R_B^{-1} X \rangle_{\mathrm{HS}} = \mathrm{Tr}\, X^* A^{-p} X B^{p-1}. \tag{1.41}$$

よって定理 1.61 より次がいえる.

定理 1.62. $0 \leq p \leq 1$ とし, $\Phi: B(\mathcal{H}) \to B(\mathcal{K})$ はトレースを保存する CP 写像とする.
(1) 任意の $A, B \in B(\mathcal{H})^+$ と任意の $X \in B(\mathcal{K})$ に対し

$$\mathrm{Tr}\, \Phi^*(X^*) A^p \Phi^*(X) B^{1-p} \leq \mathrm{Tr}\, X^* \Phi(A)^p X \Phi(B)^{1-p}. \tag{1.42}$$

(2) $\Phi(A), \Phi(B) \in B(\mathcal{K})^{++}$ である任意の $A, B \in B(\mathcal{H})^{++}$ と任意の $X \in B(\mathcal{H})$ に対し

$$\mathrm{Tr}\, \Phi(X^*) \Phi(A)^{-p} \Phi(X) \Phi(B)^{p-1} \leq \mathrm{Tr}\, X^* A^{-p} X B^{p-1}.$$

注意 1.63. 定理 1.61 の略証で Φ の CP 性は Lieb–Ruskai の不等式 (1.40) を保証するためだけに使われた. ところで, この不等式は Φ が 2-正写像なら成立することが知られている. それゆえ, 定理 1.61, 1.62 は $\Phi\colon B(\mathcal{H}) \to B(\mathcal{K})$ が 2-正写像として成立する.

定理 1.56 の略証. (1) 定理 1.61 の略証の (ii) $\Longrightarrow$ (iv) と同じ Φ に (1.42) を適用すると, $A_i, B_i \in B(\mathcal{H})^+$ $(i = 1, 2)$ と $X \in B(\mathcal{H})$ に対し

$$\operatorname{Tr} X^* A_1^p X B_1^{1-p} + \operatorname{Tr} X^* A_2^p X B_2^{1-p} \le \operatorname{Tr} X^* (A_1 + A_2)^p X (B_1 + B_2)^{1-p}.$$

これは定理 1.56 の (1) が $q = 1 - p$ なら成立することをいう. $0 \le p \le 1$, $p + q \le 1$ のときは, $q = r(1 - p)$ $(0 \le r \le 1)$ とすると, x^r が作用素凹で x^{1-p} が作用素単調であることから容易に示せる.

(2) 定理 1.61 と (1.41) より (2) が $q = 1 - p$ なら成立する. $0 \le p \le 1$, $p + q \le 1$ のときは上の (1) の証明と同様に示せる. $\qquad\square$

定理 1.60 (a) の略証. $0 < p \le 1$, $0 < s \le 1/p$ とする. $s \le 1$ なら簡単だから $1 < s \le 1/p$ とし $r := ps \le 1$ とおく. $F(A) := \operatorname{Tr}(X^* A^p X)^s = \|X^* A^p X\|_s^s$ $(A \in B(\mathcal{H})^+)$ とすると, (1.36) より

$$\begin{aligned} F(A)^{1/s} &= \max\{\operatorname{Tr}(X^* A^p X)B : B \in B(\mathcal{H})^+, \|B\|_{s/(s-1)} = 1\} \\ &= \max\{\operatorname{Tr} X^* A^p X B^{1-\frac{1}{s}} : B \in B(\mathcal{H})^+, \operatorname{Tr} B = 1\}. \end{aligned}$$

これと定理 1.56 (1) の同時凹性より $F(A)^{1/s}$ が $B(\mathcal{H})^+$ 上で凹であることが容易にいえる. よって $\{A \in B(\mathcal{H})^+ : F(A) \ge 1\}$ は凸集合である. 任意の $A, B \in B(\mathcal{H})^+$ に対し $F(A), F(B) > 0$ として $\alpha := F(A)^{1/r} + F(B)^{1/r}$ とすると

$$F\Big(\frac{A+B}{\alpha}\Big) = F\Big(\frac{F(A)^{1/r}}{\alpha}\frac{A}{F(A)^{1/r}} + \frac{F(B)^{1/r}}{\alpha}\frac{B}{F(B)^{1/r}}\Big).$$

$F\big(\frac{A}{F(A)^{1/r}}\big) = F\big(\frac{B}{F(B)^{1/r}}\big) = 1$ だから $F\big(\frac{A+B}{\alpha}\big) \ge 1$. よって $F(A+B) \ge \alpha^r$. それゆえ

$$F\Big(\frac{A+B}{2}\Big) \ge \Big(\frac{F(A)^{1/r} + F(B)^{1/r}}{2}\Big)^r \ge \frac{F(A) + F(B)}{2}$$

だから F は凹性がいえる. $\qquad\square$

次の **Zhang の定理**は定理 1.56 (1) ($s = 1$ として), 定理 1.58 ($s = 1$ として), 定理 1.60 ($q = 0$ として) をまとめて一般化したものである. ただし証明には定理 1.60 が使われる.

定理 1.64. $p, q \in \mathbb{R}$, $s \ge 0$ とする. 任意の $X \in B(\mathcal{H})$ に対し

$$(A, B) \mapsto \operatorname{Tr}(B^{q/2} X^* A^p X B^{q/2})^s = \operatorname{Tr}|A^{p/2} X B^{q/2}|^{2s} \tag{1.43}$$

は $B(\mathcal{H})^{++} \times B(\mathcal{H})^{++}$ 上で,

(a) $0 \le p, q \le 1$, $0 \le s \le 1/(p+q)$ なら同時凹,

(b) $-1 \le p, q \le 0$, $s \ge 0$ なら同時凸,

(c) $[-1 \le p \le 0, 1 \le q \le 2]$ または $[1 \le p \le 2, -1 \le q \le 0]$ で, $p+q > 0$, $s \ge 1/(p+q)$ なら同時凸.

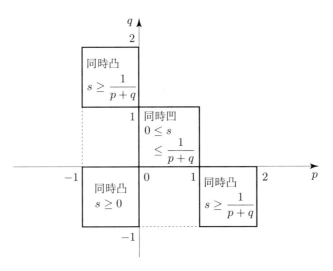

図 1.1 $(A, B) \mapsto \mathrm{Tr}(B^{q/2} X^* A^p X B^{q/2})^s$ の同時凹凸領域.

定理 1.64 の証明の鍵は次の変分表示である.

補題 1.65. $r_0, r_1, r_2 > 0$, $1/r_0 = 1/r_1 + 1/r_2$ とする. 任意の可逆な $X, Y \in B(\mathcal{H})$ に対し

$$\mathrm{Tr}\,|XY|^{r_0} = \min_{Z \in B(\mathcal{H}) \text{可逆}} \left\{ \frac{r_0}{r_1} \mathrm{Tr}\,|XZ|^{r_1} + \frac{r_0}{r_2} \mathrm{Tr}\,|Z^{-1}Y|^{r_2} \right\}, \tag{1.44}$$

$$\mathrm{Tr}\,|XY|^{r_1} = \max_{Z \in B(\mathcal{H}) \text{可逆}} \left\{ \frac{r_1}{r_0} \mathrm{Tr}\,|XZ|^{r_0} - \frac{r_1}{r_2} \mathrm{Tr}\,|Y^{-1}Z|^{r_2} \right\}. \tag{1.45}$$

略証. Hölder の不等式 (定理 1.51) と Young の不等式より, 任意の可逆な $X, Y, Z \in B(\mathcal{H})$ に対し

$$\mathrm{Tr}\,|XY|^{r_0} \leq (\mathrm{Tr}\,|XZ|^{r_1})^{r_0/r_1} (\mathrm{Tr}\,|Z^{-1}Y|^{r_2})^{r_0/r_2}$$
$$\leq \frac{r_0}{r_1} \mathrm{Tr}\,|XZ|^{r_1} + \frac{r_0}{r_2} \mathrm{Tr}\,|Z^{-1}Y|^{r_2}. \tag{1.46}$$

上で Y, Z を入れ換えて

$$\mathrm{Tr}\,|XY|^{r_1} \geq \frac{r_1}{r_0} \mathrm{Tr}\,|XZ|^{r_0} - \frac{r_1}{r_2} \mathrm{Tr}\,|Y^{-1}Z|^{r_2}. \tag{1.47}$$

$Y^* X^* = U|Y^* X^*|$ と極分解すると $XYU = |Y^* X^*|$. いま $Z := YU|Y^* X^*|^{-r_1/(r_1+r_2)}$ とおくと, $XZ = |Y^* X^*|^{r_2/(r_1+r_2)}$, $Z^{-1}Y = |Y^* X^*|^{r_1/(r_1+r_2)} U^*$ だから (1.46) で等号成立. また $Z := YU|Y^* X^*|^{r_1/r_2}$ とおくと, $XZ = |Y^* X^*|^{(r_1+r_2)/r_2}$, $Y^{-1}Z = U|Y^* X^*|^{r_1/r_2}$ だから (1.47) で等号成立. □

定理 1.64 の略証. $q \leq p$, $s > 0$ としてよい.

(a) $q = 0$ なら定理 1.60 に帰着するから $0 < q \leq p \leq 1$, $0 < s \leq 1/(p+q)$ とする. $(r_0, r_1, r_2) := (2s, 2s(p+q)/p, 2s(p+q)/q)$ として (1.44) を適用すると,

$$(1.43) = \min_{Z \in B(\mathcal{H}) \text{可逆}} \left\{ \frac{r_0}{r_1} \mathrm{Tr}\,|A^{p/2} XZ|^{r_1} + \frac{r_0}{r_2} \mathrm{Tr}\,|Z^{-1} B^{q/2}|^{r_2} \right\}.$$

上の $\{\cdots\}$ 内の 2 つの項に定理 1.60 (a) を使うと (1.43) の同時凹性がいえる.

(b) $p = 0$ なら定理 1.60 に帰着するから $-1 \le q \le p < 0$, $s > 0$ とする. $(r_0, r_1, r_2) := (2s/(1-sq), 2s, -2/q)$ として (1.45) を適用すると,

$$(1.43) = \max_{Z \in B(\mathcal{H}) \text{可逆}} \left\{ \frac{r_1}{r_0} \mathrm{Tr}\, |A^{p/2} X Z|^{r_0} - \frac{r_1}{r_2} \mathrm{Tr}\, |B^{(-q)/2} Z|^{2/(-q)} \right\}. \qquad (1.48)$$

上の $\{\cdots\}$ 内の 2 つの項に定理 1.60 の (b), (a) を使うと (1.43) の同時凸性がいえる.

(c) $q = 0$ なら定理 1.60 に帰着するから $1 \le p \le 2$, $-1 \le q < 0$, $p + q > 0$, $s \ge 1/(p+q)$ とする. この場合も $(r_0, r_1, r_2) := (2s/(1-sq), 2s, -2/q)$ として (1.48) が成立し, $r_0/2 \ge 1/p$ だから定理 1.60 の (c), (a) より (1.43) の同時凸性がいえる. □

次の命題は定理 1.60, 1.64 の凹凸性定理におけるパラメータ p, q, s の仮定が最良であることをいう.

命題 1.66 ([65]). $p, q \ne 0$, $s > 0$ とする.

(1) 任意の可逆な $X \in \mathbb{M}_2$ に対し $A \mapsto \mathrm{Tr}(X^* A^p X)^s$ が $\mathbb{M}_2^{++}$ 上で凹なら $0 < p \le 1$, $0 < s \le 1/p$.

(2) 任意の可逆な $X \in \mathbb{M}_2$ に対し $A \mapsto \mathrm{Tr}(X^* A^p X)^s$ が $\mathbb{M}_2^{++}$ 上で凸なら $[-1 \le p < 0, s > 0]$ または $[1 \le p \le 2, s \ge 1/p]$.

(3) $(A, B) \mapsto \mathrm{Tr}(A^{p/2} B^q A^{p/2})^s$ が $\mathbb{M}_2^{++} \times \mathbb{M}_2^{++}$ 上で同時凹なら $0 < p, q \le 1$, $0 < s \le 1/(p+q)$.

(4) $(A, B) \mapsto \mathrm{Tr}(A^{p/2} B^q A^{p/2})^s$ が $\mathbb{M}_4^{++} \times \mathbb{M}_4^{++}$ 上で同時凸なら次のいずれかが成立:

$$\begin{cases} -1 \le p, q < 0, \ s > 0, \\ -1 \le p < 0, \ 1 \le q \le 2, \ p + q > 0, \ s \ge 1/(p+q), \\ 1 \le p \le 2, \ -1 \le q < 0, \ p + q > 0, \ s \ge 1/(p+q). \end{cases}$$

1.7 文献ノート

最初に行列解析の包括的な参考書として [24], [78], [81], [82] を挙げておく. また Bhatia [25] と著者の講義録 [62] はコンパクトで読みやすい.

定理 1.5 の Daleckii–Krein の微分公式の証明は [24], [62] にある. 1.2 節の内容は上記の [25] が詳しい. (1.9) の関係で逆がいずれも成立しない反例は [144] を見よ. 定理 1.9 に現れた Choi–Jamiołkowski 対応の原論文は [31], [87], Kraus 表現は [94], Stinespring 表現は [140]. 定理 1.13 は [32], [152] で証明された. 分解可能写像については他にも論文が多い. 1.3 節の作用素単調・凸関数の理論は Löwner [104] と Kraus [93] を嚆矢とする. この理論の専門書として [44] と最近出版の [138] を挙げておく. 命題 1.16 については [62] を見よ. Löwner の定理 (定理 1.18) の証明は [24], [54], [62] が詳しい. Hansen–Pedersen の定理 (定理 1.19) の論文は [54] であるが, [24], [62] にも解説がある. 定理 1.20 の詳細は [62] にある. Davis–Choi の Jensen 不等式の論文は [30], [39]. 作用素単調関数の積分表示 (1.13) は [24], [62] に詳しい. 論文 [52] で作用素単調・凸関数を一般化した作用素 k-調関数 (operator k-tone function) の積分表示 (特に (1.14), (1.16)) が与えられている.

定理 1.26 とその関連は [9] を見よ．1.4 節の作用素結合・平均に関する Kubo–Ando 理論 [95] は電気回路理論から着想を得て確立された．定理 1.28, 1.30 が Kubo–Ando 理論の主定理である．行列 A, B で表されるインピーダンスを並列に接続したときのインピーダンスが並列和 $A : B$ で与えられる．並列和の変分表示 (1.27) はエネルギーが最小になるように電気回路網に電流が流れるという Maxwell の原理を意味する．算術平均と調和平均を除いて最もよく研究されている作用素平均は，1975 年に Pusz–Woronowicz [132] によって導入された幾何平均である．関数のパースペクティブの作用素版である作用素パースペクティブの基本定理である定理 1.34 は [47], [46] で示された．論文 [47] では A, B の可換性を仮定しているが，この仮定なしで [47] の証明が成立していることに注意しておく．命題 1.35 の Jensen 型の不等式は実質的に [5] による ([5] では σ が幾何平均，調和平均の場合に示されたが，証明を見れば一般に成立することが分かる)．注意 1.36 で述べた作用素凸関数に対する作用素パースペクティブを一般の $A, B \in B(\mathcal{H})^+$ に拡張する問題については，$\mathcal{H}$ が無限次元の場合での考察が最近の論文 [79] にある．

　1.5 節のマジョリゼーション理論の包括的な解説書として [105] があるが非常に大部で辞書の感じである．行列のマジョリゼーションに関してよくまとまったサーベイ論文として Ando の [6], [7] がある．[62] にもコンパクトな解説がある．定理 1.44 の Araki の定理は Lieb–Thirring 不等式の一般化として [13] で示された ([8] にも解説がある)．Ando–Hiai の定理は [8]．注意 1.45 に記した Lidskii–Wielandt と Gelfand–Naimark の定理については従来の証明が [24] にいくつか載っている．これらはいずれもかなり複雑であったが，Li–Mathias の論文 [98] で証明が簡易化された ([62] にも [98] の証明が載っている)．1.6 節の最初で触れたユニタリ不変ノルムについては [62] が詳しい．定理 1.51 の行列に対する Hölder の不等式はよく知られているが，等号成立条件まで詳しく書かれた文献として [158] を挙げておく．1965 年に S. Golden と C.J. Thompson によって独立に証明された Golden–Thompson のトレース不等式 (1.37) は最も有名なトレース不等式の 1 つで量子統計物理に由来する．これの強いバージョンが上記の Araki–Lieb–Thirring の不等式である．定理 1.55 の等号成立条件は [61] による．有名な Lieb の定理 1.56 は [99]，Ando の定理 1.58 は [5]，定理 1.60 の特別な場合である Epstein の定理は [49] である．定理 1.60 については [29], [65], [153] を見よ．定理 1.61 は [77] による．この証明で使われた Lieb–Ruskai の不等式は CP 写像に対し [101] で示されたが，注意 1.63 で述べたこれの 2-正写像への一般化は [33]．Lieb 型の凹凸性定理の最終形である定理 1.64 は H. Zhang [153] による[*13]．命題 1.66 は [65] による．Carlen による最近のサーベイ論文 [27] は Lieb 型の凹凸性の関連が非常によくまとまっている．

[*13]　Zhang の証明は定理 1.60 に基づいている．本書では定理 1.60 の (b), (c) の証明を紙幅の都合により割愛したので，定理 1.64 の証明は残念ながら自己完結していない．

第 2 章
量子情報の基本事項

　量子論的な情報理論である量子情報についての解説を始めるにあたって，量子論の基礎的な事柄を復習しておくのがよいであろう．この章の最初の節で本書全体を通じて現れる量子論における基本的な概念について簡潔な説明を与える．量子状態の遷移・送信などを一般的に記述する量子情報路 (量子操作) の概念は量子情報の全般にわたり重要である．これはトレースを保存する完全正写像として定義される．これについての一般的な解説を2.2 節で与える．

　古典論の Shannon エントロピーの量子版である von Neumann エントロピーとKullback–Leibler ダイバージェンスの量子版である Umegaki 相対エントロピーは量子情報が現在の形に発展するずっと以前から量子物理・量子確率論などの分野で研究され重要な役割を果たしてきた．相対エントロピー $D(\rho\|\sigma)$ は様々なエントロピー概念を産み出す数学的な基礎を与えるものであり，そのため $D(\rho\|\sigma)$ は「マザー・エントロピー」と呼ばれることもある．これら 2 つのエントロピー概念と状態識別関数として量子情報でよく使われるフィデリティについて本章の後半で解説する．2.3, 2.4 節は第 4–6 章の量子ダイバージェンスの導入部にあたる．

2.1　量子系，状態，オブザーバブル

　量子情報は量子力学を理論的な基礎とし，技法的には関数解析・行列解析などの数学分野と密接に関係している．この節では量子情報理論の基本的な枠組みについて，量子力学的な背景には深くは立ち入らないで簡潔に説明する[*1)]．

　量子系は Hilbert 空間を用いて記述される．本書で扱う量子系はすべて有限量子系なので，以下 Hilbert 空間は常に有限次元とし，$\mathcal{H}$, $\mathcal{K}$ などで表す．$B(\mathcal{H})$, $B(\mathcal{H})^{\mathrm{sa}}$, $B(\mathcal{H})^+$, $B(\mathcal{H})^{++}$ の記号は第 1 章で説明した通りとする．$B(\mathcal{H})$ は Hilbert–Schmidt 内積 $\langle X, Y\rangle_{\mathrm{HS}} := \operatorname{Tr} X^*Y$ によりそれ自身で Hilbert 空間である．

　次は量子力学 (それゆえ量子情報) における基本概念である状態と物理量の定義である．

---

　*1)　量子力学 (特に量子測定理論) について著者はむしろ素人であるので，紙数の制限もあり本格的な解説は他書に譲りたい．

定義 2.1. 量子系が Hilbert 空間 $\mathcal{H}$ で与えられたとする.

(1) $\rho \in B(\mathcal{H})^+$ が $\mathrm{Tr}\,\rho = 1$ を満たすとき, ρ は $\mathcal{H}$ 上の**状態 (state)** という. 状態 ρ が 1 次元射影作用素, つまり単位ベクトル $\psi \in \mathcal{H}$ により $\rho = |\psi\rangle\langle\psi|$ であるとき ρ は**純粋状態 (pure state)** と呼ばれる. このとき ψ は絶対値 1 のスカラー倍を除いて一意に定まる. ψ 自身を純粋状態と呼ぶことも多い. 純粋でない状態を**混合状態 (mixed state)** という. $\mathcal{H}$ 上の状態の全体を $\mathcal{S}(\mathcal{H})$ で表す.

(2) $A \in B(\mathcal{H})^{\mathrm{sa}}$, つまり $\mathcal{H}$ 上の自己共役 (Hermite) 作用素 A を $\mathcal{H}$ 上の**オブザーバブル (observable)** または**物理量**という. したがって $B(\mathcal{H})^{\mathrm{sa}}$ が $\mathcal{H}$ 上のオブザーバブルの全体を表す.

命題 1.4 で述べたように, 任意の線形汎関数 $\varphi\colon B(\mathcal{H}) \to \mathbb{C}$ (つまり $\varphi \in B(\mathcal{H})^*$) に対し $D_\varphi \in B(\mathcal{H})$ が一意に存在して $\varphi(X) = \mathrm{Tr}\,D_\varphi X$ $(X \in B(\mathcal{H}))$. 対応 $\varphi \mapsto D_\varphi$ により $B(\mathcal{H})^* \cong B(\mathcal{H})$ (同型) である. この対応で状態 ρ を線形汎関数とみなすと

$$\mathcal{S}(\mathcal{H}) = \{\varphi \in B(\mathcal{H})^* : \varphi \geq 0,\ \varphi(I) = 1\}$$

と表すこともできる. 次の命題は簡単である (証明は演習問題).

命題 2.2. $\mathcal{S}(\mathcal{H})$ は $B(\mathcal{H})^+$ のコンパクト凸部分集合. $\mathcal{S}(\mathcal{H})$ の端点全体を $\mathrm{ext}\,\mathcal{S}(\mathcal{H})$ と表すと $\mathrm{ext}\,\mathcal{S}(\mathcal{H}) = \{\rho \in \mathcal{S}(\mathcal{H}) : \text{純粋}\}$. さらに $\mathrm{ext}\,\mathcal{S}(\mathcal{H})$ はコンパクト.

$\rho \in \mathcal{S}(\mathcal{H})$ は重複度込みの固有値 $\lambda_1, \ldots, \lambda_d$ と固有ベクトルからなる正規直交基底 $\{e_i\}_{i=1}^d$ $(d := \dim \mathcal{H})$ により

$$\rho = \sum_{i=1}^d \lambda_i |e_i\rangle\langle e_i| \tag{2.1}$$

と対角化できる. $\lambda_i \geq 0$, $\sum_i \lambda_i = \mathrm{Tr}\,\rho = 1$ だから上の表示は ρ の端点分解である. この分解の一意性は ρ のすべての固有値の重複度が 1 の場合に限る.

他方, $\mathcal{H}$ 上のオブザーバブル A $(\in B(\mathcal{H})^{\mathrm{sa}})$ のスペクトル分解を

$$A = \sum_{a \in \mathrm{Sp}(A)} a P_a$$

とする. ここで P_a は固有値 a に対する固有空間 $\{\xi \in \mathcal{H} : A\xi = a\xi\}$ への直交射影であり $\sum_a P_a = I$ ($\mathcal{H}$ 上の恒等作用素). 次の 3 つは量子測定において最も基本的な規則または要請である (数学の公理にあたる).

(I) **Born の確率規則**: 状態 ρ でオブザーバブル A の測定をすると, 測定値は A の固有値のいずれかであり, それが a である確率 p_a は

$$p_a = \mathrm{Tr}\,\rho P_a \qquad (a \in \mathrm{Sp}(A)).$$

(II) **ユニタリ時間発展**: 閉じた (孤立した) 量子系で時刻 t_0 における状態が $\rho(t_0)$ のとき, その時間発展は

$$\rho(t_0 + t) = U_t \rho U_t^*.$$

ここで U_t はユニタリ作用素の 1 径数族である[*2].

(III) **von Neumann–Lüders の射影仮説**: 状態 ρ でオブザーバブル A を測定して測定結果が a であるとき，測定直後の状態 ρ_a は

$$\rho_a = \frac{1}{p_a} P_a \rho P_a = \frac{P_a \rho P_a}{\mathrm{Tr}\, \rho P_a} \quad (\text{ただし } p_a > 0 \text{ とする}).$$

(これはしばしば**波束の収束**と呼ばれる.)

上の規則 (I), (II), (III) は次節でもっと一般化された測定の場合に拡張される. 状態 ρ の下でのオブザーバブル A の**期待値**は

$$\langle A \rangle_\rho := \mathrm{Tr}\, \rho A = \sum_a a p_a \tag{2.2}$$

で定義される. また (III) の出力状態 ρ_a を平均した状態

$$\sum_a p_a \rho_a = \sum_a P_a \rho P_a$$

は ρ の $\{P_a\}_{a \in \mathrm{Sp}(A)}$ によるピンチング (例 1.11 を見よ) であることに注意する.

例 2.3. トリビアルでない最小次元の量子系 (Hilbert 空間) $\mathbb{C}^2$ を**量子ビット系**という. 古典論で 2 点集合 $\{0,1\}$ の 0 または 1 を 1 ビットというのに対し，$\mathbb{C}^2$ 上の純粋状態を 1 **量子ビット (qubit)** と呼ぶ. $\{e_1, e_2\}$ を $\mathbb{C}^2$ の標準基底とすると，$\mathbb{C}^2$ の単位ベクトルは $\psi = \alpha_1 e_1 + \alpha_2 e_2$ $(\alpha_i \in \mathbb{C}, |\alpha_1|^2 + |\alpha_2|^2 = 1)$ と書ける. 純粋状態 $\rho = |\psi\rangle\langle\psi|$ の下でオブザーバブル $A = a_1 |e_1\rangle\langle e_2| + a_2 |e_2\rangle\langle e_2|$ $(a_i \in \mathbb{R}, a_1 \neq a_2)$ を測定すると，

$$p_{a_i} = |\alpha_i|^2, \qquad \rho_{a_i} = |e_i\rangle\langle e_i| \quad (\text{ただし } p_{a_i} > 0 \text{ とする}).$$

ここで量子ビット系の状態を記述するのに便利な Pauli 行列に触れておく. I_2 と次の 3 つの **Pauli 行列** $\sigma_1, \sigma_2, \sigma_3$ は Hilbert–Schmidt 内積をもつ $B(\mathbb{C}^2) = \mathbb{M}_2$ (4 次元) の直交基底をなす:

$$\sigma_1 := \begin{bmatrix} 0 & 1 \\ 1 & 0 \end{bmatrix}, \qquad \sigma_2 := \begin{bmatrix} 0 & -i \\ i & 0 \end{bmatrix}, \qquad \sigma_3 := \begin{bmatrix} 1 & 0 \\ 0 & -1 \end{bmatrix}.$$

σ_i $(i = 1, 2, 3)$ はいずれも Hermite ユニタリ行列である. $\mathrm{Tr}\, \rho = 1$ である $\rho \in \mathbb{M}_2^{\mathrm{sa}}$ は $\boldsymbol{a} = (a_1, a_2, a_3) \in \mathbb{R}^3$ により

$$\rho = \frac{1}{2} \begin{bmatrix} 1 + a_3 & a_1 - ia_2 \\ a_1 + ia_2 & 1 - a_3 \end{bmatrix} = \frac{1}{2}\left(I + \sum_{i=1}^3 a_i \sigma_i \right) \left(= \tfrac{1}{2}(I + \boldsymbol{a} \cdot \sigma) \text{ と書く} \right)$$

と表される. このとき $\rho \geq 0 \iff \|\boldsymbol{a}\|^2 = a_1^2 + a_2^2 + a_3^2 \leq 1$ だから $\mathcal{S}(\mathbb{C}^2)$ は $\mathbb{R}^3$ の閉単位球 $\{\boldsymbol{a} \in \mathbb{R}^3 : \|\boldsymbol{a}\| \leq 1\}$ の点と 1 対 1 に対応する. さらに ρ が純粋状態 $\iff$ $\det \rho = 0 \iff \|\boldsymbol{a}\| = 1$ だから $\mathrm{ext}\, \mathcal{S}(\mathbb{C}^2)$ は $\mathbb{R}^3$ の単位球面の点と 1 対 1 に対応する. $\rho = \frac{1}{2}(I + \boldsymbol{a} \cdot \sigma)$ により $\mathbb{C}^2$ 上の (純粋) 状態と対応させた $\mathbb{R}^3$ の単位球 (面) のことを **Bloch 球 (面)** と呼ぶ.

[*2] 閉じた量子系のハミルトニアンを H とすると $U(t) = e^{-itH/\hbar}$ ($\hbar$ はプランク定数) と書ける.

量子情報の研究では2つの量子系 $\mathcal{H}_1, \mathcal{H}_2$ を複合した**2部量子系 (bipartite quantum system)** $\mathcal{H}_{12}$ を考えることが多い．複合系 $\mathcal{H}_{12}$ は $\mathcal{H}_1, \mathcal{H}_2$ のテンソル積 Hilbert 空間 $\mathcal{H}_{12} := \mathcal{H}_1 \otimes \mathcal{H}_2$ で与えられる．繰り返しテンソル積をとることにより，量子系 $\mathcal{H}_k$ $(k = 1, 2, \ldots)$ に対し3部量子系 $\mathcal{H}_{123}$ $(:= \mathcal{H}_1 \otimes \mathcal{H}_2 \otimes \mathcal{H}_3)$，4部量子系 $\mathcal{H}_{1234}$ なども定義できる．2部量子系では (3部以上の量子系でも) 例 1.12 で定義した**部分トレース** $\mathrm{Tr}_2 = \mathrm{Tr}_{\mathcal{H}_2}$, $\mathrm{Tr}_1 = \mathrm{Tr}_{\mathcal{H}_1}$ が本質的に重要である．Tr_2 は $\rho \in \mathcal{S}(\mathcal{H}_{12})$ を $\mathrm{Tr}\,\rho(X_1 \otimes I_2) = \mathrm{Tr}\,\rho_1 X_1$ $(X_1 \in B(\mathcal{H}_1))$ により $\rho_1 := \mathrm{Tr}_2\,\rho \in \mathcal{S}(\mathcal{H}_1)$ に写す．つまり ρ_1 は ρ の $\mathcal{H}_1$ への制限とみなせる．$\rho_2 := \mathrm{Tr}_1\,\rho$ についても同様．古典論の直積集合 $\mathcal{X}_1 \times \mathcal{X}_2$ 上の確率分布の $\mathcal{X}_1, \mathcal{X}_2$ 上の周辺確率分布に対応しているので，ρ_1, ρ_2 は ρ は**周辺状態**とも呼ばれる．2部量子系 $\mathcal{H}_{12}$ で $\mathcal{H}_1$ を主要系と考えるとき，$\mathcal{H}_2$ を**環境系 (environment system)** あるいは**アンシラ (ancilla)** と呼ぶことが多い．また $\mathcal{H}_1, \mathcal{H}_2$ を対等に考えるときは，しばしば $\mathcal{H}_1$ を **Alice 系**，$\mathcal{H}_2$ を **Bob 系**と呼ぶ[*3]．

以下に示す3つの定理で量子情報において有用な3つの技法を説明する．最初の定理は状態を生成するベクトルの集合に関するものである．状態 $\rho \in \mathcal{S}(\mathcal{H})$ が与えられたとき，ベクトルの集合 $\{\phi_i\}_{i=1}^m \subset \mathcal{H}$ が ρ を生成するとは

$$\rho = \sum_{i=1}^m |\phi_i\rangle\langle\phi_i| \tag{2.3}$$

のときをいう．ρ の固有値 $\lambda_k > 0$ と正規直交する固有ベクトル e_k $(1 \le k \le K)$ による対角化

$$\rho = \sum_{k=1}^K \lambda_k |e_k\rangle\langle e_k| = \sum_{k=1}^K |\sqrt{\lambda_k}e_k\rangle\langle\sqrt{\lambda_k}e_k| \tag{2.4}$$

が標準的であるが，(2.3) では $\{\phi_i\}$ の直交性は仮定していない．次の定理は ρ を生成するベクトル集合がユニタリ変換の下で一意的であることをいう．

定理 2.4. ベクトルの集合 $\{\phi_i\}_{i=1}^m, \{\psi_j\}_{j=1}^n \subset \mathcal{H}$ に対し $\ell := \max\{m, n\}$ とし，$m < \ell$ なら $\phi_i = 0$ $(m < i \le \ell)$，$n < \ell$ なら $\psi_j = 0$ $(n < j \le \ell)$ と 0 ベクトルを追加する．このとき次は同値である:

(i) $\sum_{i=1}^m |\phi_i\rangle\langle\phi_i| = \sum_{j=1}^n |\psi_j\rangle\langle\psi_j|$;

(ii) ユニタリ行列 $[u_{ij}]_{1 \le i,j \le \ell}$ が存在して

$$\phi_i = \sum_{j=1}^\ell u_{ij}\psi_j, \qquad 1 \le i \le \ell.$$

証明. (ii) $\Longrightarrow$ (i). (ii) を仮定すると

$$\sum_{i=1}^\ell |\phi_i\rangle\langle\phi_i| = \sum_{i=1}^\ell \sum_{j,j'=1}^\ell u_{ij}\overline{u}_{ij'}|\psi_j\rangle\langle\psi_{j'}| = \sum_{j,j'=1}^\ell \left(\sum_{i=1}^\ell u_{ij}\overline{u}_{ij'}\right)|\psi_j\rangle\langle\psi_{j'}|$$

[*3] 　数学者である著者にはこの呼び方がなかなか馴染めない．量子情報では Alice, Bob の名前に合わせて2部量子系を $\mathcal{H}_{AB} = \mathcal{H}_A \otimes \mathcal{H}_B$ と書くことが多い．3部量子系 $\mathcal{H}_{ABC}$ の場合は C に Charlie の名前をあてることが多い．

$$= \sum_{j,j'=1}^{\ell} \delta_{jj'} |\psi_j\rangle\langle\psi_{j'}| = \sum_{j=1}^{\ell} |\psi_j\rangle\langle\psi_j|$$

であり (i) が成立.

(i) $\Longrightarrow$ (ii). $\rho = \sum_{i=1}^{m} |\phi_i\rangle\langle\phi_i| = \sum_{j=1}^{n} |\psi_j\rangle\langle\psi_j|$ とする. ρ の対角化 (2.4) を用いて $\tilde{e}_k := \sqrt{\lambda_k} e_k \ (1 \le k \le K)$ とおく. よって $\rho = \sum_{k=1}^{K} |\tilde{e}_k\rangle\langle\tilde{e}_k|$. まず

$$\operatorname{ran} \rho = \operatorname{span}\{\tilde{e}_k\}_{k=1}^{K} = \operatorname{span}\{\phi_i\}_{i=1}^{\ell} = \operatorname{span}\{\psi_j\}_{j=1}^{\ell} \tag{2.5}$$

を確認する. 最初の等号は明らか. $\operatorname{ran} \rho \subset \operatorname{span}\{\phi_i\}_{i=1}^{\ell}$ も明らか. $\xi \in (\operatorname{ran} \rho)^{\perp} = \ker \rho$ なら

$$0 = \langle \xi, \rho\xi \rangle = \sum_{i=1}^{\ell} |\langle \phi_i, \xi \rangle|^2$$

だから $\xi \in (\operatorname{span}\{\phi_i\}_{i=1}^{\ell})^{\perp}$. よって 2 番目の等号が成立. 3 番目も同様. $\{\tilde{e}_k\}$ が 1 次独立だから, (2.5) より $K \le \ell$ もいえる. そこで $K < \ell$ なら $\tilde{e}_k = 0 \ (K < k \le \ell)$ とする.

各 $i = 1, \ldots, \ell$ に対し $\phi_i \in \operatorname{span}\{\tilde{e}_k\}_{k=1}^{K}$ だから $v_{ik} \in \mathbb{C} \ (1 \le k \le K)$ が存在して $\phi_i = \sum_{k=1}^{K} v_{ik}\tilde{e}_k$. $\rho = \sum_{i=1}^{\ell} |\phi_i\rangle\langle\phi_i|$ より

$$\rho = \sum_{i=1}^{\ell} \sum_{k,k'=1}^{K} v_{ik}\overline{v}_{ik'} |\tilde{e}_k\rangle\langle\tilde{e}_{k'}| = \sum_{k,k'=1}^{K} \left(\sum_{i=1}^{\ell} v_{ik}\overline{v}_{ik'} \right) |\tilde{e}_k\rangle\langle\tilde{e}_{k'}| = \sum_{k=1}^{K} |\tilde{e}_k\rangle\langle\tilde{e}_k|.$$

$|e_k\rangle\langle e_{k'}| \ (1 \le k, k' \le K)$ が $B(\operatorname{ran} \rho)$ の行列単位をなすから, $|\tilde{e}_k\rangle\langle\tilde{e}_{k'}| \ (1 \le k, k' \le K)$ は $B(\mathcal{H})$ で 1 次独立である. よって

$$\sum_{i=1}^{\ell} v_{ik}\overline{v}_{ik'} = \delta_{kk'}, \qquad 1 \le k, k' \le K.$$

つまり $(v_{1k}, \ldots, v_{\ell k})^t \ (1 \le k \le K)$ は $\mathbb{C}^{\ell}$ の正規直交系である. $K < \ell$ なら, これを $\mathbb{C}^{\ell}$ の正規直交基底 $(v_{1k}, \ldots, v_{\ell k})^t \ (1 \le k \le \ell)$ に拡大すると, $V := [v_{ik}]_{1 \le i, k \le \ell}$ はユニタリ行列で $\phi_i = \sum_{k=1}^{\ell} v_{ik}\tilde{e}_k \ (1 \le i \le \ell)$. 同様にしてユニタリ行列 $W = [w_{jk}]_{1 \le j, k \le \ell}$ が存在して $\psi_j = \sum_{k=1}^{\ell} w_{jk}\tilde{e}_k \ (1 \le j \le \ell)$. そこで $U := VW^* = [u_{ij}]_{1 \le i, j \le \ell}$ とすると, $\tilde{e}_k = \sum_{j=1}^{\ell} \overline{w}_{jk}\psi_j$ だから

$$\phi_i = \sum_{k=1}^{\ell} v_{ik} \left(\sum_{j=1}^{\ell} \overline{w}_{jk}\psi_j \right) = \sum_{j=1}^{\ell} \left(\sum_{k=1}^{\ell} v_{ik}\overline{w}_{jk} \right) \psi_j = \sum_{j=1}^{\ell} u_{ij}\psi_j$$

であり (ii) が成立. $\qquad\square$

2 番目に示す Schmidt 分解定理は量子情報で極めて有用なものである.

定理 2.5. 2 部量子系 $\mathcal{H}_{12} = \mathcal{H}_1 \otimes \mathcal{H}_2$ の任意の単位ベクトル ϕ に対して, 正規直交系 $\{\psi_{1,k}\}_{k=1}^{K} \subset \mathcal{H}_1$, $\{\psi_{2,k}\}_{k=1}^{K} \subset \mathcal{H}_2$ および $p_k > 0$ である確率ベクトル $(p_1, \ldots, p_K)$ が存在して

$$\phi = \sum_{k=1}^{K} \sqrt{p_k}\, \psi_{1,k} \otimes \psi_{2,k} \tag{2.6}$$

と書ける．さらに $p_1, \ldots, p_K$ は部分トレース $\mathrm{Tr}_2\,|\phi\rangle\langle\phi|$ および $\mathrm{Tr}_1\,|\phi\rangle\langle\phi|$ の正の固有値 (重複度込み) と一致する．よって $(p_1, \ldots, p_K)$ は要素の並べ替えを除き一意的に定まる．

証明. $\mathcal{H}_1, \mathcal{H}_2$ の正規直交基底をそれぞれ $\{e_{1,i}\}_{i=1}^{d_1}$, $\{e_{2,j}\}_{j=1}^{d_2}$ とすると，$e_{1,i} \otimes e_{2,j}$ $(1 \le i \le d_1, 1 \le j \le d_2)$ が $\mathcal{H}_{12}$ の正規直交基底だから，$d_1 \times d_2$ 行列 $A = [a_{ij}]_{1 \le i \le d_1, 1 \le j \le d_2}$ が存在して

$$\phi = \sum_{i=1}^{d_1} \sum_{j=1}^{d_2} a_{ij} e_{1,i} \otimes e_{2,j}. \tag{2.7}$$

$A \in B(\mathbb{C}^{d_2}, \mathbb{C}^{d_1})$ とみなすと特異値分解 (1.5) より，正規直交系 $\{u_{1,k}\}_{k=1}^{K} \subset \mathbb{C}^{d_1}$, $\{u_{2,k}\}_{k=1}^{K} \subset \mathbb{C}^{d_2}$ と $p_1, \ldots, p_K > 0$ が存在して

$$A = \sum_{k=1}^{K} \sqrt{p_k} |u_{1,k}\rangle\langle u_{2,k}|.$$

いま $\mathbb{C}^{d_1}, \mathbb{C}^{d_2}$ の標準基底をそれぞれ $\{f_{1,i}\}_{i=1}^{d_1}$, $\{f_{2,j}\}_{j=1}^{d_2}$ と書くと，

$$a_{ij} = \langle f_{1,i}, A f_{1,j}\rangle = \sum_{k=1}^{K} p_k \langle f_{1,i}, u_{1,k}\rangle \langle u_{2,k}, f_{2,j}\rangle, \qquad 1 \le i \le d_1,\ 1 \le j \le d_2.$$

これを (2.7) に代入して $\psi_{1,k} := \sum_{i=1}^{d_1} \langle f_{1,i}, u_{1,k}\rangle e_{1,i}$, $\psi_{2,k} := \sum_{j=1}^{d_2} \langle u_{2,k}, f_{2,j}\rangle e_{2,j}$ とおくと，(2.6) が成立．さらに

$$\langle \psi_{1,k}, \psi_{1,k'}\rangle = \sum_{i=1}^{d_1} \langle u_{1,k}, f_{1,i}\rangle \langle f_{1,i}, u_{1,k'}\rangle = \langle u_{1,k}, u_{1,k'}\rangle = \delta_{kk'}.$$

同様に $\langle \psi_{2,k}, \psi_{2,k'}\rangle = \delta_{kk'}$．よって $\{\psi_{1,k}\}_{k=1}^{K}$, $\{\psi_{2,k}\}_{k=1}^{K}$ は正規直交系である．また $1 = \langle \phi, \phi\rangle = \sum_{k=1}^{K} p_k$.

さらに (2.6) に対し

$$|\phi\rangle\langle\phi| = \sum_{k,l=1}^{K} \sqrt{p_k p_l}\, |\psi_{1,k} \otimes \psi_{2,k}\rangle\langle\psi_{1,l} \otimes \psi_{2,l}|$$

$$= \sum_{k,l=1}^{K} \sqrt{p_k p_l}\, |\psi_{1,k}\rangle\langle\psi_{1,l}| \otimes |\psi_{2,k}\rangle\langle\psi_{2,l}|$$

だから，部分トレースをとると

$$\mathrm{Tr}_2\,|\phi\rangle\langle\phi| = \sum_{k=1}^{K} p_k |\psi_{1,k}\rangle\langle\psi_{1,k}|, \qquad \mathrm{Tr}_1\,|\phi\rangle\langle\phi| = \sum_{k=1}^{K} p_k |\psi_{2,k}\rangle\langle\psi_{2,k}|. \tag{2.8}$$

よって後半の主張もいえる． $\qquad\square$

定義 2.6. 表示 (2.6) をベクトル ϕ (または純粋状態 $|\phi\rangle\langle\phi|$) の **Schmidt 分解**といい，K を ϕ (または $|\phi\rangle\langle\phi|$) の **Schmidt ランク**という．Schmidt 分解 (2.6) と $\mathcal{H}_r$ 上のユニタリ作用素 U_r $(r = 1, 2)$ について

$$(U_1 \otimes U_2)\phi = \sum_{k=1}^{K} \sqrt{p_k}\, U_1\psi_{1,k} \otimes U_2\psi_{2,k}$$

だから, Schmidt ランクは $U_1 \otimes U_2$ のユニタリ変換で保存される. この形のユニタリ作用素 $U_1 \otimes U_2$ は $\mathcal{H}_1$, $\mathcal{H}_2$ に局所的に作用するので**局所ユニタリ (local unitary)** 作用素と呼ばれる.

最後の定理は混合状態の純粋化に関するもので, 量子情報の議論でしばしば使われる.

定理 2.7. $\rho \in \mathcal{S}(\mathcal{H})$ とする.

(1) Hilbert 空間 $\mathcal{K}$ と単位ベクトル $\phi \in \mathcal{H} \otimes \mathcal{K}$ が存在して

$$\rho = \mathrm{Tr}_{\mathcal{K}} |\phi\rangle\langle\phi|$$

と書ける (つまり ρ は純粋状態 $|\phi\rangle\langle\phi|$ の周辺状態となる). また $\dim \mathcal{K} \leq \dim \mathcal{H}$ にとれる. この ϕ は ρ の**純粋化 (purification)** と呼ばれる.

(2) $\phi, \tilde{\phi} \in \mathcal{H} \otimes \mathcal{K}$ がともに ρ の純粋化なら, $\mathcal{K}$ 上のユニタリ作用素 U が存在して

$$\tilde{\phi} = (I_{\mathcal{H}} \otimes U)\phi.$$

証明. (1) 任意の $\rho \in \mathcal{S}(\mathcal{H})$ は単位ベクトル $\psi_i \in \mathcal{H}$ と $p_i > 0$ $(1 \leq i \leq m)$ により $\rho = \sum_{i=1}^{m} p_i |\psi_i\rangle\langle\psi_i|$ と書ける. (例えば ρ を対角化すれば直交する ψ_i でこのように書けるが, ここでは ψ_i の直交性は必要ない.) このとき $\sum_{i=1}^{m} p_i = 1$ である. そこで $\dim \mathcal{K} = m$ である Hilbert 空間 $\mathcal{K}$ とその正規直交基底 $\{f_i\}_{i=1}^{m}$ をとり, $\mathcal{H} \otimes \mathcal{K}$ の単位ベクトル ϕ を

$$\phi := \sum_{i=1}^{m} \sqrt{p_i}\, \psi_i \otimes f_i$$

と定める. すると $|\phi\rangle\langle\phi| = \sum_{i,j=1}^{m} \sqrt{p_i p_j} |\psi_i\rangle\langle\psi_j| \otimes |f_i\rangle\langle f_j|$ だから

$$\mathrm{Tr}_{\mathcal{K}} |\phi\rangle\langle\phi| = \sum_{i,j=1}^{m} \sqrt{p_i p_j} \delta_{ij} |\psi_i\rangle\langle\psi_j| = \rho.$$

ρ の対角化の場合 $m \leq \dim \mathcal{H}$ だから $\dim \mathcal{K} \leq \dim \mathcal{H}$ とできる.

(2) $\mathcal{K}$ を固定して $\phi, \tilde{\phi} \in \mathcal{H} \otimes \mathcal{K}$ が $\rho = \mathrm{Tr}_{\mathcal{K}} |\phi\rangle\langle\phi| = \mathrm{Tr}_{\mathcal{K}} |\tilde{\phi}\rangle\langle\tilde{\phi}|$ とする. $\mathcal{H}$, $\mathcal{K}$ の正規直交基底をそれぞれ $\{e_i\}_{i=1}^{n}$ $(n = \dim \mathcal{H})$, $\{f_j\}_{j=1}^{m}$ $(m = \dim \mathcal{K})$ として

$$\phi = \sum_{i,j} a_{ij} e_i \otimes f_j, \qquad \tilde{\phi} = \sum_{i,j} b_{ij} e_i \otimes f_j \qquad (a_{ij}, b_{ij} \in \mathbb{C})$$

と書く. すると

$$\rho = \mathrm{Tr}_{\mathcal{K}} |\phi\rangle\langle\phi| = \mathrm{Tr}_{\mathcal{K}} \sum_{i,i',j,j'} a_{ij} \overline{a}_{i'j'} |e_i\rangle\langle e_{i'}| \otimes |f_j\rangle\langle f_{j'}|$$

$$= \sum_{i,i'} \left(\sum_{j} a_{ij} \overline{a}_{i'j} \right) |e_i\rangle\langle e_{i'}|.$$

同様に

$$\rho = \mathrm{Tr}_{\mathcal{K}}\, |\tilde\phi\rangle\langle\tilde\phi| = \sum_{i,i'}\left(\sum_j b_{ij}\bar{b}_{i'j}\right)|e_i\rangle\langle e_{i'}|.$$

上の 2 つを比較して

$$\sum_j a_{ij}\bar{a}_{i'j} = \sum_j b_{ij}\bar{b}_{i'j}, \qquad 1 \le i, i' \le n. \tag{2.9}$$

いま $\psi_i := \sum_j a_{ij}f_j$, $\tilde\psi_i := \sum_j b_{ij}f_j$ $(1 \le i \le n)$ とおくと，$\phi = \sum_i e_i \otimes \psi_i$，$\tilde\phi = \sum_i e_i \otimes \tilde\psi_i$ であり，(2.9) より

$$\langle\psi_i, \psi_{i'}\rangle = \langle\tilde\psi_i, \tilde\psi_{i'}\rangle, \qquad 1 \le i, i' \le n.$$

よって任意の $\alpha_i, \beta_i \in \mathbb{C}$ $(1 \le i \le n)$ に対し

$$\left\langle \sum_i \alpha_i \psi_i, \sum_i \beta_i \psi_i \right\rangle = \sum_{i,i'} \alpha_i \bar{\beta}_{i'} \langle\psi_i, \psi_{i'}\rangle = \sum_{i,i'} \alpha_i \bar{\beta}_{i'} \langle\tilde\psi_i, \tilde\psi_{i'}\rangle$$
$$= \left\langle \sum_i \alpha_i \tilde\psi_i, \sum_i \beta_i \tilde\psi_i \right\rangle$$

だから，等距離作用素 $U_0 \colon \mathrm{span}\{\psi_i\}_{i=1}^n \to \mathrm{span}\{\tilde\psi_i\}_{i=1}^n$ を

$$U_0\left(\sum_{i=1}^n \alpha_i \psi_i\right) := \sum_{i=1}^n \alpha_i \tilde\psi_i$$

により定めることができる．U_0 を $\mathcal{K}$ 上のユニタリ作用素 U に拡張すると

$$(I \otimes U)\phi = (I \otimes U)\left(\sum_{i=1}^n e_i \otimes \psi_i\right) = \sum_{i=1}^n e_i \otimes \tilde\psi_i = \tilde\phi$$

がいえる. □

注意 2.8. 定理 2.7 (1) はもっと簡便に示せる．$\mathcal{H}$ の正規直交基底 $\{e_i\}_{i=1}^d$ をとり $\phi := \sum_{i=1}^d (\rho^{1/2}e_i) \otimes e_i \in \mathcal{H} \otimes \mathcal{H}$ とすると，

$$\mathrm{Tr}_2\, |\phi\rangle\langle\phi| = \sum_{i=1}^d |\rho^{1/2}e_i\rangle\langle\rho^{1/2}e_i| = \rho^{1/2}\left(\sum_{i=1}^d |e_i\rangle\langle e_i|\right)\rho^{1/2} = \rho$$

だから ϕ は $\mathcal{K} = \mathcal{H}$ とした ρ の純粋化である．

2.2 量子操作と量子情報路

この節では量子情報における量子操作とはどんなものであるべきかを考えてみる．2 つの量子系 $\mathcal{H}$, $\mathcal{K}$ (Hilbert 空間) の間で最も基本的な量子操作は $\mathcal{H}$ 上の状態を $\mathcal{K}$ 上の状態に写すことである．これは写像 $\Phi_0 \colon \mathcal{S}(\mathcal{H}) \to \mathcal{S}(\mathcal{K})$ のことである．写像 Φ_0 としていろいろなものが考えられるが，$\mathcal{S}(\mathcal{H})$ 上の基本演算が状態の凸結合であることからすれば，Φ_0 が満たすべき共通の性質としてアフィン性

$$\Phi_0(\lambda\rho_1 + (1-\lambda)\rho_2) = \lambda\Phi_0(\rho_1) + (1-\lambda)\Phi_0(\rho_2), \qquad \rho_1, \rho_2 \in \mathcal{S}(\mathcal{H}),\ 0 < \lambda < 1$$

は自然である．これに関して次が成立する．

補題 2.9. $\Phi_0 : \mathcal{S}(\mathcal{H}) \to \mathcal{S}(\mathcal{K})$ がアフィン写像なら，トレースを保存する正線形写像 $\Phi : B(\mathcal{H}) \to B(\mathcal{K})$ で $\Phi(\rho) = \Phi_0(\rho)$ $(\rho \in \mathcal{S}(\mathcal{H}))$ を満たすものが一意的に存在する．

証明. 任意の $X \in B(\mathcal{H})$ は $X = (\alpha_1\rho_1 - \alpha_2\rho_2) + i(\alpha_3\rho_3 - \alpha_4\rho_4)$ $(\rho_i \in \mathcal{S}(\mathcal{H}),\ \alpha_i \geq 0)$ と書けるから，Φ が存在するなら一意であることは直ちに分かる．Φ の存在を示すには次のように順次拡張すればよい：まず Φ_0 を正斉次な加法的写像 $\Phi_1 : B(\mathcal{H})^+ \to B(\mathcal{K})^+$ に拡張する．次に Φ_1 を実線形写像 $\Phi_2 : B(\mathcal{H})^{\mathrm{sa}} \to B(\mathcal{K})^{\mathrm{sa}}$ に拡張する．さらに Φ_2 を複素線形写像 $\Phi : B(\mathcal{H}) \to B(\mathcal{K})$ に拡張する．これらの拡張は簡単に示せるので，ここでは証明は省略する (読者の演習問題としておく)． □

以下，正の線形写像を簡単に正写像と書く．上の補題より量子系 $\mathcal{H}$ から $\mathcal{K}$ への量子操作として，トレースを保存する正写像 $\Phi : B(\mathcal{H}) \to B(\mathcal{K})$ が考えられる．このとき $\mathcal{H}$ 上の状態 ρ に対し $\Phi(\rho)$ が $\mathcal{K}$ 上の状態になる．しかし次の状況を考えると正写像の条件だけでは十分とはいえない．$\mathcal{H}, \mathcal{K}$ に同じ環境系 $\mathcal{H}_0$ を複合した $\mathcal{H} \otimes \mathcal{H}_0,\ \mathcal{K} \otimes \mathcal{H}_0$ を考える．局所的な量子操作 $\Phi : B(\mathcal{H}) \to B(\mathcal{K})$ を複合系で見ると

$$\Phi \otimes \mathrm{id}_{B(\mathcal{H}_0)} : B(\mathcal{H} \otimes \mathcal{H}_0) = B(\mathcal{H}) \otimes B(\mathcal{H}_0) \to B(\mathcal{K} \otimes \mathcal{H}_0) = B(\mathcal{K}) \otimes B(\mathcal{H}_0)$$

となる．この拡張された写像が正写像でないと物理的に具合が悪い．任意の $\mathcal{H}_0$ に対し $\Phi \otimes \mathrm{id}_{B(\mathcal{H}_0)}$ が正写像であるのは Φ が完全正のときである．以上の考察より次の定義が自然であることが分かる．

定義 2.10. $\mathcal{H}, \mathcal{K}$ が Hilbert 空間とし $\Phi : B(\mathcal{H}) \to B(\mathcal{K})$ がトレースを保存する完全正 (CP) 写像であるとき，Φ を入力系 $\mathcal{H}$ から出力系 $\mathcal{K}$ への**量子情報路 (quantum channel)** あるいは**量子操作 (quantum operation)** という．あるいは **TPCP 写像** (trace-preserving, completely positive の略) とも呼ばれる．

正写像 $\Phi : B(\mathcal{H}) \to B(\mathcal{K})$ の双対写像 $\Phi^* : B(\mathcal{K}) \to B(\mathcal{H})$ は Φ を Hilbert–Schmidt 内積をもつ Hilbert 空間 $(B(\mathcal{H}), \langle \cdot, \cdot \rangle_{\mathrm{HS}})$ から $(B(\mathcal{K}), \langle \cdot, \cdot \rangle_{\mathrm{HS}})$ への線形作用素としたときの随伴作用素と同じである (1.2 節の最初の部分を見よ)．このとき，Φ が TPCP 写像であることは Φ^* が単位的 ($\Phi^*(I_\mathcal{K}) = I_\mathcal{H}$) な CP 写像であることと同値である (1.2 節参照)．

例 2.11. $\mathcal{A}$ が $B(\mathcal{H})$ の *-部分環で $I_\mathcal{H}$ を含むとする．$B(\mathcal{H})$ から $\mathcal{A}$ へのトレースに関する条件付き期待値 $E_\mathcal{A} : B(\mathcal{H}) \to \mathcal{A} (\subset B(\mathcal{H}))$ は単位的な TPCP 写像である (例 1.11 を見よ)．$E_\mathcal{A}$ は $(B(\mathcal{H}), \langle \cdot, \cdot \rangle_{\mathrm{HS}})$ から部分空間 $\mathcal{A}$ への直交射影であり $E_\mathcal{A}^* = E_\mathcal{A}$ であることに注意する．

定義 2.10 を拡張して $\mathcal{A} \subset B(\mathcal{H}), \mathcal{B} \subset B(\mathcal{K})$ を *-部分環[*4)] として，トレースを保存する CP 写像 $\Phi : \mathcal{A} \to \mathcal{B}$ のことを量子情報路と定義してもよい．このとき，例 2.11 の $E_\mathcal{A}$ により $\widetilde{\Phi} := \Phi \circ E_\mathcal{A} : B(\mathcal{H}) \to \mathcal{B} \subset B(\mathcal{K})$ とすると，$\widetilde{\Phi}$ は $B(\mathcal{H})$ から $B(\mathcal{K})$ への TPCP

[*4)] 有限次元ノルム空間の部分空間は閉集合だから，$B(\mathcal{H})$ の *-部分環は自動的に C^*-環になる．さらに von Neumann 環でもある．

写像で $\Phi = \widetilde{\Phi}|_{\mathcal{A}}$ である．よって Φ は定義 2.10 の場合に自然に拡張される．$\mathcal{A}$ または $\mathcal{B}$ が可換 *-環のとき，$\Phi\colon \mathcal{A} \to \mathcal{B}$ が正写像なら自動的に CP である (命題 1.10 を見よ)．

定理 1.9 (iii) によれば，任意の TPCP 写像 $\Phi\colon B(\mathcal{H}) \to B(\mathcal{K})$ は $\sum_{i=1}^{n} V_i^* V_i = I_{\mathcal{H}}$ を満たす $V_i \in B(\mathcal{H}, \mathcal{K})$ $(1 \le i \le n)$ により

$$\Phi(X) = \sum_{i=1}^{n} V_i X V_i^*, \qquad X \in B(\mathcal{H}) \tag{2.10}$$

と表される (Kraus 表現)．もっと量子情報に相応しい **TPCP 写像**の表現定理を次に与える．

定理 2.12. $\Phi\colon B(\mathcal{H}) \to B(\mathcal{K})$ が TPCP 写像とすると，有限次元 Hilbert 空間 $\mathcal{H}_0$，単位ベクトル $e \in \mathcal{K} \otimes \mathcal{H}_0$，および $\mathcal{H} \otimes \mathcal{K} \otimes \mathcal{H}_0$ 上のユニタリ作用素 U が存在して

$$\Phi(X) = \mathrm{Tr}_{\mathcal{H} \otimes \mathcal{H}_0}\, U(X \otimes |e\rangle\langle e|) U^*, \qquad X \in B(\mathcal{H})$$

と表される．

証明. 定理の前に述べたように，$\sum_{i=1}^{n} V_i^* V_i = I_{\mathcal{H}}$ で (2.10) を満たす $V_1, \dots, V_n \in B(\mathcal{H}, \mathcal{K})$ をとる．$\dim \mathcal{H}_0 = n$ である Hilbert 空間 $\mathcal{H}_0$ をとり，単位ベクトル $e \in \mathcal{K} \otimes \mathcal{H}_0$ と正規直交系 $\{f_i\}_{i=1}^{n} \subset \mathcal{H} \otimes \mathcal{H}_0$ をとる．(1.1) と同様に，線形作用素 $|f_i\rangle\langle e|\colon \mathcal{K} \otimes \mathcal{H}_0 \to \mathcal{H} \otimes \mathcal{H}_0$, $|e\rangle\langle f_j|\colon \mathcal{H} \otimes \mathcal{H}_0 \to \mathcal{K} \otimes \mathcal{H}_0$ を

$$(|f_i\rangle\langle e|) u := \langle e, v\rangle f_i \quad (u \in \mathcal{K} \otimes \mathcal{H}_0), \qquad (|e\rangle\langle f_j|) v := \langle f_j, v\rangle e \quad (v \in \mathcal{H} \otimes \mathcal{H}_0)$$

と定めると，次は簡単に示せる：

$$(|f_j\rangle\langle e|)^* = |e\rangle\langle f_j|, \qquad (|e\rangle\langle f_i|)(|f_j\rangle\langle e|) = \delta_{ij} |e\rangle\langle e|.$$

いま $W\colon \mathcal{H} \otimes \mathcal{K} \otimes \mathcal{H}_0 \to \mathcal{K} \otimes \mathcal{H} \otimes \mathcal{H}_0$ を $W := \sum_{i=1}^{n} V_i \otimes |f_i\rangle\langle e|$ と定義すると

$$W^* W = \sum_{i,j} V_i^* V_j \otimes (|e\rangle\langle f_i|)(|f_j\rangle\langle e|) = \sum_{i=1}^{n} V_i^* V_i \otimes |e\rangle\langle e| = I_{\mathcal{H}} \otimes |e\rangle\langle e|.$$

よって $|W| = (W^* W)^{1/2} = I_{\mathcal{H}} \otimes |e\rangle\langle e|$ だから，$\mathcal{H} \otimes \mathcal{K} \otimes \mathcal{H}_0$ 上のユニタリ作用素 U が存在して W の極分解が $W = U|W| = U(I_{\mathcal{H}} \otimes |e\rangle\langle e|)$ と書ける．すると任意の $X \in B(\mathcal{H})$ に対し

$$\begin{aligned}
U(X \otimes |e\rangle\langle e|) U^* &= U(I_{\mathcal{H}} \otimes |e\rangle\langle e|)(X \otimes |e\rangle\langle e|)(I_{\mathcal{H}} \otimes |e\rangle\langle e|) U^* \\
&= W(X \otimes |e\rangle\langle e|) W \\
&= \sum_{i,j} V_i X V_j^* \otimes (|f_i\rangle\langle e|)(|e\rangle\langle e|)(|e\rangle\langle f_j|) \\
&= \sum_{i,j} V_i X V_j^* \otimes |f_i\rangle\langle f_j|.
\end{aligned}$$

これより

$$\mathrm{Tr}_{\mathcal{H} \otimes \mathcal{H}_0}\, U(X \otimes |e\rangle\langle e|) U^* = \sum_i V_i X V_i^* = \Phi(X)$$

が示せた. □

上の表現定理は任意の量子情報路 (TPCP 写像) が次の 3 つの基本的な TPCP 写像の合成で表されることをいう:

- 量子系 $\mathcal{H}$ を $\mathcal{H} \otimes \mathcal{K} \otimes \mathcal{H}_0$ に拡張して ($\mathcal{K} \otimes \mathcal{H}_0$ を環境系とみなす) $\mathcal{K} \otimes \mathcal{H}_0$ 上の純粋状態を添加する.
- 全体系 $\mathcal{H} \otimes \mathcal{K} \otimes \mathcal{H}_0$ 上でユニタリ変換する (2.1 節の規則 (II) を見よ).
- ($\mathcal{H} \otimes \mathcal{H}_0$ を環境系とみなして) 部分トレース $\mathrm{Tr}_{\mathcal{H} \otimes \mathcal{H}_0}$ で量子系 $\mathcal{K}$ に制限する.

ここで出力系または入力系が古典系 (つまり可換 *-環) である特別な量子情報路について整理しておく.

(A) 有限集合 $\mathcal{X}$ 上の複素関数の全体 $C(\mathcal{X}) = \mathbb{C}^{\mathcal{X}}$ は有限次元の可換 *-環である. $C(\mathcal{X})$ は対角行列からなる *-部分環として $B(\mathbb{C}^{|\mathcal{X}|})$ に埋め込むことができる*5). このとき $\phi \in C(\mathcal{X})$ のトレースは $\mathrm{Tr}\,\phi = \sum_{x \in \mathcal{X}} \phi(x)$ で与えられる. 出力系が可換 *-環である量子情報路 $\Phi \colon B(\mathcal{H}) \to C(\mathcal{X})$ は**量子-古典情報路 (qc-情報路)** と呼ばれる. いま $x \in \mathcal{X}$ に対し $\delta_x(\phi) := \phi(x)$ $(\phi \in C(\mathcal{X}))$ とすると, $M_x \in B(\mathcal{H})^+$ が存在して

$$\delta_x(\Phi(X)) = \mathrm{Tr}\,X M_x, \qquad X \in B(\mathcal{H}). \tag{2.11}$$

$\mathrm{Tr}\,\Phi(X) = \sum_{x \in \mathcal{X}} \delta_x(\Phi(X)) = \mathrm{Tr}\,X$ だから $\sum_{x \in \mathcal{X}} M_x = I_{\mathcal{H}}$ である. 逆に $\sum_x M_x = I_{\mathcal{H}}$ である $(M_x)_{x \in \mathcal{X}} \subset B(\mathcal{H})^+$ から (2.11) により qc-情報路 Φ が定まる. このような $\mathcal{M} = (M_x)_{x \in \mathcal{X}}$ は $\mathcal{H}$ 上の**測定 (measurement)** または **POVM** (positive operator-valued measure の略) と呼ばれる. $\mathcal{M}$ が**射影的測定 (projective measurement)** とはすべての M_x が射影作用素のときをいう. 2.1 節で述べたオブザーバブル A のスペクトル分解から定まる $(P_a)_{a \in \mathrm{Sp}(A)}$ が射影的測定である.

(B) 入力系が上記の可換 *-環 $C(\mathcal{X})$ である量子情報路 $\Phi \colon C(\mathcal{X}) \to B(\mathcal{H})$ は**古典-量子情報路 (cq-情報路)** と呼ばれる. $x \in \mathcal{X}$ に対し $W_x := \Phi(1_{\{x\}})$ とすると $W_x \in \mathcal{S}(\mathcal{H})$ であり, $\phi \in C(\mathcal{X})$ に対し $\Phi(\phi) = \sum_x \phi(x) W_x$ と書ける. それゆえ cq-情報路は写像 $W \colon \mathcal{X} \to \mathcal{S}(\mathcal{X})$, $x \mapsto W_x$ として定義される. cq-情報路 W の値域が $B(\mathcal{H})$ の可換 *-部分環に含まれるなら, $\mathcal{H}$ の正規直交基底 $\{e_y\}_{y \in \mathcal{Y}}$ ($|\mathcal{Y}| = \dim \mathcal{H}$) が存在して $W_x = \sum_{y \in \mathcal{Y}} W(y|x) |e_y\rangle\langle e_y|$ $(x \in \mathcal{X})$ と書ける. このとき $W(y|x)$ $(x \in \mathcal{X}, y \in \mathcal{Y})$ は確率行列 (つまり有限の古典情報路) になる.

この節の最後に, 2.1 節で述べたオブザーバブルによる測定および上の (A) の測定を含む一般化された測定 (広義の測定) について説明する. $\mathcal{H}, \mathcal{K}$ が量子系で $\mathcal{X}$ が有限集合として, 各 $x \in \mathcal{X}$ に対し CP 写像 $\mathcal{E}_x \colon B(\mathcal{H}) \to B(\mathcal{K})$ が定まり

$$\mathrm{Tr} \sum_{x \in \mathcal{X}} \mathcal{E}_x(X) = \mathrm{Tr}\,X, \qquad X \in B(\mathcal{H})$$

が成立するとき, $\mathcal{E} = (\mathcal{E}_x)_{x \in \mathcal{X}}$ を**インストルメント (instrument)** と呼ぶ. 上の (A) の測定は $\mathcal{E}_x(X) = M_x^{1/2} X M_x^{1/2}$ $(x \in \mathcal{X})$ としたインストルメントである. 2.1 節で述べた

---

*5) もっと関数解析的に, $C(\mathcal{X})$ を Hilbert 空間 $\ell^2(\mathcal{X}) \cong \mathbb{C}^{|\mathcal{X}|}$ 上に $\phi \in C(\mathcal{X})$ の掛け算作用素 $(\xi(x)) \in \ell^2(\mathcal{X}) \mapsto (\phi(x)\xi(x)) \in \ell^2(\mathcal{X})$ として表現するといってもよい.

規則 (I), (III) はインストルメントの場合に次のように拡張される:

(I′) 入力状態 $\rho \in \mathcal{S}(\mathcal{H})$ の下でインストルメント $\mathcal{E}$ による測定をすると，測定値は $x \in \mathcal{X}$ のいずれかであり，それが x である確率 p_x は $p_x = \operatorname{Tr} \mathcal{E}_x(\rho)$.

(III′) 入力状態 ρ の下で $\mathcal{E}$ の測定をして測定結果が x であるとき，測定直後の出力状態 $\rho_x \in \mathcal{S}(\mathcal{K})$ は $\rho_x = \frac{1}{p_x} \mathcal{E}_x(\rho)$.

インストルメント $\mathcal{E} = (\mathcal{E}_x)_{x \in \mathcal{X}}$ は出力系を $\mathcal{K} \otimes \mathbb{C}^{|\mathcal{X}|}$ に拡張して 1 つの TPCP 写像として記述することができる: $\{e_x\}_{x \in \mathcal{X}}$ を $\mathbb{C}^{|\mathcal{X}|}$ の標準基底として $\Phi \colon B(\mathcal{H}) \to B(\mathcal{K} \otimes \mathbb{C}^{|\mathcal{X}|}) = B(\mathcal{K}) \otimes B(\mathbb{C}^{|\mathcal{K}|})$ を

$$\Phi(X) := \sum_{x \in \mathcal{X}} \mathcal{E}_x(X) \otimes |e_x\rangle\langle e_x|, \qquad X \in B(\mathcal{H})$$

と定めると，Φ は TPCP 写像であり

$$\mathcal{E}_x(X) = \operatorname{Tr}_{\mathbb{C}^{|\mathcal{X}|}}(I_\mathcal{K} \otimes |e_x\rangle\langle e_x|) \Phi(X)(I_\mathcal{K} \otimes |e_x\rangle\langle e_x|)$$

により $\mathcal{E}_x$ が再現できる．また状態 $\rho \in \mathcal{S}(\mathcal{H})$ に対し

$$\operatorname{Tr}_\mathcal{K} \Phi(\rho) = \sum_{x \in \mathcal{X}} p_x |e_x\rangle\langle e_x|, \qquad \operatorname{Tr}_{\mathbb{C}^{|\mathcal{X}|}} \Phi(\rho) = \sum_{x \in \mathcal{X}} \mathcal{E}_x(\rho) = \sum_{x \in \mathcal{X}} p_x \rho_x$$

である．

2.3　von Neumann エントロピーと相対エントロピー

正作用素 $\rho \in B(\mathcal{H})^+$ の**サポート射影** $s(\rho)$ は $\operatorname{ran} \rho$ への直交射影として定義される．以下 $s(\rho)$ を ρ^0 とも書く（これは x^0 $(x \geq 0)$ による関数カルキュラスだから自然である）．また $\rho \in B(\mathcal{H})^{++}$ を簡単に $\rho > 0$ とも書く．

定義 2.13. (1) 連続関数 $\eta(x) := -x \log x$ $(x \geq 0)$ は**情報関数**と呼ばれる．$\rho \in \mathcal{S}(\mathcal{H})$ の **von Neumann エントロピー**は

$$S(\rho) := \operatorname{Tr} \eta(\rho) = -\operatorname{Tr} \rho \log \rho.$$

ただし $\eta(\rho) = -\rho \log \rho$ は ρ の η による関数カルキュラス．ρ を (2.1) のように対角化すると，$\eta(\rho) = \sum_{i=1}^d \eta(\lambda_i)|e_i\rangle\langle e_i|$ だから

$$S(\rho) = \sum_{i=1}^d \eta(\lambda_i) = -\sum_{i=1}^d \lambda_i \log \lambda_i. \tag{2.12}$$

つまり $S(\rho)$ は古典的な確率分布 $(\lambda_1, \ldots, \lambda_d)$ の **Shannon エントロピー**に等しい．

(2) $\rho, \sigma \in B(\mathcal{H})^+$ の **(Umegaki) 相対エントロピー**は

$$D(\rho\|\sigma) := \begin{cases} \operatorname{Tr} \rho(\log \rho - \log \sigma) & (\rho^0 \leq \sigma^0 \text{ のとき}), \\ +\infty & (\rho^0 \not\leq \sigma^0 \text{ のとき}). \end{cases} \tag{2.13}$$

$\rho^0 \leq \sigma^0$ のとき，$\rho \log \sigma = \rho \sigma^0 \log \sigma$ であり $\sigma^0 \log \sigma \in B(\mathcal{H})^{\mathrm{sa}}$ だから $D(\rho\|\sigma) = \operatorname{Tr} \rho \log \rho - \operatorname{Tr} \rho^{1/2}(\sigma^0 \log \sigma)\rho^{1/2} \in \mathbb{R}$ である．よって $\log \rho, \log \sigma$ が $\mathcal{H}$ 全体で定義できる

とは限らないが，ρ を掛けている (2.13) の式は明確に定まる．ρ, σ が可換なら $\mathcal{H}$ の正規直交基底 $\{e_i\}_{i=1}^d$ により $\rho = \sum_{i=1}^d a_i |e_i\rangle\langle e_i|$, $\sigma = \sum_{i=1}^d b_i |e_i\rangle\langle e_i|$ と同時対角化できて，

$$D(\rho\|\sigma) = \sum_{i=1}^d a_i(\log a_i - \log b_i) = \sum_{i=1}^d a_i \log \frac{a_i}{b_i}.$$

ただし $0 \log \frac{0}{b} = 0$ $(b \geq 0)$, $a \log \frac{a}{0} = +\infty$ $(a > 0)$ とする．よって $D(\rho\|\sigma)$ は古典論の **Kullback–Leibler ダイバージェンス**の量子版である．

$S(\rho)$ は $\rho \in \mathcal{S}(\mathcal{H})$ に限定したが，$D(\rho\|\sigma)$ は一般の $\rho, \sigma \in B(\mathcal{H})^+$ で定義しておくのが便利である．例えば，$S(\rho) = -D(\rho\|I)$ だから，$S(\rho)$ は相対エントロピーの (マイナス符号の) 特別な場合になる．

Von Neumann エントロピーの性質を次にまとめる．

命題 2.14. $\rho, \rho_n, \rho_i \in \mathcal{S}(\mathcal{H})$ $(n \in \mathbb{N}, 1 \leq i \leq k)$ とする．

(1) $0 \leq S(\rho) \leq \log d$ であり，$S(\rho) = 0 \iff \rho$ が純粋状態 (つまり $\|\phi\| = 1$ で $\rho = |\phi\rangle\langle\phi|$). また $S(\rho) = \log d \iff \rho$ がトレース状態 (つまり $\rho = \frac{1}{d}I$).

(2) **連続性**: $\rho \mapsto S(\rho)$ は連続，つまり $\|\rho_n - \rho\| \to 0$ なら $S(\rho_n) \to S(\rho)$.

(3) **Fannes の不等式**: $\rho, \sigma \in \mathcal{S}(\mathcal{H})$ が $\|\rho - \sigma\|_1 \leq 1/e$ なら

$$|S(\rho) - S(\sigma)| \leq (\log d)\|\rho - \sigma\|_1 + \eta(\|\rho - \sigma\|_1).$$

(4) $\alpha_i \geq 0$, $\sum_{i=1}^k \alpha_i = 1$ に対し

$$\sum_{i=1}^k \alpha_i S(\rho_i) \leq S\left(\sum_{i=1}^k \alpha_i \rho_i\right) \leq \sum_{i=1}^k \alpha_i S(\rho_i) + \sum_{i=1}^k \eta(\alpha_i). \tag{2.14}$$

上の最初の不等号は $\rho \mapsto S(\rho)$ が $\mathcal{S}(\mathcal{H})$ 上で凹関数であることをいう．

(5) $\Phi: B(\mathcal{H}) \to B(\mathcal{K})$ が単位的 $(\Phi(I_{\mathcal{H}}) = I_{\mathcal{K}})$ でトレースを保存する正写像で Φ^* が Schwarz 写像 (命題 1.8 参照) とすると，

$$S(\Phi(\rho)) \geq S(\rho).$$

特に P_k $(1 \leq k \leq m)$ が $\sum_{k=1}^m P_k = I$ を満たす $\mathcal{H}$ 上の互いに直交する射影作用素とすると，

$$S\left(\sum_{k=1}^m P_k \rho P_k\right) \geq S(\rho).$$

(6) **テンソル積の下での加法性**: 任意の $\rho_i, \sigma_i \in \mathcal{S}(\mathcal{H}_i)^+$ $(i = 1, 2)$ に対し

$$S(\rho_1 \otimes \rho_2) = S(\rho_1) + S(\rho_2).$$

証明. (1) ρ の固有値を $\lambda_1, \ldots, \lambda_d$ とすると $S(\rho) = \sum_{i=1}^d \eta(\lambda_i) \geq 0$. $S(\rho) = 0$ となるのは，すべての i で $\eta(\lambda_i) = 0$, つまりある i で $\lambda_i = 1$ (よって $j \neq i$ で $\lambda_j = 0$) のときに限る．これは ρ が純粋状態を意味する．他方，$S(\rho) \leq \log d$ であり，$S(\rho) = \log d$ は $\lambda_1 = \cdots = \lambda_d = 1/d$, つまり $\rho = \frac{1}{d}I$ のときに限ることは容易に示せる (読者の演習問題とする).

(2) は関数カルキュラスの連続性より明らか (次の (3) からも明らか).

(3) ρ, σ の固有値を重複度込みで大きい順に並べてそれぞれ $\lambda_1 \geq \cdots \geq \lambda_d$, $\mu_1 \geq \cdots \geq \mu_d$ とする. まず

$$\sum_{i=1}^d |\lambda_i - \mu_i| \leq \|\rho - \sigma\|_1$$

を示す. これは注意 1.45 (a) の帰結であるが, ここでは直接に証明する. 定理 1.2 の下で述べた Jordan 分解 $\rho - \sigma = (\rho - \sigma)_+ - (\rho - \sigma)_-$ をとる. $A := \rho + (\rho - \sigma)_- = \sigma + (\rho - \sigma)_+$ の固有値を $\nu_1 \geq \cdots \geq \nu_d$ とすると, Weyl の単調定理 (命題 1.41) から $\lambda_i, \mu_i \leq \nu_i$ $(1 \leq i \leq d)$. よって $|\lambda_i - \mu_i| \leq 2\nu_i - \lambda_i - \mu_i$ $(1 \leq i \leq d)$. それゆえ

$$\sum_{i=1}^d |\lambda_i - \mu_i| \leq \sum_{i=1}^d (2\nu_i - \lambda_i - \mu_i) = \mathrm{Tr}(2A - \rho - \sigma)$$
$$= \mathrm{Tr}(\rho - \sigma)_+ + \mathrm{Tr}(\rho - \sigma)_- = \|\rho - \sigma\|_1.$$

そこで $\|\rho - \sigma\|_1 \leq 1/e$ として, $a_i := |\lambda_i - \mu_i|$ $(1 \leq i \leq d)$, $a := \sum_i a_i$ とする. $a = 0$ なら $S(\rho) = S(\sigma)$ だから, $a > 0$ としてよい. 付録の補題 A.1 より

$$|S(\rho) - S(\sigma)| \leq \sum_{i=1}^d |\eta(\lambda_i) - \eta(\mu_i)| \leq \sum_{i=1}^d \eta(a_i)$$
$$= a \sum_{i=1}^d \eta\left(\frac{a_i}{a}\right) + \eta(a) \leq a \log d + \eta(a) \quad (\text{上の (1) より})$$
$$\leq \|\rho - \sigma\|_1 \log d + \eta(\|\rho - \sigma\|_1).$$

上の最後の不等号は η が $[0, 1/e]$ で単調増加であることによる.

(4) (2.14) の最初の不等号は関数 η の作用素凹性 (例 1.15 参照) より分かる. また

$$S\left(\sum_{i=1}^k \alpha_i \rho_i\right) = \lim_{\varepsilon \searrow 0} \mathrm{Tr}\left(-\left(\sum_{i=1}^k \alpha_i \rho_i\right) \log\left(\sum_{i=1}^k \alpha_i \rho_i + \varepsilon I\right)\right)$$
$$= \lim_{\varepsilon \searrow 0} \sum_{i=1}^k \alpha_i \mathrm{Tr}\left(-\rho_i^{1/2}\left[\log\left(\sum_{j=1}^k \alpha_j \rho_j + \varepsilon I\right)\right]\rho_i^{1/2}\right).$$

$\log x$ が $(0, \infty)$ 上で作用素単調だから, 各 i に対し $\log\left(\sum_{j=1}^k \alpha_j \rho_j + \varepsilon I\right) \geq \log(\alpha_i \rho_i + \varepsilon I)$. よって

$$S\left(\sum_{i=1}^k \alpha_i \rho_i\right) \leq \lim_{\varepsilon \searrow 0} \sum_{i=1}^k \alpha_i \mathrm{Tr}\left(-\rho_i^{1/2}[\log(\alpha_i \rho_i + \varepsilon I)]\rho_i^{1/2}\right)$$
$$= \sum_{i=1}^k \alpha_i \mathrm{Tr}(-\rho_i \log(\alpha_i \rho_i)) = \sum_{i=1}^k \alpha_i S(\rho_i) + \sum_{i=1}^k \eta(\alpha_i).$$

(5) $\Phi(I_{\mathcal{H}}) = I_{\mathcal{K}}$ だから, 以下で示す定理 2.16 の (4) を使うと

$$S(\Phi(\rho)) = -D(\Phi(\rho)\|\Phi(I)) \geq -D(\rho\|I) = S(\rho)$$

と簡単である.

(6) は次の命題 2.15 の (4) で $\sigma_i = I_{\mathcal{H}_i}$ $(i = 1, 2)$ とした場合である (直接に示すのも簡単). $\qquad\qquad\square$

次は相対エントロピーの簡単な性質である.

命題 2.15. $\rho, \sigma, \rho_i, \sigma_i \in B(\mathcal{H})^+$ とする.

(1) **スケーリング**: $\lambda, \mu \geq 0$ に対し $D(\lambda\rho \| \mu\sigma) = \lambda D(\rho \| \sigma) + \lambda \log \frac{\lambda}{\mu}$.

(2) $\sigma_1 \leq \sigma_2$ なら $D(\rho \| \sigma_1) \geq D(\rho \| \sigma_2)$.

(3) $D(\rho \| \sigma) = \lim_{\varepsilon \searrow 0} D(\rho \| \sigma + \varepsilon I) = \lim_{\varepsilon \searrow 0} D(\rho + \varepsilon I \| \sigma + \varepsilon I)$. また $D(\rho \| \sigma) = \sup_{\varepsilon > 0} D(\rho \| \sigma + \varepsilon I)$.

(4) **テンソル積の下での加法性**: 任意の $\rho_i, \sigma_i \in B(\mathcal{H}_i)^+$ $(i = 1, 2)$ に対して

$$D(\rho_1 \otimes \rho_2 \| \sigma_1 \otimes \sigma_2) = \operatorname{Tr} \rho_2 \cdot D(\rho_1 \| \sigma_1) + \operatorname{Tr} \rho_1 \cdot D(\rho_2 \| \sigma_2).$$

証明. (1) は簡単. (2) は $\log x$ $(x > 0)$ の作用素単調性から直ぐに分かる.

(3) 正規直交基底 $\{e_i\}, \{f_j\}$ で $\rho = \sum_i \lambda_i |e_i\rangle\langle e_i|$, $\sigma = \sum_j \mu_j |f_j\rangle\langle f_j|$ と対角化する. $\rho \in B(\mathcal{H})^+ \mapsto \rho \log \rho$ が連続であり,

$$\varepsilon \log(\sigma + \varepsilon I) = \sum_j \varepsilon \log(\mu_j + \varepsilon) \cdot |f_j\rangle\langle f_j| \to 0 \qquad (\varepsilon \searrow 0)$$

であるから, 2 つの極限の式を示すためには $\operatorname{Tr} \rho \log(\sigma + \varepsilon I)$ を考えれば十分である. $\rho^0 \leq \sigma^0$ のとき,

$$\rho \log(\sigma + \varepsilon I) = \rho\sigma^0 \log(\sigma + \varepsilon I) \to \rho\sigma^0 \log \sigma = \rho \log \sigma$$

だから $D(\rho \| \sigma + \varepsilon I), D(\rho + \varepsilon I \| \sigma + \varepsilon I) \to D(\rho \| \sigma)$ がいえる. 次に $\rho^0 \not\leq \sigma^0$ のとき, $\operatorname{Tr}(\sigma^0)^\perp \rho = \sum_i \sum_{\mu_j = 0} \lambda_i |\langle f_j, e_i\rangle|^2 > 0$ だから, ある i_0, j_0 で $\lambda_{i_0} > 0$, $\mu_{j_0} = 0$, $\langle f_{j_0}, e_{i_0}\rangle \neq 0$. よって $\lambda_{i_0} \log(\mu_{j_0} + \varepsilon) \cdot |\langle f_{j_0}, e_{i_0}\rangle|^2 \to -\infty$ $(\varepsilon \searrow 0)$ だから

$$\operatorname{Tr} \rho \log(\sigma + \varepsilon I) = \sum_{i,j} \lambda_i \log(\mu_j + \varepsilon) \cdot |\langle f_j, e_i\rangle|^2 \to -\infty.$$

それゆえ $D(\rho \| \sigma + \varepsilon I), D(\rho + \varepsilon I \| \sigma + \varepsilon I) \to +\infty = D(\rho \| \sigma)$. さらに (2) より $\lim_{\varepsilon \searrow 0} D(\rho \| \sigma + \varepsilon I)$ は $\sup_{\varepsilon > 0} D(\rho \| \sigma + \varepsilon I)$ とも書ける.

(4) $(\rho_1 \otimes \rho_2)^0 = \rho_1^0 \otimes \rho_2^0$ であり, $\rho_i \neq 0$ のとき $(\rho_1 \otimes \rho_2)^0 \leq (\sigma_1 \otimes \sigma_2)^0 \iff \rho_1^0 \leq \sigma_1^0$ かつ $\rho_2^0 \leq \sigma_2^0$ であることに注意する (これらの証明は読者の演習問題とする). $\rho_1 = 0$ または $\rho_2 = 0$ なら 両辺 $= 0$ で成立するから, $\rho_1, \rho_2 \neq 0$ としてよい. よって, さらに $\rho_i \leq \sigma_i$ $(i = 1, 2)$ としてよい. このとき

$$\begin{aligned}
D(\rho_1 \otimes \sigma_1 \| \rho_2 \otimes \sigma_2) &= \operatorname{Tr}(\rho_1 \otimes \rho_2) \log(\rho_1 \otimes \rho_2) - \operatorname{Tr}(\rho_1 \otimes \rho_2) \log(\sigma_1 \otimes \sigma_2) \\
&= \operatorname{Tr}(\rho_1 \otimes \rho_2)[(\log \rho_1) \otimes I_2 + I_1 \otimes (\log \rho_2)] \\
&\quad - \operatorname{Tr}(\rho_1 \otimes \rho_2)[(\log \sigma_1) \otimes I_2 + I_1 \otimes (\log \sigma_2)] \\
&= \operatorname{Tr} \rho_2 \cdot \operatorname{Tr} \rho_1 \log \rho_1 + \operatorname{Tr} \rho_1 \cdot \operatorname{Tr} \rho_2 \log \rho_2 \\
&\quad - \operatorname{Tr} \rho_2 \cdot \operatorname{Tr} \rho_1 \log \sigma_1 - \operatorname{Tr} \rho_1 \cdot \operatorname{Tr} \rho_2 \log \sigma_2 \\
&= \operatorname{Tr} \rho_2 \cdot D(\rho_1 \| \sigma_1) + \operatorname{Tr} \rho_1 \cdot D(\rho_2 \| \sigma_2)
\end{aligned}$$

である. □

次の定理で相対エントロピーの重要な性質をまとめる.

定理 2.16. (1) **Peierls–Bogolieubov の不等式**: $\rho, \sigma \neq 0$ とすると

$$D(\rho\|\sigma) \geq \operatorname{Tr} \rho \log \frac{\operatorname{Tr} \rho}{\operatorname{Tr} \sigma}$$

が成立し, 等号成立 $\iff \rho = \frac{\operatorname{Tr} \rho}{\operatorname{Tr} \sigma} \sigma$. よって $\operatorname{Tr} \rho = \operatorname{Tr} \sigma$ なら, $D(\rho\|\sigma) \geq 0$ で, $D(\rho\|\sigma) = 0 \iff \rho = \sigma$.

(2) **同時下半連続性**: $D(\rho\|\sigma)$ は $B(\mathcal{H})^+ \times B(\mathcal{H})^+$ 上で同時下半連続.

(3) **同時凸性**: $D(\rho\|\sigma)$ は $B(\mathcal{H})^+ \times B(\mathcal{H})^+$ 上で同時凸かつ同時劣加法的, つまり

$$D(\rho_1 + \rho_2\|\sigma_1 + \sigma_2) \leq D(\rho_1\|\sigma_1) + D(\rho_2\|\sigma_2).$$

(4) **単調性**: $\Phi\colon B(\mathcal{H}) \to B(\mathcal{K})$ がトレースを保存する正写像で Φ^* が Schwarz 写像なら, 任意の $\rho, \sigma \in B(\mathcal{H})^+$ に対し

$$D(\Phi(\rho)\|\Phi(\sigma)) \leq D(\rho\|\sigma).$$

この不等式は **DPI (Data-Processing Inequality)** と呼ばれる.

(5) **Pinsker–Csiszár の不等式**: 任意の $\rho, \sigma \in \mathcal{S}(\mathcal{H})_+$ に対し

$$\frac{1}{2}\|\rho - \sigma\|_1^2 \leq D(\rho\|\sigma).$$

4.1 節で相対エントロピーを擬 f-ダイバージェンスに一般化する. 前命題の (2), (3) も含め上の定理の性質は 4.1 節で擬 f-ダイバージェンスに対して示される結果に含まれるが, ここでは別のやり方で証明する. まず補題を 2 つ与える.

補題 2.17. $\rho, \sigma \in B(\mathcal{H})^+$, $\rho^0 \leq \sigma^0$ に対し, **Gibbs の不等式**

$$D(\rho\|\sigma) \geq \operatorname{Tr}(\rho - \sigma)$$

が成立し, 等号成立 $\iff \rho = \sigma$.

証明. $\rho^0 \leq \sigma^0$ だから $\sigma^0 \mathcal{H}$ に制限して $\sigma \in B(\mathcal{H})^{++}$ としてよい. $\lambda_i \geq 0$, $\mu_j > 0$ と正規直交基底 $\{e_i\}_{i=1}^d$, $\{f_j\}_{j=1}^d$ により $\rho = \sum_{i=1}^d \lambda_i |e_i\rangle\langle e_i|$, $\sigma = \sum_{j=1}^d \mu_j |f_j\rangle\langle f_j|$ と対角化すると,

$$
\begin{aligned}
D(\rho\|\sigma) &= \operatorname{Tr} \rho \log \rho - \operatorname{Tr} \rho \log \sigma \\
&= \sum_i \lambda_i \log \lambda_i - \sum_i \Big\langle e_i, \rho \sum_j (\log \mu_j)|f_j\rangle\langle f_j|e_i\Big\rangle \\
&= \sum_i \lambda_i \log \lambda_i - \sum_{i,j} \lambda_i |\langle f_j, e_i\rangle|^2 \log \mu_j.
\end{aligned}
$$

各 i に対して, $\log x$ の凹性より

$$\sum_j |\langle f_j, e_i\rangle|^2 \log \mu_j \leq \log \sum_j |\langle f_j, e_i\rangle|^2 \mu_j = \log\langle e_i, \sigma e_i\rangle.$$

よって

$$D(\rho\|\sigma) \geq \sum_{\lambda_i > 0} \lambda_i \log \frac{\lambda_i}{\langle e_i, \sigma e_i \rangle} \geq \sum_{\lambda_i > 0} \lambda_i \Big(1 - \frac{\langle e_i, \sigma e_i \rangle}{\lambda_i}\Big) \quad (\log x \geq 1 - \tfrac{1}{x} \text{ より})$$

$$= \sum_{\lambda_i > 0} \lambda_i - \sum_{\lambda_i > 0} \langle e_i, \sigma e_i \rangle \geq \sum_i \lambda_i - \sum_i \langle e_i, \sigma e_i \rangle = \mathrm{Tr}(\rho - \sigma).$$

さらに等号成立は次の 3 条件が成立するときである:

- $\lambda_i > 0$ に対し j_i が存在して $\sum_{\mu_j = \mu_{j_i}} |\langle f_j, e_i \rangle|^2 = 1$ (よって $j \neq j_i$ なら $\langle f_j, e_i \rangle = 0$),
- $\lambda_i > 0$ に対し $\lambda_i = \langle e_i, \sigma e_i \rangle$,
- $\lambda_i = 0$ に対し $\langle e_i, \sigma e_i \rangle = 0$ (よって $\sigma e_i = 0$).

上の 3 条件が成立するなら, $\lambda_i > 0$ である各 i に対し

$$\lambda_i = \langle e_i, \sigma \sigma_i \rangle = \Big\langle \sum_{\mu_j = \mu_{j_i}} \langle f_j, e_i \rangle f_j, \sigma \Big(\sum_{\mu_j = \mu_{j_i}} \langle f_j, e_i \rangle f_j \Big) \Big\rangle$$

$$= \Big\langle \sum_{\mu_j = \mu_{j_i}} \langle f_j, e_i \rangle f_j, \sum_{\mu_j = \mu_{j_i}} \langle f_j, e_i \rangle \mu_{j_i} f_j \Big\rangle = \sum_{\mu_j = \mu_{j_i}} |\langle f_j, e_i \rangle|^2 \mu_{j_i} = \mu_{j_i}$$

だから,

$$\rho e_i = \lambda_i e_i = \mu_{j_i} \sum_{\mu_j = \mu_{j_i}} \langle f_j, e_i \rangle f_j = \sum_j \mu_j \langle f_j, e_i \rangle f_j = \sigma e_i.$$

$\lambda_i = 0$ なら $\rho e_i = 0 = \sigma e_i$. したがって $\rho = \sigma$. 逆に $\rho = \sigma$ なら等号成立は明らか. $\qquad\square$

補題 2.18. 任意の $\rho, \sigma \in B(\mathcal{H})^+$ に対し

$$D(\rho\|\sigma) = \lim_{\alpha \searrow 0} \frac{1}{\alpha} (\mathrm{Tr}\,\rho - \mathrm{Tr}\,\rho^{1-\alpha}\sigma^\alpha).$$

証明. $\rho^0 \not\leq \sigma^0$ のとき, $\mathrm{Tr}\,\rho\sigma^0 < \mathrm{Tr}\,\rho$ だから

$$\mathrm{Tr}\,\rho - \mathrm{Tr}\,\rho^{1-\alpha}\sigma^\alpha \to \mathrm{Tr}\,\rho - \mathrm{Tr}\,\rho\sigma^0 > 0 \quad (\alpha \searrow 0).$$

よって

$$\lim_{\alpha \searrow 0} \frac{1}{\alpha} (\mathrm{Tr}\,\rho - \mathrm{Tr}\,\rho^{1-\alpha}\sigma^\alpha) = +\infty = D(\rho\|\sigma).$$

$\rho^0 \leq \sigma^0$ のとき, $\sigma > 0$ としてよい. $f(\alpha) := \mathrm{Tr}\,\rho^{1-\alpha}\sigma^\alpha$ とすると, 次は容易に分かる:

$$\frac{d}{d\alpha}\rho^{1-\alpha}\Big|_{\alpha=0} = -\rho\log\rho, \qquad \frac{d}{d\alpha}\sigma^\alpha\Big|_{\alpha=0} = \log\sigma.$$

よって $f'(0) = \mathrm{Tr}(-\rho\log\rho + \rho\log\sigma) = -D(\rho\|\sigma)$ だから,

$$\lim_{\alpha \searrow 0} \frac{1}{\alpha} (\mathrm{Tr}\,\rho - \mathrm{Tr}\,\rho^{1-\alpha}\sigma^\alpha) = \lim_{\alpha \searrow 0} \frac{f(0) - f(\alpha)}{\alpha} = -f'(0) = D(\rho\|\sigma)$$

が示せた. $\qquad\square$

定理 2.16 の証明. (1) $\mathrm{Tr}\,\rho = \mathrm{Tr}\,\sigma$ のときの主張は補題 2.17 より明らか. 任意の $\rho, \sigma \neq 0$ に対し, $\rho_1 := \frac{1}{\mathrm{Tr}\,\rho}\rho$, $\sigma_1 := \frac{1}{\mathrm{Tr}\,\sigma}\sigma$ とすると, 命題 2.15 (1) より

$$D(\rho\|\sigma) = \operatorname{Tr}\rho\, D(\rho_1\|\sigma_1) + \operatorname{Tr}\rho\log\frac{\operatorname{Tr}\rho}{\operatorname{Tr}\sigma} \geq \operatorname{Tr}\rho\log\frac{\operatorname{Tr}\rho}{\operatorname{Tr}\sigma}$$

であり，等号成立 $\Longleftrightarrow \rho_1 = \sigma_1 \Longleftrightarrow \rho = \frac{\operatorname{Tr}\rho}{\operatorname{Tr}\sigma}\sigma$.

(2) 命題 2.15 (3) の sup の表示に注意すると，任意の $\varepsilon > 0$ に対して $D(\rho\|\sigma + \varepsilon I)$ が $B(\mathcal{H})^+ \times B(\mathcal{H})^+$ 上で連続であることを示せば十分である．$\rho_n, \sigma_n \in B(\mathcal{H})^+$ $(n \in \mathbb{N})$ が $\rho_n \to \rho$, $\sigma_n \to \sigma$ とすると，$\rho_n \log\rho_n \to \rho\log\rho$ であり，$\log(\sigma_n + \varepsilon I) \to \log(\sigma + \varepsilon I)$ だから $\rho_n \log(\sigma_n + \varepsilon I) \to \rho\log(\sigma + \varepsilon I)$. よって $D(\rho_n\|\sigma_n + \varepsilon I) \to D(\rho\|\sigma + \varepsilon I)$ である．

(3) $X = I$ として定理 1.56 (1) (Lieb の凹性定理) を使うと，任意の $\alpha \in [0,1]$ に対し $(\rho,\sigma) \in B(\mathcal{H})^+ \times B(\mathcal{H})^+ \mapsto \operatorname{Tr}\rho^{1-\alpha}\sigma^\alpha$ は同時凹である．よって補題 2.18 より $D(\rho\|\sigma)$ は $B(\mathcal{H})^+ \times B(\mathcal{H})^+$ 上で同時凸．命題 2.15 (1) より $D(\rho\|\sigma)$ は正斉次 (つまり $\lambda \geq 0$ に対し $D(\lambda\rho\|\lambda\sigma) = \lambda D(\rho\|\sigma)$) だから，同時凸性は同時劣加法性と同じである．

(4) $X = I_{\mathcal{K}}$ として定理 1.62 (1) を使うと，任意の $\alpha \in [0,1]$ に対し

$$\operatorname{Tr}\Phi(\rho)^{1-\alpha}\Phi(\sigma)^\alpha \geq \operatorname{Tr}\Phi^*(I_{\mathcal{K}})\rho^{1-\alpha}\Phi^*(I_{\mathcal{K}})\sigma^\alpha = \operatorname{Tr}\rho^{1-\alpha}\sigma^\alpha.$$

上の等号は $\Phi^*(I_{\mathcal{K}}) = I_{\mathcal{H}}$ による．よって補題 2.18 より

$$\begin{aligned}
D(\Phi(\rho)\|\Phi(\sigma)) &= \lim_{\alpha \searrow 0}\frac{1}{\alpha}(\operatorname{Tr}\Phi(\rho) - \operatorname{Tr}\Phi(\rho)^{1-\alpha}\Phi(\sigma)^\alpha)\\
&\leq \lim_{\alpha \searrow 0}\frac{1}{\alpha}(\operatorname{Tr}\rho - \operatorname{Tr}\rho^{1-\alpha}\sigma^\alpha) = D(\rho\|\sigma).
\end{aligned}$$

(5) Jordan 分解 $\rho - \sigma = (\rho - \sigma)_+ - (\rho - \sigma)_-$ をとり $E := s((\rho - \sigma)_+)$ とすると，

$$\|\rho - \sigma\|_1 = \operatorname{Tr}(\rho - \sigma)E - \operatorname{Tr}(\rho - \sigma)E^\perp = 2(\operatorname{Tr}\rho E - \operatorname{Tr}\sigma E). \tag{2.15}$$

$\Phi: B(\mathcal{H}) \to \mathbb{C}^2 \subset B(\mathbb{C}^2)$ ($(a,b) \in \mathbb{C}^2$ と $\begin{bmatrix} a & 0 \\ 0 & b \end{bmatrix}$ を同一視する) を $\Phi(X) := (\operatorname{Tr}XE, \operatorname{Tr}XE^\perp)$ $(X \in B(\mathcal{H}))$ と定めると，Φ は TPCP 写像である．よって (4) の単調性より

$$D(\rho\|\sigma) \geq D(\Phi(\rho)\|\Phi(\sigma)) = \operatorname{Tr}\rho E\log\frac{\operatorname{Tr}\rho E}{\operatorname{Tr}\sigma E} + \operatorname{Tr}\rho E^\perp\log\frac{\operatorname{Tr}\rho E^\perp}{\operatorname{Tr}\sigma E^\perp}. \tag{2.16}$$

ところで，次の不等式が成立する: 任意の $\lambda, \mu \in [0,1]$ に対し

$$2(\lambda - \mu)^2 \leq \lambda\log\frac{\lambda}{\mu} + (1 - \lambda)\log\frac{1 - \lambda}{1 - \mu}$$

(これの証明は読者の演習問題とする)．$\lambda := \operatorname{Tr}\rho E$, $\mu := \operatorname{Tr}\sigma E$ とすると，$1 - \lambda = \operatorname{Tr}\rho E^\perp$, $1 - \mu = \operatorname{Tr}\sigma E^\perp$ だから，(2.15) と (2.16) より

$$\frac{1}{2}\|\rho - \sigma\|_1^2 = 2(\operatorname{Tr}\rho E - \operatorname{Tr}\sigma E)^2 \leq D(\rho\|\sigma)$$

が示せた． $\qquad\qquad\qquad\qquad\qquad\qquad\qquad\qquad\qquad\qquad\qquad\qquad\qquad \square$

注意 2.19. 5.2 節の定理 5.13 (3) で示すように，定理 2.16 (4) の単調性は Φ がトレースを保存する正写像なら成立する．よって命題 2.14 (5) も Φ が単位的かつトレースを保存する正写像なら成立する．

ここで 2 部量子系 $\mathcal{H}_{12} = \mathcal{H}_1 \otimes \mathcal{H}_2$, 3 部量子系 $\mathcal{H}_{123} = \mathcal{H}_1 \otimes \mathcal{H}_2 \otimes \mathcal{H}_3$ を考える. $\rho_{12} \in \mathcal{S}(\mathcal{H}_{12})$ に対し, $\rho_1 \in \mathcal{S}(\mathcal{H}_1)$, $\rho_2 \in \mathcal{S}(\mathcal{H}_2)$ は ρ_{12} のそれぞれ $\mathcal{H}_1$, $\mathcal{H}_2$ への制限とする. つまり部分トレース Tr_2, Tr_1 により

$$\rho_1 := \mathrm{Tr}_2 \rho_{12}, \qquad \rho_2 := \mathrm{Tr}_1 \rho_{12}$$

とする. $\rho_{123} \in \mathcal{S}(\mathcal{H}_{123})$ に対しも同様に,

$$\rho_{12} := \mathrm{Tr}_3 \rho_{123}, \qquad \rho_{23} := \mathrm{Tr}_1 \rho_{123}, \qquad \rho_2 := \mathrm{Tr}_{13} \rho_{123} \qquad (2.17)$$

などが定義される. 次に示す**強劣加法性 (strong subadditivity)** は von Neumann エントロピーに関する最も有名な不等式である.

定理 2.20. (1) **Lieb–Ruskai の強劣加法性**: 任意の $\rho_{123} \in \mathcal{S}(\mathcal{H}_{123})$ に対し

$$S(\rho_{123}) + S(\rho_2) \le S(\rho_{12}) + S(\rho_{23}).$$

(2) **劣加法性**: 任意の $\rho_{12} \in \mathcal{S}(\mathcal{H}_{12})$ に対し

$$S(\rho_{12}) \le S(\rho_1) + S(\rho_2).$$

上で, 等号成立 $\Longleftrightarrow \rho_{12} = \rho_1 \otimes \rho_2$.

(3) **Araki–Lieb の 3 角不等式**: 任意の $\rho_{12} \in \mathcal{S}(\mathcal{H}_{12})$ に対し

$$|S(\rho_1) - S(\rho_2)| \le S(\rho_{12}).$$

特に ρ_{12} が純粋状態なら $S(\rho_1) = S(\rho_2)$.

証明. (1) まず

$$\mathrm{Tr}\, \rho_{123}[I_{123} - s(\rho_{12}) \otimes I_3] = \mathrm{Tr}\, \rho_{123}[(I_{12} - s(\rho_{12})) \otimes I_3]$$
$$= \mathrm{Tr}\, \rho_{12}(I_{12} - s(\rho_{12})) = 0$$

だから, $s(\rho_{123}) \le s(\rho_{12}) \otimes I_3 = s(\rho_{12} \otimes I_3)$ が分かる. よって

$$D(\rho_{123} \| \rho_{12} \otimes I_3) = \mathrm{Tr}\, \rho_{123} \log \rho_{123} - \mathrm{Tr}\, \rho_{123}(s(\rho_{12}) \otimes I_3) \log(\rho_{12} \otimes I_3)$$
$$= \mathrm{Tr}\, \rho_{123} \log \rho_{123} - \mathrm{Tr}\, \rho_{123}[(s(\rho_{12}) \log \rho_{12}) \otimes I_3]$$
$$= \mathrm{Tr}\, \rho_{123} \log \rho_{123} - \mathrm{Tr}\, \rho_{12} s(\rho_{12}) \log \rho_{12}$$
$$= -S(\rho_{123}) + S(\rho_{12}).$$

同様にして

$$D(\rho_{23} \| \rho_2 \otimes I_3) = -S(\rho_{23}) + S(\rho_2).$$

部分トレース $\mathrm{Tr}_1 : B(\mathcal{H}_{123}) \to B(\mathcal{H}_{23})$ が埋め込み写像 $B(\mathcal{H}_{23}) \hookrightarrow B(\mathcal{H}_{123})$, $A \mapsto I_1 \otimes A$ の双対写像であり,

$$\mathrm{Tr}_1 \rho_{123} = \rho_{23}, \qquad \mathrm{Tr}_1(\rho_{12} \otimes I_3) = \rho_2 \otimes I_3$$

だから，定理 2.16 (4) より

$$D(\rho_{23}\|\rho_2 \otimes I_3) \le D(\rho_{123}\|\rho_{12} \otimes I_3).$$

それゆえ $-S(\rho_{23}) + S(\rho_2) \le -S(\rho_{123}) + S(\rho_{12})$ であり，強劣加法性が示せた．

(2) $s(\rho_{12}) \le s(\rho_1) \otimes s(\rho_2) = s(\rho_1 \otimes \rho_2)$ は容易に分かる (演習問題とする)．$\mathrm{Tr}\,\rho_{12} = \mathrm{Tr}(\rho_1 \otimes \rho_2) = 1$ だから，定理 2.16 (1) より

$$
\begin{aligned}
0 &\le D(\rho_{12}\|\rho_1 \otimes \rho_2) \\
&= \mathrm{Tr}\,\rho_{12} \log \rho_{12} - \mathrm{Tr}\,\rho_{12}(s(\rho_1) \otimes s(\rho_2)) \log \rho_1 \otimes \rho_2 \\
&= \mathrm{Tr}\,\rho_{12} \log \rho_{12} - \mathrm{Tr}\,\rho_{12}[(s(\rho_1) \log \rho_1) \otimes I_2)] \\
&\qquad - \mathrm{Tr}\,\rho_{12}[(I_1 \otimes (s(\rho_2)) \log \rho_2)] \\
&= \mathrm{Tr}\,\rho_{12} \log \rho_{12} - \mathrm{Tr}\,\rho_1 \log \rho_1 - \mathrm{Tr}\,\rho_2 \log \rho_2 \\
&= -S(\rho_{12}) + S(\rho_1) + S(\rho_2).
\end{aligned}
\tag{2.18}
$$

等号成立条件も定理 2.16 (1) よりいえる．(劣加法性は (1) の強劣加法性で $\mathcal{H}_2 = \mathbb{C}$ としても得られる．)

(3) まず ρ_{12} が純粋状態の場合を示す．この場合は定理 2.5 の証明の最後で示されている．実際 $\phi \in \mathcal{H}_{12}$ で $\rho_{12} = |\phi\rangle\langle\phi|$ とすると，(2.8) より $\rho_1 = \mathrm{Tr}_2 \rho_{12}$ と $\rho_2 = \mathrm{Tr}_1 \rho_{12}$ は同じ固有値ベクトル (重複度込み) をもつ．よって (2.12) より $S(\rho_1) = S(\rho_2)$ がいえる．

次に，任意の $\rho_{12} \in \mathcal{S}(\mathcal{H}_{12})$ に対し定理 2.7 の純粋化を施すと，Hilbert 空間 $\mathcal{H}_3$ と単位ベクトル $\phi \in \mathcal{H}_{123} := \mathcal{H}_{12} \otimes \mathcal{H}_3$ がとれて，$\rho_{123} := |\phi\rangle\langle\phi|$ に対し $\rho_{12} = \mathrm{Tr}_3 \rho_{123}$ となる．$\rho_{123} \in \mathcal{S}(\mathcal{H}_1 \otimes \mathcal{H}_{23}) = \mathcal{S}(\mathcal{H}_{12} \otimes \mathcal{H}_3)$ に前半の結果を 2 通りに適用し，$\rho_{23} := \mathrm{Tr}_1 \rho_{123} \in \mathcal{S}(\mathcal{H}_2 \otimes \mathcal{H}_3)$ に (2) の劣加法性を使うと

$$S(\rho_1) = S(\rho_{23}) \le S(\rho_2) + S(\rho_3) = S(\rho_2) + S(\rho_{12}).$$

よって $S(\rho_1) - S(\rho_2) \le S(\rho_{12})$．$\rho_1, \rho_2$ の立場を入れ換えて $S(\rho_2) - S(\rho_1) \le S(\rho_{12})$ も成立． $\square$

注意 2.21. 2 部状態 $\rho_{12} \in \mathcal{S}(\mathcal{H}_1 \otimes \mathcal{H}_2)$ に対し

$$I(1;2)_{\rho_{12}} = I(\mathcal{H}_1;\mathcal{H}_2)_{\rho_{12}} := D(\rho_{12}\|\rho_1 \otimes \rho_2) \tag{2.19}$$

は (量子) 相互情報量と呼ばれ重要である．この右辺は定理 2.20 (2) の証明で現れたもので，(2.18) より

$$I(1;2)_{\rho_{12}} = S(\rho_1) + S(\rho_2) - S(\rho_{12}) \tag{2.20}$$

と書ける．また ρ_{12} の ($\mathcal{H}_2$ に条件付けられた) 条件付きエントロピーは

$$S(\rho_{12}|2) = S(\rho_{12}|\mathcal{H}_2) := S(\rho_{12}) - S(\rho_2) \tag{2.21}$$

と定義される．古典系の条件付きエントロピーは常に非負であるのに対し，量子系の $S(\rho_{12}|2)$ は正にも負にもなることに注意する．実際，$\rho_{12} = \rho_1 \otimes \rho_2$ なら定理 2.20 (2) より $S(\rho_{12}|2) = S(\rho_1) \ge 0$ である．他方 ρ_{12} が純粋なら定理 2.20 (3) より $S(\rho_{12}|2) = -S(\rho_2)$

は一般に負である．例えば ρ_{12} が $\mathcal{H} \otimes \mathcal{H}$ 上の極大エンタングル状態 (後述の 3.1 節の例 3.4 を見よ) なら $S(\rho_{12}|2) = -\log \dim \mathcal{H}$ となる．

条件付きエントロピー (2.21) について，Fannes 型 (命題 2.14 (3)) の **Alicki–Fannes の不等式**が知られている: $d_1 := \dim \mathcal{H}_1$ とすると任意の $\rho_{12}, \sigma_{12} \in \mathcal{S}(\mathcal{H}_1 \otimes \mathcal{H}_2)$ に対し，$\varepsilon := \|\rho_{12} - \sigma_{12}\|_1 < 1$ とおくと

$$|S(\rho_{12}|2) - S(\sigma_{12}|2)| \leq 4(\log d_1)\varepsilon + 2h(\varepsilon). \tag{2.22}$$

ただし $h(\varepsilon) := -\varepsilon \log \varepsilon - (1-\varepsilon)\log(1-\varepsilon)$ とする．

上の不等式は次の結果を使うと少し改良できる．

命題 2.22. 関数 $F \colon \mathcal{S}(\mathcal{H}) \to \mathbb{C}$ が任意の $\rho, \sigma \in \mathcal{S}(\mathcal{H})$ と $\varepsilon \in (0,1)$ に対し

$$|F((1-\varepsilon)\rho + \varepsilon\sigma) - (1-\varepsilon)F(\rho) - \varepsilon F(\sigma)| \leq h(\varepsilon)$$

を満たすとする．このとき，任意の $\rho, \sigma \in \mathcal{S}(\mathcal{H})$ に対し，$\varepsilon := \|\rho - \sigma\|_1/(2 + \|\rho - \sigma\|_1)$ とおくと

$$|F(\rho) - F(\sigma)| \leq 4\varepsilon M + 2h(\varepsilon).$$

ただし $M := \sup_{\rho \in \mathcal{S}(\mathcal{H})} |F(\rho)|$ とする．

証明. Jordan 分解 $\rho - \sigma = (\rho-\sigma)_+ - (\rho-\sigma)_-$ をとると，$\|(\rho-\sigma)_+\|_1 = \|(\rho-\sigma)_-\|_1 = \frac{1}{2}\|\rho - \sigma\|_1$ だから

$$\omega^* := \frac{\rho + (\rho-\sigma)_-}{1 + \frac{1}{2}\|\rho-\sigma\|_1} = \frac{\sigma + (\rho-\sigma)_+}{1 + \frac{1}{2}\|\rho-\sigma\|_1}, \quad \omega_1 := \frac{(\rho-\sigma)_-}{\frac{1}{2}\|\rho-\sigma\|_1}, \quad \omega_2 := \frac{(\rho-\sigma)_+}{\frac{1}{2}\|\rho-\sigma\|_1}$$

は $\mathcal{S}(\mathcal{H})$ に属する．$\varepsilon := \|\rho - \sigma\|_1/(2 + \|\rho - \sigma\|_1)$ とおくと，$\omega^* = (1-\varepsilon)\rho + \varepsilon\omega_1 = (1-\varepsilon)\sigma + \varepsilon\omega_2$ だから

$$\begin{aligned}
|F(\rho) - &F(\sigma)| \\
&\leq |F(\omega^*) - F(\rho)| + |F(\omega^*) - F(\sigma)| \\
&\leq |F(\omega^*) - (1-\varepsilon)F(\rho) - \varepsilon F(\omega_1)| + |F(\omega^*) - (1-\varepsilon)F(\sigma) - \varepsilon F(\omega_2)| \\
&\quad + \varepsilon(|F(\rho)| + |F(\omega_1)| + |F(\sigma)| + |F(\omega_2)|) \\
&\leq 2h(\varepsilon) + 4\varepsilon M
\end{aligned}$$

が成立． $\square$

条件付きエントロピー (2.21) は $\rho_{12} \in \mathcal{S}(\mathcal{H}_{12})$ に対し

$$S(\rho_{12}|2) = -D(\rho_{12}\|I_1 \otimes \rho_2)$$

と書けるから，定理 2.16 (3) より ρ_{12} の凹関数である．よって $\rho_{12}, \sigma_{12} \in \mathcal{S}(\mathcal{H}_{12})$ と $\varepsilon \in (0,1)$ に対し

$$S((1-\varepsilon)\rho_{12} + \varepsilon\sigma_{12}|2) \geq (1-\varepsilon)S(\rho_{12}|2) + \varepsilon S(\sigma_{12}|2).$$

さらに (2.14) より

$$S((1-\varepsilon)\rho_{12} + \varepsilon\sigma_{12}|2)$$
$$\leq [(1-\varepsilon)S(\rho_{12}) + \varepsilon S(\sigma_{12}) + h(\varepsilon)] - [(1-\varepsilon)S(\rho_2) + \varepsilon S(\sigma_2)]$$
$$= (1-\varepsilon)S(\rho_{12}|2) + \varepsilon S(\sigma_{12}|2) + h(\varepsilon).$$

それゆえ命題 2.22 の仮定が満たされる. また定理 2.20 の (2), (3) より $M \leq \log d_1$ が簡単に分かる. 命題 2.22 より $\varepsilon := \|\rho - \sigma\|_1/(2 + \|\rho - \sigma\|_1)$ として (2.22) が成立するから, Alicki–Fannes の不等式が少し改良された.

この節の最後に $S(\rho)$ と $D(\rho\|\sigma)$ の **Legendre 変換**による変分表示を示す. Legendre 変換の簡潔な説明が付録の A.2 節にある.

命題 2.23. $\sigma \in B(\mathcal{H})^{++}$ とする.
(1) 任意の $H \in B(\mathcal{H})^{\mathrm{sa}}$ に対し

$$\log \mathrm{Tr}\, e^{H + \log \sigma} = \max\{\mathrm{Tr}\, \rho H - D(\rho\|\sigma) \colon \rho \in \mathcal{S}(\mathcal{H})\}. \tag{2.23}$$

さらに右辺の最大値は $\rho = e^{H + \log \sigma}/\mathrm{Tr}\, e^{H + \log \sigma}$ でとられる.
(2) 任意の $\rho \in \mathcal{S}(\mathcal{H})$ に対し

$$D(\rho\|\sigma) = \sup\{\mathrm{Tr}\, \rho H - \log \mathrm{Tr}\, e^{H + \log \sigma} \colon H \in B(\mathcal{H})^{\mathrm{sa}}\}. \tag{2.24}$$

さらに $\rho > 0$ なら右辺の sup は max になり, $H = \log \rho - \log \sigma$ で最大値をとる.
(3) 任意の $H \in B(\mathcal{H})^{\mathrm{sa}}$ に対し

$$\log \mathrm{Tr}\, e^{H} = \max\{\mathrm{Tr}\, \rho H + S(\rho) \colon \rho \in \mathcal{S}(\mathcal{H})\}.$$

さらに右辺の最大値は $\rho = e^{H}/\mathrm{Tr}\, e^{H}$ でとられる.
(4) 任意の $\rho \in \mathcal{S}(\mathcal{H})$ に対し

$$-S(\rho) = \sup\{\mathrm{Tr}\, \rho H - \log \mathrm{Tr}\, e^{H} \colon H \in B(\mathcal{H})^{\mathrm{sa}}\}.$$

さらに $\rho > 0$ なら右辺の sup は max になり, $H = \log \rho$ で最大値をとる.

証明. (1) $F(\rho) := \mathrm{Tr}\, \rho H - D(\rho\|\sigma)$ $(\rho \in B(\mathcal{H})^{+})$ とおく. $F(\rho)$ はコンパクト集合 $\mathcal{S}(\mathcal{H})$ 上で連続だから, そこで最大値をとる. $\{e_i\}_{i=1}^{d}$ を $\mathcal{H}$ の正規直交基底とすると, $\lambda_i \geq 0$ に対し

$$F\Big(\sum_{i=1}^{d} \lambda_i |e_i\rangle\langle e_i|\Big) = \sum_{i=1}^{d} [\lambda_i \langle e_i, (H + \log \sigma)e_i\rangle - \lambda_i \log \lambda_i]$$

だから,

$$\lim_{\lambda_i \searrow 0} \frac{\partial}{\partial \lambda_i} F\Big(\sum_{i=1}^{d} \lambda_i |e_i\rangle\langle e_i|\Big) = \lim_{\lambda_i \searrow 0} [\langle e_i, (H + \log \sigma)e_i\rangle - \log \lambda_i - 1] = +\infty$$

である. それゆえ $F(\rho)$ は $\rho_0 > 0$ である $\rho_0 \in \mathcal{S}(\mathcal{H})$ で最大値をとる. このとき, 任意の $S \in B(\mathcal{H})^{\mathrm{sa}}$, $\mathrm{Tr}\, S = 0$ に対し, 定理 1.5 (2) より

$$\frac{d}{dt} \operatorname{Tr}(\rho_0 + tS) \log(\rho_0 + tS)\Big|_{t=0} = \operatorname{Tr} S(\log \rho_0 + 1) = \operatorname{Tr} S \log \rho_0$$

だから

$$0 = \frac{d}{dt} F(\rho_0 + tS)\Big|_{t=0} = \operatorname{Tr} S(H - \log \rho_0 + \log \sigma).$$

これより $H + \log \sigma - \log \rho_0 = cI \ (c \in \mathbb{R})$. よって $\rho_0 = e^{H+\log \sigma}/\operatorname{Tr} e^{H+\log \sigma}$ が示せた. さらに直接計算して $F(\rho_0) = \log \operatorname{Tr} e^{H+\log \sigma}$.

(2) 命題 1.4 より双対形式 $\langle X, Y \rangle := \operatorname{Tr} XY \ (X, Y \in B(\mathcal{H})^{\mathrm{sa}})$ により $(B(\mathcal{H})^{\mathrm{sa}})^* = B(\mathcal{H})^{\mathrm{sa}}$ であることに注意すると, (2.23) は関数

$$f(X) := \begin{cases} D(X \| \sigma) & (X \in \mathcal{S}(\mathcal{H})), \\ +\infty & (X \notin \mathcal{S}(\mathcal{H})) \end{cases}$$

の Legendre 変換が $f^*(Y) = \log \operatorname{Tr} e^{Y+\log \sigma}$ であることをいう. f は下半連続な凸関数であるから, Legendre 変換の双対性 (付録の補題 A.2) より (2.24) が成立する. $\rho > 0$ なら $H_0 := \log \rho - \log \sigma$ とおくと, $\operatorname{Tr} \rho H_0 - \log \operatorname{Tr} e^{H_0+\log \sigma} = D(\rho \| \sigma)$ だから後半の主張もいえる.

(3), (4) は (1), (2) でそれぞれ $\sigma = I$ とすればよい. □

量子物理では $H \in B(\mathcal{H})^{\mathrm{sa}}$ (ハミルトニアン) に対し, $-H$ をとり $\operatorname{Tr} e^{-H}$, $\log \operatorname{Tr} e^{-H}$ をそれぞれ**分配関数 (partition function)**, **圧力 (pressure)** という. $e^{-H}/\operatorname{Tr} e^{-H}$ は **Gibbs 状態**と呼ばれる. 上の (3), (4) は von Neumann エントロピーと圧力の双対性を主張する. また (1) に現れる $e^{-H+\log \sigma}/\operatorname{Tr} e^{-H+\log \sigma}$ を σ^H と書いて, σ の H (相対ハミルトニアン) による**摂動状態**と呼ばれる.

2.4 フィデリティ

状態の間の距離としてトレース・ノルム距離 $\|\rho - \sigma\|_1 := \operatorname{Tr}|\rho - \sigma|$ が最も自然であるが, 前節の相対エントロピーは状態を識別するための一種の距離 (3 角不等式を満たさないので厳密な意味の距離ではない) として有用である. 量子情報でよく使われる状態の間の近さを表す量として他にフィデリティと呼ばれるものがある. この節ではこれを取り上げる.

定義 2.24. $\rho, \sigma \in B(\mathcal{H})^+$ に対し

$$F(\rho, \sigma) := \operatorname{Tr}(\rho^{1/2} \sigma \rho^{1/2})^{1/2} = \operatorname{Tr}|\sigma^{1/2} \rho^{1/2}|$$

は ρ, σ の**フィデリティ (fidelity)** と呼ばれる. これは古典論の確率ベクトル $\boldsymbol{p} = (p_1, \ldots, p_d)$, $\boldsymbol{q} = (q_1, \ldots, q_d)$ に対する **Hellinger アフィニティ (affinity)** と呼ばれる $B(\boldsymbol{p}, \boldsymbol{q}) := \sum_{i=1}^d \sqrt{p_i q_i}$ の量子版として Uhlmann によって導入された. 他に似た量として**遷移確率 (transition probability)** と呼ばれる

$$P(\rho, \sigma) := \operatorname{Tr} \rho^{1/2} \sigma^{1/2}$$

がある．通常 $F(\rho,\sigma)$ は $(P(\rho,\sigma)$ も$)$ 状態 $\rho,\sigma \in \mathcal{S}(\mathcal{H})$ に対し定義されるが，ここでは相対エントロピーと同様に一般の $\rho,\sigma \in B(\mathcal{H})^+$ で定義しておくと便利である．純粋状態 $\rho = |\phi\rangle\langle\phi|$, $\sigma = |\psi\rangle\langle\psi|$ $(\|\phi\| = \|\psi\| = 1)$ に対しては，$F(\rho,\sigma) = |\langle\phi,\psi\rangle|$, $P(\rho,\sigma) = |\langle\phi,\psi\rangle|^2$ である．(冪の違いがあるが) $F(\rho,\sigma)$ を **Uhlmann** の**遷移確率**と呼ぶことも多い．

次の命題でフィデリティと遷移確率の基礎的な性質をまとめる．

命題 2.25. $\rho,\sigma \in B(\mathcal{H})^+$ とする．
(1) $F(\rho,\sigma)$, $P(\rho,\sigma)$ は $B(\mathcal{H})^+ \times B(\mathcal{H})^+$ 上で同時連続である．
(2) $F(\rho,\sigma) = F(\sigma,\rho)$, $P(\rho,\sigma) = P(\sigma,\rho)$.
(3) $0 \le P(\rho,\sigma) \le F(\rho,\sigma)$. さらに $P(\rho,\sigma) = F(\rho,\sigma) \Longleftrightarrow \rho\sigma = \sigma\rho$.
(4) $F(\rho,\sigma) = 0 \Longleftrightarrow P(\rho,\sigma) = 0 \Longleftrightarrow \rho^0 \perp \sigma^0$.
(5) $\rho,\sigma \in \mathcal{S}(\mathcal{H})$ なら $F(\rho,\sigma) \le 1$ であり，$F(\rho,\sigma) = 1 \Longleftrightarrow P(\rho,\sigma) = 1 \Longleftrightarrow \rho = \sigma$.

証明. (1) は簡単．(2) は $\|\rho^{1/2}\sigma^{1/2}\|_1 = \|\sigma^{1/2}\rho^{1/2}\|_1$ より明らか．(3) の最初の主張は $0 \le \mathrm{Tr}\,\rho^{1/2}\sigma^{1/2} \le \mathrm{Tr}\,|\rho^{1/2}\sigma^{1/2}|$ より明らか．あるいは $P(\rho,\sigma) = \mathrm{Tr}\,\rho^{1/4}\sigma^{1/2}\rho^{1/4}$, $F(\rho,\sigma) = \mathrm{Tr}(\rho^{1/2}\sigma\rho^{1/2})^{1/2}$ だから，定理 1.53 (1) からもいえる．$P(\rho,\sigma) \le F(\rho,\sigma)$ の等号成立条件は定理 1.55 (1) から従う．

(4) 上の (3) より $F(\rho,\sigma) = 0 \Longrightarrow P(\rho,\sigma) = 0$. $\alpha,\beta > 0$ が存在して $\rho^{1/2} \ge \alpha\rho^0$, $\sigma \ge \beta\sigma^0$. よって $P(\rho,\sigma) \ge \alpha\beta\,\mathrm{Tr}\,\rho^0\sigma^0$ だから

$$P(\rho,\sigma) = 0 \Longrightarrow \mathrm{Tr}\,\rho^0\sigma^0 = 0 \Longleftrightarrow \rho^0 \perp \sigma^0 \Longrightarrow F(\rho,\sigma) = 0.$$

これで (4) が示せた．

(5) $\rho,\sigma \in \mathcal{S}(\mathcal{H})$ とすると，Hölder の不等式 (定理 1.51 (1)) より

$$F(\rho,\sigma) = \|\rho^{1/2}\sigma^{1/2}\|_1 \le \|\rho^{1/2}\|_2\|\sigma^{1/2}\|_2 = \mathrm{Tr}\,\rho \cdot \mathrm{Tr}\,\sigma = 1.$$

上の (3) より $P(\rho,\sigma) = 1 \Longrightarrow F(\rho,\sigma) = 1$. Hölder の不等式の等号成立条件より $F(\rho,\sigma) = 1$ なら $\lambda > 0$ が存在して $\rho^{1/2} = \lambda\sigma^{1/2}$. $\mathrm{Tr}\,\rho = \mathrm{Tr}\,\sigma = 1$ より $\lambda = 1$ で $\rho = \sigma$. $\rho = \sigma$ なら $P(\rho,\sigma) = 1$ は明らか．$(F(\rho,\sigma) = 1 \Longrightarrow \rho = \sigma$ は下で示す (2.28) からもいえる.) $\square$

上の (5) から $F(\rho,\sigma)$ (また $P(\rho,\sigma)$) が 1 に近いほど ρ,σ は近い．それゆえ状態識別関数としては $F(\rho,\sigma)$ より $1 - F(\rho,\sigma)$ あるいは $\sqrt{1 - F(\sigma,\rho)^2}$ の方がよいといえる (次の定理の (5) を見よ).

次の定理でフィデリティの重要な性質と 2 種類の変分表示 (下の (1), (4)) をまとめる．

定理 2.26. (1) 任意の $\rho,\sigma \in B(\mathcal{H})^+$ に対し

$$F(\rho,\sigma) = \inf_{A \in B(\mathcal{H})^{++}} \{\sqrt{\mathrm{Tr}\,\rho A \cdot \mathrm{Tr}\,\sigma A^{-1}}\} \tag{2.25}$$

$$= \frac{1}{2} \inf_{A \in B(\mathcal{H})^{++}} \{\mathrm{Tr}\,\rho A + \mathrm{Tr}\,\sigma A^{-1}\}. \tag{2.26}$$

さらに $\rho,\sigma \in B(\mathcal{H})^{++}$ なら上の右辺の inf はともに min になる．

(2) 逆単調性: $\Phi\colon B(\mathcal{H}) \to B(\mathcal{K})$ ($\mathcal{K}$ は有限次元 Hilbert 空間) がトレースを保存する正写像なら，任意の $\rho, \sigma \in B(\mathcal{H})^+$ に対し

$$F(\Phi(\rho), \Phi(\sigma)) \geq F(\rho, \sigma).$$

(3) 同時凹性: $F(\rho, \sigma)$ は $B(\mathcal{H})^+ \times B(\mathcal{H})^+$ 上で同時凹である．

(4) 任意の $\rho, \sigma \in \mathcal{S}(\mathcal{H})$ に対し

$$F(\rho, \sigma) = \max\{|\langle \phi, \psi \rangle| \colon \phi, \psi \in \mathcal{H} \otimes \mathcal{K} \text{ はそれぞれ } \rho, \sigma \text{ の純粋化}\}. \qquad (2.27)$$

さらに上の $\max$ は $\mathcal{K} = \mathcal{H}$ の場合で達成される．

(5) **Fuchs–van de Graaf の不等式**: 任意の $\rho, \sigma \in \mathcal{S}(\mathcal{H})$ に対し

$$1 - F(\rho, \sigma) \leq \frac{1}{2}\|\rho - \sigma\|_1 \leq \sqrt{1 - F(\rho, \sigma)^2}. \qquad (2.28)$$

証明. (1) $\rho, \sigma \in B(\mathcal{H})^{++}$ のとき，極分解 $\sigma^{1/2}\rho^{1/2} = V|\sigma^{1/2}\rho^{1/2}|$ (V はユニタリ作用素) をとる．任意の $A \in B(\mathcal{H})^{++}$ に対し

$$
\begin{aligned}
F(\rho, \sigma) &= \mathrm{Tr}\, V^* \sigma^{1/2} \rho^{1/2} = \mathrm{Tr}\, A^{1/2} \rho^{1/2} V^* \sigma^{1/2} A^{-1/2} \\
&= \langle \rho^{1/2} A^{1/2}, V^* \sigma^{1/2} A^{-1/2} \rangle_{\mathrm{HS}} \\
&\leq \|\rho^{1/2} A^{1/2}\|_2 \|V^* \sigma^{1/2} A^{-1/2}\|_2 \quad (\text{Schwarz の不等式より}) \\
&= \sqrt{\mathrm{Tr}\, \rho A \cdot \mathrm{Tr}\, \sigma A^{-1}}.
\end{aligned}
$$

さらに $A := \rho^{-1/2} V^* \sigma^{1/2} = \rho^{-1/2} |\sigma^{1/2} \rho^{1/2}| \rho^{-1/2}$ とすると，$A \in B(\mathcal{H})^{++}$ であり

$$\mathrm{Tr}\, \rho A = \mathrm{Tr}\, |\sigma^{1/2} \rho^{1/2}|, \qquad \mathrm{Tr}\, \sigma A^{-1} = \mathrm{Tr}\, \rho^{1/2} \sigma \rho^{1/2} |\sigma^{1/2} \rho^{1/2}|^{-1} = \mathrm{Tr}\, |\sigma^{1/2} \rho^{1/2}|$$

だから (2.25) と最後の主張が成立する．一般の $\rho, \sigma \in B(\mathcal{H})^+$ のとき，任意の $\varepsilon > 0$ に対し上で示したことから

$$F(\rho + \varepsilon I, \sigma + \varepsilon I) = \inf_{A \in B(\mathcal{H})^{++}} \{\sqrt{\mathrm{Tr}(\rho + \varepsilon I)A \cdot \mathrm{Tr}(\sigma + \varepsilon I)A^{-1}}\}.$$

$0 < \varepsilon' < \varepsilon$ なら

$$
\begin{aligned}
F(\rho + \varepsilon' I, \sigma + \varepsilon' I) &= \mathrm{Tr}\big((\rho + \varepsilon' I)^{1/2}(\sigma + \varepsilon' I)(\rho + \varepsilon' I)^{1/2}\big)^{1/2} \\
&\leq \mathrm{Tr}\big((\rho + \varepsilon' I)^{1/2}(\sigma + \varepsilon I)(\rho + \varepsilon' I)^{1/2}\big)^{1/2} \\
&= \mathrm{Tr}\big((\sigma + \varepsilon I)^{1/2}(\rho + \varepsilon' I)(\sigma + \varepsilon I)^{1/2}\big)^{1/2} \\
&\leq \mathrm{Tr}\big((\sigma + \varepsilon I)^{1/2}(\rho + \varepsilon I)(\sigma + \varepsilon I)^{1/2}\big)^{1/2} \\
&= F(\rho + \varepsilon I, \sigma + \varepsilon I)
\end{aligned}
$$

に注意して，連続性 (命題 2.25 (1)) より

$$
\begin{aligned}
F(\rho, \sigma) &= \inf_{\varepsilon > 0} F(\rho + \varepsilon I, \sigma + \varepsilon I) \\
&= \inf_{\varepsilon > 0} \inf_{A \in B(\mathcal{H})^{++}} \sqrt{\mathrm{Tr}(\rho + \varepsilon I)A \cdot \mathrm{Tr}(\sigma + \varepsilon I)A^{-1}}
\end{aligned}
$$

$$= \inf_{A \in B(\mathcal{H})^{++}} \inf_{\varepsilon > 0} \sqrt{\operatorname{Tr}(\rho + \varepsilon I)A \cdot \operatorname{Tr}(\sigma + \varepsilon I)A^{-1}}$$

$$= \inf_{A \in B(\mathcal{H})^{++}} \sqrt{\operatorname{Tr}\rho A \cdot \operatorname{Tr}\sigma A^{-1}}.$$

これで (2.25) が示せた. (2.26) は任意の $A \in B(\mathcal{H})^{++}$ に対し

$$\sqrt{\operatorname{Tr}\rho A \cdot \operatorname{Tr}\sigma A^{-1}} = \frac{1}{2}\inf_{t > 0}\{\operatorname{Tr}\rho(tA) + \operatorname{Tr}\sigma(tA)^{-1}\}$$

から直ぐに分かる.

(2) $\Phi^* : B(\mathcal{K}) \to B(\mathcal{H})$ が単位的な正写像だから, 任意の $A \in B(\mathcal{H})^{++}$ に対し Choi の不等式 (命題 1.6 (2)) より $\Phi^*(A^{-1}) \geq \Phi^*(A)^{-1}$. よって

$$\operatorname{Tr}\Phi(\rho)A \cdot \operatorname{Tr}\Phi(\sigma)A^{-1} = \operatorname{Tr}\rho\Phi^*(A) \cdot \operatorname{Tr}\sigma\Phi^*(A^{-1})$$
$$\geq \operatorname{Tr}\rho\Phi^*(A) \cdot \operatorname{Tr}\sigma\Phi^*(A)^{-1} \geq F(\rho,\sigma)^2 \quad (\text{上の (1) より}).$$

それゆえ (2) の逆単調性がいえる.

(3) TPCP 写像 $\Phi : B(\mathcal{H} \oplus \mathcal{H}) \to B(\mathcal{H})$ を $\Phi\left(\begin{bmatrix} Y_{11} & Y_{12} \\ Y_{21} & Y_{22} \end{bmatrix}\right) := Y_{11} + Y_{22}$ と定める. 任意の $\rho_i, \sigma_i \in B(\mathcal{H})^+$ と $\lambda \in (0,1)$ に対し, $\rho := \lambda\rho_1 \oplus (1-\lambda)\rho_2$, $\sigma := \lambda\sigma_1 \oplus (1-\lambda)\sigma_2$ とすると

$$F(\lambda\rho_1 + (1-\lambda)\rho_2, \lambda\sigma_1 + (1-\lambda)\sigma_2)$$
$$= F(\Phi(\rho), \Phi(\sigma)) \geq F(\rho,\sigma) = \lambda F(\rho_1,\sigma_1) + (1-\lambda)F(\rho_2,\sigma_2).$$

上の不等号は (2) の逆単調性であり, 最後の等号は容易に確かめられる.

(4) $\rho, \sigma \in \mathcal{S}(\mathcal{H})$ とする. $\phi, \psi \in \mathcal{H} \otimes \mathcal{K}$ を ρ, σ の純粋化とすると,

$$F(\rho,\sigma) = F(\operatorname{Tr}_{\mathcal{K}}|\phi\rangle\langle\phi|, \operatorname{Tr}_{\mathcal{K}}|\psi\rangle\langle\psi|) \geq F(|\phi\rangle\langle\phi|, |\psi\rangle\langle\psi|) = |\langle\phi,\psi\rangle|.$$

上の不等号は (2) による. いま $\{e_i\}_{i=1}^d$ を $\mathcal{H}$ の正規直交基底とし, 任意のユニタリ作用素 $U \in B(\mathcal{H})$ に対し

$$\phi := \sum_{i=1}^d (\rho^{1/2}e_i) \otimes e_i, \qquad \psi := \sum_{i=1}^d (\sigma^{1/2}Ue_i) \otimes e_i$$

とすると, 注意 2.8 より ϕ は ρ の純粋化であり, また

$$\operatorname{Tr}_2|\psi\rangle\langle\psi| = \sum_{i=1}^d |\sigma^{1/2}Ue_i\rangle\langle\sigma^{1/2}Ue_i| = (\sigma^{1/2}U)(\sigma^{1/2}U)^* = \sigma$$

だから ψ が σ の純粋化である. さらに

$$|\langle\phi,\psi\rangle| = \left|\sum_{i=1}^d \langle\rho^{1/2}e_i, \sigma^{1/2}Ue_i\rangle\right| = |\operatorname{Tr}\rho^{1/2}\sigma^{1/2}U|$$

である. これを U について最大化すると $\operatorname{Tr}|\rho^{1/2}\sigma^{1/2}|$ が得られる, よって (2.27) と最後の主張が示せた.

(5) 連続性より $\rho, \sigma \in B(\mathcal{H})^{++}$ としてよい. 上の (1) の証明より $A \in B(\mathcal{H})^{++}$ が存在

して $\operatorname{Tr} \rho A = \operatorname{Tr} \sigma A^{-1} = F(\rho, \sigma)$ となる．スペクトル分解 $A = \sum_{i=1}^{d} \lambda_i |e_i\rangle\langle e_i|$ $(\lambda_i > 0,$ $\{e_i\}_{i=1}^{d}$ は $\mathcal{H}$ の正規直交基底) をとり，トレースを保存する正写像 $\Phi\colon B(\mathcal{M}) \to \mathbb{C}^d$ を $\Phi(X) := (\langle e_i, X e_i\rangle)_{i=1}^{d}$ $(X \in B(\mathcal{H}))$ と定める．$\Phi(\rho) = (p_i)_{i=1}^{d}$, $\Phi(\sigma) = (q_i)_{i=1}^{d}$ は確率ベクトルであり

$$\sum_{i=1}^{d} \lambda p_i = \sum_{i=1}^{d} \langle e_i, \rho A e_i\rangle = \operatorname{Tr} \rho A = F(\rho, \sigma).$$

同様に $\sum_{i=1}^{d} \lambda_i^{-1} q_i = F(\rho, \sigma)$．上の (2) と Schwarz の不等式より

$$F(\rho, \sigma) \leq F(\Phi(\rho), \Phi(\sigma)) = \sum_{i=1}^{d} \sqrt{p_i q_i}$$

$$\leq \left(\sum_{i=1}^{d} \lambda_i p_i\right)^{1/2} \left(\sum_{i=1}^{d} \lambda_i^{-1} q_i\right)^{1/2} = F(\rho, \sigma).$$

よって $F(\rho, \sigma) = \sum_i \sqrt{p_i q_i}$ だから

$$1 - F(\rho, \sigma) = 1 - \sum_i \sqrt{p_i q_i} = \frac{1}{2} \sum_i (\sqrt{p_i} - \sqrt{q_i})^2$$

$$\leq \frac{1}{2} \sum_i |p_i - q_i| = \frac{1}{2} \|\Phi(\rho) - \Phi(\sigma)\|_1$$

$$\leq \frac{1}{2} \|\rho - \sigma\|_1 \quad (\text{命題 1.6 (5) より}).$$

次に P を $(\rho - \sigma)_+$ のサポート射影とし $P^\perp := I - P$ とする．トレースを保存する正写像 $\Psi\colon B(\mathcal{H}) \to \mathbb{C}^2$ $(\subset B(\mathbb{C}^2))$ を $\Psi(X) := (\operatorname{Tr} P X, \operatorname{Tr} P^\perp X)$ $(X \in B(\mathcal{H}))$ と定める．$\Psi(\rho) = (a_1, a_2)$, $\Psi(\sigma) = (b_1, b_2)$ とすると

$$\|\rho - \sigma\|_1 = |\operatorname{Tr} P(\rho - \sigma)| + |\operatorname{Tr} P^\perp(\rho - \sigma)| = |a_1 - b_1| + |a_2 - b_2|$$

$$= |\sqrt{a_1} + \sqrt{b_1}| \, |\sqrt{a_1} - \sqrt{b_1}| + |\sqrt{a_2} + \sqrt{b_2}| \, |\sqrt{a_2} - \sqrt{b_2}|$$

$$\leq \left\{ \left(\sqrt{a_1} + \sqrt{b_1}\right)^2 + \left(\sqrt{a_2} + \sqrt{b_2}\right)^2 \right\}^{1/2}$$

$$\cdot \left\{ \left(\sqrt{a_1} - \sqrt{b_1}\right)^2 + \left(\sqrt{a_2} - \sqrt{b_2}\right)^2 \right\}^{1/2}$$

$$= \left\{ 2 + 2\left(\sqrt{a_1 b_1} + \sqrt{a_2 b_2}\right) \right\}^{1/2} \left\{ 2 - 2\left(\sqrt{a_1 b_1} + \sqrt{a_2 b_2}\right) \right\}^{1/2}$$

$$= 2\{1 - F(\Psi(\rho), \Psi(\sigma))^2\}^{1/2} \leq 2\{1 - F(\rho, \sigma)^2\}^{1/2}.$$

上の最後の不等号で再び (2) の逆単調性を用いた． $\qquad\square$

注意 2.27. $P(\rho, \sigma)$ と $F(\rho, \sigma)$ はそれぞれ 5.1 節で扱う $Q_\alpha(\rho\|\sigma)$ と 5.2 節で扱う $\widetilde{Q}_\alpha(\rho\|\sigma)$ の $\alpha = 1/2$ 特別の場合になる (注意 5.7 を見よ)．定理 2.26 の (2), (3) は変分表示 (2.25) を基に証明したが，これらはもっと一般的な定理 5.13 に含まれる．変分表示 (2.26) はもっと一般の (5.23) に含まれる．また $P(\rho, \sigma)$ の性質は定理 5.4 の特別の場合として従う．

2.5　文献ノート

最初に量子情報の包括的な参考書として [57], [118], [129], [149] と日本語の [155], [156]

を挙げておく．ついでに古典情報理論については [36] が定評がある．英語の本は [129] 以外はいずれも大部で通読するには必ずしも適さない．日本語の [155], [156] は本書と内容が一部重なるがそれぞれ特色がある．なお量子論の入門書として和書 [137] が分かりやすい．

　TPCP 写像の表現定理 (定理 2.12) は C^*-環の完全正写像の Stinespring 表現定理 [140] を基に Lindblad [103] が証明したのが最初であろう．ただし [103] は $\mathcal{K} = \mathcal{H}$ の場合で結果が明示的でない．現代式の量子測定理論における基本概念であるインストルメントは Davies–Lewis [40] により提唱され，M. Ozawa により整備された (例えば [123])．有限量子系の設定で書かれた最近の論文 [124] も挙げておく．

　量子エントロピー論の全般的な教科書として Ohya–Petz [122] がある．Von Neumann エントロピーは数学的には古典論の Shannon エントロピーの拡張と見られるが，歴史的には順序が逆である．Von Neumann エントロピーの初出は J. von Neumann, "Thermodynamik quantenmechanischer Gesamtheiten," Nachrichten von der Gesellschaft der Wissenschaften zu Göttingen, Mathematisch-Physikalische Klasse **1927**, 273–291 であろう．しかし Shannon エントロピーのそれは C.E. Shannon, "A mathematical theory of communication," Bell System Tech. J. **27** (1948), 379–423 であるから前者の方が 20 年以上も早い．命題 2.14 の Fannes の不等式は [50] によるが，不等式が明示的に与えられていない．この証明は [122, p. 23] に基づいたが，読者の便宜のため [122] で省略されている計算を付録の A.1 節に示した．相対エントロピーは Umegaki [146] が古典論の Kullback–Leibler ダイバージェンス [96] の量子版として半有限 von Neumann 環の設定で導入し，Araki [11], [12] が一般の von Neumann 環の場合に相対モジュラー作用素の手法を用いて拡張した．本書は有限次元の場合に限定しているので Umegaki の定義で十分であるが，それでも相対モジュラー作用素の考え方は有用である．定理 2.16 の Pinsker–Csiszár の不等式は [75] による．定理 2.16 の同時凸性を Lieb の凹性定理と補題 2.18 を使って最初に証明したのは Lindblad [102]．定理 2.16 の単調性を最初に証明したのも Lindblad [103]．定理 2.20 で示した有名な Lieb–Ruskai の強劣加法性は [100] で証明された．同じ定理 2.16 の Araki–Lieb の 3 角不等式は [14] による．条件付きエントロピーに対する Alicki–Fannes の不等式 (2.22) は [4] による．命題 2.22 は [4], [141] のアイデアを少し改良して [108] で示された ([63] にも説明がある)．命題 2.23 の変分表示は [76] に基づく．また 2.3 節の最後に書いた相対ハミルトニアンと摂動状態については von Neumann 環の設定で Araki [10] と Donald [43] により研究された ([122] にも解説がある)．なお本書では触れなかったが，Lieb–Ruskai の強劣加法性の等号成立条件が [60] で与えられた ([63] でも説明した)．

　フィデリティ $F(\rho, \sigma)$ は Uhlmann [145] により一般の *-環の状態の設定で導入された．有限量子系では定義 2.24 の直接の式で与えられる．他方，遷移確率 $P(\rho, \sigma)$ は von Neumann 環の設定で Raggio [133] により導入された．定理 2.26 (1) の変分表示は [2], [3] にある．この証明は [129, p. 84] に基づいた．定理 2.26 (4) の表示は [145] で示された．Fuchs–van de Graaf の不等式は [53] による．

第 3 章
量子エンタングルメント

1990 年代後半以降の量子情報の大きな発展の原動力の 1 つであった量子エンタングルメントが本章のテーマである．量子エンタングルメントは 2 ビット系で端的に説明できる．古典系 $\mathcal{X} = \{0,1\} \times \{0,1\}$ 上の確率分布のなす凸集合の端点は 1 点測度 $\delta_{(x,y)}$ $(x,y \in \{0,1\})$ であり，その周辺分布は $\{0,1\}$ 上の 1 点測度 δ_x, δ_y である．他方，2 量子ビット系 $\mathcal{H} = \mathbb{C}^2 \otimes \mathbb{C}^2$ 上で $\psi = \frac{1}{\sqrt{2}}(e_1 \otimes e_2 + e_2 \otimes e_1)$ ($\{e_1, e_2\}$ は $\mathbb{C}^2$ の標準基底) として純粋状態 (状態のなす凸集合 $\mathcal{S}(\mathcal{H})$ の端点) $|\psi\rangle\langle\psi|$ をとると，その周辺状態 $\mathrm{Tr}_2 |\psi\rangle\langle\psi|$, $\mathrm{Tr}_1 |\psi\rangle\langle\psi|$ はともに $\mathbb{C}^2$ 上の極大混合状態 $\frac{1}{2}(|e_1\rangle\langle e_1| + |e_2\rangle\langle e_2|) = \frac{1}{2}I$ になり，古典系と異なる現象が起こる．これが量子エンタングルメントの本質であり，その数学的な構造は難しくない．以前は量子エンタングルメントを量子論に特有な奇妙な現象とする考えが多かったが，近年では量子計算や量子暗号などの資源と考える傾向が強くなっている．

本章では 3.1 節でセパラブル (エンタングルしていない) 状態とエンタングル状態の定義を与え，Peres と Horodecki[3*1]による PPT 判定法について説明する．量子エンタングルメントの理論的な面では，エンタングルメントの度合いを計量化するエンタングルメント測度に関する研究が多い．このテーマは量子エントロピーと関係して数学的にも面白い．たくさんの種類のエンタングルメント測度が考案されているが，3.2 節で代表的な 3 タイプを解説する．最後の 3.3 節では量子論の解釈問題の関連で有名な Bell の不等式を取り上げるが，ここではセパラブル/エンタングル状態の違いを示す数学的な実例として扱い，量子論の議論には立ち入らない．

3.1 セパラブル状態とエンタングル状態

有限次元 Hilbert 空間 $\mathcal{H}_1, \mathcal{H}_2$ をテンソル積した 2 部量子系 $\mathcal{H}_{12} := \mathcal{H}_1 \otimes \mathcal{H}_2$ 上で考える．セパラブル状態とエンタングル状態[*2]の定義から始める．

[*1] この論文は [84] であるが，Horodecki の 3 乗と書いたのは家族で量子情報を研究している Horodecki 名 3 人の共著だからである．

[*2] Quantum entanglement は「量子もつれ」あるいは「量子絡み合い」と訳されるので，entangled state の日本語は「量子もつれ状態」「絡み合った状態」が考えられる．他方 separable state は「分離可能な状態」と呼ぶのが適切であろう．しかし本書ではカタカナ書きにした．

定義 3.1. 状態 (密度作用素) $\rho \in \mathcal{S}(\mathcal{H}_{12})$ が

$$\rho = \sum_{i=1}^{m} A_{1,i} \otimes A_{2,i} \qquad (A_{1,i} \in B(\mathcal{H}_1)^+, A_{2,i} \in B(\mathcal{H}_2)^+) \tag{3.1}$$

の形に表されるとき, ρ は**セパラブル状態 (separable state)** と呼ばれる. つまり ρ がセパラブル状態とは ρ がテンソル積状態 $\sigma_1 \otimes \sigma_2$ ($\sigma_1 \in \mathcal{S}(\mathcal{H}_1)$, $\sigma_2 \in \mathcal{S}(\mathcal{H}_2)$) の凸結合で表されるときをいう. $\mathcal{H}_{12}$ 上のセパラブル状態の全体を $\mathcal{S}_{\mathrm{sep}}(\mathcal{H}_{12})$ と書く. 次に $\rho \in \mathcal{S}(\mathcal{H}_{12})$ が $\mathcal{S}_{\mathrm{sep}}(\mathcal{H}_{12})$ に属さないとき, ρ は**エンタングル状態 (entangled state)** と呼ばれる. $\mathcal{H}_{12}$ 上のエンタングル状態の全体を $\mathcal{S}_{\mathrm{ent}}(\mathcal{H}_{12})$ と書く.

次はセパラブル/エンタングル状態の基礎的な性質である.

命題 3.2. (1) $\mathcal{S}_{\mathrm{sep}}(\mathcal{H}_{12})$ は $\mathcal{S}(\mathcal{H}_{12})$ の閉凸部分集合である.
(2) $\mathcal{S}_{\mathrm{sep}}(\mathcal{H}_{12})$ は $\{\sigma_1 \otimes \sigma_2 : \sigma_r$ は $\mathcal{H}_r$ 上の純粋状態, $r = 1, 2\}$ の凸包である.
(3) $\mathcal{H}_r$ 上の任意のユニタリ作用素 U_r ($r = 1, 2$) と $\rho \in \mathcal{S}(\mathcal{H}_{12})$ に対し

$$\rho \in \mathcal{S}_{\mathrm{sep}}(\mathcal{H}_{12}) \iff (U_1 \otimes U_2)\rho(U_1 \otimes U_2)^* \in \mathcal{S}_{\mathrm{sep}}(\mathcal{H}_{12}), \tag{3.2}$$

$$\rho \in \mathcal{S}_{\mathrm{ent}}(\mathcal{H}_{12}) \iff (U_1 \otimes U_2)\rho(U_1 \otimes U_2)^* \in \mathcal{S}_{\mathrm{ent}}(\mathcal{H}_{12}). \tag{3.3}$$

証明. (1) 容易に分かるように $\mathcal{S}_0 := \{\sigma_1 \otimes \sigma_2 : \sigma_r \in \mathcal{S}(\mathcal{H}_r), r = 1, 2\}$ は $B(\mathcal{H}_{12})^{\mathrm{sa}}$ のコンパクト集合である. よって Carathéodory の定理 (付録の定理 A.5) より, $\mathcal{S}_0$ の凸包 $\mathcal{S}_{\mathrm{sep}}(\mathcal{H}_{12})$ はコンパクトである.

(2) 任意の $\rho \in \mathcal{S}_{\mathrm{sep}}(\mathcal{H}_{12})$ を

$$\rho = \sum_{i=1}^{m} \lambda_i \sigma_{1,i} \otimes \sigma_{2,i} \qquad \left(\lambda_i > 0, \sum_{i=1}^{m} \lambda_i = 1, \sigma_{r,i} \in \mathcal{S}(\mathcal{H}_r), r = 1, 2\right) \tag{3.4}$$

と書き, さらに各 $\sigma_{r,i}$ を純粋状態の凸結合で書いて代入すればよい.

(3) $\tilde{\rho} := (U_1 \otimes U_2)\rho(U_1 \otimes U_2)^*$ とする. ρ が (3.1) の形なら

$$\tilde{\rho} = \sum_{j=1}^{m} (U_1 A_{1,j} U_1^*) \otimes (U_2 A_{2,j} U_2^*).$$

よって $\rho \in \mathcal{S}_{\mathrm{sep}}(\mathcal{H}_{12}) \implies \tilde{\rho} \in \mathcal{S}_{\mathrm{sep}}(\mathcal{H}_{12})$. $\rho = (U_1 \otimes U_2)^* \tilde{\rho} (U_1 \otimes U_2)$ だから逆も成立. これで (3.2) が示せた. (3.3) は (3.2) から明らか. $\qquad\square$

上の (3) は $\mathcal{S}_{\mathrm{sep}}(\mathcal{H}_{12})$ および $\mathcal{S}_{\mathrm{ent}}(\mathcal{H}_{12})$ が**局所ユニタリ変換** (定義 2.6 参照) で保存されることをいう.

$\mathcal{H}_{12}$ 上の純粋状態 $\rho = |\phi\rangle\langle\phi|$ に対し $\rho_1 := \mathrm{Tr}_2 \rho$, $\rho_2 := \mathrm{Tr}_1 \rho$ (部分トレース) とすると Schmidt 分解定理 (定理 2.5) より

$$S(\rho_1) = S(\rho_2) = -\sum_{k=1}^{K} p_k \log p_k \tag{3.5}$$

が成立する. これは ϕ または ρ の**エンタングルメント・エントロピー (entanglement entropy)** と呼ばれ, 純粋状態のエンタングルメント性を定量化する. 実際, 純粋状態の

セパラブル性について次が成立する.

命題 3.3. 純粋状態 $\rho = |\phi\rangle\langle\phi|$ ($\phi \in \mathcal{H}_{12}$, $\|\phi\| = 1$) に対し次は同値:

(i) $\rho \in \mathcal{S}_{\mathrm{sep}}(\mathcal{H}_{12})$;

(ii) ϕ の Schmidt ランク (定義 2.6) が 1;

(iii) $\rho_1 := \mathrm{Tr}_2\,\rho$, $\rho_2 := \mathrm{Tr}_1\,\rho$ (部分トレース) が純粋状態;

(iv) ϕ のエンタングルメント・エントロピーが 0.

証明. $\rho \in \mathcal{S}_{\mathrm{sep}}(\mathcal{H}_{12})$ なら, 命題 3.2 (2) に注意すると純粋状態 $\sigma_r = |\psi_r\rangle\langle\psi_r|$ ($\psi_r \in \mathcal{H}_r$, $\|\psi_r\| = 1$, $r = 1, 2$) がとれて

$$\rho = |\phi\rangle\langle\phi| = \sigma_1 \otimes \sigma_2 = |\psi_1 \otimes \psi_2\rangle\langle\psi_1 \otimes \psi_2|$$

でなければならない. よって $\gamma \in \mathbb{C}$, $|\gamma| = 1$ が存在して $\phi = \gamma\psi_1 \otimes \psi_2$. $\gamma\psi_1$ を ψ_1 と書き直すと $\phi = \psi_1 \otimes \psi_2$. よって (i) $\Longrightarrow$ (ii).

$\phi = \psi_1 \otimes \psi_2$ ($\psi_r \in \mathcal{H}_r$, $\|\psi_r\| = 1$) なら $\rho = |\psi_1\rangle\langle\psi_1| \otimes |\psi_2\rangle\langle\psi_2|$. よって $\mathrm{Tr}_2\,\rho = |\psi_1\rangle\langle\psi_1|$, $\mathrm{Tr}_1\,\rho = |\psi_2\rangle\langle\psi_2|$. よって (ii) $\Longrightarrow$ (iii).

ρ_1, ρ_2 が純粋状態なら $S(\rho) = 0 = S(\rho_1) + S(\rho_2)$. よって定理 2.20 (2) より $\rho = \rho_1 \otimes \rho_2$ だから, (iii) $\Longrightarrow$ (i) がいえた. (これは定理 2.20 (2) を使わなくても簡単である. 実際,

$$\mathrm{Tr}\,\rho(I - s(\rho_1) \otimes I_2) = \mathrm{Tr}\,\rho((I_1 - s(\rho_1)) \otimes I_2) = \mathrm{Tr}\,\rho_1(I_1 - s(\rho_1)) = 0$$

だから $s(\rho) \le s(\rho_1) \otimes I_2$. 同様に $s(\rho) \le I_1 \otimes s(\rho_2)$. よって $s(\rho) \le s(\rho_1) \otimes s(\rho_2) = s(\rho_1 \otimes \rho_2)$. $\rho_1 \otimes \rho_2$ が純粋状態だから $\rho = \rho_1 \otimes \rho_2$.) 最後に (iii) $\Longleftrightarrow$ (iv) は明らか. $\square$

例 3.4. $\mathcal{H}_1 = \mathcal{H}_2 = \mathcal{H}$ とする. $\phi \in \mathcal{H} \otimes \mathcal{H}$ の Schmidt 分解 (定義 2.6) を

$$\phi = \sum_{i=1}^{k} \sqrt{p_i}\, e_i \otimes f_i$$

とする ($\{e_i\}_{i=1}^{k}$, $\{f_i\}_{i=1}^{k}$ は $\mathcal{H}$ の正規直交系). ここで $k = d$ で $p_i = 1/d$ ($1 \le i \le d$) であるとき, 純粋状態 $\rho = |\phi\rangle\langle\phi|$ を**極大エンタングル状態**という. このとき, 周辺状態 ρ_1, ρ_2 は極大混合状態 $(1/d)I$ であり, ρ のエンタングルメント・エントロピーが最大値 $\log d$ をとる. $\mathcal{H} \otimes \mathcal{H}$ 上の極大エンタングル状態は局所ユニタリ同値を除き一意であることに注意する (演習問題とする). 特に $\mathcal{H}$ が 2 次元のとき, 正規直交基底 $\{e_1, e_2\}$ をとり,

$$\phi^\pm := \frac{1}{\sqrt{2}}(e_1 \otimes e_2 \pm e_2 \otimes e_1), \qquad \psi^\pm := \frac{1}{\sqrt{2}}(e_1 \otimes e_1 \pm e_2 \otimes e_2) \tag{3.6}$$

で定まる極大エンタングル状態 $|\phi^\pm\rangle\langle\phi^\pm|$, $|\psi^\pm\rangle\langle\psi^\pm|$ (複号同順) は **Bell 状態**と呼ばれる.

純粋状態のセパラブル性の判定は命題 3.3 から容易であるが, 一般の混合状態の場合セパラブル/エンタングルの判定は簡単でない. 以下この節では 2 部量子系の一般の状態について, セパラブル/エンタングルの判定法のいくつかを説明する. しかし, これらは数学的に同値な言い換えは別として, $\dim \mathcal{H}_1$, $\dim \mathcal{H}_2$ が小さくない場合はいずれも効率のよいものではない.

最初にエンタングル状態の PPT 判定法について解説する. そのため $\mathcal{H}_1$ の正規直交

基底 $\{e_i\}_{i=1}^{d_1}$ $(d_1 := \dim \mathcal{H}_1)$ を 1 つ固定する．このとき $B(\mathcal{H}_1)$ を $\mathbb{M}_{d_1}$ と同一視すると (1.1 節の最初の部分を見よ)，$B(\mathcal{H}_1)$ 上の**転置写像** $TA := A^t$ $(A \in B(\mathcal{H}_1))$ が定義できる．さらに $B(\mathcal{H}_{12}) = B(\mathcal{H}_1) \otimes B(\mathcal{H}_2)$ 上に**部分転置 (partial transpose) 写像** $T \otimes \mathrm{id}$ が定義できる．つまり

$$(T \otimes \mathrm{id})\left(\sum_{i=1}^m A_{1,i} \otimes A_{2,i}\right) = \sum_{i=1}^m A_{1,i}^t \otimes A_{2,i}, \qquad (A_{r,i} \in B(\mathcal{H}_r),\, r = 1, 2).$$

ブロック行列で表示すると

$$T \otimes \mathrm{id} \colon \begin{bmatrix} B_{11} & B_{12} & \cdots & B_{1d_1} \\ B_{21} & B_{22} & \cdots & B_{2d_1} \\ \vdots & \vdots & \ddots & \vdots \\ B_{d_1 1} & B_{d_1 2} & \cdots & B_{d_1 d_1} \end{bmatrix} \mapsto \begin{bmatrix} B_{11} & B_{21} & \cdots & B_{d_1 1} \\ B_{12} & B_{22} & \cdots & B_{d_1 2} \\ \vdots & \vdots & \ddots & \vdots \\ B_{1 d_1} & B_{2 d_1} & \cdots & B_{d_1 d_1} \end{bmatrix} \tag{3.7}$$

$$(B_{ij} \in B(\mathcal{H}_2)).$$

補題 3.5. すべての $\rho \in \mathcal{S}_{\mathrm{sep}}(\mathcal{H}_{12})$ に対し $(T \otimes \mathrm{id})\rho \geq 0$．

証明. (3.1) の ρ に対し

$$(T \otimes \mathrm{id})\rho = \sum_{i=1}^m A_{1,i}^t \otimes A_{2,i} \geq 0$$

である． $\qquad\qquad\qquad\qquad\qquad\qquad\qquad\qquad\qquad\qquad\qquad\qquad\qquad\square$

上の補題より，$\rho \in \mathcal{S}(\mathcal{H}_{12})$ が $(T \otimes \mathrm{id})\rho \geq 0$ でないならば，ρ がエンタングル状態であることがいえる (ただし逆は成立しない)．これがエンタングル状態の **PPT (positive partial transpose) 判定法**である．

PPT 判定法の数学的構造を明らかにするために，$B(\mathcal{H}_{12})$ の (C^*-環としての) 正凸錐 $B(\mathcal{H}_{12})^+$ の部分凸錐として次の 2 つを考える:

$$\mathcal{V}_{\mathrm{sep}} := \{\lambda\rho \colon \rho \in \mathcal{S}_{\mathrm{sep}}(\mathcal{H}_{12}),\, \lambda \geq 0\}, \tag{3.8}$$

$$\mathcal{V}_{\mathrm{PPT}} := \{A \in B(\mathcal{H}_{12}) \colon A \geq 0,\, (T \otimes \mathrm{id})A \geq 0\}. \tag{3.9}$$

これらが $B(\mathcal{H})^{\mathrm{sa}}$ の閉凸錐であることは容易に分かる．PPT 判定法は $\mathcal{V}_{\mathrm{sep}} \subset \mathcal{V}_{\mathrm{PPT}}$ に基づいている．もし $\mathcal{V}_{\mathrm{sep}} = \mathcal{V}_{\mathrm{PPT}}$ ならば，PPT 判定が完全である (つまり $(T \otimes \mathrm{id})\rho \geq 0 \implies \rho \in \mathcal{S}_{\mathrm{sep}}(\mathcal{H}_{12})$ が成立する) ことを意味する．$\mathcal{V}_{\mathrm{sep}}$ と $\mathcal{V}_{\mathrm{PPT}}$ をもっと詳しく考察するために，$B(\mathcal{H}_{12})^{\mathrm{sa}}$ の双対空間におけるそれらの双対凸錐を考える．命題 1.4 より $B(\mathcal{H}_{12})^{\mathrm{sa}}$ の双対空間は $B(\mathcal{H}_{12})$ 上の自己共役な線形汎関数の全体

$$B(\mathcal{H}_{12})_{\mathrm{sa}}^* := \{\varphi \in B(\mathcal{H}_{12})^* \colon \varphi(X^*) = \overline{\varphi(X)},\, X \in B(\mathcal{H}_{12})\}$$

と同一視できる．よって $\mathcal{V}_{\mathrm{sep}}, \mathcal{V}_{\mathrm{PPT}}$ の双対凸錐は

$$\mathcal{V}_{\mathrm{sep}}^\circ := \{\varphi \in B(\mathcal{H}_{12})_{\mathrm{sa}}^* \colon \varphi(A) \geq 0,\, A \in \mathcal{V}_{\mathrm{sep}}\},$$

$$\mathcal{V}_{\mathrm{PPT}}^\circ := \{\varphi \in B(\mathcal{H}_{12})_{\mathrm{sa}}^* \colon \varphi(A) \geq 0,\, A \in \mathcal{V}_{\mathrm{PPT}}\}$$

と定義できる. すると

$$\mathcal{V}_{\mathrm{sep}}^{\circ} \supset \mathcal{V}_{\mathrm{PPT}}^{\circ} \supset B(\mathcal{H}_{12})_{+}^* := \{\varphi \in B(\mathcal{H}_{12})^*: \varphi(A) \ge 0,\, A \in B(\mathcal{H}_{12})^+\}.$$

以下の議論で次の補題が有用である.

補題 3.6. (1) 任意の $\varphi \in B(\mathcal{H}_{12})^*$ に対し $H_\varphi \in B(\mathcal{H}_{12})$ と $\Phi_\varphi \in B(B(\mathcal{H}_1), B(\mathcal{H}_2))$ $(B(\mathcal{H}_1)$ から $B(\mathcal{H}_2)$ への線形写像の全体$)$ が一意的に存在して

$$\varphi(X) = \mathrm{Tr}\, H_\varphi X \qquad (X \in B(\mathcal{H}_{12})), \tag{3.10}$$

$$\varphi(A_1 \otimes A_2) = \mathrm{Tr}\, \Phi_\varphi(A_1^t) A_2 \qquad (A_r \in B(\mathcal{H}_r),\, r = 1, 2). \tag{3.11}$$

さらに $\varphi \mapsto H_\varphi$, $\varphi \mapsto \Phi_\varphi$ は $B(\mathcal{H}_{12})^*$ からそれぞれ $B(\mathcal{H}_{12})$, $B(B(\mathcal{H}_1), B(\mathcal{H}_2))$ への全単射線形写像である.

(2) 任意の $\varphi \in B(\mathcal{H}_{12})^*$ に対し

$$H_\varphi = \sum_{i,j=1}^{d_1} |e_i\rangle\langle e_j| \otimes \Phi_\varphi(|e_i\rangle\langle e_j|). \tag{3.12}$$

つまり H_φ は Φ_φ の Choi 行列 (定理 1.9 (ii) で与えた) である.

(3) 次が成立:

$$\{\Phi_\varphi: \varphi \in B(\mathcal{H}_{12})_+^*\} = \{\Phi \in B(B(\mathcal{H}_1), B(\mathcal{H}_2)): \text{完全正写像}\}, \tag{3.13}$$

$$\{\Phi_\varphi: \varphi \in \mathcal{V}_{\mathrm{sep}}^\circ\} = \{\Phi \in B(B(\mathcal{H}_1), B(\mathcal{H}_2)): \text{正写像}\}, \tag{3.14}$$

$$\{\Phi_\varphi: \varphi \in \mathcal{V}_{\mathrm{PPT}}^\circ\} = \{\Phi \in B(B(\mathcal{H}_1), B(\mathcal{H}_2)): \text{分解可能な正写像}\}. \tag{3.15}$$

ただし $\Phi \in B(B(\mathcal{H}_1), B(\mathcal{H}_2))$ が分解可能とは完全正写像 Φ_1, Φ_2 が存在して $\Phi = \Phi_1 + \Phi_2 \circ T$ であるときをいう (1.2 節の最後の部分を見よ).

証明. (1) (3.10) で定まる対応 $\varphi \mapsto H_\varphi$ については命題 1.4 で示した. 任意の $\varphi \in B(\mathcal{H}_{12})^*$ と $A_1 \in B(\mathcal{H}_1)$ に対し $A_2 \in B(\mathcal{H}_2) \mapsto \varphi(A_1^t \otimes A_2)$ が線形汎関数だから, 命題 1.4 (1) より $B_{A_1} \in B(\mathcal{H}_2)$ が一意的に存在して

$$\varphi(A_1^t \otimes A_2) = \mathrm{Tr}\, B_{A_1} A_2 \qquad (A_2 \in B(\mathcal{H}_2)).$$

このとき $A_1 \mapsto B_{A_1}$ が線形であることは直ぐに分かる. よって $\Phi_\varphi(A_1) := B_{A_1}$ と定めると $\Phi_\varphi \in B(B(\mathcal{H}_1), B(\mathcal{H}_2))$ であり (3.11) が成立. 逆に任意の $\Phi \in B(B(\mathcal{H}_1), B(\mathcal{H}_2))$ に対し $\varphi \in B(\mathcal{H}_{12})^*$ が (3.11) 式で定まるから, $\varphi \mapsto \Phi_\varphi$ は同型 $B(\mathcal{H}_{12})^* \cong B(B(\mathcal{H}_1), B(\mathcal{H}_2))$ を与える.

(2) 任意の $\varphi \in B(\mathcal{H}_{12})^*$ と $A_r \in B(\mathcal{H}_r)$ $(r = 1, 2)$ に対し

$$\mathrm{Tr}\Bigg[\sum_{i,j} |e_i\rangle\langle e_j| \otimes \Phi_\varphi(|e_i\rangle\langle e_j|)\Bigg](A_1 \otimes A_2)$$

$$= \mathrm{Tr}\Bigg[\sum_{i,j} |e_i\rangle\langle A_1^* e_j| \otimes \Phi_\varphi(|e_i\rangle\langle e_j|)A_2\Bigg] = \sum_{i,j}\langle A_1^* e_j, e_i\rangle \cdot \mathrm{Tr}\,\Phi_\varphi((|e_j\rangle\langle e_i|)^t)A_2$$

$$= \sum_{i,j} \langle e_j, A_1 e_i \rangle \varphi((|e_j\rangle\langle e_i| \otimes A_2) = \varphi\Big(\Big[\sum_i \Big|\sum_j \langle e_j, A_1 e_i\rangle e_j \Big\rangle\langle e_i|\Big] \otimes A_2\Big)$$

$$= \varphi\Big(\Big[\sum_i |A_1 e_i\rangle\langle e_i|\Big] \otimes A_2\Big) = \varphi(A_1 \otimes A_2).$$

上の $|e_i\rangle\langle e_j| = |e_j\rangle\langle e_i|^t$ は基底 $\{e_i\}_{i=1}^{d_1}$ に関する転置だからである．これで (3.12) が示せた．

(3) $\varphi \in B(\mathcal{H}_{12})^*$ に対し

$$\varphi \in B(\mathcal{H}_{12})^*_+ \iff H_\varphi \geq 0 \iff \Phi_\varphi \text{ が完全正写像 （上の (2) と定理 1.9 より),}$$

$$\varphi \in \mathcal{V}^\circ_{\mathrm{sep}} \iff \varphi(A_1 \otimes A_2) \geq 0 \quad (A_r \in B(\mathcal{H}_r)^+, \ r = 1, 2)$$

$$\iff \Phi_\varphi(A_1^t) \geq 0 \quad (A_1 \in B(\mathcal{H}_1)^+) \iff \Phi_\varphi \text{ が正写像.}$$

よって (3.13), (3.14) が成立．さらに (3.9) より

$$\mathcal{V}_{\mathrm{PPT}} = B(\mathcal{H}_{12})^+ \cap (T \otimes \mathrm{id})(B(\mathcal{H}_{12})^+)$$

$$= (B(\mathcal{H}_{12})^*_+)^\circ \cap (B(\mathcal{H}_{12})^*_+ \circ (T \otimes \mathrm{id}))^\circ$$

$$= \big[B(\mathcal{H}_{12})^*_+ + B(\mathcal{H}_{12})^*_+ \circ (T \otimes \mathrm{id})\big]^\circ.$$

上で $(B(\mathcal{H}_{12})^*_+ \circ (T \otimes \mathrm{id}))^\circ$ は $\{\varphi \circ (T \otimes \mathrm{id}) : \varphi \in B(\mathcal{H}_{12})^*_+\}$ の双対凸錐とする．付録の定理 A.4 (双極定理) より

$$\mathcal{V}^\circ_{\mathrm{PPT}} = B(\mathcal{H}_{12})^*_+ + B(\mathcal{H}_{12})^*_+ \circ (T \otimes \mathrm{id})$$

$$= \{\varphi_1 + \varphi_2 \circ (T \otimes \mathrm{id}) : \varphi_1, \varphi_2 \in B(\mathcal{H}_{12})^*_+\}.$$

$\varphi = \varphi_1 + \varphi_2 \circ (T \otimes \mathrm{id})$ $(\varphi_1, \varphi_2 \in B(\mathcal{H}_{12})^*_+)$ なら，(3.11) より $\Phi_\varphi = \Phi_{\varphi_1} + \Phi_{\varphi_2} \circ T$ だから，(3.13) より (3.15) が示せた． $\square$

双極定理と (3.14), (3.15) より

$$\mathcal{V}_{\mathrm{sep}}(\mathcal{H}_{12}) = \mathcal{V}_{\mathrm{PPT}}(\mathcal{H}_{12}) \iff \text{正写像 } \Phi \in B(B(\mathcal{H}_1), B(\mathcal{H}_2)) \text{ がすべて分解可能}$$

であるから，定理 1.13 より次がいえる．

定理 3.7. $\dim \mathcal{H}_1 \cdot \dim \mathcal{H}_2 \leq 6$ なら，$\rho \in \mathcal{S}(\mathcal{H}_{12})$ がセパラブルであるための必要十分条件は $(T \otimes \mathrm{id})\rho \geq 0$ であることである．つまりこの場合，エンタングル状態の PPT 判定は完全である．

$\dim \mathcal{H}_1 \cdot \dim \mathcal{H}_2 > 6$ のときは，$(T \otimes \mathrm{id})\rho \geq 0$ はセパラブル性の必要条件でしかない．

例 3.8. 2 量子ビット系 $\mathcal{H}_{12} = \mathbb{C}^2 \otimes \mathbb{C}^2 \cong \mathbb{C}^4$ で考える．(3.6) の ϕ^+ による極大エンタングル状態と極大混合状態 $I/4$ を凸結合した $\mathbb{C}^2 \otimes \mathbb{C}^2$ 上の状態

$$\rho_p := p|\phi^+\rangle\langle\phi^+| + \frac{1-p}{4}I \qquad (0 \leq p \leq 1)$$

は **Werner 状態**と呼ばれる．ρ_p と $(T \otimes \mathrm{id})\rho_p$ を 4×4 行列で表すと，

$$\rho_p = \frac{1}{4}\begin{bmatrix} 1-p & 0 & 0 & 0 \\ 0 & 1+p & 2p & 0 \\ 0 & 2p & 1+p & 0 \\ 0 & 0 & 0 & 1-p \end{bmatrix},$$

$$(T \otimes \mathrm{id})\rho_p = \frac{1}{4}\begin{bmatrix} 1-p & 0 & 0 & 2p \\ 0 & 1+p & 0 & 0 \\ 0 & 0 & 1+p & 0 \\ 2p & 0 & 0 & 1-p \end{bmatrix} \quad ((3.7) \text{ を見よ}).$$

$(T \otimes \mathrm{id})\rho_p \geq 0$ となるのは $(1-p)^2 - 4p^2 \geq 0$, つまり $p \leq 1/3$ のときである. よって定理 3.7 より $0 \leq p \leq 1/3$ のとき ρ_p はセパラブル状態であり, $1/3 < p \leq 1$ のとき ρ_p はエンタングル状態である.

エンタングル状態の同値な言い換えとして次がある.

命題 3.9. $\rho \in \mathcal{S}(\mathcal{H}_{12})$ がエンタングル状態であるための必要十分条件は, $W \in B(\mathcal{H}_{12})^{\mathrm{sa}}$ が存在して

$$\mathrm{Tr}\,\rho W < 0, \qquad \mathrm{Tr}\,\sigma W \geq 0 \quad (\sigma \in \mathcal{S}_{\mathrm{sep}}(\mathcal{H}_{12})). \tag{3.16}$$

証明. ρ がエンタングルであることは $\rho \notin \mathcal{V}_{\mathrm{sep}}$ と同値である. また $\mathrm{Tr}\,\sigma W \geq 0$ $(\sigma \in \mathcal{S}_{\mathrm{sep}}(\mathcal{H}_{12}))$ は $\mathrm{Tr}\,XW \geq 0$ $(X \in \mathcal{V}_{\mathrm{sep}})$ と同値である. さらに, 命題 1.4 より双対形式 $(X, Y) \mapsto \mathrm{Tr}\,XY$ $(X, Y \in B(\mathcal{H})^{\mathrm{sa}})$ により $B(\mathcal{H}_{12})^{\mathrm{sa}} = (B(\mathcal{H}_{12})^{\mathrm{sa}})^*$ である. それゆえ, この命題の主張は **Hahn–Banach の分離定理**から直ちに従う. $\square$

(3.16) を満たす自己共役作用素 W は ρ に対する**エンタングルメント・ウィットネス**と呼ばれる.

命題 3.10. $\rho \in \mathcal{S}(\mathcal{H}_{12})$ に対し次は同値である:
(i) $\rho \in \mathcal{S}_{\mathrm{sep}}(\mathcal{H}_{12})$;
(ii) すべての正写像 $\Phi \colon B(\mathcal{H}_1) \to B(\mathcal{H}_2)$ に対し $(\Phi \otimes \mathrm{id})\rho \geq 0$;
(iii) すべての正写像 $\Psi \colon B(\mathcal{H}_2) \to B(\mathcal{H}_1)$ に対し $(\mathrm{id} \otimes \Psi)\rho \geq 0$.

証明. (i) $\Longrightarrow$ (ii). ρ が (3.1) の形なら任意の正写像 $\Phi \colon B(\mathcal{H}_1) \to B(\mathcal{H}_2)$ に対し $(\Phi \otimes \mathrm{id})\rho = \sum_{i=1}^{m} \Phi(A_{1,i}) \otimes A_{2,i} \geq 0$. (i) $\Longrightarrow$ (iii) も同様.

(iii) $\Longrightarrow$ (i). 補題 3.6 を使って示す. (3.8), (3.10) と双極定理より

$$\rho \in \mathcal{S}_{\mathrm{sep}}(\mathcal{H}_{12}) \iff \mathrm{Tr}\,H_\varphi \rho \geq 0 \quad (\varphi \in \mathcal{V}_{\mathrm{sep}}^{\circ}) \tag{3.17}$$

である. 任意の $\varphi \in \mathcal{V}_{\mathrm{sep}}^{\circ}$ に対し (3.14) より $\Phi_\varphi \colon B(\mathcal{H}_1) \to B(\mathcal{H}_2)$ は正写像. よって双対写像 $\Phi_\varphi^* \colon B(\mathcal{H}_2) \to B(\mathcal{H}_1)$ も正写像 (1.2 節参照). それゆえ (iii) より $(\mathrm{id} \otimes \Phi_\varphi^*)\rho \geq 0$. いま $\phi := \sum_{i=1}^{d_1} e_i \otimes e_i$ とすると, $|\phi\rangle\langle\phi| = \sum_{i,j} |e_i\rangle\langle e_j| \otimes |e_i\rangle\langle e_j|$ (極大エンタングル状態) だから, (3.12) より $H_\varphi = (\mathrm{id} \otimes \Phi_\varphi)(|\phi\rangle\langle\phi|)$ と書ける. また $(\mathrm{id} \otimes \Phi_\varphi)^* = \mathrm{id} \otimes \Phi_\varphi^*$ は容易である. よって

$$\mathrm{Tr}\, H_\varphi \rho = \mathrm{Tr}(\mathrm{id} \otimes \Phi_\varphi)(|\phi\rangle\langle\phi|)\rho = \mathrm{Tr}(|\phi\rangle\langle\phi|)(\mathrm{id} \otimes \Phi_\varphi^*)\rho \geq 0$$

であるから，(3.17) より (i) が成立.

補題 3.6 は $\mathcal{H}_1$, $\mathcal{H}_2$ の立場を入れ換えても同様に成り立つ．それゆえ (ii) $\Longrightarrow$ (i) も同様に示せる. $\square$

注意 3.11. $\mathcal{H}_k \otimes \mathcal{H}_k$ $(k = 1,2)$ 上の極大エンタングル状態 ρ_k^0 を 1 つ固定すると，上の証明から次が分かる: 命題 3.10 の (iii) で $(\mathrm{id} \otimes \Psi)\rho \geq 0$ を形式上もっと弱い $\mathrm{Tr}\, \rho_1^0((\mathrm{id} \otimes \Psi)\rho) \geq 0$ に置き換えても (i) と同値になる．(ii) で $(\Phi \otimes \mathrm{id})\rho \geq 0$ を $\mathrm{Tr}\, \rho_2^0((\Phi \otimes \mathrm{id})\rho) \geq 0$ に置き換えても同様である.

次の定理で ρ がセパラブルであるための必要条件をいくつか与える.

定理 3.12. セパラブル状態 $\rho \in \mathcal{S}(\mathcal{H}_{12})$ に対し $\rho_1 := \mathrm{Tr}_2 \rho$, $\rho_2 := \mathrm{Tr}_1 \rho$ (部分トレース) とすると次が成立する:

(a) $\rho_1 \otimes I_2 \geq \rho$, $I_1 \otimes \rho_2 \geq \rho$.

(b) $\lambda(\rho)$, $\lambda(\rho_1)$, $\lambda(\rho_2)$ は ρ, ρ_1, ρ_2 の固有値 (重複度込み) からなるベクトルとし，$\lambda(\rho_1)$, $\lambda(\rho_2)$ は 0 を追加して $\lambda(\rho)$ と同じ次元のベクトルとみなすと，次のマジョリゼーションが成立 (定義 1.37 を見よ):

$$\lambda(\rho) \prec \lambda(\rho_1), \quad \lambda(\rho) \prec \lambda(\rho_2).$$

(c) $S(\rho) \geq S(\rho_1)$, $S(\rho) \geq S(\rho_2)$. つまり条件付きエントロピー $S(\rho|1)$, $S(\rho|2)$ が非負 ((2.21) を見よ).

証明. (a) ρ が (3.1) の形とすると，$\rho_1 = \sum_{i=1}^m (\mathrm{Tr}\, A_{2,i}) A_{1,i}$ だから

$$\rho_1 \otimes I_2 - \rho = \sum_{i=1}^m A_{1,i} \otimes ((\mathrm{Tr}\, A_{2,i}) I_2 - A_{2,i}) \geq 0.$$

$I_1 \otimes \rho_2 \geq \rho$ も同様.

(b) 命題 3.2 (2) より単位ベクトル $\psi_{r,k} \in \mathcal{H}_r$ $(1 \leq k \leq \ell, \, r = 1,2)$ と $\alpha_1, \dots, \alpha_\ell > 0$ がとれて

$$\rho = \sum_{k=1}^\ell \alpha_k |\psi_{1,k}\rangle\langle\psi_{1,k}| \otimes |\psi_{2,k}\rangle\langle\psi_{2,k}| = \sum_{k=1}^\ell \alpha_k |\psi_{1,k} \otimes \psi_{2,k}\rangle\langle\psi_{1,k} \otimes \psi_{2,k}| \quad (3.18)$$

と書ける．ρ の固有値 $\lambda_i > 0$ と固有ベクトル e_i $(1 \leq i \leq m)$ により

$$\rho = \sum_{i=1}^m \lambda_i |e_i\rangle\langle e_i| \tag{3.19}$$

と対角化する．(3.18) より

$$\rho_1 = \sum_{k=1}^\ell \alpha_k |\psi_{1,k}\rangle\langle\psi_{1,k}|. \tag{3.20}$$

ρ_1 の固有値 $\mu_j > 0$ と固有ベクトル f_j $(1 \leq j \leq n)$ により

$$\rho_1 = \sum_{j=1}^{n} \mu_j |f_j\rangle\langle f_j| \tag{3.21}$$

と対角化する. ρ の表示 (3.18), (3.19) に定理 2.4 を適用すると, $m \le \ell$ (定理 2.4 の証明で示した) でユニタリ行列 $[u_{ik}]_{1 \le i,k \le \ell}$ が存在して

$$\sqrt{\lambda_i} e_i = \sum_{k=1}^{\ell} u_{ik} \sqrt{\alpha_k} \psi_{1,k} \otimes \psi_{2,k}, \qquad 1 \le i \le \ell. \tag{3.22}$$

ただし $\lambda_i = 0$ $(m < i \le \ell)$ とする. 同様に ρ_1 の表示 (3.20), (3.21) に定理 2.4 を用いると, $n \le \ell$ でユニタリ行列 $[v_{kj}]_{1 \le k,j \le \ell}$ が存在して

$$\sqrt{\alpha_k} \psi_{1,k} = \sum_{j=1}^{\ell} v_{kj} \sqrt{\mu_j} f_j, \qquad 1 \le k \le \ell. \tag{3.23}$$

ただし $\mu_j = 0$ $(n < j \le \ell)$ とする. (3.23) を (3.22) に代入して

$$\sqrt{\lambda_i} e_i = \sum_{k,j=1}^{\ell} u_{ik} v_{kj} \sqrt{\mu_j} f_j \otimes \psi_{2,k}, \qquad 1 \le i \le \ell.$$

よって

$$\lambda_i = \langle \sqrt{\lambda_i} e_i, \sqrt{\lambda_i} e_i \rangle = \sum_{k,k',j,j'=1}^{\ell} \overline{u}_{ik} u_{ik'} \overline{v}_{kj} v_{k'j'} \sqrt{\mu_j \mu_{j'}} \langle f_j, f_{j'} \rangle \langle \psi_{2,k}, \psi_{2,k'} \rangle$$

$$= \sum_{k,k',j=1}^{\ell} \overline{u}_{ik} u_{ik'} \overline{v}_{kj} v_{k'j} \mu_j \langle \psi_{2,k}, \psi_{2,k'} \rangle.$$

いま

$$d_{ij} := \sum_{k,k'=1}^{\ell} \overline{u}_{ik} u_{ik'} \overline{v}_{kj} v_{k'j} \langle \psi_{2,k}, \psi_{2,k'} \rangle \qquad (1 \le i,j \le \ell)$$

とおいて $D = [d_{ij}]_{1 \le i,j \le \ell}$ とすると,

$$(\lambda_1, \ldots, \lambda_m, 0, \ldots, 0)^t = D(\mu_1, \ldots, \mu_n, 0, \ldots, 0)^t$$

であり,

$$\sum_{i=1}^{\ell} d_{ij} = \sum_{k,k'=1}^{\ell} \left(\sum_{i=1}^{\ell} \overline{u}_{ik} u_{ik'} \right) \overline{v}_{kj} v_{k'j} \langle \psi_{2,k}, \psi_{2,k'} \rangle$$

$$= \sum_{k,k'=1}^{\ell} \delta_{kk'} \overline{v}_{kj} v_{k'j} \langle \psi_{2,k}, \psi_{2,k'} \rangle = \sum_{k=1}^{\ell} \overline{v}_{kj} v_{kj} = 1.$$

同様にして $\sum_{j=1}^{\ell} d_{ij} = 1$. よって D は 2 重確率行列であるから, 命題 1.38 (1) より $\lambda(\rho) \prec \lambda(\rho_1)$ が示せた. $\lambda(\rho) \prec \lambda(\rho_2)$ も同様に示せる.

(c) は (b) と命題 1.39 (1) から従う. $\qquad\square$

3.2 エンタングルメント測度

　この節では 2 部量子系 $\mathcal{H}_{12} = \mathcal{H}_1 \otimes \mathcal{H}_2$ の状態に対するエンタングルメントの度合いの計量化について解説する．純粋状態 $\rho = |\phi\rangle\langle\phi|$ $(\phi \in \mathcal{H}_{12})$ に対するエンタングルメント性は (3.5) のエンタングルメント・エントロピーが適切な計量化を与える．他方，混合状態に対するエンタングルメントの計量化は様々なものが考案されているが，定義式が数学的に単純であっても実際の計算はいずれも簡単でない．これはエンタングル状態の判定自体が困難であることから当然であろう．

　具体例をいくつか解説する前に，**エンタングルメント測度** E が理論的に満たすべき (少なくとも満たすのが望ましい) 性質を考察する．以下 E は $\mathcal{S}(\mathcal{H}_{12})$ ($\mathcal{H}_1$, $\mathcal{H}_2$ はすべての有限次元 Hilbert 空間にわたる) 上の $[0, +\infty]$-値の関数とする．エンタングルメントの計量化として次の性質は自然である:

(a) $E(\rho) = 0 \Longleftrightarrow \rho \in \mathcal{S}_{\mathrm{sep}}(\mathcal{H}_{12})$.

　あるいは少なくとも次が成立すべき:

(a′) $\rho \in \mathcal{S}_{\mathrm{sep}}(\mathcal{H}_{12}) \Longrightarrow E(\rho) = 0$.

　次に述べるのはエンタングルメント単調性と呼ばれる性質である．この性質は LOCC と呼ばれる操作に基づく．これを説明するために，$\mathcal{H}_1$ 側の観測者 A と $\mathcal{H}_2$ 側の観測者 B がエンタングル状態 ρ を共有する 2 部量子系を考えよう．A は $\mathcal{H}_1$ 上の局所的な量子操作 (LO = local operation) を行い，その結果を B に古典的なやり方で通信 (CC = classical communication) する．通信された結果を基に B は $\mathcal{H}_2$ 上の局所操作を行いその結果を A に古典通信する．この操作を交互に何回か繰り返すことを (両側) **LOCC** と呼ぶ[*3)]．1 回の $\mathcal{H}_1$ または $\mathcal{H}_2$ 上の局所操作 (広義の測定) はインストルメント $(\mathcal{E}_i)_{i=1}^n$ (2.2 節の最後の部分を参照) で表され，測定結果が i である確率とそのときの出力状態のアンサンブル

$$\left\{ p^{(i)} := \mathrm{Tr}\, \mathcal{E}_i(\rho), \; \rho^{(i)} := \frac{1}{p^{(i)}} \mathcal{E}_i(\rho) \right\} \tag{3.24}$$

(正確には $\mathcal{H}_1$ 上の測定なら $\mathcal{E}_i(\rho)$ は $(\mathcal{E}_i \otimes \mathrm{id})(\rho)$ である) が得られる．このアンサンブルを平均した出力状態として

$$\rho' := \sum_{i=1}^n p^{(i)} \rho^{(i)}$$

が得られる．LOCC から $\mathcal{H}_1$, $\mathcal{H}_2$ の間の新たな量子相関は発生しないから，LOCC 操作によりエンタングルメントが増加することは不可能である (と考えられる)．したがって E が満たすべき次の不等式は自然である:

(b) **確率的エンタングルメント単調性**: 任意の $\rho \in \mathcal{S}(\mathcal{H}_{12})$ と $\mathcal{H}_1$ または $\mathcal{H}_2$ 上の局所的インストルメント $(\mathcal{E}_i)_{i=1}^n$ に対し，(3.24) の $\{p^{(i)}, \rho^{(i)}\}_{i=1}^n$ は

$$\sum_{i=1}^n p^{(i)} E(\rho^{(i)}) \leq E(\rho)$$

---

*3)　LOCC は量子情報で重要な概念であるが，数学的に簡単な定義がなく理解しづらい．もっと詳しく知りたい読者は [57], [118], [149] を参照されたい．

を満たす.

次は (b) で $\mathcal{E}_i$ の Kraus 表現が単純に $\mathcal{E}_i(\cdot) = V_i \cdot V_i^*$ と 1 つの V_i で書ける場合である:

(b') $V_i \in B(\mathcal{H}_1, \mathcal{K}_1)$ $(1 \leq i \leq n)$ が $\sum_{i=1}^n V_i^* V_i = I_1$ を満たすとき,

$$
\begin{aligned}
p^{(i)} &:= \operatorname{Tr}(V_i \otimes I_{\mathcal{H}_2})\rho(V_i \otimes I_{\mathcal{H}_2})^*, \\
\rho^{(i)} &:= \frac{1}{p^{(i)}}(V_i \otimes I_{\mathcal{H}_2})\rho(V_i \otimes I_{\mathcal{H}_2})^*
\end{aligned}
\tag{3.25}
$$

とすると

$$
\sum_{i=1}^n p^{(i)} E(\rho^{(i)}) \leq E(\rho).
$$

$V_i \in B(\mathcal{H}_2, \mathcal{K}_2)$ $(1 \leq i \leq n)$ のときも同様.上で $\sum_i p^{(i)} = \sum_i \operatorname{Tr}(V_i^* V_i \otimes I_{\mathcal{H}_2})\rho = 1$ だから $(p^{(i)})_{i=1}^n$ が確率ベクトルであることに注意する.

次の単調性は上の (b) で $n = 1$ の特別の場合である: $\Phi_r \colon B(\mathcal{H}_r) \to B(\mathcal{K}_r)$ $(r = 1, 2)$ が TPCP 写像なら

$$
E((\Phi_1 \otimes \Phi_2)(\rho)) \leq E(\rho).
$$

これより E の局所ユニタリ変換に対する不変性がいえる.つまり $\mathcal{H}_r$ 上のユニタリ作用素 U_r $(r = 1, 2)$ に対して $E((U_1 \otimes U_2)\rho(U_1 \otimes U_2)^*) = E(\rho)$.

さらに,物理的な必然性はないが数学的に望ましい E の性質として,

(c) **凸性**: E は $\mathcal{S}(\mathcal{H}_{12})$ 上の凸関数である.

(c) の成立を仮定すると上の (b) と (b') が同値になる.つまり次が成立する.

補題 3.13. エンタングルメント測度 E について,(b') + (c) $\Longrightarrow$ (b).

証明. (b) の $(\mathcal{E}_i)_{i=1}^n$ に対し各 $\mathcal{E}_i$ の Kraus 表現 $\mathcal{E}_i(X) = \sum_{i=1}^{m_i} V_j^{(i)} X V_j^{(i)*}$ をとる.ここで $V_j^{(i)} \in B(\mathcal{H}_1, \mathcal{K}_1)$ $(1 \leq j \leq m_i, 1 \leq i \leq n)$ であり,$\sum_i \mathcal{E}_i$ がトレースを保存するから $\sum_{i,j} V_j^{(i)} V_j^{(i)*} = I_1$ である.いま

$$
p_j^{(i)} := \operatorname{Tr}(V_j^{(i)} \otimes I_2)\rho(V_j^{(i)} \otimes I_2)^*, \qquad \rho_j^{(i)} := \frac{1}{p_j^{(i)}}(V_j^{(i)} \otimes I_2)\rho(V_j^{(i)} \otimes I_2)^*
$$

とすると,$p^{(i)} = \sum_{j=1}^{m_i} p_j^{(i)}$, $\rho^{(i)} = \frac{1}{p^{(i)}} \sum_{j=1}^{m_i} p_j^{(i)} \rho_j^{(i)}$ だから

$$
\begin{aligned}
\sum_{i=1}^n p^{(i)} E(\rho^{(i)}) &= \sum_i p^{(i)} E\left(\sum_j \frac{p_j^{(i)}}{p^{(i)}} \rho_j^{(i)}\right) \leq \sum_i p^{(i)} \sum_j \frac{p_j^{(i)}}{p^{(i)}} E(\rho_j^{(i)}) \quad (\text{(c) より}) \\
&= \sum_{i,j} p_j^{(i)} E(\rho_j^{(i)}) \leq E(\rho) \quad (\text{(b') より})
\end{aligned}
$$

がいえる. $\square$

以上の性質の他に E が満たすことが望ましい性質として次が挙げられる.

(d) ρ が純粋状態なら $E(\rho)$ は ρ のエンタングルメント・エントロピーと一致する.つまり $E(\rho) = S(\operatorname{Tr}_2 \rho)$ $(= S(\operatorname{Tr}_1 \rho))$.

(e) **漸近的連続性**: 有限次元 Hilbert 空間の列 $\{\mathcal{H}_r^{(n)}\}_{n=1}^\infty$ $(r = 1, 2)$ と $\rho^{(n)}, \sigma^{(n)} \in$

$$\mathcal{S}\big(\mathcal{H}_{12}^{(n)}\big) = \mathcal{S}\big(\mathcal{H}_1^{(n)} \otimes \mathcal{H}_2^{(n)}\big) \text{ に対し}$$

$$\|\rho^{(n)} - \sigma^{(n)}\|_1 \to 0 \implies \frac{|E(\rho^{(n)}) - E(\sigma^{(n)})|}{\log \dim\big(\mathcal{H}_{12}^{(n)}\big)} \to 0.$$

(e′) **連続性**: $\rho, \sigma \in \mathcal{S}(\mathcal{H}_{12})$ に対し

$$\|\rho - \sigma\|_1 \to 0 \implies |E(\rho) - E(\sigma)| \to 0.$$

((e) $\implies$ (e′) は明らか.)

(f) **強加法性**: $\mathcal{K}_r = \mathcal{H}_r \otimes \mathcal{H}_r'$ $(r = 1, 2)$ とする. 任意の $\rho \in \mathcal{S}(\mathcal{H}_{12}) = \mathcal{S}(\mathcal{H}_1 \otimes \mathcal{H}_2)$, $\rho' \in \mathcal{S}(\mathcal{H}_{12}') = \mathcal{S}(\mathcal{H}_1' \otimes \mathcal{H}_2')$ に対し $\rho \otimes \rho' \in \mathcal{S}(\mathcal{K}_{12})$ とみなして

$$E(\rho \otimes \rho') = E(\rho) + E(\rho').$$

(f′) **弱加法性**: $\rho^{\otimes n} \in \mathcal{S}(\mathcal{H}_1^{\otimes n} \otimes \mathcal{H}_2^{\otimes n})$ とみなして $E(\rho^{\otimes n}) = nE(\rho)$.

エンタングルメント測度については多くの種類が考案されているが, それらの優劣について現状では判定が難しい. 以下この節で代表的なものをいくつか説明する.

(I) 純粋状態の関数の凸ルーフによる構成

この項では凸ルーフの手法を用いたエンタングルメント測度の構成について説明する. 付録の A.4 節に凸ルーフの簡単な解説がある.

凸ルーフによる構成の基になる関数として, $\mathcal{S}(\mathcal{H})$ ($\mathcal{H}$ はすべての有限次元 Hilbert 空間にわたる) 上の $[0, +\infty]$-値関数 μ で次の性質 (i)–(iii) を満たすものを 1 つ与える.

(i) **ユニタリ不変性**: すべての $\sigma \in \mathcal{S}(\mathcal{H})$ とユニタリ作用素 $U \in B(\mathcal{H})$ に対し $\mu(U\sigma U^*) = \mu(\sigma)$.

(ii) **拡張性**: すべての $\sigma \in \mathcal{S}(\mathcal{H})$ と $\mathcal{H}'$ に対し $\mu(\sigma \oplus 0_{\mathcal{H}'}) = \mu(\sigma)$.

(iii) **凹性**: μ は $\mathcal{S}(\mathcal{H})$ 上で凹. つまり $\mu(\lambda\sigma_1 + (1 - \lambda)\sigma_2) \geq \lambda\mu(\sigma_1) + (1 - \lambda)\mu(\sigma_2)$ $(\sigma_1, \sigma_2 \in \mathcal{S}(\mathcal{H}), 0 < \lambda < 1)$.

さらに追加の性質として,

(iv′) $\sigma \in \mathcal{S}(\mathcal{H})$ が純粋なら $\mu(\sigma) = 0$.

または, もっと強く

(iv) $\sigma \in \mathcal{S}(\mathcal{H})$ に対し, σ が純粋 $\iff \mu(\sigma) = 0$.

注意 3.14. 上の (i), (ii) を満たす μ は

$$\boldsymbol{S} := \left\{ (s_n)_{n=1}^{\infty} : s_n \geq 0, \text{ 有限個の } n \text{ を除き } s_n = 0, \sum_n s_n = 1 \right\}$$

上の対称関数 (つまり $(s_n) \in \boldsymbol{S}$ の要素の置換について不変な関数) ν により

$$\mu(\sigma) = \nu(\lambda_1(\sigma), \ldots, \lambda_d(\sigma), 0, 0, \ldots), \qquad \sigma \in \mathcal{S}(\mathcal{H}) \tag{3.26}$$

と表示できる. ここで $\lambda(\sigma) = (\lambda_1(\sigma), \ldots, \lambda_d(\sigma))$ は σ の固有値を重複度込みで大きい順に並べたベクトル. μ の性質 (iii) から ν の凹性が従うが, この逆は必ずしも成立しない. しかし ν が $\kappa(0) = 0$ である $[0, 1]$ 上の凹関数 κ により $\nu(s_1, s_2, \ldots) = \sum_n \kappa(s_n)$ と与えられるときは, (3.26) で定まる μ は凹性を満たす. 実際, 任意の $\sigma_1, \sigma_2 \in \mathcal{S}(\mathcal{H})$ と

$\alpha \in (0,1)$ に対しマジョリゼーション

$$\lambda(\alpha\sigma_1 + (1-\alpha)\sigma_2) \prec \alpha\lambda(\sigma_1) + (1-\alpha)\lambda(\sigma_2)$$

が成立する (定理 1.42 (1)). よって $\kappa(s_1,\ldots,s_d) = (\kappa(s_1),\ldots,\kappa(s_d))$ とすると, 命題 1.39 (1) より

$$\kappa(\lambda(\alpha\sigma_1 + (1-\alpha)\sigma_2)) \succ_w \kappa(\lambda(\sigma_1) + (1-\alpha)\lambda(\sigma_2)) \geq \alpha\kappa(\lambda(\sigma_1)) + (1-\alpha)\kappa(\lambda(\sigma_2))$$

だから μ は凹である. μ の性質 (iv′) は $\nu(1,0,0,\ldots) = 0$ と同じである.

定理 3.15. μ が上記の (i)–(iii) と (iv′) を満たす $[0,+\infty]$-関数とする. 任意の $\psi \in \mathcal{H}_{12}$ $(= \mathcal{H}_1 \otimes \mathcal{H}_2)$, $\|\psi\| = 1$ に対し

$$f_\mu(\psi) := \mu(\mathrm{Tr}_2 |\psi\rangle\langle\psi|) \ (= \mu(\mathrm{Tr}_1 |\psi\rangle\langle\psi|))$$

と定める. さらに, 任意の $\rho \in \mathcal{S}(\mathcal{H}_{12})$ に対し

$$E_\mu(\rho) := \inf\left\{\sum_{j=1}^k p_j f_\mu(\psi_j) : \rho = \sum_{j=1}^k p_j |\psi_j\rangle\langle\psi_j|\right\} \tag{3.27}$$

と定める. ただし上の inf は純粋状態 $|\psi_j\rangle\langle\psi_j|$ $(\psi_j \in \mathcal{H}_{12})$ の凸結合による ρ の表示のすべてについてとる. このとき E_μ は (a′), (b), (c) を満たす.

μ が各 $\mathcal{S}(\mathcal{H})$ 上で $[0,+\infty)$-値連続なら (3.27) の inf は min になる. μ がさらに (iv) を満たすなら E_μ は (a) を満たす.

証明. (a′) は命題 3.2 (2), 3.3 と E_μ の定義から明らか. $B(\mathcal{H}_{12})^{\mathrm{sa}}$ が $\mathbb{R}^{d^2}$ $(d := \dim \mathcal{H}_{12})$ と同型であることに注意して, $\{\psi \in \mathcal{H}_{12} : \|\psi\| = 1\}$ 上の関数 f_μ を純粋状態の集合 $\mathrm{ext}\,\mathcal{S}(\mathcal{H}_{12}) = \{|\psi\rangle\langle\psi| : \psi \in \mathcal{H}_{12}, \|\psi\| = 1\}$ 上の関数とみなすと, E_μ は f_μ の凸ルーフ (A.4 節参照) である. よって命題 A.7 より (c) が成立.

(b) を示すには補題 3.13 より (b′) を示せば十分である. まず f_μ について次を示す:

(b″) $V_i \in B(\mathcal{H}_1, \mathcal{K}_1)$ $(1 \leq i \leq n)$ が $\sum_{i=1}^n V_i^* V_i = I_1$ を満たすとき, 任意の $\psi \in \mathcal{H}_{12}$, $\|\psi\| = 1$ に対し

$$p^{(i)} := \|(V_i \otimes I_2)\psi\|^2, \qquad \psi^{(i)} := \frac{1}{\sqrt{p^{(i)}}}(V_i \otimes I_2)\psi \tag{3.28}$$

(ただし $p^{(i)} = 0$ なら $\psi^{(i)}$ は任意の単位ベクトルとしてよい) とすると,

$$\sum_{i=1}^n p^{(i)} f_\mu(\psi^{(i)}) \leq f_\mu(\psi).$$

($V_i \in B(\mathcal{H}_2, \mathcal{K}_2)$ の場合も同様.)

実際,

$$\text{左辺} = \sum_i p^{(i)} \mu\left(\frac{1}{p^{(i)}} \mathrm{Tr}_2((V_i \otimes I_2)|\psi\rangle\langle\psi|(V_i^* \otimes I_2))\right)$$

$$= \sum_i p^{(i)} \mu\left(\frac{1}{p^{(i)}} V_i(\mathrm{Tr}_2 |\psi\rangle\langle\psi|)V_i^*\right)$$

$$= \sum_i p^{(i)} \mu\Big(\frac{1}{p^{(i)}}(\mathrm{Tr}_2 |\psi\rangle\langle\psi|)^{1/2} V_i^* V_i (\mathrm{Tr}_2 |\psi\rangle\langle\psi|)^{1/2}\Big) \quad (\text{(i) より})$$

$$\leq \mu\Big(\sum_i (\mathrm{Tr}_2 |\psi\rangle\langle\psi|)^{1/2} V_i^* V_i (\mathrm{Tr}_2 |\psi\rangle\langle\psi|)^{1/2}\Big) \quad (\text{(iii) より})$$

$$= \mu(\mathrm{Tr}_2 |\psi\rangle\langle\psi|) = \text{右辺}.$$

そこで (b$'$) を示す. $V_i \in B(\mathcal{H}_1, \mathcal{K}_1)$ は (b$''$) と同様として (3.25) のアンサンブル $\{p^{(i)}, \rho^{(i)}\}_{i=1}^n$ をとる ($V_i \in B(\mathcal{H}_2, \mathcal{K}_2)$ でも証明は同様). 任意の表示 $\rho = \sum_{j=1}^k p_j |\psi_j\rangle\langle\psi_j|$ について, 各 ψ_j に対する (3.28) の定義を $\{p_j^{(i)}, \psi_j^{(i)}\}$ と書くと, 上の (b$''$) より

$$\sum_i p_j^{(i)} f_\mu(\psi_j^{(i)}) \leq f_\mu(\psi_j), \qquad 1 \leq j \leq k. \tag{3.29}$$

各 i について

$$\rho^{(i)} = \frac{1}{p^{(i)}} \sum_j p_j |(V_i \otimes I_2)\psi_j\rangle\langle(V_i \otimes I_2)\psi_j| = \sum_j \frac{p_j p_j^{(i)}}{p^{(i)}} |\psi_i^{(i)}\rangle\langle\psi_j^{(i)}|$$

であり, 両辺のトレースをとれば上式が凸結合であることが分かる. それゆえ $E_\mu(\rho^{(i)}) \leq \sum_j \frac{p_j p_j^{(i)}}{p^{(i)}} f_\mu(\psi_j^{(i)})$ だから

$$\sum_i p^{(i)} E_\mu(\rho^{(i)}) \leq \sum_{i,j} p_j p_j^{(i)} f_\mu(\psi_j^{(i)}) \leq \sum_j p_j f_\mu(\psi_j) \quad (\text{(3.29) より}).$$

表示 $\rho = \sum_{j=1}^k p_j |\psi_j\rangle\langle\psi_j|$ について上の右辺の inf をとると, 証明すべき不等式を得る.

後半の最初の主張は命題 A.7 から従う. これより $E_\mu(\rho) = 0$ なら, 表示 $\rho = \sum_j p_j |\psi_j\rangle\langle\psi_j|$ ($p_j > 0$) がとれて $\sum_j p_j f_\mu(\psi_j) = 0$. それゆえ, すべての j に対し $f_\mu(\psi_j) = 0$ つまり $\mu(\mathrm{Tr}_2 |\psi_j\rangle\langle\psi_j|) = 0$ だから, (iv) の仮定より $\mathrm{Tr}_2 |\psi_j\rangle\langle\psi_j|$ が純粋. 命題 3.3 より $|\psi_j\rangle\langle\psi_j| \in \mathcal{S}_{\mathrm{sep}}(\mathcal{H}_{12})$. よって $\rho \in \mathcal{S}_{\mathrm{sep}}(\mathcal{H}_{12})$. $\qquad\square$

例 3.16. $\mu(\sigma) := S(\sigma)$ $(\sigma \in \mathcal{S}(\mathcal{H}))$ は連続で (i)–(iv) を満たす. これから (3.27) で定まるエンタングルメント測度を $E_F(\rho)$ と表す. これは**フォーメイションのエンタングルメント (entanglement of formation)** と呼ばれる重要なエンタングルメント測度である. 定理 3.15 より E_F は (a), (b), (c) を満たし定義から (d) も満たす. ここで E_F が (c), (d) を満たす最大のエンタングル測度であることに注意する (A.4 節参照). さらに E_F は (e) も満たすことが知られている. 実際, ここでは証明を割愛するが, 論文 [117] で Fannes の不等式, フィデリティ, 状態の純粋化などの技法を使って, 任意の $\rho, \sigma \in \mathcal{S}(\mathcal{H}_{12})$ が $\|\rho - \sigma\|_1 \leq 1/e$ なら

$$|E_F(\rho) - E_F(\sigma)| \leq \mathrm{Const.}(\log \dim \mathcal{H}_{12})\|\rho - \sigma\|_1 + 2\eta(\|\rho - \sigma\|_1)$$

が示された. しかし E_F が (f) (または (f$'$)) を満たすかどうかは未解決である.

(II) 距離から定まるエンタングルメント測度

このタイプのエンタングルメント測度の定義は次の通りである.

定義 3.17. $\delta(\rho, \sigma)$ を $\mathcal{S}(\mathcal{H}_{12})$ 上の距離または距離的な状態識別関数とするとき, 2 種類のエンタングルメント測度 E_δ, E_δ° を定義する. $\rho \in \mathcal{S}(\mathcal{H}_{12})$ に対し

$$E_\delta(\rho) := \inf\{\delta(\rho, \sigma) \colon \sigma \in \mathcal{S}_{\mathrm{sep}}(\mathcal{H}_{12})\}.$$

また $\mathcal{S}_{\mathrm{sep}}(\mathcal{H}_{12})_\rho := \{\sigma \in \mathcal{S}_{\mathrm{sep}}(\mathcal{H}_{12}) \colon \mathrm{Tr}_2\,\sigma = \mathrm{Tr}_2\,\rho,\ \mathrm{Tr}_1\,\sigma = \mathrm{Tr}_1\,\rho\}$ として

$$E_\delta^\circ(\rho) := \inf\{\delta(\rho, \sigma) \colon \sigma \in \mathcal{S}_{\mathrm{sep}}(\mathcal{H}_{12})_\rho\}.$$

例えば, トレース・ノルム距離 $\|\rho - \sigma\|_1$ に対し

$$E_{\mathrm{Tr}}(\rho) := \inf_{\sigma \in \mathcal{S}_{\mathrm{sep}}(\mathcal{H}_{12})} \|\rho - \sigma\|_1, \qquad E_{\mathrm{Tr}}^\circ(\rho) := \inf_{\sigma \in \mathcal{S}_{\mathrm{sep}}(\mathcal{H}_{12})_\rho} \|\rho - \sigma\|_1$$

はトレース距離測度と呼ばれる. また相対エントロピー $D(\rho\|\sigma)$ に対し

$$E_{\mathrm{Re}}(\rho) := \inf_{\sigma \in \mathcal{S}_{\mathrm{sep}}(\mathcal{H}_{12})} D(\rho\|\sigma), \qquad E_{\mathrm{Re}}^\circ(\rho) := \inf_{\sigma \in \mathcal{S}_{\mathrm{sep}}(\mathcal{H}_{12})_\rho} D(\rho\|\sigma)$$

はエンタングルメント相対エントロピーと呼ばれ,

$$E_{\mathrm{rRe}}(\rho) := \inf_{\sigma \in \mathcal{S}_{\mathrm{sep}}(\mathcal{H}_{12})} D(\sigma\|\rho), \qquad E_{\mathrm{rRe}}^\circ(\rho) := \inf_{\sigma \in \mathcal{S}_{\mathrm{sep}}(\mathcal{H}_{12})_\rho} D(\sigma\|\rho)$$

は逆エンタングルメント相対エントロピーと呼ばれる.

上で定義したエンタングルメント測度について次がいえる.

定理 3.18. (1) E_{Tr}, E_{Re}, E_{Tr}°, E_{Re}° は $[0, +\infty)$-値であり, E_{rRe}, E_{rRe}° は $[0, +\infty]$-値である.

(2) E_{Tr}, E_{Re}, E_{rRe}, E_{Tr}°, E_{Re}°, E_{rRe}° はすべて (a) と (c) を満たす. また定義式の inf はすべて min になる.

(3) E_{Re}, E_{Tr}°, E_{Re}°, E_{rRe}° は (b) を満たす.

(4) E_{Re}, E_{Re}° は (d) を満たす.

(5) E_{Re}, E_{Re}° は (e) (よって (e′)) を満たす.

(6) E_{rRe}, E_{rRe}° は (f) (よって (f′)) を満たす.

証明. (1) は定義より明らか. ρ がエンタングル純粋状態のとき E_{rRe}, E_{rRe}° が $+\infty$ をとることに注意する.

(2) $\mathcal{S}_{\mathrm{sep}}(\mathcal{H}_{12})$ および $\mathcal{S}_{\mathrm{sep}}(\mathcal{H}_{12})_\rho$ がコンパクトだから, $\|\rho - \sigma\|_1$ の連続性と $D(\rho\|\sigma)$ の同時下半連続性 (定理 2.16 (2)) より (2) の最後の主張がいえる. $\|\rho - \sigma\|_1$ および $D(\rho\|\sigma)$ の狭義正値性 (定理 2.16 (1)) より, (2) の E はすべて (a) を満たす.

$\mathcal{S}_{\mathrm{sep}}(\mathcal{H}_{12})$ および $\mathcal{S}_{\mathrm{sep}}(\mathcal{H}_{12})_\rho$ が凸集合だから, $\|\rho - \sigma\|$ と $D(\rho\|\sigma)$ の同時凸性 (定理 2.16 (3)) より (2) の E がすべて (c) を満たすことは簡単に示せる. 例えば $E = E_{\mathrm{Re}}$ について示すと, 任意の $\rho, \rho' \in \mathcal{S}(\mathcal{H}_{12})$ と $0 < \lambda < 1$ に対し $E_{\mathrm{Re}}(\rho) = D(\rho\|\sigma)$, $E_{\mathrm{Re}}(\rho') = D(\rho'\|\sigma')$ である $\sigma, \sigma' \in \mathcal{S}_{\mathrm{sep}}(\mathcal{H}_{12})$ をとると

$$E_{\mathrm{Re}}(\lambda\rho + (1-\lambda)\rho') \leq D(\lambda\rho + (1-\lambda)\rho' \| \lambda\sigma + (1-\lambda)\sigma')$$
$$\leq \lambda D(\rho\|\sigma) + (1-\lambda)D(\rho'\|\sigma')$$

$$= \lambda D_{\mathrm{Re}}(\rho) + (1 - \lambda) E_{\mathrm{Re}}(\rho').$$

(3) 補題 3.13 より (b′) を示せば十分である．$V_i \in B(\mathcal{H}_1, \mathcal{K}_1)$ $(1 \leq i \leq n)$ が $\sum_{i=1}^n V_i^* V_i = I_1$ として (3.25) のアンサンブル $\{p^{(i)}, \rho^{(i)}\}_{i=1}^n$ をとる ($V_i \in B(\mathcal{H}_2, \mathcal{K}_2)$ でも証明は同様)．以下，場合に分けて示す．

- E_{Tr}° の場合，$\|\rho - \sigma\|_1 = E_{\mathrm{Tr}}^\circ(\rho)$ である $\sigma \in \mathcal{S}_{\mathrm{sep}}(\mathcal{H}_{12})_\rho$ をとると，

$$\mathrm{Tr}(V_i \otimes I_2)\sigma(V_i \otimes I_2)^* = \mathrm{Tr}(V_i^* V_i \otimes I_2)\sigma = \mathrm{Tr}\, V_i^* V_i \sigma_1 = \mathrm{Tr}\, V_i^* V_i \rho_1$$
$$= \mathrm{Tr}(V_i \otimes I_2)\rho(V_i \otimes I_2)^* = p^{(i)}$$

だから

$$\sigma^{(i)} := \frac{1}{p^{(i)}}(V_i \otimes I_2)\sigma(V_i \otimes I_2)^* \in \mathcal{S}_{\mathrm{sep}}(\mathcal{H}_{12}) \tag{3.30}$$

が定義できる．さらに $\sigma \in \mathcal{S}_{\mathrm{sep}}(\mathcal{H}_{12})_\rho$ だから

$$\mathrm{Tr}_r \sigma^{(i)} = \frac{1}{p^{(i)}} V_i(\mathrm{Tr}_r \sigma)V_i^* = \frac{1}{p^{(i)}} V_i(\mathrm{Tr}_r \rho)V_i^* = \mathrm{Tr}_r \rho^{(i)} \qquad (r = 1, 2).$$

よって $\sigma^{(i)} \in \mathcal{S}_{\mathrm{sep}}(\mathcal{H}_{12})_{\rho^{(i)}}$ $(1 \leq i \leq n)$ であり，

$$\sum_{i=1}^n p^{(i)} E_{\mathrm{Tr}}^\circ(\rho^{(i)}) \leq \sum_{i=1}^n p^{(i)} \|\rho^{(i)} - \sigma^{(i)}\|_1 = \sum_{i=1}^n \|(V_i \otimes I_2)(\rho - \sigma)(V_i \otimes I_2)^*\|_1$$
$$\leq \sum_{i=1}^n \|(V_i \otimes I_2)|\rho - \sigma|(V_i \otimes I_2)^*\|_1$$
$$= \sum_{i=1}^n \mathrm{Tr}(V_i^* V_i \otimes I_2)|\rho - \sigma| = \|\rho - \sigma\|_1 = E_{\mathrm{Tr}}^\circ(\rho).$$

- E_{Re}° の場合，$D(\rho\|\sigma) = E_{\mathrm{Re}}^\circ(\rho)$ である $\sigma \in \mathcal{S}_{\mathrm{sep}}(\mathcal{H}_{12})_\rho$ をとり $\sigma^{(i)}$ を (3.30) で定めると，上と同様に $\sigma^{(i)} \in \mathcal{S}_{\mathrm{sep}}(\mathcal{H}_{12})_{\rho^{(i)}}$ になる．よって

$$\sum_{i=1}^n p^{(i)} E_{\mathrm{Tr}}^\circ(\rho^{(i)}) \leq \sum_{i=1}^n p^{(i)} D(\rho^{(i)}\|\sigma^{(i)})$$
$$= \sum_{i=1}^n D((V_i \otimes I_2)\rho(V_i \otimes I_2)^*\|(V_i \otimes I_2)\sigma(V_i \otimes I_2)^*). \tag{3.31}$$

上の等号は命題 2.15 (1) による．いま線形写像 $\Phi\colon B(\mathcal{H}_{12}) \to \bigoplus_{i=1}^n B(\mathcal{K}_1 \otimes \mathcal{H}_2) \subset B(\mathcal{K}_1 \otimes \mathcal{H}_2 \otimes \mathbb{C}^n)$ を

$$\Phi(X) := \bigoplus_{i=1}^n (V_i \otimes I_2)X(V_i \otimes I_2)^*, \qquad X \in B(\mathcal{H}_{12}) \tag{3.32}$$

と定めると，Φ は TPCP 写像である．よって定理 2.16 (4) の単調性より

$$(3.31) = D(\Phi(\rho)\|\Phi(\sigma)) \leq D(\rho\|\sigma) = E_{\mathrm{Re}}^\circ(\rho).$$

- E_{rRe}° の場合，$D(\rho\|\sigma)$ を $D(\sigma\|\rho)$ に置き換えれば E_{Re}° の場合と同様である．
- E_{Re} の場合，$D(\rho\|\sigma) = E_{\mathrm{Re}}(\rho)$ である $\sigma \in \mathcal{S}_{\mathrm{sep}}(\mathcal{H}_{12})$ をとり，

$$q^{(i)} := \mathrm{Tr}(V_i \otimes I_2)\sigma(V_i \otimes I_2)^*, \quad \sigma^{(i)} := \frac{1}{q^{(i)}}(V_i \otimes I_2)\sigma(V_i \otimes I_2)^* \in \mathcal{S}_{\mathrm{sep}}(\mathcal{H}_{12})$$

と定めると，

$$\sum_{i=1}^{n} p^{(i)} E_{\mathrm{Re}}(\rho^{(i)}) \leq \sum_{i=1}^{n} p^{(i)} D(\rho^{(i)} \| \sigma^{(i)})$$

$$= \sum_{i=1}^{n} D\Big((V_i \otimes I_2)\rho(V_i \otimes I_2)^* \Big\| \frac{p^{(i)}}{q^{(i)}}(V_i \otimes I_2)\sigma(V_i \otimes I_2)^*\Big)$$

$$= \sum_{i=1}^{n} D((V_i \otimes I_2)\rho(V_i \otimes I_2)^* \| (V_i \otimes I_2)\sigma(V_i \otimes I_2)^*) - D(\boldsymbol{p}\|\boldsymbol{q}).$$

ここで $D(\boldsymbol{p}\|\boldsymbol{q}) = \sum_i p^{(i)} \log \frac{p^{(i)}}{q^{(i)}} \geq 0$．よって (3.32) の Φ を用いて E_{Re}° の場合と同様に示せる．

(4) まず任意の $\sigma \in \mathcal{S}_{\mathrm{sep}}(\mathcal{H}_{12})$ に対し

$$D(\rho\|\sigma) \geq -S(\rho) + S(\mathrm{Tr}_2\,\rho) \tag{3.33}$$

を示す．これを示すには $\sigma > 0$ としてよい．実際，$\varepsilon > 0$ に対し $\sigma_\varepsilon := (1+\varepsilon\,\mathrm{Tr}\,I_{12})^{-1}(\sigma + \varepsilon I_{12})$ とすると，$\sigma_\varepsilon \in \mathcal{S}_{\mathrm{sep}}(\mathcal{H}_{12})$ であり，命題 2.15 の (1), (3) から $D(\rho\|\sigma_\varepsilon) \to D(\rho\|\sigma)$ $(\varepsilon \searrow 0)$ がいえる．そこで $\sigma > 0$ として，(3.4) のように $\sigma = \sum_i \lambda_i \sigma_{1,i} \otimes \sigma_{2,i}$ と書き，$\sigma_1 := \mathrm{Tr}_2\,\sigma$ とする．$\sigma \leq \sum_i \lambda_i \sigma_{1,i} \otimes I_2 = \sigma_1 \otimes I_2$ だから，$\log x$ $(x > 0)$ の作用素単調性 (例 1.15) より $\log \sigma \leq (\log \sigma_1) \otimes I_2$．よって

$$D(\rho\|\sigma) \geq -S(\rho) - \mathrm{Tr}\,\rho((\log \sigma_1) \otimes I_2) = -S(\rho) - \mathrm{Tr}(\mathrm{Tr}_2\,\rho)\log(\mathrm{Tr}_2\,\sigma)$$

$$= -S(\rho) + S(\mathrm{Tr}_2\,\rho) + D(\mathrm{Tr}_2\,\rho\|\mathrm{Tr}_2\,\sigma) \geq -S(\rho) + S(\mathrm{Tr}_2\,\rho)$$

だから (3.33) が示せた．これより $E_{\mathrm{Re}}(\rho) \geq -S(\rho) + S(\mathrm{Tr}_2\,\rho)$ が成立．それゆえ ρ が純粋なら $E_{\mathrm{Re}}(\rho) \geq S(\mathrm{Tr}_2\,\rho)$．他方 $\rho = |\phi\rangle\langle\phi|$ のとき，ϕ の Schmidt 分解 (2.6) をとり

$$\sigma := \sum_{k=1}^{K} p_k |\psi_{1,k}\rangle\langle\psi_{1,k}| \otimes |\psi_{2,k}\rangle\langle\psi_{2,k}|$$

とすると，$\sigma \in \mathcal{S}_{\mathrm{sep}}(\mathcal{H}_{12})_\rho$ かつ $D(\rho\|\sigma) = -\sum_k p_k \log p_k = S(\mathrm{Tr}_2\,\rho)$ であることが容易に確かめられる (読者の演習問題とする)．よって $E_{\mathrm{Re}}^{\circ}(\rho) \leq S(\mathrm{Tr}_2\,\rho)$．これで (4) が示せた．

(5) 下で示すもっと一般の補題 3.19 から従う．実際，補題より (5) の E に対し $\|\rho^{(n)} - \sigma^{(n)}\|_1 \to 0$ なら

$$\frac{|E(\rho^{(n)}) - E(\sigma^{(n)})|}{\log \dim(\mathcal{H}_{12}^{(n)})} \leq \mathrm{Const}.\big[\|\rho^{(n)} - \sigma^{(n)}\|_1 + \eta(\|\rho^{(n)} - \sigma^{(n)}\|_1)\big] \to 0.$$

(6) $\mathcal{K}_r = \mathcal{H}_r \otimes \mathcal{H}_r'$ $(r = 1, 2)$ として $\rho \in \mathcal{S}(\mathcal{H}_{12})$, $\rho' \in \mathcal{S}(\mathcal{H}_{12}')$ とする．まず次の事実に注意する：

(i) $\sigma \in \mathcal{S}_{\mathrm{sep}}(\mathcal{H}_{12})$, $\sigma' \in \mathcal{S}_{\mathrm{sep}}(\mathcal{H}_{12}') \Longrightarrow \sigma \otimes \sigma' \in \mathcal{S}_{\mathrm{sep}}(\mathcal{K}_{12})$.

(ii) $\sigma \in \mathcal{S}_{\mathrm{sep}}(\mathcal{H}_{12})_\rho$, $\sigma' \in \mathcal{S}_{\mathrm{sep}}(\mathcal{H}_{12}')_{\rho'} \Longrightarrow \sigma \otimes \sigma' \in \mathcal{S}_{\mathrm{sep}}(\mathcal{K}_{12})_{\rho \otimes \rho'}$.

(iii) $\tilde{\sigma} \in \mathcal{S}_{\mathrm{sep}}(\mathcal{K}_{12}) \Longrightarrow \mathrm{Tr}_{\mathcal{H}'_{12}} \tilde{\sigma} \in \mathcal{S}_{\mathrm{sep}}(\mathcal{H}_{12}), \mathrm{Tr}_{\mathcal{H}_{12}} \tilde{\sigma} \in \mathcal{S}_{\mathrm{sep}}(\mathcal{H}'_{12})$.

(iv) $\tilde{\sigma} \in \mathcal{S}_{\mathrm{sep}}(\mathcal{K}_{12})_{\rho \otimes \rho'} \Longrightarrow \mathrm{Tr}_{\mathcal{H}'_{12}} \tilde{\sigma} \in \mathcal{S}_{\mathrm{sep}}(\mathcal{H}_{12})_{\rho}, \mathrm{Tr}_{\mathcal{H}_{12}} \tilde{\sigma} \in \mathcal{S}_{\mathrm{sep}}(\mathcal{H}'_{12})_{\rho'}$.

(ただし $\mathcal{K}_{12} = \mathcal{H}_{12} \otimes \mathcal{H}'_{12}$ とみなす.) これらの証明は部分トレースの定義に従って容易に示せる (演習問題とする). $D(\sigma\|\rho) = E_{\mathrm{rRe}}(\rho), D(\sigma'\|\rho') = E_{\mathrm{rRe}}(\rho')$ である $\sigma \in \mathcal{S}_{\mathrm{sep}}(\mathcal{H}_{12}), \sigma' \in \mathcal{S}_{\mathrm{sep}}(\mathcal{H}'_{12})$ をとると, (i) より

$$E_{\mathrm{rRe}}(\rho \otimes \rho') \leq D(\sigma \otimes \sigma'\|\rho \otimes \rho') = D(\sigma\|\rho) + D(\sigma'\|\rho') \quad (\text{命題 2.15 (4) より})$$
$$= E_{\mathrm{rRe}}(\rho) + E_{\mathrm{rRe}}(\rho').$$

逆に

$$E_{\mathrm{rRe}}(\rho \otimes \rho') \geq E_{\mathrm{rRe}}(\rho) + E_{\mathrm{rRe}}(\rho') \tag{3.34}$$

を示す. $D(\tilde{\sigma}\|\rho \otimes \rho') = E_{\mathrm{rRe}}(\rho \otimes \rho')$ である $\tilde{\sigma} \in \mathcal{S}_{\mathrm{sep}}(\mathcal{K}_{12})$ をとり, $\sigma := \mathrm{Tr}_{\mathcal{H}'_{12}} \tilde{\sigma}$, $\sigma' := \mathrm{Tr}_{\mathcal{H}_{12}} \tilde{\sigma}$ とする. (3.34) を示すために $\tilde{\sigma}^0 \leq (\rho \otimes \rho')^0 = \rho^0 \otimes \rho'^0$ としてよい. このとき $\sigma^0 \leq \rho^0, \sigma'^0 \leq \rho'^0$ が簡単にいえる. よって

$$E_{\mathrm{rRe}}(\rho \otimes \rho') = D(\tilde{\sigma}\|\rho \otimes \rho') = \mathrm{Tr}\, \tilde{\sigma} \log \tilde{\sigma} - \mathrm{Tr}\, \tilde{\sigma} \log(\rho \otimes \rho')$$
$$= \mathrm{Tr}\, \tilde{\sigma} \log \tilde{\sigma} - \mathrm{Tr}\, \tilde{\sigma} \{(\log \rho) \otimes I_2 + I_1 \otimes (\log \rho')\}$$
$$= \mathrm{Tr}\, \tilde{\sigma} \log \tilde{\sigma} - \mathrm{Tr}\, \sigma \log \rho - \mathrm{Tr}\, \sigma' \log \rho'$$
$$= \mathrm{Tr}\, \tilde{\sigma} \log \tilde{\sigma} - \mathrm{Tr}\, \sigma \log \sigma - \mathrm{Tr}\, \sigma' \log \sigma' + D(\sigma\|\rho) + D(\sigma'\|\rho')$$
$$= D(\tilde{\sigma}\|\sigma \otimes \sigma') + D(\sigma\|\rho) + D(\sigma'\|\rho') \geq D(\sigma\|\rho) + D(\sigma'\|\rho').$$

それゆえ (iii) より (3.34) が示せた. E_{rRe}° の場合も (ii), (iv) を使って同様に示せる. $\square$

補題 3.19. $\mathcal{S}$ は $d^{-1}I$ (トレース状態) を含む $\mathcal{S}(\mathcal{H})$ の凸部分集合とする. 任意の $\rho \in \mathcal{S}(\mathcal{H})$ に対し

$$E_{\mathrm{Re}}^{\mathcal{S}}(\rho) := \inf_{\sigma \in \mathcal{S}} D(\rho\|\sigma)$$

と定める. このとき, 任意の $\rho_1, \rho_2 \in \mathcal{S}(\mathcal{H})$ に対し, $\varepsilon := \|\rho_1 - \rho_2\|_1 / (2 + \|\rho_1 - \rho_2\|_1)$ とおくと

$$|E_{\mathrm{Re}}^{\mathcal{S}}(\rho_1) - E_{\mathrm{Re}}^{\mathcal{S}}(\rho_2)| \leq 4\varepsilon \log d + 2h(\varepsilon).$$

ただし $h(\varepsilon) := -\varepsilon \log \varepsilon - (1 - \varepsilon) \log(1 - \varepsilon)$. よって $\|\rho_1 - \rho_2\|_1 \leq 1/e$ なら

$$|E_{\mathrm{Re}}^{\mathcal{S}}(\rho_1) - E_{\mathrm{Re}}^{\mathcal{S}}(\rho_2)| \leq 4\big[(\log d)\|\rho_1 - \rho_2\|_1 + \eta(\|\rho_1 - \rho_2\|_1)\big].$$

証明. 命題 2.22 を使う. まず $d^{-1}I \in \mathcal{S}$ だから $E_{\mathrm{Re}}^{\mathcal{S}} : \mathcal{S}(\mathcal{H}) \to \mathbb{R}$ であることに注意する. 任意の $\rho_i \in \mathcal{S}(\mathcal{H}), \sigma_i \in \mathcal{S}$ $(i = 1, 2)$ と $\varepsilon \in (0, 1)$ に対し

$$E_{\mathrm{Re}}^{\mathcal{S}}((1 - \varepsilon)\rho_1 + \varepsilon\rho_2) \leq D((1 - \varepsilon)\rho_1 + \varepsilon\rho_2\|(1 - \varepsilon)\sigma_1 + \varepsilon\sigma_2)$$
$$\leq (1 - \varepsilon)D(\rho_1\|\sigma_1) + \varepsilon D(\rho_2\|\sigma_2)$$

だから

$$E_{\mathrm{Re}}^{\mathcal{S}}((1-\varepsilon)\rho_1 + \varepsilon\rho_2) \le (1-\varepsilon)E_{\mathrm{Re}}^{\mathcal{S}}(\rho_1) + \varepsilon E_{\mathrm{Re}}^{\mathcal{S}}(\rho_2). \tag{3.35}$$

他方, $\sigma \in \mathcal{S}$ が $D((1-\varepsilon)\rho_1 + \varepsilon\rho_2 \| \sigma) < +\infty$ を満たすなら, $\rho_1^0, \rho_2^0 \le \sigma^0$ であり

$$\begin{aligned}
D(&(1-\varepsilon)\rho_1 + \varepsilon\rho_2 \| \sigma) \\
&= -S((1-\varepsilon)\rho_1 + \varepsilon\rho_2) - (1-\varepsilon)\operatorname{Tr}\rho_1 \log\sigma - \varepsilon\operatorname{Tr}\rho_2 \log\sigma \\
&\ge -(1-\varepsilon)S(\rho_1) - \varepsilon S(\rho_2) - h(\varepsilon) - (1-\varepsilon)\operatorname{Tr}\rho_1 \log\sigma - \varepsilon\operatorname{Tr}\rho_2 \log\sigma \\
&\hspace{8cm} ((2.14)\ \text{より}) \\
&= (1-\varepsilon)D(\rho_1 \| \sigma) + \varepsilon D(\rho_2 \| \sigma) - h(\varepsilon) \\
&\ge (1-\varepsilon)E_{\mathrm{Re}}^{\mathcal{S}}(\rho_1) + \varepsilon E_{\mathrm{Re}}^{\mathcal{S}}(\rho_2) - h(\varepsilon)
\end{aligned}$$

であるから,

$$E_{\mathrm{Re}}^{\mathcal{S}}((1-\varepsilon)\rho_1 + \varepsilon\rho_2) \ge (1-\varepsilon)E_{\mathrm{Re}}^{\mathcal{S}}(\rho_1) + \varepsilon E_{\mathrm{Re}}^{\mathcal{S}}(\rho_2) - h(\varepsilon). \tag{3.36}$$

(3.35) と (3.36) より $E_{\mathrm{Re}}^{\mathcal{S}}$ は命題 2.22 の仮定を満たす. それゆえ最初の不等式が示せた. また $\|\rho_1 - \rho_2\|_1 \le 1/e$ なら, $\varepsilon := \|\rho_1 - \rho_2\|_1/(2 + \|\rho_1 - \rho_2\|_1)$ に対し $h(\varepsilon) \le 2\eta(\|\rho_1 - \rho_2\|_1)$ が簡単に分かる (演習問題とする). それゆえ 2 番目の不等式も成立. $\qquad\square$

E_{Re} が (c), (d) を満たすから, 例 3.16 で述べたことより $E_{\mathrm{Re}}^{\circ}(\rho) \le E_{\mathrm{Re}}(\rho) \le E_F(\rho)$ が常に成立する.

(III) スカッシュ・エンタングルメント

この項では n 部量子系 $(n > 2)$ を扱うので, 状態は量子系の番号付きで表し (2.17) の規約に従う.

定義 3.20. (1) 3 部量子系 $\mathcal{H}_{123} = \mathcal{H}_1 \otimes \mathcal{H}_2 \otimes \mathcal{H}_3$ で考える. $\rho = \rho_{123} \in \mathcal{S}(\mathcal{H}_{123})$ に対し条件付き相互情報量を

$$I(1;2|3)_\rho = I(\mathcal{H}_1; \mathcal{H}_2 | \mathcal{H}_3)_\rho := S(\rho_{13}) + S(\rho_{23}) - S(\rho_{123}) - S(\rho_3) \tag{3.37}$$

と定義する. これは (2.19) の相互情報量を条件付きにしたものである. 実際, Lieb–Ruskai の強劣加法性 (定理 2.20 (1)) より $I(1;2|3)_\rho \in [0, +\infty)$ であり, (2.21) と (2.20) を用いると

$$\begin{aligned}
I(1;2|3)_\rho &= S(\rho_{13}|3) + S(\rho_{23}|3) - S(\rho_{123}|3) \\
&= S(\rho_{13}|3) - S(\rho_{123}|23) \\
&= I(1;23)_{\rho_{123}} - I(1;3)_{\rho_{13}}
\end{aligned} \tag{3.38}$$

と書ける. また定理 2.20 (1) の証明から

$$\begin{aligned}
I(1;2|3)_\rho &= D(\rho_{132} \| \rho_{13} \otimes I_2) - D(\rho_{32} \| \rho_3 \otimes I_2) \\
&= D(\rho_{231} \| \rho_{23} \otimes I_1) - D(\rho_{31} \| \rho_3 \otimes I_1)
\end{aligned} \tag{3.39}$$

とも書ける.

(2) $\rho_{12} \in \mathcal{S}(\mathcal{H}_{12})$ に対し

$$E_{\mathrm{sq}}(\rho_{12}) := \inf\left\{\frac{1}{2}I(1;2|3)_{\rho_{123}} : \rho_{123} \in \mathcal{S}(\mathcal{H}_{123}),\ \rho_{12} = \mathrm{Tr}_3\,\rho_{123}\right\}$$

と定義し，ρ_{12} の**スカッシュ・エンタングルメント**[*4)] と呼ぶ．ただし上の inf はすべての有限次元 Hilbert 空間 $\mathcal{H}_3$ と ρ_{12} のすべての拡張 $\rho_{123} \in \mathcal{S}(\mathcal{H}_{123})$ についてとる．

定理 3.21. E_{sq} は $[0, +\infty)$-値であり，(a), (b), (c), (d), (e), (f) のすべてを満たす．さらに (f) の設定で一般の**優加法性**が成立: 任意の $\tilde{\rho} \in \mathcal{S}(\mathcal{K}_{12})$ に対し，$\rho := \mathrm{Tr}_{\mathcal{H}'_{12}}\,\tilde{\rho}$, $\rho' := \mathrm{Tr}_{\mathcal{H}_{12}}\,\tilde{\rho}$ とすると

$$E_{\mathrm{sq}}(\tilde{\rho}) \geq E_{\mathrm{sq}}(\rho) + E_{\mathrm{sq}}(\rho').$$

定理の証明のために補題を与える．

補題 3.22. (1) **連鎖律**: 4 部量子系 $\mathcal{H}_{1234}$ 上の状態 ρ に対し

$$I(12;3|4)_\rho = I(1;3|4)_\rho + I(2;3|41)_\rho,$$
$$I(1;23|4)_\rho = I(1;2|4)_\rho + I(1;3|42)_\rho.$$

(2) **加法性**: $\rho \in \mathcal{S}(\mathcal{H}_{123})$ と $\rho' \in \mathcal{S}(\mathcal{H}'_{123})$ に対し，$\mathcal{H}'_r$ $(r = 1, 2, 3)$ を番号 r' で表すと

$$I(11';22'|33')_{\rho \otimes \rho'} = I(1;2|3)_\rho + I(1';2'|3')_{\rho'}.$$

(3) **局所 TPCP 写像の下での単調性**: $\Phi\colon B(\mathcal{H}_1) \to B(\mathcal{K}_1)$ は TPCP 写像とする．任意の $\rho \in \mathcal{S}(\mathcal{H}_{123})$ に対し $\tilde{\rho} := (\Phi \otimes \mathrm{id}_{23})(\rho) \in \mathcal{S}(\mathcal{K}_1 \otimes \mathcal{H}_2 \otimes \mathcal{H}_3)$ とすると

$$I(1;2|3)_{\tilde{\rho}} \leq I(1;2|3)_\rho.$$

TPCP 写像 $\Phi\colon B(\mathcal{H}_2) \to B(\mathcal{K}_2)$ に対しても $\tilde{\rho} := (\Phi \otimes \mathrm{id}_{13})(\rho) \in \mathcal{S}(\mathcal{H}_1 \otimes \mathcal{K}_2 \otimes \mathcal{H}_3)$ とすると $I(1;2|3)_{\tilde{\rho}} \leq I(1;2|3)_\rho$．

証明. (1) は定義式 (3.37) から簡単．

(2) $\rho \otimes \rho'$ に対して (3.37) に現れる von Neumann エントロピーがすべて ρ と ρ' の場合の和になる．例えば

$$S((\rho \otimes \rho')_{11'33'}) = S(\rho_{13} \otimes \rho'_{1'3'}) = S(\rho_{13}) + S(\rho'_{1'3'}) \quad (\text{命題 2.14 (6) より})$$

であり他も同様．よって (2) の主張が成立．

(3) TPCP 写像の表現定理 (定理 2.12) より次の 3 つの場合を示せばよい:
- 純粋状態の添加: $\Phi\colon X \in B(\mathcal{H}_1) \mapsto X \otimes |e\rangle\langle e| \in B(\mathcal{H}_1 \otimes \mathcal{K}_1)$ $(e \in \mathcal{K}_1,\ \|e\| = 1)$,
- ユニタリ変換: $\Phi\colon X \in B(\mathcal{H}_1) \mapsto UXU^* \in B(\mathcal{H}_1)$ (U は $\mathcal{H}_1$ 上のユニタリ作用素),
- 部分トレース: $\Phi\colon X \in B(\mathcal{H}_1 \otimes \mathcal{K}_1) \mapsto \mathrm{Tr}_{\mathcal{K}_1} X \in B(\mathcal{H}_1)$.

最初の 2 つの変換で $I(1;2|3)_\rho$ が保存されることは明らかであるから，部分トレースの場合を示す．$\rho \in \mathcal{S}((\mathcal{H}_1 \otimes \mathcal{K}_1) \otimes \mathcal{H}_2 \otimes \mathcal{H}_3)$ とし $\tilde{\rho} := \mathrm{Tr}_{\mathcal{K}_1}\,\rho \in \mathcal{S}(\mathcal{H}_1 \otimes \mathcal{H}_2 \otimes \mathcal{H}_3)$ とする．このとき $\tilde{\rho}_{13} \otimes I_2 = \mathrm{Tr}_{\mathcal{K}_1}(\rho_{13} \otimes I_2)$, $\tilde{\rho}_{32} = \rho_{32}$, $\tilde{\rho}_3 = \rho_3$ がいえる．実際，任意の

---

*4)　量子相互情報量を条件付きにして最小化すれば非量子的な相関が「つぶされて (squashed out)」純粋な量子相関が残るという考えに基づく．

$X_{13} \in B(\mathcal{H}_1 \otimes \mathcal{H}_3)$, $X_2 \in B(\mathcal{H}_2)$ に対し

$$\mathrm{Tr}(\rho_{13} \otimes I_2)(X_{13} \otimes I_{\mathcal{K}_1} \otimes X_2)$$
$$= \mathrm{Tr}\,\rho_{13}(X_{13} \otimes I_{\mathcal{K}_1}) \cdot \mathrm{Tr}\,X_2 = \mathrm{Tr}\,\tilde{\rho}_{13}X_{13} \cdot \mathrm{Tr}\,X_2 = \mathrm{Tr}(\tilde{\rho}_{13} \otimes I_2)(X_{13} \otimes X_2)$$

だから $\mathrm{Tr}_{\mathcal{K}_1}(\rho_{13} \otimes I_2) = \tilde{\rho}_{13} \otimes I_2$. 残りも同様. よって (3.39) より

$$\begin{aligned}
I(1;2|3)_{\tilde{\rho}} &= D(\tilde{\rho}_{132}\|\tilde{\rho}_{13} \otimes I_2) - D(\tilde{\rho}_{32}\|\tilde{\rho}_3 \otimes I_2) \\
&= D(\mathrm{Tr}_{\mathcal{K}_1}\,\rho_{132}\|\,\mathrm{Tr}_{\mathcal{K}_1}(\rho_{13} \otimes I_2)) - D(\rho_{32}\|\rho_3 \otimes I_2) \\
&\leq D(\rho_{132}\|\rho_{13} \otimes I_2) - D(\rho_{32}\|\rho_3 \otimes I_2) \quad (\text{定理 2.16 (4) より}) \\
&= I(1;2|3)_{\rho}.
\end{aligned}$$

$I(1;2|3)_\rho$ は $\{1,2\}$ について対称だから $\Phi\colon B(\mathcal{H}_2) \to B(\mathcal{K}_2)$ の場合も同様. $\qquad\square$

定理 3.21 の証明. 定義 3.20 で述べたように $I(1;2|3)_\rho \in [0, +\infty)$ だから $E_{\mathrm{sq}}(\rho_{12}) \in [0, +\infty)$.

(a) $\rho_{12} \in \mathcal{S}_{\mathrm{sep}}(\mathcal{H}_{12})$ とする. (3.1) の表示をさらに分解して純粋状態 $\rho_{1,i} \in \mathcal{S}(\mathcal{H}_1)$, $\rho_{2,i} \in \mathcal{S}(\mathcal{H}_2)$ により $\rho_{12} = \sum_{i=1}^m \lambda_i \rho_{1,i} \otimes \rho_{2,i}$ と表すことができる. このとき互いに直交する純粋状態 $\rho_{3,i} \in \mathcal{S}(\mathcal{H}_3)$ $(1 \leq i \leq m)$ をとり $\rho_{123} := \sum_{i=1}^m \lambda_i \rho_{1,i} \otimes \rho_{2,i} \otimes \rho_{3,i}$ とすると, $S(\rho_{13}) = S(\rho_{23}) = S(\rho_{123}) = S(\rho_3) = S(\boldsymbol{\lambda})$ $(\boldsymbol{\lambda} = (\lambda_1, \ldots, \lambda_m))$ となる. よって $E_{\mathrm{sq}}(\rho_{12}) = 0$. 逆の $E_{\mathrm{sq}}(\rho_{12}) = 0 \Longrightarrow \rho_{12} \in \mathcal{S}_{\mathrm{sep}}(\mathcal{H}_{12})$ は [26] で $I(1;2|3)_\rho$ の下限を LOCC に関連するノルムを用いて与えることにより証明された. これの証明はここでは割愛する.

(c) $\rho_{12}, \rho'_{12} \in \mathcal{S}(\mathcal{H}_{12})$, $0 < \lambda < 1$ に対し $\tilde{\rho}_{12} := \lambda\rho_{12} + (1-\lambda)\rho'_{12}$ として, ρ_{12}, ρ'_{12} の任意の拡張 ρ_{123}, ρ'_{123} をとる (ρ_{123}, ρ'_{123} は同じ $\mathcal{H}_{123}$ 上の状態としてよい). さらに $\mathcal{H}_4$ 上の直交する純粋状態 $|\psi\rangle\langle\psi|$, $|\psi'\rangle\langle\psi'|$ をとり,

$$\tilde{\rho}_{1234} := \lambda\rho_{123} \otimes |\psi\rangle\langle\psi| + (1-\lambda)\rho'_{123} \otimes |\psi'\rangle\langle\psi'|$$

と定めると $\tilde{\rho}_{1234}$ は $\tilde{\rho}_{12}$ の拡張である. 直接計算より

$$\begin{aligned}
S(\tilde{\rho}_{134}|34) &= S(\tilde{\rho}_{134}) - S(\tilde{\rho}_{34}) \\
&= \lambda(S(\rho_{13}) - S(\rho_3)) + (1-\lambda)(S(\rho'_{13}) - S(\rho'_3)) \\
&= \lambda S(\rho_{13}|3) + (1-\lambda)S(\rho'_{13}|3).
\end{aligned}$$

同様に

$$S(\tilde{\rho}_{1234}|234) = \lambda S(\rho_{123}|23) + (1-\lambda)S(\rho'_{123}|23).$$

よって

$$2E_{\mathrm{sq}}(\tilde{\rho}_{12}) \leq \lambda\big[S(\rho_{13}|3) - S(\rho_{123}|23)\big] + (1-\lambda)\big[S(\rho'_{13}|3) - S(\rho'_{123}|23)\big].$$

ρ_{123}, ρ'_{123} について右辺の inf をとると (3.38) より

$$E_{\mathrm{sq}}(\tilde{\rho}_{12}) \leq \lambda E_{\mathrm{sq}}(\rho_{12}) + (1-\lambda)E_{\mathrm{sq}}(\rho'_{12}).$$

(b) 補題 3.13 より (b′) を示せばよい. $\rho_{12} \in \mathcal{S}(\mathcal{H}_{12})$ とする. $V_i \in B(\mathcal{H}_1, \mathcal{K}_1)$ $(1 \le i \le n)$ が $\sum_{i=1}^{n} V_i^* V_i = I_1$ として (3.25) のアンサンブル $\{p^{(i)}, \rho^{(i)}\}_{i=1}^{n}$ をとる. TPCP 写像 $\Phi: B(\mathcal{H}_1) \to B(\mathcal{K}_1 \otimes \mathbb{C}^n)$ を $\Phi(X) := \bigoplus_{i=1}^{n} V_i X V_i^*$ $(X \in B(\mathcal{H}_1))$ と定める. ρ_{12} の任意の拡張 ρ_{123} に対し, $\mathbb{C}^n$ を番号 4 で表して $\tilde{\rho}_{1423} \in \mathcal{S}(\mathcal{K}_1 \otimes \mathbb{C}^n \otimes \mathcal{H}_{23})$ を $\tilde{\rho}_{1423} := (\Phi \otimes \mathrm{id}_{23})(\rho_{123})$ と定める. 補題 3.22 の (3), (1) より

$$
\begin{aligned}
I(1;2|3)_\rho &\ge I(14;2|3)_{\tilde{\rho}} = I(4;2|3)_{\tilde{\rho}} + I(1;2|34)_{\tilde{\rho}} \\
&\ge I(1;2|34)_{\tilde{\rho}} = S(\tilde{\rho}_{134}) + S(\tilde{\rho}_{234}) - S(\tilde{\rho}_{1234}) - S(\tilde{\rho}_{34}).
\end{aligned}
\tag{3.40}
$$

いま

$$
\mathrm{Tr}(V_i \otimes I_{23})\rho_{123}(V_i \otimes I_{23})^* = \mathrm{Tr}(V_i \otimes I_2)\rho_{12}(V_i \otimes I_2)^* = p^{(i)}
$$

に注意して

$$
\tilde{\rho}^{(i)} := \frac{1}{p^{(i)}}(V_i \otimes I_{23})\rho_{123}(V_i \otimes I_{23})^*
$$

と定めると, $\{p^{(i)}, \tilde{\rho}^{(i)}\}_{i=1}^{n}$ は ρ_{123} に対する (3.25) のアンサンブルになる. さらに $\tilde{\rho}^{(i)}$ は $\rho^{(i)}$ の拡張であることが容易に分かる. すると

$$
\sum_i p^{(i)} I(1;2|3)_{\tilde{\rho}^{(i)}} = \sum_i p^{(i)} \big\{ S(\tilde{\rho}_{13}^{(i)}) + S(\tilde{\rho}_{23}^{(i)}) - S(\tilde{\rho}_{123}^{(i)}) - S(\tilde{\rho}_{3}^{(i)}) \big\}.
\tag{3.41}
$$

ここで次の 8 つの式は上の $\tilde{\rho}_{1234}$ と $\tilde{\rho}^{(i)}$ の定義から直ちに確認できる:
- $\tilde{\rho}_{1234} = \bigoplus_{i=1}^{n}(V_i \otimes I_{23})\rho_{123}(V_i \otimes I_{23})^*$,
- $\tilde{\rho}_{134} = \bigoplus_{i=1}^{n}(V_i \otimes I_3)\rho_{13}(V_i \otimes I_3)^*$,
- $\tilde{\rho}_{234} = \bigoplus_{i=1}^{n} \mathrm{Tr}_{\mathcal{K}_1}((V_i \otimes I_{23})\rho_{123}(V_i \otimes I_{23})^*)$,
- $\tilde{\rho}_{34} = \bigoplus_{i=1}^{n} \mathrm{Tr}_{\mathcal{K}_1}((V_i \otimes I_3)\rho_{13}(V_i \otimes I_3)^*)$,

また各 $i = 1, \dots, n$ に対し
- $\tilde{\rho}_{123}^{(i)} = \frac{1}{p^{(i)}}(V_i \otimes I_{23})\rho_{123}(V_i \otimes I_{23})^*$,
- $\tilde{\rho}_{13}^{(i)} = \frac{1}{p^{(i)}}(V_i \otimes I_3)\rho_{13}(V_i \otimes I_3)^*$,
- $\tilde{\rho}_{23}^{(i)} = \frac{1}{p^{(i)}} \mathrm{Tr}_{\mathcal{K}_1}((V_i \otimes I_{23})\rho_{123}(V_i \otimes I_{23})^*)$,
- $\tilde{\rho}_{3}^{(i)} = \frac{1}{p^{(i)}} \mathrm{Tr}_{\mathcal{K}_1}((V_i \otimes I_3)\rho_{13}(V_i \otimes I_3)^*)$.

これらの式を (3.40) の最後の等式と (3.41) に代入すると,

$$
I(1;2|34)_{\tilde{\rho}} = \sum_i p^{(i)} I(1;2|3)_{\tilde{\rho}^{(i)}}
$$

が成立することが分かる. これと (3.40) より

$$
I(1;2|3)_\rho \ge \sum_i p^{(i)} I(1;2|3)_{\tilde{\rho}^{(i)}} \ge 2 \sum_i p^{(i)} E_{\mathrm{sq}}(\rho^{(i)}).
$$

上の最後の不等号は各 $\tilde{\rho}^{(i)}$ が $\rho^{(i)}$ の拡張であることによる. ρ_{123} が ρ_{12} の任意の拡張としたから, 結論の不等式が示せた.

(d) $\rho_{12} = |\phi\rangle\langle\phi|$ とする. ρ_{123} が ρ_{12} の拡張なら $\mathrm{Tr}\,\rho_{123}((I_{12} - |\phi\rangle\langle\phi|) \otimes I_3) = 0$ だから

$$\rho_{123} = \rho_{123}(|\phi\rangle\langle\phi| \otimes I_3) = (|\phi\rangle\langle\phi| \otimes I_3)\rho_{123}(|\phi\rangle\langle\phi| \otimes I_3).$$

よって ρ_{123} はテンソル積の形 $\rho_{123} = \rho_{12} \otimes \rho_3$ になる．このとき

$$S(\rho_{13}) - S(\rho_3) - S(\rho_{123}) + S(\rho_{23})$$
$$= (S(\rho_1) + S(\rho_3)) - S(\rho_3) - S(\rho_3) + (S(\rho_2) + S(\rho_3)) = 2S(\rho_1).$$

上で命題 2.14 (6) と定理 2.20 (3) を使った．よって $E_{\mathrm{sq}}(\rho_{12}) = S(\rho_1)$．

(e) は Alicki–Fannes の不等式 (2.22) と Fuchs–van de Graaf の不等式 (2.28) を使って [34] (および [4]) で示された．これの証明はここでは割愛する．

(f) と最後の優加法性の主張を示す．任意の $\rho_{11'22'} \in \mathcal{S}(\mathcal{H}_1 \otimes \mathcal{H}_1' \otimes \mathcal{H}_2 \otimes \mathcal{H}_2')$ とその任意の拡張 $\rho_{11'22'3}$ に対し，補題 3.22 (1) の連鎖律より

$$I(11'; 22'|3)_\rho = I(1; 22'|3)_\rho + I(1'; 22'|31)_\rho$$
$$= I(1; 2|3)_\rho + I(1; 2'|32)_\rho + I(1'; 2'|31)_\rho + I(1'; 2|312')_\rho$$
$$\geq I(1; 2|3)_{\rho_{123}} + I(1'; 2'|31)_{\rho_{1'2'31}}.$$

ρ_{123}, $\rho_{1'2'31}$ はそれぞれ ρ_{12}, $\rho_{1'2'}$ の拡張だから，

$$I(11'; 22'|3)_\rho \geq 2E_{\mathrm{sq}}(\rho_{12}) + 2E_{\mathrm{sq}}(\rho_{1'2'}).$$

これより一般の優加法性の主張が成立．次に $\rho \in \mathcal{S}(\mathcal{H}_{12})$, $\rho' \in \mathcal{S}(\mathcal{H}_{12}')$ とする．ρ の拡張 ρ_{123} と ρ' の拡張 $\rho_{1'2'3'}'$ に対し $\tilde{\rho}_{11'22'33'} := \rho_{123} \otimes \rho_{1'2'3'}'$ は $\rho \otimes \rho'$ の拡張であるから，補題 3.22 (2) より

$$2E_{\mathrm{sq}}(\rho \otimes \rho') \leq I(11'; 22'|33')_{\tilde{\rho}} = I(1; 2|3)_{\rho_{123}} + I(1'; 2'|3')_{\rho_{1'2'3'}'}.$$

ρ_{123}, $\rho_{1'2'3'}'$ について右辺の inf をとると $E_{\mathrm{sq}}(\tilde{\rho}) \leq E_{\mathrm{sq}}(\rho) + E_{\mathrm{sq}}(\rho')$．上の優加法性の主張と合わせて (f) が示せた．　　　　　　　　　　　□

例 3.16 で述べたことより $E_{\mathrm{sq}}(\rho) \leq E_F(\rho)$ が常に成立する．

スカッシュ・エンタングルメント E_{sq} はエンタングルメント測度が満たすべき性質をすべて満たすことから数学的には最良のエンタングルメント測度といえるが，現実的に計算が困難であることが難点である．

3.3　Bell の不等式

この節では，3.1 節で定義したセパラブル/エンタングル状態の違いが明確に現れる実例として Bell の不等式[*5]を取り上げる．2 部量子系 $\mathcal{H}_{12} = \mathcal{H}_1 \otimes \mathcal{H}_2$（$\mathcal{H}_1, \mathcal{H}_2$ は有限次元 Hilbert 空間）上で考える．オブザーバブル $A_k, B_k \in B(\mathcal{H}_k)^{\mathrm{sa}}$ ($k = 1, 2$) は A_k, B_k ($k = 1, 2$) のスペクトルがすべて $[-1, 1]$ に含まれるとする．以下で扱う Bell の不等式の

[*5]　Bell の不等式は量子論の解釈問題で現れる有名な不等式で，隠れた変数理論などの局所実在論の限界を示すものである．しかし，ここでは Bell の不等式の量子力学における意味付けには立ち入らない．Bell の不等式にはいろいろなタイプがあるが，ここで取り上げるのは **CHSH (Clauser–Horne–Shimony–Holt) 不等式**と呼ばれるものである．

対象として $\mathcal{H}_{12}$ 上のオブザーバブル (Hermite 作用素)

$$\mathcal{B} := A_1 \otimes A_2 + B_1 \otimes A_2 - A_1 \otimes B_2 + B_1 \otimes B_2 \tag{3.42}$$
$$= (A_1 + B_1) \otimes A_2 + (B_1 - A_1) \otimes B_2$$

を定める．状態 $\rho \in \mathcal{S}(\mathcal{H}_{12})$ の下での $\mathcal{B}$ の期待値 $\langle \mathcal{B} \rangle_\rho$ ((2.2) を見よ) の範囲を評価する．ρ をセパラブル状態に制限すると次の不等式が成立する．これは (CHSH 型の) **Bell の不等式**と呼ばれる．

命題 3.23. $\mathcal{H}_{12}$ 上のすべてのセパラブル状態 ρ に対し

$$|\langle \mathcal{B} \rangle_\rho| \le 2.$$

証明. $\rho \mapsto \langle B \rangle_\rho$ がアフィン関数だから，$\rho = \rho_1 \otimes \rho_2$ ($\rho_k \in \mathcal{S}(\mathcal{H}_k)$) としてよい．すると

$$\langle \mathcal{B} \rangle_\rho = (\langle A_1 \rangle_{\rho_1} + \langle B_1 \rangle_{\rho_1}) \langle A_2 \rangle_{\rho_2} + (\langle B_1 \rangle_{\rho_1} - \langle A_1 \rangle_{\rho_1}) \langle B_2 \rangle_{\rho_2}$$

であり，$|\langle A_2 \rangle_{\rho_2}|, |\langle B_2 \rangle_{\rho_2}| \le 1$ だから

$$|\langle \mathcal{B} \rangle_\rho| \le |\langle A_1 \rangle_{\rho_1} + \langle B_1 \rangle_{\rho_1}| + |\langle A_1 \rangle_{\rho_2} - \langle B_1 \rangle_{\rho_1}|$$
$$= \pm(\langle A_1 \rangle_{\rho_1} + \langle B_1 \rangle_{\rho_1}) \pm (\langle A_1 \rangle_{\rho_1} - \langle B_1 \rangle_{\rho_1}) \quad \text{(複号非同順)}$$
$$= \pm 2\langle A_1 \rangle_{\rho_1} \text{ または } \pm 2\langle B_1 \rangle_{\rho_1}.$$

$|\langle A_1 \rangle_{\rho_1}|, |\langle B_1 \rangle_{\rho_1}| \le 1$ だから結論を得る． $\square$

　上の命題から，(3.42) 式で定義される $\mathcal{B}$ に対し，$\rho \in \mathcal{S}(\mathcal{H}_{12})$ が $\langle \mathcal{B} \rangle_\rho > 2$ または $\langle \mathcal{B} \rangle_\rho < -2$ を満たすなら ρ はエンタングル状態でなければならない．つまり $2I \pm \mathcal{B}$ がエンタングルメント・ウィットネス (命題 3.9 参照) であることがいえる．

　次に A_k, B_k ($k = 1, 2$) をもう少し制限して，ρ がすべての状態にわたる $\langle \mathcal{B} \rangle_\rho$ の範囲を与える．

命題 3.24. $A_k, B_k \in B(\mathcal{H}_{12})^{\mathrm{sa}}$ ($k = 1, 2$) が $\mathrm{Sp}(A_k) = \mathrm{Sp}(B_k) = \{1, -1\}$ を満たすなら，

$$\max_{\rho \in \mathcal{S}(\mathcal{H}_{12})} |\langle \mathcal{B} \rangle_\rho| = \|\mathcal{B}\|_\infty = \sqrt{4 + \lambda_{\max}([A_1, B_1] \otimes [A_2, B_2])} \le 2\sqrt{2}. \tag{3.43}$$

ただし $[A_1, B_1] := A_1 B_1 - B_1 A_1$ (交換子) であり，$\lambda_{\max}(H)$ は自己共役作用素 H の最大固有値とする．さらに次の条件は同値:

(i) $\max_{\rho \in \mathcal{S}(\mathcal{H}_{12})} |\langle \mathcal{B} \rangle_\rho| > 2$, つまり Bell の不等式を破るエンタングル状態が存在する;

(ii) $k = 1, 2$ に対し A_k, B_k が非可換，つまり $[A_k, B_k] \ne 0$.

証明. まず $[A_1, B_1] \otimes [A_2, B_2] = (i[A_1, B_1]) \otimes (i[B_2, A_2])$ が自己共役であることに注意する．仮定より $A_k^2 = B_k^2 = I_k (= I_{\mathcal{H}_k})$ だから，

$$\mathcal{B}^2 = (A_1 + B_1)^2 \otimes I_2 + (B_1 - A_1)^2 \otimes I_2$$
$$+ (A_1 + B_1)(B_1 - A_1) \otimes A_2 B_2 + (B_1 - A_1)(A_1 + B_1) \otimes B_2 A_2$$
$$= (2I_1 + A_1 B_1 + B_1 A_1) \otimes I_2 + (2I_1 - B_1 A_1 - A_1 B_1) \otimes I_2$$

$$+ (A_1 B_1 - B_1 A_1) \otimes A_2 B_2 + (B_1 A_1 - A_1 B_1) \otimes B_2 A_2$$
$$= 4 I_1 \otimes I_2 + (A_1 B_1 - B_1 A_1) \otimes (A_2 B_2 - B_2 A_2)$$
$$= 4I + [A_1, B_1] \otimes [A_2, B_2].$$

これより

$$\|\mathcal{B}\|_\infty^2 = \|\mathcal{B}^2\|_\infty = 4 + \lambda_{\max}([A_1, B_1] \otimes [A_2, B_2])$$
$$\leq 4 + \|[A_1, B_1] \otimes [A_2, B_2]\|_\infty$$
$$= 4 + \|[A_1, B_1]\|_\infty \|[A_2, B_2]\|_\infty \leq 4 + 2 \cdot 2 = 8$$

が分かる．また (3.43) の最初の等号は明らかであろう．

次に後半の主張を示す．$[A_1, B_1] = 0$ または $[A_2, B_2] = 0$ なら (3.43) より明らかに $\|\mathcal{B}\|_\infty = 2$．よって (i) $\Longrightarrow$ (ii)．逆に (ii) が成立するなら，$\mathrm{Tr}[A_k, B_k] = 0$ だから $\lambda_{\max}(i[A_1, B_1]) > 0$, $\lambda_{\max}(i[B_2, A_2]) > 0$．よって

$$\lambda_{\max}([A_1, B_1] \otimes [A_2, B_2]) = \lambda_{\max}((i[A_1, B_1]) \otimes (i[B_2, A_2])) > 0$$

となり (i) が成立する． $\square$

(3.43) の上界 $2\sqrt{2}$ は **Tsirelson** 限界 [35] (Cirel'son とも書く) と呼ばれる．以下で 2 量子ビット系 $\mathcal{H}_{12} = \mathbb{C}^2 \otimes \mathbb{C}^2$ の場合にこの限界が達成されることを示す．以下で物理の用語を用いて，$\mathrm{Sp}(A) = \{1, -1\}$ である 2×2 Hermite 行列 A を**スピン-1/2 行列**と呼ぶことにする．また表記を簡単にするため

$$A(\theta) := \begin{bmatrix} \cos\theta & \sin\theta \\ \sin\theta & -\cos\theta \end{bmatrix}, \qquad U(\theta) := \begin{bmatrix} \cos\theta & -\sin\theta \\ \sin\theta & \cos\theta \end{bmatrix} \qquad (\theta \in \mathbb{R})$$

と書く．$A(\theta)$ はスピン-1/2 行列である．$U(\theta)$ は θ-回転のユニタリ行列であり，次は直ちに確かめられる:

$$U(\vartheta/2) A(\theta) U(\vartheta/2)^* = A(\theta + \vartheta) \qquad (\theta, \vartheta \in \mathbb{R}). \tag{3.44}$$

補題 3.25. スピン-1/2 行列の任意の組 (A, B) に対し，2×2 ユニタリ行列 U が存在して

$$U A U^* = A(0), \quad U B U^* = A(\theta) \qquad (0 \leq \theta \leq \pi) \tag{3.45}$$

と表せる．

証明. まず A を対角化すると，ユニタリ行列 V がとれて $V A V^* = A(0)$．$\widetilde{B} := V B V^* = \begin{bmatrix} a & c \\ \bar{c} & b \end{bmatrix}$ と書くと，$\mathrm{Tr}\,\widetilde{B} = 0$, $\det B = -1$ だから $a + b = 0$, $ab - |c|^2 = -1$．よって $b = -a$, $a^2 + |c|^2 = 1$．これより $\theta \in [0, \pi]$, $\gamma \in [0, 2\pi)$ がとれて $\widetilde{B} = \begin{bmatrix} \cos\theta & e^{i\gamma}\sin\theta \\ e^{-i\gamma}\sin\theta & -\cos\theta \end{bmatrix}$ と書ける．$W := \begin{bmatrix} 1 & 0 \\ 0 & e^{i\gamma} \end{bmatrix}$ とすると $W A(0) W^* = A(0)$, $W \widetilde{B} W^* = A(\theta)$．よって $U := WV$ として結論がいえる． $\square$

スピン-1/2 行列の組 (A, B) に対し (3.45) に現れる $\theta \in [0, \pi]$ を A, B の間の**角度**と呼ぶ. この θ は (A, B) に対し一意的に定まる. 実際, $(UAU^*)(UBU^*) = \begin{bmatrix} \cos\theta & \sin\theta \\ -\sin\theta & \cos\theta \end{bmatrix}$ だから $2\cos\theta = \operatorname{Tr} UABU^* = \operatorname{Tr} AB$ は A, B で定まる.

命題 3.26. A_k, B_k $(k = 1, 2)$ はスピン-1/2 行列とする. A_k, B_k の間の角度を θ_k $(\in [0, \pi])$ とするとき,

$$\max_{\rho \in \mathcal{S}(\mathbb{C}^2 \otimes \mathbb{C}^2)} |\langle \mathcal{B} \rangle_\rho| = 2\sqrt{1 + \sin\theta_1 \sin\theta_2}. \tag{3.46}$$

さらに次の条件は同値:

(i) $\max_{\rho \in \mathcal{S}(\mathbb{C}^2 \otimes \mathbb{C}^2)} |\langle \mathcal{B} \rangle_\rho| = 2\sqrt{2}$, つまり Bell の不等式が最大の $2\sqrt{2}$ で破られる;

(ii) $k = 1, 2$ に対し $\theta_k = \pi/2$, つまり $\operatorname{Tr} A_k B_k = 0$;

(iii) $k = 1, 2$ に対し A_k, B_k は反交換, つまり $\{A_k, B_k\} = 0$. ただし $\{A_k, B_k\} := A_k B_k + B_k A_k$ (**反交換子**).

証明. 2×2 ユニタリ行列 U_1, U_2 に対し, $(U_1 \otimes U_2)\mathcal{B}(U_1 \otimes U_2)^*$ は (3.42) で A_k, B_k を $U_k A_k U_k^*$, $U_k B_k U_k^*$ $(k = 1, 2)$ に置き換えて得られる. それゆえ (3.46) を示すには, 補題 3.25 より $A_1 = A_2 = A(0)$, $B_k = A(\theta_k)$ $(k = 1, 2)$ してよい. このとき簡単な計算から $[A_1, B_1] = 2\sin\theta_1 \cdot A(\pi/2)$, $[A_2, B_2] = 2\sin\theta_2 \cdot A(\pi/2)$. $A(\pi/2) \otimes A(\pi/2)$ の固有値が ± 1 だから, (3.43) より (3.46) が成立.

後半の主張を示す. (3.46) の右辺 $= 2\sqrt{2} \iff \theta_1 = \theta_2 = \pi/2$ だから (i) $\iff$ (ii) が成立. 簡単な計算から $\{A_k, B_k\} = 2\cos\theta_k \cdot I$. よって (ii) $\iff$ (iii) も成立. $\qquad\square$

例 3.27. スピン-1/2 行列の場合で, Bell の不等式を最大の $2\sqrt{2}$ で破るエンタングル状態を求めたい. そのために $A_k = A(\theta_k)$, $B_k = A(\theta'_k)$ $(k = 1, 2)$ として, やや天下り式であるが, $\mathcal{B}$ の期待値を最大化する状態の候補として極大エンタングル状態 (例 3.4 参照)

$$\rho_0 := |\phi_0\rangle\langle\phi_0| \qquad \left(\phi_0 := \frac{1}{\sqrt{2}}(e_1 \otimes e_2 - e_2 \otimes e_1)\right)$$

をとってみる (ただし $\{e_1, e_2\}$ は $\mathbb{C}^2$ の標準基底). $A(\theta) \otimes A(\theta')$ の正規直交基底 $\{e_1 \otimes e_1, e_1 \otimes e_2, e_2 \otimes e_1, e_2 \otimes e_2\}$ による行列表示は

$$\begin{bmatrix} \cos\theta\cos\theta' & \cos\theta\sin\theta' & \sin\theta\cos\theta' & \sin\phi\sin\theta' \\ \cos\theta\sin\theta' & -\cos\theta\cos\theta' & \sin\theta\sin\theta' & -\sin\theta\cos\theta' \\ \sin\theta\cos\theta' & \sin\theta\sin\theta' & -\cos\theta\cos\theta' & -\cos\theta\sin\theta' \\ \sin\theta\sin\theta' & -\sin\theta\cos\theta' & -\cos\theta\sin\theta' & \cos\theta\cos\theta' \end{bmatrix}$$

であるから,

$$\langle A(\theta) \otimes A(\theta')\rangle_{\rho_0} = -\cos\theta\cos\theta' - \sin\theta\sin\theta' = -\cos(\theta - \theta').$$

それゆえ $\mathcal{B} = A(\theta_1) \otimes A(\theta_2) + A(\theta'_1) \otimes A(\theta_2) - A(\theta_1) \otimes A(\theta'_2) + A(\theta'_1) \otimes A(\theta'_2)$ について

$$\langle \mathcal{B} \rangle_{\rho_0} = -\cos(\theta_1 - \theta_2) - \cos(\theta'_1 - \theta_2) + \cos(\theta_1 - \theta'_2) - \cos(\theta'_1 - \theta'_2). \tag{3.47}$$

いま命題 3.26 に基づき $A(\theta_k)$, $A(\theta'_k)$ の角度が $\pi/2$ とする．つまり $\theta'_k = \theta_k + \pi/2$ ($k = 1, 2$) とすると，(3.47) より

$$\langle \mathcal{B} \rangle_{\rho_0} = 2\{-\cos(\theta_1 - \theta_2) + \sin(\theta_1 - \theta_2)\}.$$

したがって $|\langle \mathcal{B} \rangle_{\rho_0}| = 2\sqrt{2}$ となるのは $\theta_2 = \theta_1 + \pi/4 \pmod{\pi}$ のときである．よって例えば $(\theta_1, \theta'_1, \theta_2, \theta'_2) = (0, \pi/2, \pi/4, 3\pi/4), (3\pi/4, 5\pi/4, 0, \pi/2)$ のとき $\langle \mathcal{B} \rangle_{\rho_0}$ はそれぞれ $-2\sqrt{2}, 2\sqrt{2}$ となる．これが ρ_0 が Bell 状態 (例 3.4 の $|\phi^-\rangle\langle\phi^-|$) と呼ばれる理由である．命題 3.26 の証明の最初の部分と (3.44) から，θ_k が任意で $\theta'_k = \theta_k + \pi/2$ なら極大エンタングル状態

$$\rho := \left[U\left(\frac{\theta_1}{2}\right) \otimes U\left(\frac{\theta_2 - \pi/4}{2}\right)\right] \rho_0 \left[U\left(\frac{\theta_1}{2}\right) \otimes U\left(\frac{\theta_2 - \pi/4}{2}\right)\right]^*$$

で $\langle \mathcal{B} \rangle_\rho = -2\sqrt{2}$ となる．

3.4 文献ノート

　量子エンタングルメントの考えは 1930 年代の Schrödinger の仕事 (E. Schrödinger, Discussion of probability relations between separated systems, Math. Proc. Camb. Phil. Soc. **31** (1935), 555–563 など) に起源をもつといわれるが，本格的な議論は Peres [125] と Horodecki[3] [84] によってエンタングル状態の明確な定義と PPT 判別法が議論されて以降であろう．例 3.8 は [148] で定義された $\mathbb{C}^d \otimes \mathbb{C}^d$ 上の Werner 状態の $d = 2$ の特別の場合である．この論文では隠れた変数モデルとの関連でセパラブルでない混合状態 (Werner は非古典相関をもつ状態と呼んでいる) が考察された．

　エンタングル測度についてはたくさんの研究がある．サーベイ論文としては [21], [83], [131] などがある．他に量子状態と量子エンタングルメントの専門書として [20] を挙げておく．3.2 節では代表的な 3 タイプのエンタングルメント測度を選んで解説した．(I) は主に [147] と [83] を参考にした．例 3.16 で述べた E_F の連続性の証明は [117] を見よ．(II) は主に [48] を参考にした．補題 3.19 は [45], [141] にある．これの証明で命題 2.22 を使うやり方は [141] による．(III) のスカッシュ・エンタングルメント E_{sq} は [34] に基づいた．(III) で省略した E_{sq} の連続性の証明には条件付きエントロピーに対する Alicki–Fannes の不等式 (2.22) が使われる．本書で取り上げなかった他のタイプのエンタングルメント測度については [20], [131] が詳しい．

　Bell の不等式は量子論の歴史において有名な EPR (Einstein–Podolsky–Rosen) パラドックス (1935) の数学的な解釈として 1964 年に発表された．Bell の意図はさておき，後に Bell の不等式の破れが実験で確かめられた結果，量子論に対する Einstein 達の考え方が否定されることになった．3.3 節ではセパラブル状態とエンタングル状態の違いを示す実例として CHSH 不等式 (1969) と呼ばれる Bell の不等式を取り上げた．ここでは主に文献 [97], [136] を参考にした．Bell の不等式の解釈については例えば [137] が分かりやすい．

第 4 章
量子 f-ダイバージェンス

　量子情報理論においては多様なエントロピー概念が現れる．古典論の Shannon エントロピーの量子版である von Neumann エントロピーと Kullback–Leibler ダイバージェンスの量子版である Umegaki 相対エントロピーについては既に 2.3 節で解説した．量子情報では 2 つの状態 ρ, σ を識別するための ρ, σ の相違を量る関数 $S(\rho\|\sigma)$ を一般に量子ダイバージェンスと呼ぶが，相対エントロピー $D(\rho\|\sigma)$ が最も典型的なものである．相対エントロピーの一般化として，$(0,\infty)$ 上の (作用素) 凸関数 f に対して Araki の相対モジュラー作用素を用いて定義される量子 f-ダイバージェンスがある．これは 1980 年代にまず Kosaki によって定義され，さらに Petz によって研究されたもので擬エントロピーと呼ばれることが多いが，本書では f を付けて擬 f-ダイバージェンスと呼んでいる．これの特別な場合が標準 f-ダイバージェンス $S_f(\rho\|\sigma)$ である．さらに $S_f(\rho\|\sigma)$ とは別タイプの量子 f-ダイバージェンスとして，作用素パースペクティブを基礎に定義される極大 f-ダイバージェンス $\widehat{S}_f(\rho\|\sigma)$ がある．$f(x) = x \log x \ (x > 0)$ のとき $S_f(\rho\|\sigma)$ は相対エントロピー $D(\rho\|\sigma)$ になり，$\widehat{S}_f(\rho\|\sigma)$ は Belavkin–Staszewski の相対エントロピー $S_{\mathrm{BS}}(\rho\|\sigma)$ になる．

　量子ダイバージェンス $S(\rho\|\sigma)$ が満たすべき最も基本的な性質として量子情報路 (TPCP 写像) の下での単調性がある．TPCP 写像 $\Phi\colon B(\mathcal{H}) \to B(\mathcal{K})$ と $\mathcal{H}$ 上の入力状態 ρ, σ に対し $\mathcal{K}$ 上の出力状態 $\Phi(\rho), \Phi(\sigma)$ が定まる．このとき S の単調性とは不等式 $S(\Phi(\rho)\|\Phi(\sigma)) \leq S(\rho\|\sigma)$ を意味する．これは情報路を通すと出力側の情報量が入力側の情報量を超えることはできないことをいう．量子系からのデータは量子-古典情報路を用いて測定することによって与えられる．この観点から量子ダイバージェンスを測定型にしたものを考えることは自然である．例えば標準 f-ダイバージェンス $S_f(\rho\|\sigma)$ に対応して，測定 f-ダイバージェンス $S_f^{\mathrm{meas}}(\rho\|\sigma)$ が測定した後に得られる古典的な f-ダイバージェンスを最大化して定義される．f が作用素凸関数なら $S_f^{\mathrm{meas}}(\rho\|\sigma) \leq S_f(\rho\|\sigma) \leq \widehat{S}_f(\rho\|\sigma)$ が成立する．

　本章ではまず 4.1 節で Petz の擬 f-ダイバージェンスを最新のやり方で説明する．擬 f-ダイバージェンスの特別な場合である標準 f-ダイバージェンスについては 4.2 節で簡単に触れる．次に 4.3 節で極大 f-ダイバージェンスについて解説する．最後の 4.4 節で標準 f-ダイバージェンスの測定型について解説する．

4.1 擬 f-ダイバージェンス

これまでと同様に量子系 $\mathcal{H}, \mathcal{K}$ は常に有限次元 Hilbert 空間とし，$\rho \in B(\mathcal{H})^+$ のサポート射影 $s(\rho)$ を ρ^0 とも表す．この節で基本となる相対モジュラー作用素については付録の A.5 節にまとめてある．

定義 4.1. 関数 $f \colon (0,\infty) \to \mathbb{R}$ と $X \in B(\mathcal{H})$ が与えられたとする．任意の $\rho, \sigma \in B(\mathcal{H})^{++}$ に対し相対モジュラー作用素 $\Delta_{\rho,\sigma}$ が Hilbert–Schmidt 内積をもつ Hilbert 空間 $(B(\mathcal{H}), \langle \cdot, \cdot \rangle_{\mathrm{HS}})$ 上で定義される．関数カルキュラス $f(\Delta_{\rho,\sigma})$ を用いて ρ, σ の**擬 f-ダイバージェンス (quasi-f-divergence)** を

$$S_f^X(\rho\|\sigma) := \langle X\sigma^{1/2}, f(\Delta_{\rho,\sigma})(X\sigma^{1/2})\rangle_{\mathrm{HS}} = \mathrm{Tr}\,\sigma^{1/2}X^* f(\Delta_{\rho,\sigma})(X\sigma^{1/2}) \tag{4.1}$$

と定義する．これは L_ρ と R_σ が可換だから，

$$S_f^X(\rho\|\sigma) = \langle R_\sigma^{1/2}X, f(L_\rho R_\sigma^{-1})R_\sigma^{1/2}X\rangle_{\mathrm{HS}} = \langle X, f(L_\rho R_\sigma^{-1})R_\sigma X\rangle_{\mathrm{HS}} \tag{4.2}$$

と書くこともできる．ここで $f(L_\rho R_\sigma^{-1})R_\sigma$ は L_ρ と R_σ の f に関する作用素パースペクティブ (定義 1.33 参照) である．特に f が非負の作用素単調関数なら，これは f に関する作用素結合 (定義 1.27，定理 1.28 参照) であることに注意する．

例 4.2. $f(x) = a + bx \; (a, b \in \mathbb{R})$ なら

$$S_{a+bx}^X(\rho\|\sigma) = a\,\mathrm{Tr}\,\sigma X^* X + b\,\mathrm{Tr}\,\rho X X^*. \tag{4.3}$$

$f(x) = x^\alpha \; (\alpha \in \mathbb{R})$ なら

$$S_{x^\alpha}^X(\rho\|\sigma) = \mathrm{Tr}\,X^* \rho^\alpha X \sigma^{1-\alpha}. \tag{4.4}$$

この形のトレース関数は 1.6 節の Lieb の凹性定理や Ando の凸性定理で扱った．$f(x) = x\log x$ なら

$$\begin{aligned}
S_{x\log x}^X(\rho\|\sigma) &= \mathrm{Tr}\,\sigma^{1/2}X^* L_\rho R_{\sigma^{-1}}(L_{\log\rho} - R_{\log\sigma})(X\sigma^{1/2}) \\
&= \mathrm{Tr}(X^*(\rho\log\rho)X - X^*\rho X\log\sigma).
\end{aligned} \tag{4.5}$$

これは $X = I$ のとき 2.3 節の相対エントロピー $D(\rho\|\sigma)$ になる．

以下，$\rho, \sigma \in B(\mathcal{H})^+$ のスペクトル分解を

$$\rho = \sum_{a\in\mathrm{Sp}(\rho)} aP_a, \qquad \sigma = \sum_{b\in\mathrm{Sp}(\sigma)} bQ_b \tag{4.6}$$

と書く．ただし $\mathrm{Sp}(\rho)$ は ρ の固有値 (スペクトル) の集合とする．

補題 4.3. $\rho, \sigma \in B(\mathcal{H})^{++}$ とする．
(1) スペクトル分解 (4.6) を用いて

$$S_f^X(\rho\|\sigma) = \sum_{a,b} bf\left(\frac{a}{b}\right) \mathrm{Tr}\,X^* P_a X Q_b. \tag{4.7}$$

(2) 任意の $\lambda > 0$ に対し $S_f^X(\lambda\rho\|\lambda\sigma) = \lambda S_f^X(\rho\|\sigma)$.

(3) f が $(0,\infty)$ 上で連続なら，$(\rho,\sigma,X) \mapsto S_f^X(\rho\|\sigma)$ は $B(\mathcal{H})^{++} \times B(\mathcal{H})^{++} \times B(\mathcal{H})$ 上で同時連続である.

証明. (1) 定義式 (4.1) と付録の (A.11) より容易.

(2) (4.7) の表示から明らか.

(3) $B(\mathcal{H})^{++} \times B(\mathcal{H})^{++}$ 上の $(\rho,\sigma) \mapsto \Delta_{\rho,\sigma}$ の連続性と連続関数カルキュラスの連続性からいえる. $\square$

f が $(0,\infty)$ 上の凸関数 (また凹関数) なら次の極限

$$f(0^+) := \lim_{x \searrow 0} f(x), \qquad f'(\infty) := \lim_{x \to \infty} \frac{f(x)}{x} \tag{4.8}$$

が $(-\infty,+\infty]$ (また $[-\infty,+\infty]$) に存在する. 記号 $f'(\infty)$ は $f'(\infty) = \lim_{x\to\infty} f'_+(x)$ ($f'_+(x)$ は右微分) から自然である. 以下，$a = 0$ または $b = 0$ のときの表記 $bf(a/b)$ を次の規約で使う:

$$bf\left(\frac{a}{b}\right) := \begin{cases} bf(0^+) & (a = 0,\, b \geq 0 \text{ のとき}), \\ af'(\infty) & (a > 0,\, b = 0 \text{ のとき}). \end{cases} \tag{4.9}$$

ただし $0(+\infty) := 0,\, a(+\infty) := +\infty\ (a > 0)$ と約束する. 特に $0f(0/0) = 0$ とする. 実際，上の規約は次で正当化される:

$$\lim_{\varepsilon \searrow 0} (b+\varepsilon)f\left(\frac{a+\varepsilon}{b+\varepsilon}\right) = \begin{cases} bf(\frac{a}{b}) & (a, b > 0), \\ bf(0^+) & (a = 0,\, b > 0), \\ af'(\infty) & (a > 0,\, b = 0), \\ 0 & (a = b = 0). \end{cases} \tag{4.10}$$

補題 4.4. f が $(0,\infty)$ 上の凸関数 (また凹関数) なら，任意の $\rho,\sigma \in B(\mathcal{H})^+$ と $X \in B(\mathcal{H})$ に対し極限

$$\lim_{\varepsilon \searrow 0} S_f^X(\rho + \varepsilon I \| \sigma + \varepsilon I)$$

が $(-\infty,+\infty]$ (また $[-\infty,+\infty]$) に存在し，スペクトル分解 (4.6) と (4.9) を用いて

$$\lim_{\varepsilon \searrow 0} S_f^X(\rho + \varepsilon I \| \sigma + \varepsilon I) = \sum_{a,b} bf\left(\frac{a}{b}\right) \operatorname{Tr} X^* P_a X Q_b$$

と表せる.

証明. (4.7) より

$$S_f^X(\rho + \varepsilon I \| \sigma + \varepsilon I) = \sum_{a,b} (b+\varepsilon)f\left(\frac{a+\varepsilon}{b+\varepsilon}\right) \operatorname{Tr} X^* P_a X Q_b$$

と書ける. よって (4.10) より結論を得る. $\square$

定義 4.5. f が $(0,\infty)$ 上の凸関数 (また凹関数) のとき，補題 4.4 より任意の $\rho,\sigma \in B(\mathcal{H})^+$

と $X \in B(\mathcal{H})$ に対し擬 f-ダイバージェンス (quasi-f-divergence) を

$$S_f^X(\rho\|\sigma) := \lim_{\varepsilon \searrow 0} S_f^X(\rho + \varepsilon I \| \sigma + \varepsilon I) = \sum_{a,b} bf\left(\frac{a}{b}\right) \operatorname{Tr} X^* P_a X Q_b \tag{4.11}$$

と定義する. $\rho, \sigma \in B(\mathcal{H})^{++}$ なら，これは補題 4.3 (1) より定義 4.1 の (4.1) と一致する.

f が $(0, \infty)$ 上で凸 (また凹) のとき，(1.30) で定義した f の転置 $\widetilde{f}$ もそうであり，

$$f(0^+) = \widetilde{f}'(\infty), \qquad f'(\infty) = \widetilde{f}(0^+) \tag{4.12}$$

が容易に確かめられる (読者の演習問題とする). よって $bf(a/b) = a\widetilde{f}(b/a)$ がすべての $a, b \in [0, \infty)$ に対し成立する.

命題 4.6. f は $(0, \infty)$ 上で凸 (または凹) とし，$\rho, \sigma \in B(\mathcal{H})^+$, $X \in B(\mathcal{H})$ とする.
(1) $S_f^X(0\|\sigma) = f(0^+) \operatorname{Tr} \sigma X^* X$, $S_f^X(\rho\|0) = f'(\infty) \operatorname{Tr} \rho X X^*$.
(2) 正斉次性: $S_f^X(\lambda\rho\|\lambda\sigma) = \lambda S_f^X(\rho\|\sigma)$, $\lambda \geq 0$.
(3) 転置: $S_f^X(\rho\|\sigma) = S_{\widetilde{f}}^{X^*}(\sigma\|\rho)$.
(4) 加法性: $\rho_i, \sigma_i \in B(\mathcal{H}_i)$, $X_i \in B(\mathcal{H}_i)$ $(i = 1, 2)$ に対し

$$S_f^{X_1 \oplus X_2}(\rho_1 \oplus \rho_2 \| \sigma_1 \oplus \sigma_2) = S_f^{X_1}(\rho_1\|\sigma_1) + S_f^{X_2}(\rho_2\|\sigma_2).$$

証明. (1), (2) は定義式 (4.11) から容易.

(3) この命題の直前に注意したことから，

$$S_f^X(\rho\|\sigma) = \sum_{a,b} bf\left(\frac{a}{b}\right) \operatorname{Tr} X^* P_a X Q_b = \sum_{b,a} a\widetilde{f}\left(\frac{b}{a}\right) \operatorname{Tr} X Q_b X^* P_a = S_{\widetilde{f}}^{X^*}(\sigma\|\rho).$$

(4) $\rho_i, \sigma_i \in B(\mathcal{H}_i)^{++}$ に対し，$B(\mathcal{H}_1 \oplus \mathcal{H}_2)$ 上で $\Delta_{\rho_1 \oplus \rho_2, \sigma_1 \oplus \sigma_2} = \Delta_{\rho_1, \sigma_1} \oplus \Delta_{\rho_2, \sigma_2}$ だから $f(\Delta_{\rho_1 \oplus \rho_2, \sigma_1 \oplus \sigma_2}) = f(\Delta_{\rho_1, \sigma_1}) \oplus f(\Delta_{\rho_2, \sigma_2})$. よって定義式 (4.1) より加法性が成立. 一般の $\rho_i, \sigma_i \in B(\mathcal{H}_i)^+$ に対し定義 4.5 より

$$\begin{aligned} &S_f^{X_1 \oplus X_2}(\rho_1 \oplus \rho_2 \| \sigma_1 \oplus \sigma_2) \\ &= \lim_{\varepsilon \searrow 0} S_f^{X_1 \oplus X_2}(\rho_1 \oplus \rho_2 + \varepsilon I \| \sigma_1 \oplus \sigma_2 + \varepsilon I) \\ &= \lim_{\varepsilon \searrow 0} S_f^{X_1 \oplus X_2}((\rho_1 + \varepsilon I_1) \oplus (\rho_2 + \varepsilon I_2) \| (\sigma_1 + \varepsilon I_1) \oplus (\sigma_2 + \varepsilon I_2)) \\ &= \lim_{\varepsilon \searrow 0} \left[S_f^{X_1}(\rho_1 + \varepsilon I_1 \| \sigma_1 + \varepsilon I_1) + S_f^{X_2}(\rho_2 + \varepsilon I_2 \| \sigma_2 + \varepsilon I_2) \right] \\ &= S_f^{X_1}(\rho_1\|\sigma_1) + S_f^{X_2}(\rho_2\|\sigma_2) \end{aligned}$$

がいえる. $\qquad \square$

次に擬 f-ダイバージェンスの重要な性質を示す.

定理 4.7. (1) 同時凸性: f が $(0, \infty)$ 上で作用素凸 (また作用素凹) ならば，任意の $X \in B(\mathcal{H})$ に対し $(\rho, \sigma) \mapsto S_f^X(\rho\|\sigma)$ は $B(\mathcal{H})^+ \times B(\mathcal{H})^+$ 上で同時凸かつ同時劣加法的 (また同時凹かつ同時優加法的) である.
(2) 同時下半連続性: f が $(0, \infty)$ 上で作用素凸ならば，$(\rho, \sigma, X) \mapsto S_f^X(\rho\|\sigma)$ は

$B(\mathcal{H})^+ \times B(\mathcal{H})^+ \times B(\mathcal{H})$ 上で同時下半連続である.

(3) h は $[0,\infty)$ 上の作用素単調関数で $h(0) \geq 0$ を満たすとし,$\Phi \colon B(\mathcal{H}) \to B(\mathcal{K})$ は Φ^* が Schwarz 写像であるトレースを保存する正写像とする.任意の $\rho, \sigma \in B(\mathcal{H})^+$ と $X \in B(\mathcal{K})$ に対し

$$S_h^X(\Phi^*(\rho)\|\Phi^*(\sigma)) \geq S_h^{\Phi^*(X)}(\rho\|\sigma).$$

(4) **単調性 (DPI)**: f は $(0,\infty)$ 上の作用素凸関数とし,$\Phi \colon B(\mathcal{H}) \to B(\mathcal{K})$ は上の (3) と同じとする.X が Φ^* の**乗法的領域** $\mathcal{M}_{\Phi^*}$ (付録の定義 A.9 参照) に属するなら,任意の $\rho, \sigma \in B(\mathcal{H})^+$ に対し

$$S_f^X(\Phi(\rho)\|\Phi(\sigma)) \leq S_f^{\Phi^*(X)}(\rho\|\sigma). \tag{4.13}$$

(5) f は $(0,\infty)$ 上で作用素凸とし,$\rho, \rho_i, \sigma, \sigma_i \in B(\mathcal{H})^+$,$X \in B(\mathcal{H})$ とする.$f(0^+) \leq 0$ なら,$\sigma_1 \leq \sigma_2 \implies S_f^X(\rho\|\sigma_1) \geq S_f^X(\rho\|\sigma_2)$.$f'(\infty) \leq 0$ なら,$\rho_1 \leq \rho_2 \implies S_f^X(\rho_1\|\sigma) \geq S_f^X(\rho_2\|\sigma)$.

(6) f は $(0,\infty)$ 上で作用素凸とし,$\omega_i \in B(\mathcal{H})^+$ $(i = 1, 2)$,$X \in B(\mathcal{H})$ とする.$S_f^X(\omega_1\|\omega_2) < +\infty$ なら,任意の $\rho, \sigma \in B(\mathcal{H})^+$ に対し

$$S_f^X(\rho\|\sigma) = \lim_{\varepsilon \searrow 0} S_f^X(\rho + \varepsilon\omega_1\|\sigma + \varepsilon\omega_2).$$

証明. (1) f が $(0,\infty)$ 上で作用素凸とする.命題 4.6 (2) より同時劣加法性を示せば十分である.$\rho_i, \sigma_i \in B(\mathcal{H})^{++}$ $(i = 1, 2)$ のとき,定理 1.34 の作用素パースペクティブの同時凸性 (同時劣加法性と同値) より

$$f(L_{\rho_1+\rho_2} R_{\sigma_1+\sigma_2}^{-1}) R_{\sigma_1+\sigma_2} \leq f(L_{\rho_1} R_{\sigma_1}^{-1}) R_{\sigma_1} + f(L_{\rho_2} R_{\sigma_2}^{-1}) R_{\sigma_2}.$$

よって (4.2) より

$$S_f^X(\rho_1 + \rho_2\|\sigma_1 + \sigma_2) \leq S_f^X(\rho_1\|\sigma_1) + S_f^X(\rho_2\|\sigma_2).$$

一般の ρ_i, σ_i に対して,定義 4.5 より

$$\begin{aligned}
S_f^X(\rho_1 + \rho_2\|\sigma_1 + \sigma_2) &= \lim_{\varepsilon \searrow 0} S_f^X(\rho_1 + \rho_2 + 2\varepsilon I\|\sigma_1 + \sigma_2 + 2\varepsilon I) \\
&\leq \lim_{\varepsilon \searrow 0} \left[S_f^X(\rho_1 + \varepsilon I\|\sigma_1 + \varepsilon I) + S_f^X(\rho_2 + \varepsilon I\|\sigma_2 + \varepsilon I) \right] \\
&= S_f^X(\rho_1\|\sigma_1) + S_f^X(\rho_2\|\sigma_2).
\end{aligned}$$

f が作用素凹のときも証明は同様である (あるいは上の場合を $-f$ に適用すればよい). $\square$

(2) と (4) を示すために補題を 2 つ与える.

補題 4.8. f が $(0,\infty)$ 上の作用素凸関数で $f(1) = 0$ を満たすなら,任意の $\rho, \sigma \in B(\mathcal{H})^+$,$X \in B(\mathcal{H})$ に対し

$$S_f^X(\rho\|\sigma) = \sup_{\varepsilon > 0} S_f^X(\rho + \varepsilon I\|\sigma + \varepsilon I).$$

証明. $f(1) = 0$ の仮定より $S_f^X(I\|I) = 0$ に注意する.$0 < \varepsilon' < \varepsilon$ なら,定理 4.7 (1) と

命題 4.6 (2) より

$$S_f^X(\rho + \varepsilon I \| \sigma + \varepsilon I) \leq S_f^X(\rho + \varepsilon' I \| \sigma + \varepsilon' I) + (\varepsilon - \varepsilon') S_f^X(I \| I)$$
$$= S_f^X(\rho + \varepsilon' I \| \sigma + \varepsilon' I).$$

よって

$$S_f^X(\rho \| \sigma) = \lim_{\varepsilon \searrow 0} S_f^X(\rho + \varepsilon I \| \sigma + \varepsilon I) = \sup_{\varepsilon > 0} S_f^X(\rho + \varepsilon I \| \sigma + \varepsilon I)$$

である. $\square$

補題 4.9. $(0, \infty)$ 上の任意の作用素凸関数 f に対し, $(0, \infty)$ 上の作用素凸関数の列 $\{f_n\}$ で次の性質を満たすものが存在する: 各 n に対し $f_n(0^+), f_n'(\infty) < +\infty$ であり, f_n は $h_n(0) = h_n'(\infty) = 0$ を満たす $[0, \infty)$ 上の作用素単調関数 h_n により

$$f_n(x) = f_n(0^+) + f_n'(\infty)x - h_n(x), \qquad x \in (0, \infty) \tag{4.14}$$

と表され, さらに

$$f_n(0^+) \nearrow f(0^+), \quad f_n'(\infty) \nearrow f'(\infty), \quad f_n(x) \nearrow f(x),\ x \in (0, \infty). \tag{4.15}$$

証明. 定理 1.22 (4) (また (1.23)) より $a, b \in \mathbb{R}$, $c, d \geq 0$ と $\int_{(0,\infty)} (1 + t)^{-1}\, d\mu(t) < +\infty$ である $(0, \infty)$ 上の正測度 μ が存在して

$$f(x) = a + b(x - 1) + c(x - 1)^2 + d\frac{(x - 1)^2}{x} + \int_{(0,\infty)} \frac{(x - 1)^2}{x + t}\, d\mu(t), \quad x \in (0, \infty)$$

と表せる. 次を示すのは容易である:

$$f(0^+) = a - b + c + (+\infty)d + \int_{(0,\infty)} \frac{1}{t}\, d\mu(t),$$
$$f'(\infty) = b + (+\infty)c + d + \int_{(0,\infty)} d\mu(t).$$

各 $n \in \mathbb{N}$ に対し

$$f_n(x) := a + b(x - 1) + c\frac{n(x - 1)^2}{x + n} + d\frac{(x - 1)^2}{x + (1/n)}$$
$$+ \int_{[1/n, n]} \frac{(x - 1)^2}{x + t}\, d\mu(t), \qquad x \in (0, \infty) \tag{4.16}$$

と定めると, 定理 1.22 (4) より f_n は $(0, \infty)$ 上で作用素凸であり,

$$f_n(0^+) = a - b + c + nd + \int_{[1/n, n]} \frac{1}{t}\, d\mu(t) < +\infty,$$
$$f_n'(\infty) = b + nc + d + \int_{[1/n, n]} d\mu(t) < +\infty$$

だから, (4.15) が成立する. さらに直接計算すると,

$$\frac{n(x - 1)^2}{x + n} = 1 + nx - (1 + n)\frac{x(1 + n)}{x + n},$$

$$\frac{(x-1)^2}{x+(1/n)} = n + x - (1+n)\frac{x(1+(1/n))}{x+(1/n)},$$

$$\frac{(x-1)^2}{x+t} = \frac{1}{t} + x - \frac{x(1+t)}{x+t}\frac{1+t}{t}.$$

これらを (4.16) に代入して

$$f_n(x) = f_n(0^+) + f'_n(\infty)x - c(1+n)\frac{x(1+n)}{x+n} - d(1+n)\frac{x(1+(1/n))}{x+(1/n)}$$

$$- \int_{[1/n,n]} \frac{x(1+t)}{x+t}\frac{1+t}{t}\,d\mu(t), \qquad x \in (0,\infty).$$

そこで $[1/n, n]$ 上の有限正測度 ν_n を

$$\nu_n(t) := c(1+n)\delta_n + d(1+n)\delta_{1/n} + 1_{[1/n,n]}(t)\frac{1+t}{t}\,d\mu(t)$$

(ただし δ_n, $\delta_{1/n}$ は n, $1/n$ での 1 点測度) と定め,

$$h_n(x) := \int_{(0,\infty)} \frac{x(1+t)}{x+t}\,d\nu_n(t), \qquad x \in [0,\infty)$$

と定めると, 定理 1.22 (1) より h_n は $[0,\infty)$ 上の作用素単調関数であり, (4.14) が成立する. また $h_n(0) = h'_n(\infty) = 0$ である. $\qquad\square$

定理 4.7 の証明 (続き). (2) 補題 4.8 と (4.3) より

$$S_f^X(\rho\|\sigma) = S_{f-f(1)}^X(\rho\|\sigma) + f_{f(1)}^X(\rho\|\sigma)$$

$$= \sup_{\varepsilon>0} S_{f-f(1)}^X(\rho + \varepsilon I\|\sigma + \varepsilon I) + f(1)\operatorname{Tr}\sigma X^*X.$$

さらに補題 4.3 (3) より $(\rho,\sigma,X) \mapsto S_f^X(\rho + \varepsilon I\|\sigma + \varepsilon I)$ は $B(\mathcal{H})^+ \times B(\mathcal{H})^+ \times B(\mathcal{H})$ 上で同時連続であり, $(\sigma,X) \mapsto \operatorname{Tr}\sigma X^*X$ も $B(\mathcal{H})^+ \times B(\mathcal{H})$ 上で同時連続. それゆえ (2) の結論がいえる.

(3) まず $\rho,\sigma \in B(\mathcal{H})^{++}$ かつ $\Phi(\rho),\Phi(\sigma) \in B(\mathcal{K})^{++}$ と仮定する. 記号を簡単にするため $\rho_0 := \Phi(\rho)$, $\sigma_0 := \Phi(\sigma)$ とおく (仮定より $\rho_0,\sigma_0 \in B(\mathcal{K})^{++}$). 任意の $Y \in B(\mathcal{K})$ に対し

$$\|\Phi^*(Y)\sigma^{1/2}\|_2^2 = \operatorname{Tr}\sigma\Phi^*(Y)^*\Phi^*(Y) \le \operatorname{Tr}\sigma\Phi^*(Y^*Y) = \operatorname{Tr}\sigma_0 Y^*Y = \|Y\sigma_0^{1/2}\|_2^2$$

だから, 縮小線形写像 $V\colon B(\mathcal{K}) \to B(\mathcal{H})$ を $V(Y\sigma_0^{1/2}) := \Phi^*(Y)\sigma^{1/2}$ $(Y \in B(\mathcal{K}))$ と定義できる. すると任意の $Y \in B(\mathcal{K})$ に対し

$$\langle Y\sigma_0^{1/2}, V^*\Delta_{\rho,\sigma}V(Y\sigma_0^{1/2})\rangle_{\mathrm{HS}}$$

$$= \|\Delta_{\rho,\sigma}^{1/2}(\Phi^*(Y)\sigma^{1/2})\|_2^2 = \|\rho^{1/2}\Phi^*(Y)\|_2^2 = \operatorname{Tr}\rho\Phi^*(Y)\Phi^*(Y)^*$$

$$\le \operatorname{Tr}\rho\Phi^*(YY^*) = \operatorname{Tr}\rho_0 YY^* = \|\rho_0^{1/2}Y\|_2^2$$

$$= \|\Delta_{\rho_0,\sigma_0}^{1/2}(Y\sigma_0^{1/2})\|_2^2 = \langle Y\sigma_0^{1/2}, \Delta_{\rho_0,\sigma_0}(Y\sigma_0^{1/2})\rangle_{\mathrm{HS}}$$

であるから, $(B(\mathcal{K}), \langle\cdot,\cdot\rangle_{\mathrm{HS}})$ 上で $V^*\Delta_{\rho,\sigma}V \le \Delta_{\rho_0,\sigma_0}$ である. それゆえ命題 1.24 (1) より定理 1.19 (Hansen–Pedersen の定理) の (iii) を $-h$ に適用すると,

$$h(\Delta_{\rho_0,\sigma_0}) \geq h(V^*\Delta_{\rho,\sigma}V) \geq V^*h(\Delta_{\rho,\sigma})V$$

だから,

$$S_h^X(\rho_0\|\sigma_0) = \langle X\sigma_0^{1/2}, h(\Delta_{\rho_0,\sigma_0})(X\sigma_0^{1/2})\rangle_{\mathrm{HS}} \geq \langle X\sigma_0^{1/2}, V^*h(\Delta_{\rho,\sigma})V(X\sigma_0^{1/2})\rangle_{\mathrm{HS}}$$
$$= \langle \Phi^*(X)\sigma^{1/2}, h(\Delta_{\rho,\sigma})(\Phi^*(X)\sigma^{1/2})\rangle_{\mathrm{HS}} = S_h^{\Phi^*(X)}(\rho\|\sigma).$$

次に,tr を $B(\mathcal{K})$ 上の正規化された(つまり $\mathrm{tr}(I_{\mathcal{K}}) = 1$)トレースとし,各 $\delta \in (0,1)$ に対し単位的な写像 $\Psi_\delta\colon B(\mathcal{K}) \to B(\mathcal{H})$ を

$$\Psi_\delta(Y) := (1-\delta)\Phi^*(Y) + \delta\,\mathrm{tr}(Y)I_{\mathcal{H}}, \qquad Y \in B(\mathcal{K}) \tag{4.17}$$

と定めると,$\mathrm{tr}(Y^*Y) \geq |\mathrm{tr}(Y)|^2$ だから

$$\Psi_\delta(Y^*Y) - \Psi_\delta(Y)^*\Psi_\delta(Y)$$
$$\geq (1-\delta)\Phi^*(Y)^*\Phi^*(Y) + \delta|\mathrm{tr}(Y)|^2 I_{\mathcal{H}} - \Psi_\delta(Y)^*\Psi_\delta(Y)$$
$$= \delta(1-\delta)[\Phi^*(Y) - \mathrm{tr}(Y)I_{\mathcal{H}}]^*[\Phi^*(Y) - \mathrm{tr}(Y)I_{\mathcal{H}}] \geq 0$$

であるから,Ψ_δ は Schwarz 写像である.$\Phi_\delta := \Psi_\delta^*$ とする.$Y \in B(\mathcal{K}) \mapsto \mathrm{tr}(Y)I_{\mathcal{H}}$ の双対写像が $A \in B(\mathcal{H}) \mapsto (\dim\mathcal{K})^{-1}(\mathrm{Tr}\,A)I_{\mathcal{K}}$ だから,任意の $\rho,\sigma \in B(\mathcal{H})$ と $\varepsilon > 0$ に対して $\rho_\varepsilon := \rho + \varepsilon I_{\mathcal{H}}$, $\sigma_\varepsilon := \sigma + \varepsilon I_{\mathcal{H}}$ とすると,$\Phi_\delta(\rho_\varepsilon), \Phi_\delta(\sigma_\varepsilon) \in B(\mathcal{K})^{++}$ である.よって上で示したことより

$$S_h^X(\Phi_\delta(\rho_\varepsilon)\|\Phi_\delta(\sigma_\varepsilon)) \geq S_h^{\Phi_\delta^*(X)}(\rho_\varepsilon\|\sigma_\varepsilon). \tag{4.18}$$

補題 4.3 (3) より (4.18) の右辺 $\to S_h^{\Phi^*(X)}(\rho_\varepsilon\|\sigma_\varepsilon)$ $(\delta \searrow 0)$ だから,上の (2) の下半連続性を $f = -h$ に適用すると,

$$S_h^X(\Phi(\rho_\varepsilon)\|\Phi(\sigma_\varepsilon)) \geq \limsup_{\delta\searrow 0} S_h^X(\Phi_\delta(\rho_\varepsilon)\|\Phi_\delta(\sigma_\varepsilon)) \geq S_h^{\Phi^*(X)}(\rho_\varepsilon\|\sigma_\varepsilon).$$

再び (2) の下半連続性を $-h$ に用いて $\varepsilon \searrow 0$ とすると,

$$S_h^X(\Phi(\rho)\|\Phi(\sigma)) \geq \limsup_{\varepsilon\searrow 0} S_h^X(\Phi(\rho_\varepsilon)\|\Phi(\sigma_\varepsilon))$$
$$\geq \lim_{\varepsilon\searrow 0} S_h^{\Phi^*(X)}(\rho_\varepsilon\|\sigma_\varepsilon) = S_h^{\Phi^*(X)}(\rho\|\sigma).$$

上の最後の等号は定義 4.5 による.よって (3) の結論が示せた.

(4) 補題 4.9 のように $(0,\infty)$ 上の作用素凸関数 f_n と $[0,\infty)$ 上の作用素単調関数 h_n をとる.(4.14) と $X \in \mathcal{M}_{\Phi^*}$ の仮定および上の (3) から,

$$S_{f_n}^X(\Phi(\rho)\|\Phi(\sigma))$$
$$= f_n(0^+)\,\mathrm{Tr}\,\Phi(\sigma)X^*X + f_n'(\infty)\,\mathrm{Tr}\,\Phi(\rho)XX^* - S_{h_n}^X(\Phi(\rho)\|\Phi(\sigma))$$
$$\leq f_n(0^+)\,\mathrm{Tr}\,\sigma\Phi^*(X)^*\Phi^*(X) + f_n'(\infty)\,\mathrm{Tr}\,\rho\Phi^*(X)\Phi^*(X)^* - S_{h_n}^{\Phi^*(X)}(\rho\|\sigma)$$
$$= S_{f_n}^{\Phi^*(X)}(\rho\|\sigma).$$

スペクトル分解 (4.6) と (4.11), (4.15) を用いて,$n \to \infty$ とすると

$$S_{f_n}^{\Phi^*(X)}(\rho\|\sigma) = \sum_{a,b} b f_n\left(\frac{a}{b}\right) \operatorname{Tr} \Phi^*(X)^* P_a \Phi^*(X) Q_b$$
$$\nearrow \sum_{a,b} b f\left(\frac{a}{b}\right) \operatorname{Tr} \Phi^*(X)^* P_a \Phi^*(X) Q_b = S_f^{\Phi^*(X)}(\rho\|\sigma).$$

$\Phi(\rho), \Phi(\sigma)$ のスペクトル分解を用いて同様に $S_{f_n}^X(\Phi(\rho)\|\Phi(\sigma)) \nearrow S_f^X(\Phi(\rho)\|\Phi(\sigma))$ がいえる．よって単調性 (4.13) が示せた．

(5) f_n, h_n を上の (4) の証明で与えたものとする．(4) の証明と同様に

$$S_{f_n}^X(\rho\|\sigma) = f_n(0^+) \operatorname{Tr} \sigma X^* X + f_n'(\infty) \operatorname{Tr} \rho X X^* - S_{h_n}^X(\rho\|\sigma)$$

であり $S_{f_n}^X(\rho\|\sigma) \nearrow S_f^X(\rho\|\sigma)$．さらに (4.15) に注意すると，$\rho_1 \le \rho_2$, $\sigma_1 \le \sigma_2 \implies S_{h_n}^X(\rho_1\|\sigma_1) \le S_{h_n}^X(\rho_2\|\sigma_2)$ を示せばよい．定義 4.5 より $\rho_i, \sigma_i \in B(\mathcal{H})^{++}$ としてよい．このとき，h_n に関する作用素結合の同時単調性 (定義 1.27 (i)) より $h_n(L_{\rho_1} R_{\sigma_1}^{-1}) R_{\sigma_1} \le h_n(L_{\rho_2} R_{\sigma_2}^{-1}) R_{\sigma_2}$ だから，$S_{h_n}^X(\rho_1\|\sigma_1) \le S_{h_n}^X(\rho_2\|\sigma_2)$ がいえる．

(6) 定理 4.7 (1) より

$$S_f^X(\rho + \varepsilon\omega_1 \| \sigma + \varepsilon\omega_2) \le S_f^X(\rho\|\sigma) + \varepsilon S_f^X(\omega_1\|\omega_2)$$

だから，

$$\limsup_{\varepsilon \searrow 0} S_f^X(\rho + \varepsilon\omega_1 \| \sigma + \varepsilon\omega_2) \le S_f^X(\rho\|\sigma).$$

また上の (2) より

$$S_f^X(\rho\|\sigma) \le \liminf_{\varepsilon \searrow 0} S_f^X(\rho + \varepsilon\omega_1 \| \sigma + \varepsilon\omega_2).$$

よって結論がいえる． $\qquad\square$

注意 4.10. 定理 4.7 (4) で $X \in \mathcal{M}_{\Phi^*}$ の仮定は $f(x) \equiv 1$ と $f(x) = x$ に対して (4.13) が成立するために必要である．$f(0^+), f'(\infty) \le 0$ のときは $X \in \mathcal{M}_{\Phi^*}$ の仮定は不要であるが，このときは $-f$ が $(0, \infty)$ 上で非負かつ作用素単調であるから定理 4.7 (3) に帰着する．実際，補題 4.9 の証明の f_n に対する議論を直接 f に適用すると，$h(0) = h'(\infty) = 0$ を満たす $[0, \infty)$ 上の作用素単調関数 h が存在して $f(x) = f(0^+) + f'(\infty)x - h(x)$ $(x \in (0, \infty))$ と書ける (読者の演習問題とする)．

注意 4.11. 定理 2.26 の (2) から (3) の証明と同様にして，定理 4.7 (4) の単調性から (1) の同時凸性を示すことができる．実際，f を $(0, \infty)$ 上で作用素凸として，TPCP 写像 $\Phi\colon B(\mathcal{H} \oplus \mathcal{H}) \to B(\mathcal{H})$ を $\Phi\left(\begin{bmatrix} Y_{11} & Y_{12} \\ Y_{21} & Y_{22} \end{bmatrix}\right) := Y_{11} + Y_{22}$ と定める．任意の $\rho_i, \sigma_i \in B(\mathcal{H})^+$ に対し

$$\begin{aligned} S_f^X(\rho_1 + \rho_2 \| \sigma_1 + \sigma_2) &= S_f^X(\Phi(\rho_1 \oplus \rho_2) \| \Phi(\sigma_1 \oplus \sigma_2)) \\ &\le S_f^{X \oplus X}(\rho_1 \oplus \rho_2 \| \sigma_1 \oplus \sigma_2) \quad (\Phi^*(X) = X \oplus X \text{ より}) \\ &= S_f^X(\rho_1\|\sigma_1) + S_f^X(\rho_2\|\sigma_2) \quad (\text{命題 4.6 (4) より}). \end{aligned}$$

よって $(\rho, \sigma) \mapsto S_f^X(\rho\|\sigma)$ は同時劣加法的，それゆえ同時凸である．

例 4.12. (4.4) の例について定理 4.7 (1) より，任意の $X \in B(\mathcal{H})$ に対し $(\rho, \sigma) \mapsto$ $\operatorname{Tr} X^* \rho^\alpha X \sigma^{1-\alpha}$ は $0 \le \alpha \le 1$ のとき $B(\mathcal{H})^+ \times B(\mathcal{H})^+$ 上で同時凹であり (Lieb の凹性定理)，$\alpha \in [-1, 0] \cup [1, 2]$ のとき $B(\mathcal{H})^{++} \times B(\mathcal{H})^{++}$ 上で同時凸である (Ando の凸性定理)．さらに Φ が定理 4.7 の (3)，(4) と同じとすると，$0 \le \alpha \le 1$, $X \in B(\mathcal{K})$, $\rho, \sigma \in B(\mathcal{H})^+$ に対し

$$\operatorname{Tr} X^* \Phi(\rho)^\alpha X \Phi(\sigma)^{1-\alpha} \ge \operatorname{Tr} \Phi^*(X)^* \rho^\alpha \Phi^*(X) \sigma^{1-\alpha}. \tag{4.19}$$

$\alpha \in [-1, 0] \cup [1, 2]$, $X \in \mathcal{M}(\Phi^*)$, $\rho, \sigma \in B(\mathcal{H})^{++}$ に対し

$$\operatorname{Tr} X^* \Phi(\rho)^\alpha X \Phi(\sigma)^{1-\alpha} \le \operatorname{Tr} \Phi^*(X)^* \rho^\alpha \Phi^*(X) \sigma^{1-\alpha}.$$

実際，(4.19) は定理 1.62 (1) で示され，定理 2.16 (4) の証明で $X = I_\mathcal{K}$ として使われた．

例 4.13. f は $(0, \infty)$ 上の作用素凸関数とする．次に定理 4.7 (4) の典型例を挙げる．

(a) $\mathcal{A}$ は $B(\mathcal{H})$ の $I_\mathcal{H}$ を含む $*$-部分環とする．トレースに関する条件付き期待値 $E_\mathcal{A} : B(\mathcal{H}) \to \mathcal{B} \subset B(\mathcal{H})$ について $E_\mathcal{A}^* = E_\mathcal{A}$, $\mathcal{M}_{E_\mathcal{A}} = \mathcal{A}$ である (例 2.11 と A.6 節の最後の部分を見よ)．よって任意の $X \in \mathcal{A}$ と $\rho, \sigma \in B(\mathcal{H})^+$ に対し

$$S_f^X(E_\mathcal{A}(\rho)\|E_\mathcal{A}(\sigma)) \le S_f^X(\rho\|\sigma). \tag{4.20}$$

(b) 部分トレース $\operatorname{Tr}_\mathcal{K} : B(\mathcal{H} \otimes \mathcal{K}) \to B(\mathcal{H})$ は埋め込み写像 $X \in B(\mathcal{H}) \mapsto X \otimes I_\mathcal{K} \in B(\mathcal{H} \otimes \mathcal{K})$ の双対写像である．よって任意の $X \in B(\mathcal{H})$ と $\rho, \sigma \in B(\mathcal{H} \otimes \mathcal{K})^+$ に対し

$$S_f^X(\operatorname{Tr}_\mathcal{K} \rho\|\operatorname{Tr}_\mathcal{K} \sigma) \le S_f^{X \otimes I_\mathcal{K}}(\rho\|\sigma). \tag{4.21}$$

実際，

$$(\operatorname{Tr} I_\mathcal{K})^{-1}(\operatorname{Tr}_\mathcal{K} \rho \otimes I_\mathcal{K}) = E_{B(\mathcal{H}) \otimes I_\mathcal{K}}(\rho),$$
$$S_f^{X \otimes I_\mathcal{K}}\big((\operatorname{Tr} I_\mathcal{K})^{-1}(\operatorname{Tr}_\mathcal{K} \rho \otimes I_\mathcal{K})\|(\operatorname{Tr} I_\mathcal{K})^{-1}(\operatorname{Tr}_\mathcal{K} \sigma \otimes I_\mathcal{K})\big) = S_f^X(\operatorname{Tr}_\mathcal{K} \rho\|\operatorname{Tr}_\mathcal{K} \sigma)$$

に注意すれば，(4.21) は (4.20) に帰着する．

4.2 標準 f-ダイバージェンス

この節では，前節で解説した擬 f-ダイバージェンスの特別な場合である標準 f-ダイバージェンスについて簡潔に説明する．

定義 4.14. f は $(0, \infty)$ 上の凸関数とする．$\rho, \sigma \in B(\mathcal{H})^+$ の **標準 f-ダイバージェンス** を $S_f(\rho\|\sigma) := S_f^I(\rho\|\sigma)$ と定める．(4.6) のスペクトル分解を用いると (4.11) より，

$$S_f(\rho\|\sigma) = \sum_{a,b} b f\left(\frac{a}{b}\right) \operatorname{Tr} P_a Q_b$$

$$= \left(\sum_{a=0,\, b\geq 0} + \sum_{a>0,\, b=0} + \sum_{a,b>0} \right) b\left(\frac{a}{b}\right) \operatorname{Tr} P_a Q_b \qquad (4.22)$$

$$= f(0^+) \operatorname{Tr}(I - \rho^0)\sigma + f'(\infty) \operatorname{Tr} \rho(I - \sigma^0)$$

$$+ \langle \sigma^{1/2}, f(\Delta_{\rho,\sigma})\Delta_{\rho,\sigma}^0 \sigma^{1/2} \rangle_{\mathrm{HS}}$$

と書ける. ただし ρ^0, σ^0, $\Delta_{\rho,\sigma}^0$ はそれぞれ ρ, σ, $\Delta_{\rho,\sigma}$ のサポート射影とする (付録の命題 A.8 (1) 参照). ρ, σ が可換のとき $\mathcal{H}$ の正規直交基底 $\{e_i\}_{i=1}^d$ により $\rho = \sum_{i=1}^d a_i |e_i\rangle\langle e_i|$, $\sigma = \sum_{i=1}^d b_i |e_i\rangle\langle e_i|$ と同時対角化すると, (4.22) より

$$S_f(\rho\|\sigma) = \sum_{i=1}^d b_i f\left(\frac{a_i}{b_i}\right) \quad ((4.9) \text{ の規約に従う}).$$

よって $S_f(\rho\|\sigma)$ は古典論の **Csiszár f-ダイバージェンス** $S_f(\boldsymbol{a}\|\boldsymbol{b}) := \sum_{i=1}^d b_i f\left(\frac{a_i}{b_i}\right)$ ($\boldsymbol{a} = (a_i)_{i=1}^d$, $\boldsymbol{b} = (b_i)_{i=1}^d$) の量子版である.

例えば, $f(x) = x\log x$ (よって $\widetilde{f}(x) = -\log x$) のとき, (4.5) と命題 2.15 (3), 定理 4.7 (6) より $S_f(\rho\|\sigma)$ は相対エントロピーになる:

$$S_{x\log x}(\rho\|\sigma) = S_{-\log x}(\sigma\|\rho) = D(\rho\|\sigma), \qquad \rho, \sigma \in B(\mathcal{H}). \qquad (4.23)$$

$S_f(\rho\|\sigma)$ は $S_f^X(\rho\|\sigma)$ で特に $X = I$ としたものであるから, 前節で示した $S_f^X(\rho\|\sigma)$ の性質 (同時凸性, 下半連続性, 単調性など) は当然 $S_f(\rho\|\sigma)$ (よって $D(\rho\|\sigma)$) に対して成立する. 次に定理 2.16 (1) の標準 f-ダイバージェンスへの拡張を示しておく.

命題 4.15. f が $(0,\infty)$ 上の作用素凸関数なら, 任意の $\rho, \sigma \in B(\mathcal{H})^+$ に対し **Peierls–Bogolieubov 不等式**

$$S_f(\rho\|\sigma) \geq (\operatorname{Tr}\sigma)f\left(\frac{\operatorname{Tr}\rho}{\operatorname{Tr}\sigma}\right) \qquad (4.24)$$

が成立する. さらに f が 1 次関数でなく $\rho, \sigma \neq 0$ なら, (4.24) で等号成立 $\iff \rho = (\operatorname{Tr}\rho/\operatorname{Tr}\sigma)\sigma$. よって f が 1 次関数でなく $f(1) = 0$ で $\operatorname{Tr}\rho = \operatorname{Tr}\sigma$ なら, $S_f(\rho\|\sigma) \geq 0$ であり, $S_f(\rho\|\sigma) = 0 \iff \rho = \sigma$.

証明. 定理 4.7 (4) の単調性を $X = I$ として $\Phi\colon B(\mathcal{H}) \to B(\mathbb{C}) = \mathbb{C}$, $\Phi(A) := \operatorname{Tr} A$ ($A \in B(\mathcal{H})$) に適用すると, (4.24) が得られる.

$\rho = k\sigma$ (k は定数 > 0) なら, $S_f(\rho\|\sigma) = \sum_b b f(k) \operatorname{Tr} Q_b = (\operatorname{Tr}\sigma)f(k)$ だから (4.24) で等号成立. 逆に, f が 1 次関数でなく $\rho, \sigma \neq 0$ として (4.24) で等号成立とする. 任意の射影 $E \in B(\mathcal{H})$ に対し $\Phi\colon B(\mathcal{H}) \to \mathbb{C}E + \mathbb{C}E^\perp \subset B(\mathcal{H})$ をトレースに関する条件付き期待値とすると, $\Phi(A) = (\operatorname{Tr} AE)E + (\operatorname{Tr} AE^\perp)E^\perp$ ($A \in B(\mathcal{H})$) だから,

$$S_f(\rho\|\sigma) \geq S_f(\Phi(\rho)\|\Phi(\sigma))$$

$$= (\operatorname{Tr}\sigma E)f\left(\frac{\operatorname{Tr}\rho E}{\operatorname{Tr}\sigma E}\right) + (\operatorname{Tr}\sigma E^\perp)f\left(\frac{\operatorname{Tr}\rho E^\perp}{\operatorname{Tr}\sigma E^\perp}\right).$$

また (4.24) より

$$S_f(\Phi(\rho)\|\Phi(\sigma)) \geq (\mathrm{Tr}\,\Phi(\sigma))f\Big(\frac{\mathrm{Tr}\,\Phi(\rho)}{\mathrm{Tr}\,\Phi(\sigma)}\Big) = (\mathrm{Tr}\,\sigma)f\Big(\frac{\mathrm{Tr}\,\rho}{\mathrm{Tr}\,\sigma}\Big)$$

であるから,

$$(\mathrm{Tr}\,\sigma)f\Big(\frac{\mathrm{Tr}\,\rho}{\mathrm{Tr}\,\sigma}\Big) = (\mathrm{Tr}\,\sigma E)f\Big(\frac{\mathrm{Tr}\,\rho E}{\mathrm{Tr}\,\sigma E}\Big) + (\mathrm{Tr}\,\sigma E^{\perp})f\Big(\frac{\mathrm{Tr}\,\rho E^{\perp}}{\mathrm{Tr}\,\sigma E^{\perp}}\Big).$$

よって下で示す補題 4.16 より, ある $k > 0$ が存在して $\mathrm{Tr}\,\rho E = k\,\mathrm{Tr}\,\sigma E$, $\mathrm{Tr}\,\rho E^{\perp} = k\,\mathrm{Tr}\,\sigma E^{\perp}$. このとき $k = \mathrm{Tr}\,\rho/\mathrm{Tr}\,\sigma$ だから, すべての射影 $E \in B(\mathcal{H})$ に対し $\mathrm{Tr}\,\rho E = (\mathrm{Tr}\,\rho/\mathrm{Tr}\,\sigma)\,\mathrm{Tr}\,\sigma E$. それゆえ $\rho = (\mathrm{Tr}\,\rho/\mathrm{Tr}\,\sigma)\sigma$. □

補題 4.16. f が $(0, \infty)$ 上の狭義凸関数とし, $a_i, b_i \in [0, \infty)$ $(i = 1, 2)$ が $a_1 + a_2 > 0$, $b_1 + b_2 > 0$ とする. (4.9) の規約の下で

$$(b_1 + b_2)f\Big(\frac{a_1 + a_2}{b_1 + b_2}\Big) = b_1 f\Big(\frac{a_1}{b_1}\Big) + b_2 f\Big(\frac{a_2}{b_2}\Big)$$

が成立するなら, ある $k > 0$ で $(a_1, a_2) = k(b_1, b_2)$ である.

証明. 次の 5 つの場合に分けて示す.

- $a_i, b_i > 0$ $(i = 1, 2)$ のとき,

$$(b_1 + b_2)f\Big(\frac{b_1}{b_1 + b_2}\frac{a_1}{b_1} + \frac{b_2}{b_1 + b_2}\frac{a_2}{b_2}\Big) = b_1 f\Big(\frac{a_1}{b_1}\Big) + b_2 f\Big(\frac{a_2}{b_2}\Big)$$

  だから, f の狭義凸性より $a_1/b_1 = a_2/b_2$ が成立.
- $a_1 = 0$ (または $a_2 = 0$) で $b_1, b_2 > 0$ なら仮定より

$$(b_1 + b_2)f\Big(\frac{a_2}{b_1 + b_2}\Big) = b_1 f\Big(\frac{0}{b_1}\Big) + b_2 f\Big(\frac{a_2}{b_2}\Big) = b_1 f(0^+) + b_2 f\Big(\frac{a_2}{b_2}\Big).$$

  よって $f(0^+) < +\infty$ だから f は $[0, \infty)$ 上の狭義凸関数に拡張できて, 上の等式より $a_2/b_2 = 0$ が成立. これは $a_1 + a_2 > 0$ と矛盾.
- $a_1, a_2 > 0$ で $b_1 = 0$ (または $b_2 = 0$) なら, f を $\widetilde{f}$ に置き換えると上の場合に帰着する.
- $a_1 = b_1 = 0$ (または $a_2 = b_2 = 0$) なら結論は自明.
- $a_1 = b_2 = 0$ (または $a_2 = b_1 = 0$) なら仮定より

$$b_1 f\Big(\frac{a_2}{b_1}\Big) = b_1 f\Big(\frac{0}{b_1}\Big) + 0 f\Big(\frac{a_2}{0}\Big) = f(0^+)b_1 + f'(\infty)a_2.$$

  よって $f(0^+) < +\infty$ かつ $f'(+\infty) < +\infty$. このとき, すべての $x > 0$ に対し $f(x) < f(0^+) + f'(\infty)x$ が簡単に分かる. これは上の等式と矛盾. □

4.3 極大 f-ダイバージェンス

この節では f は常に $(0, \infty)$ 上の作用素凸関数とする. 以下では 1.4 節で説明した f に対する作用素パースペクティブ $P_f(\rho, \sigma)$ を基礎に極大 f-ダイバージェンスについて解説する.

定義 4.17. $\rho, \sigma \in B(\mathcal{H})^{++}$ に対し

$$
\begin{aligned}
\widehat{S}_f(\rho\|\sigma) &:= \operatorname{Tr} P_f(\rho, \sigma) = \operatorname{Tr} \sigma f(\sigma^{-1/2}\rho\sigma^{-1/2}) \\
&= \langle \sigma^{1/2}, f(\sigma^{-1/2}\rho\sigma^{-1/2})\sigma^{1/2}\rangle_{\mathrm{HS}}.
\end{aligned}
\tag{4.25}
$$

さらに一般の $\rho, \sigma \in B(\mathcal{H})^+$ に対し

$$
\widehat{S}_f(\rho\|\sigma) := \lim_{\varepsilon \searrow 0} \widehat{S}_f(\rho + \varepsilon I \| \sigma + \varepsilon I) \in (-\infty, +\infty]
\tag{4.26}
$$

と定義できる．実際，$P_f(\rho, \sigma)$ が $B(\mathcal{H})^{++} \times B(\mathcal{H})^{++}$ 上で同時凸 (定理 1.34) だから，$t \mapsto \widehat{S}_f(\rho + tI \| \sigma + tI)$ が $(0, \infty)$ 上の凸関数である．よって (4.26) の極限が存在する．また $P_f(\rho, \sigma)$ が $B(\mathcal{H})^{++} \times B(\mathcal{H})^{++}$ 上で同時連続だから，$\rho, \sigma \in B(\mathcal{H})^{++}$ なら (4.26) は (4.25) と一致する．$\widehat{S}_f(\rho\|\sigma)$ は ρ, σ の**極大 f-ダイバージェンス**と呼ばれる．

命題 4.18. $\rho, \sigma \in B(\mathcal{H})^+$ とする．
(1) 転置: $\widehat{S}_f(\rho\|\sigma) = \widehat{S}_{\widetilde{f}}(\sigma\|\rho)$.
(2) $\widehat{S}_f(0\|\sigma) = f(0^+)\operatorname{Tr}\sigma$, $\widehat{S}_f(\rho\|0) = f'(\infty)\operatorname{Tr}\rho$, $\widehat{S}_f(\rho\|\rho) = f(1)\operatorname{Tr}\rho$. (ただし $(+\infty)0 = 0$.)
(3) 正斉次性: $\widehat{S}_f(\lambda\rho\|\lambda\sigma) = \lambda\widehat{S}_f(\rho\|\sigma)$, $\lambda \geq 0$.
(4) 加法性: $\rho_i, \sigma_i \in B(\mathcal{H}_i)^+$ $(i = 1, 2)$ に対し

$$
\widehat{S}_f(\rho_1 \oplus \rho_2 \| \sigma_1 \oplus \sigma_2) = \widehat{S}_f(\rho_1\|\sigma_1) + \widehat{S}_f(\rho_2\|\sigma_2).
$$

証明. (1) は (1.31) から容易.
(2) (4.6) のスペクトル分解を用いて

$$
\begin{aligned}
\widehat{S}_f(0\|\sigma) &= \lim_{\varepsilon \searrow 0} \widehat{S}_f(\varepsilon I \| \sigma + \varepsilon I) = \lim_{\varepsilon \searrow 0} \operatorname{Tr}(\sigma + \varepsilon I)f(\varepsilon(\sigma + \varepsilon I)^{-1}) \\
&= \lim_{\varepsilon \searrow 0} \sum_b (b + \varepsilon) f\left(\frac{\varepsilon}{b + \varepsilon}\right)\operatorname{Tr} Q_b = \sum_b b f(0^+)\operatorname{Tr} Q_b = f(0^+)\operatorname{Tr}\sigma.
\end{aligned}
$$

上の (1) より

$$
\widehat{S}_f(\rho\|0) = \widehat{S}_{\widetilde{f}}(0\|\rho) = \widetilde{f}(0^+)\operatorname{Tr}\rho = f'(\infty)\operatorname{Tr}\rho \quad ((4.12) \text{ より}).
$$

また

$$
\widehat{S}_f(\rho\|\rho) = \lim_{\varepsilon \searrow 0} \widehat{S}_f(\rho + \varepsilon I \| \rho + \varepsilon I) = \lim_{\varepsilon \searrow 0} \operatorname{Tr}(\rho + \varepsilon I)(f(1)I) = f(1)\operatorname{Tr}\rho.
$$

(3) $\lambda = 0$ なら (2) より 両辺 $= 0$ で成立．$\lambda > 0$ とする．$\rho, \sigma \in B(\mathcal{H})^{++}$ なら容易．$\rho, \sigma \in B(\mathcal{H})^+$ に対し

$$
\begin{aligned}
\widehat{S}_f(\lambda\rho\|\lambda\sigma) &= \lim_{\varepsilon \searrow 0} \widehat{S}_f(\lambda(\rho + \varepsilon I)\|\lambda(\sigma + \varepsilon I)) \\
&= \lim_{\varepsilon \searrow 0} \lambda\widehat{S}_f(\rho + \varepsilon I\|\sigma + \varepsilon I) = \lambda\widehat{S}_f(\rho\|\sigma).
\end{aligned}
$$

(4) $\rho_i, \sigma_i \in B(\mathcal{H}_i)^{++}$ なら

$$
f((\sigma_1 \oplus \sigma_2)^{-1/2}(\rho_1 \oplus \rho_2)(\sigma_1 \oplus \sigma_2)^{-1/2}) = f(\sigma_1^{-1/2}\rho_1\sigma_1^{-1/2}) \oplus f(\sigma_2^{-1/2}\rho_2\sigma_2^{-1/2})
$$

だから容易. $\rho_i, \sigma_i \in B(\mathcal{H}_i)^+$ に対しては

$$\widehat{S}_f(\rho_1 \oplus \rho_2 \| \sigma_1 \oplus \sigma_2) = \lim_{\varepsilon \searrow 0} \widehat{S}_f((\rho_1 + \varepsilon I_1) \oplus (\rho_2 + \varepsilon I_2) \| (\sigma_1 + \varepsilon I_1) \oplus (\sigma_2 + \varepsilon I_2))$$

$$= \lim_{\varepsilon \searrow 0} \big[\widehat{S}_f(\rho_1 + \varepsilon I_1 \| \sigma_1 + \varepsilon I_1) + \widehat{S}_f(\rho_2 + \varepsilon I_2 \| \sigma_2 + \varepsilon I_2) \big]$$

$$= \widehat{S}_f(\rho_1 \| \sigma_1) + \widehat{S}_f(\rho_2 \| \sigma_2)$$

と示せる. □

$\widehat{S}_f(\rho \| \sigma)$ の重要な性質は次の定理にまとめられる.

定理 4.19. (1) **同時凸性**: $(\rho, \sigma) \mapsto \widehat{S}_f(\rho \| \sigma)$ は $B(\mathcal{H})^+ \times B(\mathcal{H})^+$ 上で同時凸かつ同時劣加法的である.

(2) $\rho, \sigma, \omega \in B(\mathcal{H})^+$ が $\rho^0, \sigma^0 \le \omega^0$ を満たすなら

$$\widehat{S}_f(\rho \| \sigma) = \lim_{\varepsilon \searrow 0} \widehat{S}_f(\rho + \varepsilon \omega \| \sigma + \varepsilon \omega).$$

さらに $f(1) = 0$ なら上の極限は単調増加である.

(3) **同時下半連続性**: $(\rho, \sigma) \mapsto \widehat{S}_f(\rho \| \sigma)$ は $B(\mathcal{H})^+ \times B(\mathcal{H})^+$ 上で同時下半連続である.

(4) **単調性 (DPI)**: $\Phi \colon B(\mathcal{H}) \to B(\mathcal{K})$ がトレースを保存する正写像とすると, 任意の $\rho, \sigma \in B(\mathcal{H})^+$ に対し

$$\widehat{S}_f(\Phi(\rho) \| \Phi(\sigma)) \le \widehat{S}_f(\rho \| \sigma).$$

証明. (1) P_f に関する定理 1.34 より $\widehat{S}_f(\rho \| \sigma)$ は $B(\mathcal{H})^{++} \times B(\mathcal{H})^{++}$ 上で同時凸かつ同時劣加法的である. 定義式 (4.26) よりこの性質は $B(\mathcal{H})^+ \times B(\mathcal{H})^+$ 上に延長される.

(2) ρ, σ, ω の $\mathcal{H}_1 := \omega^0 \mathcal{H}$ への制限を $\rho_1, \sigma_1, \omega_1$ とすると $\rho = \rho_1 \oplus 0, \sigma = \sigma_1 \oplus 0, \omega = \omega_1 \oplus 0$ (ただし 0 は $\mathcal{H}_1^\perp$ 上でとる) と書ける. 命題 4.18 の (4), (2) より $\widehat{S}_f(\rho \| \sigma) = \widehat{S}_f(\rho_1 \| \sigma_1), \widehat{S}_f(\rho + \varepsilon \omega \| \sigma + \varepsilon \omega) = \widehat{S}_f(\rho_1 + \varepsilon \omega_1 \| \sigma_1 + \varepsilon \omega_1)$ だから $\omega \in B(\mathcal{H})^{++}$ としてよい. すると $\delta > 0$ がとれて $\delta I \le \omega \le \delta^{-1} I$. 上の (1) と命題 4.18 (2) より

$$\widehat{S}_f(\rho + \varepsilon \omega \| \sigma + \varepsilon \omega) = \widehat{S}_f(\rho + \varepsilon \delta I + \varepsilon(\omega - \delta I) \| \sigma + \varepsilon \delta I + \varepsilon(\omega - \delta I))$$

$$\le \widehat{S}_f(\rho + \varepsilon \delta I \| \sigma + \varepsilon \delta I) + \varepsilon f(1) \operatorname{Tr}(\omega - \delta I)$$

だから, $\varepsilon \searrow 0$ として

$$\limsup_{\varepsilon \searrow 0} \widehat{S}_f(\rho + \varepsilon \omega \| \sigma + \varepsilon \omega) \le \widehat{S}_f(\rho \| \sigma).$$

同様に

$$\widehat{S}_f(\rho + \varepsilon I \| \sigma + \varepsilon I) = \widehat{S}_f(\rho + \varepsilon \delta \omega + \varepsilon(I - \delta \omega) \| \sigma + \varepsilon \delta \omega + \varepsilon(I - \delta \omega))$$

$$\le \widehat{S}_f(\rho + \varepsilon \delta \omega \| \sigma + \varepsilon \delta \omega) + \varepsilon f(1) \operatorname{Tr}(I - \delta \omega)$$

だから

$$\widehat{S}_f(\rho \| \sigma) \le \liminf_{\varepsilon \searrow 0} \widehat{S}_f(\rho + \varepsilon \omega \| \sigma + \varepsilon \omega).$$

よって (2) の最初の主張が示せた. $f(1) = 0$ のとき, $0 < \varepsilon' < \varepsilon$ とすると

$$\widehat{S}_f(\rho + \varepsilon\omega \| \sigma + \varepsilon\omega) = \widehat{S}_f(\rho + \varepsilon'\omega + (\varepsilon - \varepsilon')\omega \| \sigma + \varepsilon'\omega + (\varepsilon - \varepsilon')\omega)$$
$$\leq \widehat{S}_f(\rho + \varepsilon'\omega \| \sigma + \varepsilon'\omega) + (\varepsilon - \varepsilon')f(1)\operatorname{Tr}\omega$$
$$= \widehat{S}_f(\rho + \varepsilon'\omega \| \sigma + \varepsilon'\omega).$$

よって後半の主張も示せた.

(3) $f_0(x) := f(x) - f(1)\ (x > 0)$ とすると, 定義 4.17 から次がいえる:

$$\widehat{S}_f(\rho\|\sigma) = \widehat{S}_{f(1)}(\rho\|\sigma) + \widehat{S}_{f_0}(\rho\|\sigma) = f(1)\operatorname{Tr}\sigma + \widehat{S}_{f_0}(\rho\|\sigma), \qquad \rho, \sigma \in B(\mathcal{H})^+.$$

よって $\widehat{S}_{f_0}(\rho\|\sigma)$ の下半連続性を示せばよい. $f_0(1) = 0$ だから上の (2) より

$$\widehat{S}_{f_0}(\rho\|\sigma) = \sup_{\varepsilon > 0} \widehat{S}_{f_0}(\rho + \varepsilon I \| \sigma + \varepsilon I), \qquad \rho, \sigma \in B(\mathcal{H})^+.$$

P_{f_0} の $B(\mathcal{H})^{++} \times B(\mathcal{H})^{++}$ 上での連続性から, 任意の $\varepsilon > 0$ に対して $(\rho, \sigma) \mapsto \widehat{S}_{f_0}(\rho + \varepsilon I \| \sigma + \varepsilon I)$ は $B(\mathcal{H})^+ \times B(\mathcal{H})^+$ 上で連続である. ゆえに $\widehat{S}_{f_0}(\rho\|\sigma)$ は $B(\mathcal{H})^+ \times B(\mathcal{H})^+$ 上で下半連続である.

(4) $\Phi(\rho)^0, \Phi(\sigma)^0 \leq \Phi(I_{\mathcal{H}})^0$ だから上の (2) より

$$\widehat{S}_f(\Phi(\rho + \varepsilon I_{\mathcal{H}})\|\Phi(\sigma + \varepsilon I_{\mathcal{H}})) = \widehat{S}_f(\Phi(\rho) + \varepsilon\Phi(I_{\mathcal{H}})\|\Phi(\sigma) + \varepsilon\Phi(I_{\mathcal{H}}))$$
$$\to \widehat{S}_f(\Phi(\rho)\|\Phi(\sigma)) \quad (\varepsilon \searrow 0).$$

よって $\rho, \sigma \in B(\mathcal{H})^{++}$ としてよい. さらに

$$\operatorname{Tr}\Phi^*(I_{\mathcal{K}} - \Phi(I_{\mathcal{H}})^0) = \operatorname{Tr}(I_{\mathcal{K}} - \Phi(I_{\mathcal{H}})^0)\Phi(I_{\mathcal{H}}) = 0$$

だから, $P := \Phi(I_{\mathcal{H}})^0$ とすると $\Phi^*(P) = \Phi^*(I_{\mathcal{K}}) = I_{\mathcal{H}}$. よって Ψ_0 を Φ^* の $PB(\mathcal{K})P = B(P\mathcal{K})$ への制限として $\Phi_0 := \Psi_0^*$ とすると, $\Phi_0\colon B(\mathcal{H}) \to B(P\mathcal{K})$ はトレースを保存する正写像であり, $\Phi_0(I_{\mathcal{H}}) = \Psi_0^*(I_{\mathcal{H}}) = \Phi(I_{\mathcal{H}})$ である. さらに $\Phi(\rho) = \Phi_0(\rho)$, $\Phi(\sigma) = \Phi_0(\sigma)$ は簡単に確かめられる. Φ を Φ_0 で置き換えて, $\Phi(I_{\mathcal{H}}) \in B(\mathcal{K})^{++}$ として十分である. このとき命題 1.35 (2) より

$$P_f(\Phi(\rho), \Phi(\sigma)) \leq \Phi(P_f(\rho, \sigma))$$

が成り立つ. 両辺のトレースをとると (3) の単調性が得られる. $\qquad\square$

例 4.20. (1) $f(x) = a + bx\ (a, b \in \mathbb{R})$ のとき, $\rho, \sigma \in B(\mathcal{H})^{++}$ に対し

$$\widehat{S}_{ax+b}(\rho\|\sigma) = a\operatorname{Tr}\sigma + b\operatorname{Tr}\rho = S_{a+bx}(\rho\|\sigma) \quad (X = I \text{ とした (4.3) より}).$$

(4.11) と (4.26) の定義より, 上の等式は一般の $\rho, \sigma \in B(\mathcal{H})^+$ に対し成立する.

(2) $f(x) = x^2$ のとき, $\rho, \sigma \in B(\mathcal{H})^{++}$ に対し

$$\widehat{S}_{x^2}(\rho\|\sigma) = \operatorname{Tr}\sigma(\sigma^{-1/2}\rho\sigma^{-1/2})^2$$
$$= \operatorname{Tr}\rho^2\sigma^{-1} = S_{x^2}(\rho\|\sigma) \quad (X = I \text{ とした (4.4) より}).$$

よって任意の $\rho, \sigma \in B(\mathcal{H})^+$ に対し $\widehat{S}_{x^2}(\rho\|\sigma) = S_{x^2}(\rho\|\sigma)$.

(3) $f(x) = x\log x$, $\widetilde{f}(x) = -\log x$ のとき，$\rho, \sigma \in B(\mathcal{H})^+$ の **Belavkin–Staszewski** の相対エントロピー $D_{\mathrm{BS}}(\rho\|\sigma)$ は

$$D_{\mathrm{BS}}(\rho\|\sigma) := \widehat{S}_{x\log x}(\rho\|\sigma) = \widehat{S}_{-\log x}(\sigma\|\rho)$$

と定義される．以下の定理 4.27 で $D(\rho\|\sigma) \le D_{\mathrm{BS}}(\rho\|\sigma)$ を示す．

$\widehat{S}_f(\rho\|\sigma)$ の (4.26) の定義は $\lim$ を含むが，次の定理はスペクトル分解を用いて $\lim$ を含まない $\widehat{S}_f(\rho\|\sigma)$ の表示を与える．

定理 4.21. 任意の $\rho, \sigma \in B(\mathcal{H})^+$ に対し $\omega := \rho + \sigma$ とし，$\omega^{-1/2}$ を $\omega^0\mathcal{H}$ に制限して定める（つまり ω^{-1} を一般逆として $\omega^{-1/2} = (\omega^{-1})^{1/2}$ と定める）．$\omega^{-1/2}\rho\omega^{-1/2}$ の $\omega^0\mathcal{H}$ 上のスペクトル分解を $\omega^{-1/2}\rho\omega^{-1/2} = \sum_{i=1}^k t_i E_i$ $(0 \le t_i \le 1, \sum_{i=1}^k E_i = \omega^0)$ とする．このとき

$$\widehat{S}_f(\rho\|\sigma) = \sum_{i=1}^k (1-t_i) f\Big(\frac{t_i}{1-t_i}\Big) \operatorname{Tr}\omega E_i. \tag{4.27}$$

ただし $t_i = 0$ のとき $(1-t_i)f\big(\frac{t_i}{1-t_i}\big) = f(0^+)$，$t_i = 1$ のとき $(1-t_i)f\big(\frac{t_i}{1-t_i}\big) = f'(\infty)$ とし，$(+\infty)0 = 0$ とする．

証明. $\omega^0\mathcal{H}$ 上に制限して議論してよいから $\omega^0 = I$ としてよい．$T_1 := \omega^{-1/2}\rho\omega^{-1/2}$，$T_2 := \omega^{-1/2}\sigma\omega^{-1/2}$ とおくと $\rho = \omega^{1/2}T_1\omega^{1/2}$，$\sigma = \omega^{1/2}T_2\omega^{1/2}$．$\omega = \omega^{1/2}(T_1+T_2)\omega^{1/2}$ だから $T_1 + T_2 = I$，$0 \le T_1 \le I$．任意の $\varepsilon > 0$ に対し

$$\rho + \varepsilon\sigma = \omega^{1/2}(T_1 + \varepsilon T_2)\omega^{1/2}, \qquad \sigma + \varepsilon\rho = \omega^{1/2}(T_2 + \varepsilon T_1)\omega^{1/2}. \tag{4.28}$$

よって $(\sigma + \varepsilon\rho)^{1/2} = |(T_2 + \varepsilon T_1)^{1/2}\omega^{1/2}|$ だから，ユニタリ作用素 V により $(T_2 + \varepsilon T_1)^{1/2}\omega^{1/2} = V(\sigma + \varepsilon\rho)^{1/2}$ と極分解できる．すると

$$(\sigma + \varepsilon\rho)^{1/2} = V^*(T_2 + \varepsilon T_1)^{1/2}\omega^{1/2} = \omega^{1/2}(T_2 + \varepsilon T_1)^{1/2}V, \tag{4.29}$$

$$\omega^{1/2} = (T_2 + \varepsilon T_1)^{-1/2}V(\sigma + \varepsilon\rho)^{1/2} = (\sigma + \varepsilon\rho)^{1/2}V^*(T_2 + \varepsilon T_1)^{-1/2}. \tag{4.30}$$

(4.28) と (4.30) より

$$\begin{aligned}
\rho + \varepsilon\sigma &= (\sigma + \varepsilon\rho)^{1/2}V^*(T_2 + \varepsilon T_1)^{-1/2}(T_1 + \varepsilon T_2)(T_2 + \varepsilon T_1)^{-1/2}V(\sigma + \varepsilon\rho)^{1/2} \\
&= (\sigma + \varepsilon\rho)^{1/2}V^*(T_1 + \varepsilon T_2)(T_2 + \varepsilon T_1)^{-1}V(\sigma + \varepsilon\rho)^{1/2}.
\end{aligned}$$

上の 2 番目の等号は $T_1 T_2 = T_2 T_1$ による．したがって

$$(\sigma + \varepsilon\rho)^{-1/2}(\rho + \varepsilon\sigma)(\sigma + \varepsilon\rho)^{-1/2} = V^*(T_1 + \varepsilon T_2)(T_2 + \varepsilon T_1)^{-1}V. \tag{4.31}$$

定理 4.19 (2) より

$$\begin{aligned}
\widehat{S}_f(\rho\|\sigma) &= \lim_{\varepsilon \searrow 0} \widehat{S}_f(\rho + \varepsilon(\rho+\sigma)\|\sigma + \varepsilon(\rho+\sigma)) \\
&= \lim_{\varepsilon \searrow 0} \widehat{S}_f((1+\varepsilon)\rho + \varepsilon\sigma\|(1+\varepsilon)\sigma + \varepsilon\rho)
\end{aligned}$$

$$
\begin{aligned}
&= \lim_{\varepsilon \searrow 0}(1+\varepsilon)\widehat{S}_f\Big(\rho + \frac{\varepsilon}{1+\varepsilon}\sigma \,\big\|\, \sigma + \frac{\varepsilon}{1+\varepsilon}\rho\Big) \quad (\text{命題 4.18 (3) より}) \\
&= \lim_{\varepsilon \searrow 0}\widehat{S}_f(\rho + \varepsilon\sigma \,\|\, \sigma + \varepsilon\rho).
\end{aligned}
$$

さらに $\rho + \varepsilon\sigma, \sigma + \varepsilon\rho \in B(\mathcal{H})^{++}$ だから

$$
\begin{aligned}
&\widehat{S}_f(\rho + \varepsilon\sigma \,\|\, \sigma + \varepsilon\rho) \\
&\quad = \operatorname{Tr}(\sigma + \varepsilon\rho)^{1/2} f((\sigma + \varepsilon\rho)^{-1/2}(\rho + \varepsilon\sigma)(\sigma + \varepsilon\rho)^{-1/2})(\sigma + \varepsilon\rho)^{1/2} \\
&\quad = \operatorname{Tr}\omega^{1/2}(T_2 + \varepsilon T_1)^{1/2} V f(V^*(T_1 + \varepsilon T_2)(T_2 + \varepsilon T_1)^{-1}V)V^*(T_2 + \varepsilon T_1)^{1/2}\omega^{1/2} \\
&\hspace{8cm} ((4.29), (4.31) \text{ より}) \\
&\quad = \operatorname{Tr}\omega^{1/2}(T_2 + \varepsilon T_1)^{1/2} f((T_1 + \varepsilon T_2)(T_2 + \varepsilon T_1)^{-1})(T_2 + \varepsilon T_1)^{1/2}\omega^{1/2} \\
&\quad = \operatorname{Tr}\omega(T_2 + \varepsilon T_1) f((T_1 + \varepsilon T_2)(T_2 + \varepsilon T_1)^{-1}) \\
&\quad = \sum_{i=1}^{k}(1 - t_i + \varepsilon t_i) f\Big(\frac{t_i + \varepsilon(1 - t_i)}{1 - t_i + \varepsilon t_i}\Big) \operatorname{Tr}\omega E_i.
\end{aligned}
$$

(4.10) より $\varepsilon \searrow 0$ のとき

$$
(1 - t_i + \varepsilon t_i) f\Big(\frac{t_i + \varepsilon(1 - t_i)}{1 - t_i + \varepsilon t_i}\Big) \to
\begin{cases}
(1 - t_i) f\big(\frac{t_i}{1 - t_i}\big) & (0 < t_i < 1), \\
f(0^+) & (t_i = 0), \\
f'(\infty) & (t_i = 1)
\end{cases}
$$

だから証明すべき表示 (4.27) が示せた. $\qquad\square$

$\rho^0 \le \sigma^0$ のとき,

$$
\widehat{S}_f(\rho\|\sigma) = \lim_{\varepsilon \searrow 0}\widehat{S}_f(\rho + \varepsilon\sigma \,\|\, \sigma + \varepsilon\sigma)
$$

を使うと次の命題の (i) が示せる (これの証明は読者の演習問題とする). また命題 4.18 (1) に注意すれば, (ii) は (i) から直ちに分かる.

命題 4.22. $\rho, \sigma \in B(\mathcal{H})^+$ とする.

(i) $\rho^0 \le \sigma^0$ なら $\sigma^{-1/2}\rho\sigma^{-1/2}$ ($\sigma^{-1/2}$ は定理 4.21 の $\omega^{-1/2}$ と同様に定める) のスペクトル分解を $\sigma^{-1/2}\rho\sigma^{-1/2} = \sum_{i=1}^{k} t_i E_i$ ($t_i \ge 0$, $\sum_{i=1}^{k} E_i = I$) とすると,

$$
\widehat{S}_f(\rho\|\sigma) = \sum_{i=1}^{k} f(t_i) \operatorname{Tr}\sigma E_i.
$$

ただし $t_i = 0$ のとき $f(t_i) = f(0^+)$ とする.

(ii) $\sigma^0 \le \rho^0$ なら $\rho^{-1/2}\sigma\rho^{-1/2}$ のスペクトル分解を $\rho^{-1/2}\sigma\rho^{-1/2} = \sum_{i=1}^{k} t_i F_i$ ($t_i \ge 0$, $\sum_{i=1}^{k} F_i = I$) とすると,

$$
\widehat{S}_f(\rho\|\sigma) = \sum_{i=1}^{k} \widetilde{f}(t_i) \operatorname{Tr}\rho F_i.
$$

ただし $t_i = 0$ のとき $\widetilde{f}(t_i) = \widetilde{f}(0^+) = f'(\infty)$ とする.

命題 4.23. 任意の $\rho, \sigma \in B(\mathcal{H})^+$ に対し，$\widehat{S}_f(\rho\|\sigma) = +\infty$ は次の少なくとも 1 つが成立することと同値である:

(i) $f(0^+) = +\infty$ かつ $\sigma^0 \not\leq \rho^0$,

(ii) $f'(\infty) = +\infty$ かつ $\rho^0 \not\leq \sigma^0$.

証明. $\omega := \rho + \sigma$ とすると，定理 4.21 より

$$\widehat{S}_f(\rho\|\sigma) = +\infty \iff \begin{cases} f(0^+) = +\infty \text{ かつ } (\omega^{-1/2}\rho\omega^{-1/2})^0 \neq \omega^0, \text{ または} \\ f'(\infty) = +\infty \text{ かつ } (\omega^0 - \omega^{-1/2}\rho\omega^{-1/2})^0 \neq \omega^0. \end{cases}$$

また次は容易:

$$(\omega^{-1/2}\rho\omega^{-1/2})^0 = \omega^0 \iff \sigma^0 \leq \rho^0,$$
$$(\omega^0 - \omega^{-1/2}\rho\omega^{-1/2})^0 = \omega^0 \iff (\omega^{-1/2}\sigma\omega^{-1/2})^0 = \omega^0 \iff \rho^0 \leq \sigma^0.$$

よって結論がいえる. $\qquad\qquad\square$

注意 4.24. 標準 f-ダイバージェンス $S_f(\rho\|\sigma)$ に対しても (4.22) の定義式より命題 4.23 と同じ結果が成立する (演習問題とする).

　以下この節で $S_f(\rho\|\sigma)$ と $\widehat{S}_f(\rho\|\sigma)$ の関係を議論する．次はそのための鍵になる補題である.

補題 4.25. 任意の $\rho, \sigma \in B(\mathcal{H})^+$ に対し，$\omega := \rho + \sigma$ とし $\omega^{-1/2}\rho\omega^{-1/2} = \sum_{i=1}^k t_i E_i$ を定理 4.21 と同じとする．$\Phi_0 \colon \mathbb{C}^k \to B(\mathcal{H})$ を

$$\Phi_0(\boldsymbol{a}) := \sum_{i=1}^k a_i \frac{\omega^{1/2} E_i \omega^{1/2}}{\operatorname{Tr} \omega E_i} \qquad (\boldsymbol{a} \in \mathbb{C}^k) \tag{4.32}$$

と定める．このとき Φ_0 はトレースを保存する (つまり $\operatorname{Tr} \Phi_0(\boldsymbol{a}) = \sum_{i=1}^k a_i$) 正写像であり，

$$\boldsymbol{a}_0 = (a_{0i})_{i=1}^k := (t_i \operatorname{Tr} \omega E_i)_{i=1}^k, \qquad \boldsymbol{b}_0 = (b_{0i})_{i=1}^k := ((1 - t_i) \operatorname{Tr} \omega E_i)_{i=1}^k$$

とすると

$$\Phi_0(\boldsymbol{a}_0) = \rho, \qquad \Phi_0(\boldsymbol{b}_0) = \sigma, \tag{4.33}$$

$$\widehat{S}_f(\rho\|\sigma) = \sum_{i=1}^k b_{0i} f\Big(\frac{a_{0i}}{b_{0i}}\Big). \tag{4.34}$$

証明. まず $E_i \leq \omega^0$ だから $\operatorname{Tr} \omega E_i > 0$ であり，Φ_0 が (4.32) により定義できることに注意する．Φ_0 がトレースを保存する正写像であることは明らかであり，

$$\Phi_0(\boldsymbol{a}_0) = \sum_{i=1}^k t_i \omega^{1/2} E_i \omega^{1/2} = \omega^{1/2}(\omega^{-1/2}\rho\omega^{-1/2})\omega^{1/2} = \rho,$$

$$\Phi_0(\boldsymbol{b}_0) = \sum_{i=1}^k (1 - t_i)\omega^{1/2} E_i \omega^{1/2} = \omega - \rho = \sigma$$

だから (4.33) が成立. さらに

$$\sum_{i=1}^{k} b_{0i} f\left(\frac{a_{0i}}{b_{0i}}\right) = \sum_{i=1}^{k} (1 - t_i) f\left(\frac{t_i}{1 - t_i}\right) \operatorname{Tr} \omega E_i = \widehat{S}_f(\rho\|\sigma) \quad ((4.27) \text{ より})$$

だから (4.34) が成立. $\qquad\square$

一般に，トレースを保存する正写像 $\Phi\colon \mathbb{C}^k \to B(\mathcal{H})$ と $\boldsymbol{a}, \boldsymbol{b} \in [0,\infty)^k$ が $\rho = \Phi(\boldsymbol{a})$, $\sigma = \Phi(\boldsymbol{b})$ を満たすとき，$(\Phi, \boldsymbol{a}, \boldsymbol{b})$ は ρ, σ の**逆テスト**と呼ばれる. 次の定理 (および証明) から補題 4.25 で与えた $(\Phi_0, \boldsymbol{a}_0, \boldsymbol{b}_0)$ は**極小逆テスト**と呼ばれる.

定理 4.26. 任意の $\rho, \sigma \in B(\mathcal{H})^+$ に対し

$$\widehat{S}_f(\rho, \sigma) = \min\{S_f(\boldsymbol{a}\|\boldsymbol{b})\colon (\Phi, \boldsymbol{a}, \boldsymbol{b}) \text{ は } \rho, \sigma \text{ の逆テスト}\}.$$

証明. 補題 4.25 で与えた極小逆テスト $(\Phi_0, \boldsymbol{a}_0, \boldsymbol{b}_0)$ により $\widehat{S}_f(\rho\|\sigma) = S_f(\boldsymbol{a}_0\|\boldsymbol{b}_0)$. 他方，$(\Phi, \boldsymbol{a}, \boldsymbol{b})$ を ρ, σ の任意の逆テストとし $\Phi\colon \mathbb{C}^k \to B(\mathcal{H})$ とする. 対角行列として $\mathbb{C}^k \subset B(\mathbb{C}^k)$ とみなし，例 2.11 の下で述べた議論と同様にして Φ を $\widetilde{\Phi}\colon B(\mathbb{C}^k) \to B(\mathcal{H})$ に拡張して $\widehat{S}_f$ の単調性 (定理 4.19 (4)) を使うと，

$$\widehat{S}_f(\rho\|\sigma) = \widehat{S}_f(\Phi(\boldsymbol{a})\|\Phi(\boldsymbol{b})) \leq S_f(\boldsymbol{a}\|\boldsymbol{b}).$$

よって定理の結論がいえる. $\qquad\square$

定理 4.27. 任意の $\rho, \sigma \in B(\mathcal{H})^+$ に対し

$$S_f(\rho\|\sigma) \leq \widehat{S}_f(\rho\|\sigma). \tag{4.35}$$

よって特に

$$D(\rho\|\sigma) \leq D_{\mathrm{BS}}(\rho\|\sigma). \tag{4.36}$$

証明. 補題 4.25 の $\Phi_0\colon \mathbb{C}^k \to B(\mathcal{H})$, $\boldsymbol{a}_0$, $\boldsymbol{b}_0$ を用いる. Φ_0 の定義域が可換環だから命題 1.10 より Φ_0 は CP である. S_f の単調性 ($\mathbb{C}^k \subset B(\mathbb{C}^k)$ として $X = I$ に対する定理 4.7 (4)) を使うと，

$$S_f(\rho\|\sigma) \leq S_f(\boldsymbol{a}_0\|\boldsymbol{b}_0) = \sum_{i=1}^{k} b_{0i} f\left(\frac{a_{0i}}{b_{0i}}\right) = \widehat{S}_f(\rho\|\sigma) \quad ((4.34) \text{ より}).$$

よって (4.35) が示せた. (4.36) は (4.35) で $f(x) = x \log x$ とした場合である. $\qquad\square$

次の定理は f の適当な仮定の下で，等号 $S_f(\rho\|\sigma) = \widehat{S}_f(\rho\|\sigma)$ が ρ, σ の可換性と同値であることをいう. 定理の (iv) の μ_f は $(0,\infty)$ 上の作用素凸関数 f の積分表示 (定理 1.22 (4) を見よ) に現れる $(0,\infty)$ 上の測度を表し，$|\operatorname{supp} \mu_f|$ は μ_f サポートの濃度を意味する.

定理 4.28 ([71]). $\rho, \sigma \in B(\mathcal{H})^+$ が $\rho^0 \leq \sigma^0$ とするとき，次の条件は同値である:

(i) $\rho\sigma = \sigma\rho$;

(ii) $(0,\infty)$ 上の任意の作用素凸関数 f に対し $S_f(\rho\|\sigma) = \widehat{S}_f(\rho\|\sigma)$;

(iii) $D(\rho\|\sigma) = D_{\mathrm{BS}}(\rho\|\sigma)$;

(iv) $|\operatorname{supp}\mu_f| \geq |\operatorname{Sp}(\sigma^{-1/2}\rho\sigma^{-1/2}) \cup \operatorname{Sp}(\Delta_{\rho,\sigma})|$ (ただし $\Delta_{\rho,\sigma}$ は相対モジュラー作用素) を満たす $(0,\infty)$ 上の作用素凸関数 f が存在して $S_f(\rho\|\sigma) = \widehat{S}_f(\rho\|\sigma) < +\infty$.

ρ, σ が可換なら同時対角化すれば上の定理の (i) $\Longrightarrow$ (ii) は直ぐに分かる. (ii) $\Longrightarrow$ (iii) は明らか. $f(x) = x\log x$ の場合, $\operatorname{supp}\mu_f = (0,\infty)$ (例 1.23 参照) だから (iii) $\Longrightarrow$ (iv) がいえる. 補題 4.25 の Φ_0, $\boldsymbol{a}_0$, $\boldsymbol{b}_0$ を用いると, (iv) は $S_f(\Phi_0(\boldsymbol{a}_0)\|\Phi_0(\boldsymbol{b}_0)) = S_f(\boldsymbol{a}_0\|\boldsymbol{b}_0) < +\infty$ と書ける. これは S_f の単調性における等号成立を意味する. これより S_f の単調性の等号成立条件に関する定理 ([71], [73]) を使うと (iv) $\Longrightarrow$ (i) が示せる. この定理は情報路の**十分性 (sufficiency)** あるいは状態の**復元可能性 (reversibility)** と呼ばれる非常に重要な結果であるが本書では扱わない. そのため上の定理の (iv) $\Longrightarrow$ (i) の証明はここでは割愛する.

4.4 測定 f-ダイバージェンス

2.2 節の (A) で説明したように, $\mathcal{H}$ 上の**測定 (POVM** ともいう) とは有限集合 $\mathcal{X}$ の要素 (可能な測定値) を添字とする $M_x \in B(\mathcal{H})^+$ の族 $\mathcal{M} = (M_x)_{x \in \mathcal{X}}$ で $\sum_{x \in \mathcal{X}} M_x = I$ を満たすものをいう. M_x がすべて射影作用素のとき $\mathcal{M}$ を**射影的測定**と呼ぶ. 測定 $\mathcal{M} = (M_x)_{x \in \mathcal{X}}$ はトレースを保存する正写像 (自動的に TPCP 写像) $\Phi\colon B(\mathcal{H}) \to C(\mathcal{X}) = \mathbb{C}^{\mathcal{X}}$, $\Phi(X) := (\operatorname{Tr} X M_x)_{x \in \mathcal{X}}$ $(X \in B(\mathcal{H}))$ と実質的に同じである (2.2 節の (A) を見よ). 以下 $\rho \in B(\mathcal{H})^+$ に対し $\mathcal{M}(\rho) := (\operatorname{Tr}\rho M_x)_{x \in \mathcal{X}}$ と書く.

定義 4.29. $f\colon (0,\infty) \to \mathbb{R}$ は凸関数とする. 定義 4.14 で述べたように標準 f-ダイバージェンス $S_f(\rho\|\sigma)$ に対応する古典版の f-ダイバージェンスは $\boldsymbol{a} = (a_i)_{i=1}^n$, $\boldsymbol{b} = (b_i)_{i=1}^n \in [0,\infty)^n$ に対し

$$S_f(\boldsymbol{a}\|\boldsymbol{b}) := \sum_{i=1}^n b_i f\left(\frac{a_i}{b_i}\right) \quad ((4.9) \text{ の規約に従う}). \tag{4.37}$$

任意の $\rho, \sigma \in B(\mathcal{H})^+$ に対し, ρ, σ の**測定 f-ダイバージェンス (measured f-divergence)** を

$$S_f^{\mathrm{meas}}(\rho\|\sigma) := \sup\{S_f(\mathcal{M}(\rho)\|\mathcal{M}(\sigma))\colon \mathcal{M} \text{ は } \mathcal{H} \text{ 上の測定}\}$$

と定める. また ρ, σ の**射影的測定 f-ダイバージェンス**を

$$S_f^{\mathrm{pr}}(\rho\|\sigma) := \sup\{S_f(\mathcal{M}(\rho)\|\mathcal{M}(\sigma))\colon \mathcal{M} \text{ は } \mathcal{H} \text{ 上の射影的測定}\}$$

と定める.

定義より $S_f^{\mathrm{pr}}(\rho\|\sigma) \leq S_f^{\mathrm{meas}}(\rho\|\sigma)$ は明らか.

補題 4.30. $f\colon (0,\infty) \to \mathbb{R}$ が凸関数とすると, 任意の $n \in \mathbb{N}$ に対し $(\boldsymbol{a},\boldsymbol{b}) \in [0,\infty)^n \times [0,\infty)^n \mapsto S_f(\boldsymbol{a}\|\boldsymbol{b})$ は同時凸, 同時劣加法的かつ同時下半連続である.

証明. まず, 凸関数 f のパースペクティブ関数 $a, b > 0 \mapsto bf(a/b)$ が同時凸であるとい

うよく知られた事実を確認しておく. $a_k, b_k > 0$ $(k = 1, 2)$, $\lambda \in (0, 1)$ に対し

$$(\lambda b_1 + (1-\lambda)b_2)f\left(\frac{\lambda a_1 + (1-\lambda)a_2}{\lambda b_1 + (1-\lambda)b_2}\right)$$

$$= (\lambda b_1 + (1-\lambda)b_2)f\left(\frac{\lambda b_1 \frac{a_1}{b_1} + (1-\lambda)b_2 \frac{a_2}{b_2}}{\lambda b_1 + (1-\lambda)b_2}\right)$$

$$\leq \lambda b_1 f\left(\frac{a_1}{b_1}\right) + (1-\lambda)b_2 f\left(\frac{a_2}{b_2}\right).$$

また (4.10) に注意すると, 定義式 (4.37) は

$$S_f(\boldsymbol{a}\|\boldsymbol{b}) = \lim_{\varepsilon \searrow 0}\sum_{i=1}^{n}(b_i + \varepsilon)f\left(\frac{a_i + \varepsilon}{b_i + \varepsilon}\right), \qquad \boldsymbol{a}, \boldsymbol{b} \in [0, \infty)^n$$

と表せる. これを使うと, 補題の結果は定理 4.7 (1), (2) ($X = I$ とする) の証明と同様にして示せる (詳しくは演習問題とする). □

定義 4.29 の $S_f^{\mathrm{meas}}(\rho\|\sigma)$ の定義では sup をとる測定 $\mathcal{M} = (M_x)_{x \in \mathcal{X}}$ の $|\mathcal{X}|$ に制限がない. 次の補題は $|\mathcal{X}|$ が高々 $(\dim \mathcal{H})^2$ で十分であることをいう.

補題 4.31. f は $(0, \infty)$ 上の凸関数とする. $d := \dim \mathcal{H}$ として, $\mathcal{H}$ の正規直交基底 $\{e_i\}_{i=1}^{d}$ の全体を ONB$(\mathcal{H})$ で表し, また $\mathcal{X} = \{1, \ldots, d^2\}$ での $\mathcal{H}$ 上の測定 $\mathcal{M} = (M_j)_{j=1}^{d^2}$ の全体を POVM$_{d^2}(\mathcal{H})$ で表す. このとき任意の $\rho, \sigma \in B(\mathcal{H})^+$ に対し

$$S_f^{\mathrm{pr}}(\rho\|\sigma) = \sup\{S_f\big((\langle e_i, \rho e_i\rangle)_{i=1}^{d}\|(\langle e_i, \sigma e_i\rangle)_{i=1}^{d}\big) : \{e_i\}_{i=1}^{d} \in \mathrm{ONB}(\mathcal{H})\}, \quad (4.38)$$

$$S_f^{\mathrm{meas}}(\rho\|\sigma) = \sup\{S_f(\mathcal{M}(\rho)\|\mathcal{M}(\sigma)) : \mathcal{M} \in \mathrm{POVM}_{d^2}(\mathcal{H})\}. \quad (4.39)$$

証明. $\mathcal{P} = (P_x)_{x \in \mathcal{X}}$ を $\mathcal{H}$ 上の任意の射影的測定とする. 各 P_x を $P_x\mathcal{H}$ の正規直交基底 $\{e_{x,j}\}_{j=1}^{d_x}$ $(d_x := \dim P_x\mathcal{H})$ により $P_x = \sum_{j=1}^{d_x}|e_{x,j}\rangle\langle e_{x,j}|$ と表すと, $\{e_{x,j} : 1 \leq j \leq d_x, x \in \mathcal{X}\} \in \mathrm{ONB}(\mathcal{H})$ であり, $\mathrm{Tr}\,\rho P_x = \sum_{j=1}^{d_x}\langle e_{x,j}, \rho e_{x,j}\rangle$, $\mathrm{Tr}\,\sigma P_x = \sum_{j=1}^{d_x}\langle e_{x,j}, \sigma e_{x,j}\rangle$ だから, 補題 4.30 より

$$S_f(\mathcal{P}(\rho)\|\mathcal{P}(\sigma)) = \sum_{x \in \mathcal{X}}(\mathrm{Tr}\,\sigma P_x)f\left(\frac{\mathrm{Tr}\,\rho P_x}{\mathrm{Tr}\,\sigma P_x}\right)$$

$$\leq \sum_{x \in \mathcal{X}}\left[\sum_{j=1}^{d_x}\langle e_{x,j}, \sigma e_{x,j}\rangle f\left(\frac{\langle e_{x,j}, \rho e_{x,j}\rangle}{\langle e_{x,j}, \sigma e_{x,j}\rangle}\right)\right].$$

よって $S_f(\mathcal{P}(\rho)\|\mathcal{P}(\sigma)) \leq$ (4.38) の右辺. これより (4.38) がいえる.

次に有限集合 $\mathcal{X}$ を任意に固定して, $\mathcal{H}$ 上の測定 $\mathcal{M} = (M_x)_{x \in \mathcal{X}}$ の全体を POVM$(\mathcal{X}, \mathcal{H})$ と表すと, POVM$(\mathcal{X}, \mathcal{H})$ は $B(\mathcal{H})^{\mathcal{X}}$ のコンパクト凸集合である. そこで POVM$(\mathcal{X}, \mathcal{H})$ の端点の全体を $\mathrm{ext}\,\mathrm{POVM}(\mathcal{X}, \mathcal{H})$ と書く. 任意の $\mathcal{M} \in \mathrm{POVM}(\mathcal{X}, \mathcal{H})$ に対し, $\mathcal{M}_j \in \mathrm{ext}\,\mathrm{POVM}(\mathcal{X}, \mathcal{H})$ $(1 \leq j \leq k)$ が存在して $\mathcal{M}$ は $\mathcal{M} = \sum_{j=1}^{k}\lambda_j\mathcal{M}_i$ $(\lambda_j > 0, \sum_j \lambda_j = 1)$ と凸結合に分解できる. すると補題 4.30 より

$$S_f(\mathcal{M}(\rho)\|\mathcal{M}(\sigma)) \leq \sum_{j=1}^{k}\lambda_j S_f(\mathcal{M}_j(\rho)\|\mathcal{M}_j(\sigma)).$$

各 $j = 1, \ldots, k$ に対し $\mathcal{M}_j = (M_{j,x})_{x \in \mathcal{X}}$ とすると, 付録の補題 A.12 より $|\{x \in \mathcal{X} :$

$M_{j,x} \neq 0\}| \leq d^2$ だから，$S_f(\mathcal{M}_j(\rho)\|\mathcal{M}_j(\sigma))$ は (4.39) の右辺の sup 内の $\{\cdots\}$ に属する．よって $S_f(\mathcal{M}(\rho)\|\mathcal{M}(\sigma)) \leq$ (4.39) の右辺．これより (4.39) がいえる． $\qquad\square$

補題 4.32. f は $(0,\infty)$ 上の凸関数とする．$0 \leq \gamma_0 < \gamma_1 \leq \pi/2$ に対し

$$\Gamma_{\gamma_0,\gamma_1} := \{(r\cos\theta, r\sin\theta) \colon r \geq 0,\ \gamma_0 \leq \theta \leq \gamma_1\} \subset [0,\infty) \times [0,\infty)$$

と定める．任意の $n \in \mathbb{N}$ と $0 < \gamma_0 < \gamma_1 < \pi/2$ に対し $(\boldsymbol{a},\boldsymbol{b}) \mapsto S_f(\boldsymbol{a}\|\boldsymbol{b})$ は $\Gamma_{\gamma_0,\gamma_1}^n$ $(\subset [0,\infty)^n \times [0,\infty)^n)$ 上で連続である．さらに $S_f(\boldsymbol{a}\|\boldsymbol{b})$ は

- $f(0^+) < +\infty$ なら $\Gamma_{\gamma_0,\pi/2}^n$ $(0 < \gamma_0 < \pi/2$ は任意$)$ 上で連続,
- $f'(\infty) < +\infty$ なら Γ_{0,γ_1}^n $(0 < \gamma_1 < \pi/2$ は任意$)$ 上で連続,
- $f(0^+), f'(\infty) < +\infty$ なら $\Gamma_{0,\pi/2}^n$ 上で連続.

証明． $0 < \gamma_0 < \gamma_1 < \pi/2$ として，$(a_n, b_n) = (r_n\cos\theta_n, r_n\sin\theta_n)$，$(a_0, b_0) = (r_0\cos\theta_0, r_0\sin\theta_0) \in \Gamma_{\gamma_0,\gamma_1}$ が $(a_n, b_n) \to (a_0, b_0)$ とする．$r_0 > 0$ なら $\theta_n \to \theta_0 \in [\gamma_0, \gamma_1]$ だから

$$b_n f\left(\frac{a_n}{b_n}\right) = b_n f(\cot\theta_n) \to b_0 f(\cot\theta_0) = b_0 f\left(\frac{a_0}{b_0}\right).$$

$r_0 = 0$ (つまり $(a_0, b_0) = (0,0)$) なら $\sup_n |f(\cot\theta_n)| < +$ だから

$$b_n f\left(\frac{a_n}{b_n}\right) \to 0 = b_0 f\left(\frac{a_0}{b_0}\right).$$

よって $(a, b) \mapsto bf(a/b)$ は $\Gamma_{\gamma_0,\gamma_2}$ 上で連続．$f(0^+) < +\infty$ のとき，上の議論が $[\gamma_0, \gamma_1]$ を $[\gamma_0, \pi/2]$ に置き換えてできるから，$bf(a/b)$ は $\Gamma_{\gamma_0,\pi/2}$ 上で連続．$f'(\infty) < +\infty$ のとき，f の転置 $\widetilde{f}$ により $\widetilde{f}(0^+) < +\infty$ で $bf(a/b) = a\widetilde{f}(b/a)$ だから，$bf(a/b)$ は Γ_{0,γ_1} 上で連続．$f(0^+), f'(\infty) < +\infty$ のときも同様に $bf(a/b)$ は $\Gamma_{0,\pi/2}$ 上で連続．これで $n = 1$ の場合が示せた．一般の n に対しては $n = 1$ の場合から直ちに分かる． $\qquad\square$

命題 4.33. f は $(0,\infty)$ 上の凸関数とする．任意の $\rho, \sigma \in B(\mathcal{H})^+$ に対し，(4.38) の sup は max になる．さらに f が $(0,\infty)$ 上で作用素凸なら，(4.39) の sup は max になる．((4.39) で最大値を与える測定を**最良測定 (optimal measurement)** という．)

証明． まず $d = 1$ なら結果は明らかなので $d \geq 2$ とする．$\mathrm{ONB}(\mathcal{H})$ と $\mathrm{POVM}_{d^2}(\mathcal{H})$ はそれぞれ $\mathcal{H}^d$ と $B(\mathcal{H})^{d^2}$ のコンパクト部分集合であることに注意する．$\rho, \sigma \in B(\mathcal{H})^+$ を固定すると，

$$\{e_i\}_{i=1}^d \in \mathrm{ONB}(\mathcal{H}) \mapsto (\langle e_i, \rho e_i\rangle)_{i=1}^d, (\langle e_i, \sigma e_i\rangle)_{i=1}^d \in [0,\infty)^d,$$
$$\mathcal{M} \in \mathrm{POVM}_{d^2}(\mathcal{H}) \mapsto \mathcal{M}(\rho), \mathcal{M}(\sigma) \in [0,\infty)^{d^2}$$

は連続である．以下の議論は (4.38) と (4.39) について同様であるから，(4.39) の場合だけ示す．まず次の 4 つの場合を確認する．

(a) $f(0^+) = +\infty$ かつ $\sigma^0 \not\leq \rho^0$ なら，$\mathcal{M} = (\rho^0, I - \rho^0, 0, \ldots, 0)$ で $S_f(\mathcal{M}(\rho)\|\mathcal{M}(\sigma)) = +\infty = S_f^{\mathrm{meas}}(\rho\|\sigma)$.

(b) $f'(\infty) = +\infty$ かつ $\rho^0 \not\leq \sigma^0$ なら，$\mathcal{M} = (\sigma^0, I - \sigma^0, 0, \ldots, 0)$ で $S_f(\mathcal{M}(\rho)\|\mathcal{M}(\sigma)) = +\infty = S_f^{\mathrm{meas}}(\rho\|\sigma)$.

(c) $f(0^+), f'(\infty) < +\infty$ なら，補題 4.32 より $\mathcal{M} \in \mathrm{POVM}_{d^2}(\mathcal{H}) \mapsto S_f(\mathcal{M}(\rho)\|\mathcal{M}(\sigma))$ は連続だから，$S_f(\mathcal{M}(\rho)\|\mathcal{M}(\sigma))$ は $\mathrm{POVM}_{d^2}(\mathcal{H})$ 上で最大値をとる.

(d) $\rho^0 = \sigma^0$ なら，$c_0, c_1 > 0$ がとれて $c_0 \sigma \le \rho \le c_1 \sigma$. このとき $c_0 \operatorname{Tr} \rho M \le \operatorname{Tr} \sigma M \le c_1 \operatorname{Tr} \rho M$ $(M \in B(\mathcal{H})^+)$. $\gamma_i := \tan^{-1} c_i \in (0, \pi/2)$ $(i = 0, 1)$ とすると，すべての $\mathcal{M} \in \mathrm{POVM}_{d^2}(\mathcal{H})$ に対し $(\mathcal{M}(\rho), \mathcal{M}(\sigma)) \in \Gamma^{d^2}_{\gamma_0, \gamma_1}$. よって補題 4.32 より $S_f(\mathcal{M}(\rho)\|\mathcal{M}(\sigma))$ は $\mathrm{POVM}_{d^2}(\mathcal{H})$ 上で最大値をとる.

(c) と (a), (b) に注意すると，残りは $f(0^+) = +\infty$ かつ $\sigma^0 \le \rho^0$，または $f'(\infty) = +\infty$ かつ $\rho^0 \le \sigma^0$ の場合を示せばよい. 前者の場合，(d) より $\rho^0 \nleq \sigma^0$ としてよいから，(b) より $f'(\infty) < +\infty$ としてよい. このとき $\gamma_1 \in (0, \pi/2)$ がとれて，すべての $\mathcal{M} \in \mathrm{POVM}_{d^2}(\mathcal{H})$ に対し $(\mathcal{M}(\rho), \mathcal{M}(\sigma)) \in \Gamma^{d^2}_{0, \gamma_1}$. よって補題 4.32 より結論がいえる. 後者の場合，(d) より $\sigma^0 \nleq \rho^0$ としてよいから，(a) より $f(0^+) < +\infty$ としてよい. よって再び補題 4.32 より結論がいえる. $\qquad\square$

次に S_f^{meas} と S_f^{pr} の重要な性質をまとめる.

命題 4.34. f は $(0, \infty)$ 上の凸関数とする.

(1) **転置**: 任意の $\rho, \sigma \in B(\mathcal{H})^+$ に対し

$$S_f^{\mathrm{meas}}(\rho\|\sigma) = S_{\widetilde{f}}^{\mathrm{meas}}(\sigma\|\rho), \qquad S_f^{\mathrm{pr}}(\rho\|\sigma) = S_{\widetilde{f}}^{\mathrm{pr}}(\sigma\|\rho).$$

(2) **劣加法性**: $\rho_i, \sigma_i \in B(\mathcal{H}_i)$ $(i = 1, 2)$ に対し

$$S_f^{\mathrm{meas}}(\rho_1 \oplus \rho_2 \| \sigma_1 \oplus \sigma_2) \le S_f^{\mathrm{meas}}(\rho_1\|\sigma_1) + S_f^{\mathrm{meas}}(\rho_2\|\sigma_2).$$

(3) **同時凸性**: $(\rho, \sigma) \mapsto S_f^{\mathrm{meas}}(\rho\|\sigma), S_f^{\mathrm{pr}}(\rho\|\sigma)$ は $B(\mathcal{H})^+ \times B(\mathcal{H})^+$ 上で同時凸かつ同時劣加法的.

(4) **同時下半連続性**: $(\rho, \sigma) \mapsto S_f^{\mathrm{meas}}(\rho\|\sigma), S_f^{\mathrm{pr}}(\rho\|\sigma)$ は $B(\mathcal{H})^+ \times B(\mathcal{H})^+$ 上で同時下半連続.

(5) **単調性 (DPI)**: $\Phi: B(\mathcal{H}) \to B(\mathcal{K})$ がトレースを保存する正写像なら，任意の $\rho, \sigma \in B(\mathcal{H})^+$ に対し

$$S_f^{\mathrm{meas}}(\Phi(\rho)\|\Phi(\sigma)) \le S_f^{\mathrm{meas}}(\rho\|\sigma).$$

(6) 任意の $\rho, \sigma, \omega \in B(\mathcal{H})^+$ に対し

$$S_f^{\mathrm{meas}}(\rho\|\sigma) = \lim_{\varepsilon \searrow 0} S_f^{\mathrm{meas}}(\rho + \varepsilon\omega \| \sigma + \varepsilon\omega),$$

$$S_f^{\mathrm{pr}}(\rho\|\sigma) = \lim_{\varepsilon \searrow 0} S_f^{\mathrm{pr}}(\rho + \varepsilon\omega \| \sigma + \varepsilon\omega).$$

(7) f が $(0, \infty)$ 上の作用素凸関数なら，任意の $\rho, \sigma \in B(\mathcal{H})^+$ に対し

$$S_f^{\mathrm{pr}}(\rho\|\sigma) \le S_f^{\mathrm{meas}}(\rho\|\sigma) \le S_f(\rho\|\sigma) \le \widehat{S}_f(\rho\|\sigma).$$

証明. (1) $\mathcal{H}$ 上の任意の測定 $\mathcal{M}$ に対し $S_f(\mathcal{M}(\rho)\|\mathcal{M}(\sigma)) = S_{\widetilde{f}}(\mathcal{M}(\sigma)\|\mathcal{M}(\rho))$ であることから明らか.

(2) $\mathcal{H}_1 \oplus \mathcal{H}_2$ 上の測定 $\mathcal{M} = (M_x)_{x \in \mathcal{X}}$ に対し $M_x = \begin{bmatrix} M_{x,11} & M_{x,12} \\ M_{x,12}^* & M_{x,22} \end{bmatrix}$ と書くと，

$\mathcal{M}_1 := (M_{x,11})_{x \in \mathcal{X}}$, $\mathcal{M}_2 := (M_{x,22})_{x \in \mathcal{X}}$ はそれぞれ $\mathcal{H}_1$, $\mathcal{H}_2$ 上の測定である．また

$$\mathcal{M}(\rho_1 \oplus \rho_2) = \mathcal{M}_1(\rho_1) + \mathcal{M}_2(\rho_2), \qquad \mathcal{M}(\sigma_1 \oplus \sigma_2) = \mathcal{M}_1(\sigma_1) + \mathcal{M}_2(\sigma_2)$$

は簡単に分かる．よって補題 4.30 より

$$S_f(\mathcal{M}(\rho_1 \oplus \rho_2) \| \mathcal{M}(\sigma_1 \oplus \sigma_2)) \leq S_f(\mathcal{M}_1(\rho_1) \| \mathcal{M}_1(\sigma_1)) + S_f(\mathcal{M}_2(\rho_2) \| \mathcal{M}_2(\sigma_2))$$
$$\leq S_f^{\mathrm{meas}}(\rho_1 \| \sigma_1) + S_f^{\mathrm{meas}}(\rho_2 \| \sigma_2)$$

だから劣加法性が成立．

(3), (4) をまとめて示す．任意の $\{e_i\}_{i=1}^d \in \mathrm{ONB}(\mathcal{H})$ と $\mathcal{M} \in \mathrm{POVM}_{d^2}(\mathcal{H})$ を固定すると，

$$(\rho, \sigma) \in B(\mathcal{H})^+ \times B(\mathcal{H})^+ \mapsto \left((\langle e_i, \rho e_i \rangle)_{i=1}^d, (\langle e_i, \sigma e_i \rangle)_{i=1}^d \right) \in [0, \infty)^d \times [0, \infty)^d,$$
$$(\rho, \sigma) \in B(\mathcal{H})^+ \times B(\mathcal{H})^+ \mapsto (\mathcal{M}(\rho), \mathcal{M}(\sigma)) \in [0, \infty)^{d^2} \times [0, \infty)^{d^2}$$

はアフィンかつ連続だから，補題 4.30, 4.31 から直ちに結論がいえる．

(5) $\mathcal{K}$ 上の測定 $\mathcal{M} = (M_x)_{x \in \mathcal{X}}$ に対し，$\Phi^*(\mathcal{M}) := (\Phi^*(M_x))_{x \in \mathcal{X}}$ は $\mathcal{H}$ 上の測定である．任意の $\rho, \sigma \in B(\mathcal{H})^+$ に対し

$$\mathcal{M}(\Phi(\rho)) = (\mathrm{Tr}\, \Phi(\rho) M_x)_{x \in \mathcal{X}} = (\mathrm{Tr}\, \rho \Phi^*(M_x))_{x \in \mathcal{X}} = \Phi^*(\mathcal{M})(\rho),$$

同じく $\mathcal{M}(\Phi(\sigma)) = \Phi^*(\mathcal{M})(\sigma)$ だから，

$$S_f(\mathcal{M}(\Phi(\rho)) \| \mathcal{M}(\Phi(\sigma))) = S_f(\Phi^*(\mathcal{M})(\rho) \| \Phi^*(\mathcal{M})(\sigma)) \leq S_f^{\mathrm{meas}}(\rho \| \sigma).$$

よって $S_f^{\mathrm{meas}}(\Phi(\rho) \| \Phi(\sigma)) \leq S_f^{\mathrm{meas}}(\rho \| \sigma)$．

(6) 上の (4) より

$$S_f^{\mathrm{meas}}(\rho \| \sigma) \leq \liminf_{\varepsilon \searrow 0} S_f^{\mathrm{meas}}(\rho + \varepsilon \omega \| \sigma + \varepsilon \omega).$$

他方，(3) より

$$S_f^{\mathrm{meas}}(\rho + \varepsilon \omega \| \sigma + \varepsilon \omega) \leq S_f^{\mathrm{meas}}(\rho \| \sigma) + S_f^{\mathrm{meas}}(\varepsilon \omega \| \varepsilon \omega)$$
$$= S_f^{\mathrm{meas}}(\rho \| \sigma) + \varepsilon (\mathrm{Tr}\, \omega) f(1).$$

よって S_f^{meas} に対する主張が成立．S_f^{pr} についても同様に示せる．

(7) 最初の不等号は定義 4.29 の直後に述べたように (f が一般の凸関数で) 明らか．f が作用素凸なら最後の不等号は定理 4.27 で示した．2 番目の不等号は S_f の単調性 ($X = I$ に対する定理 4.7 (4)) からいえる (定義 4.29 の上の説明を見よ)． □

等号 $S_f(\rho \| \sigma) = S_f^{\mathrm{meas}}(\rho \| \sigma)$ あるいは $S_f(\rho \| \sigma) = S_f^{\mathrm{pr}}(\rho \| \sigma)$ に関しては，定理 4.28 と類似の次の定理が成り立つ．

定理 4.35 ([71])．$\rho, \sigma \in B(\mathcal{H})^+$ が $\rho^0 \leq \sigma^0$ とするとき，次の条件は同値である:
(i) $\rho \sigma = \sigma \rho$;
(ii) $(0, \infty)$ 上の任意の作用素凸関数 f に対し $S_f(\rho \| \sigma) = S_f^{\mathrm{pr}}(\rho \| \sigma)$;

(iii) $|\mathrm{supp}\,\mu_f| \geq |\mathrm{Sp}(\Delta_{\rho,\sigma})| + (\dim\mathcal{H})^2$ を満たす $(0,\infty)$ 上の作用素凸関数 f が存在して
$S_f(\rho\|\sigma) = S_f^{\mathrm{meas}}(\rho\|\sigma) < +\infty$;

(iv) $|\mathrm{supp}\,\mu_f| \geq |\mathrm{Sp}(\Delta_{\rho,\sigma})| + \dim\mathcal{H}$ を満たす $(0,\infty)$ 上の作用素凸関数 f が存在して
$S_f(\rho\|\sigma) = S_f^{\mathrm{pr}}(\rho\|\sigma) < +\infty$.

可換な ρ,σ は同時対角化可能だから,上の定理の (i) $\Longrightarrow$ (ii) は直ぐに分かる. (ii) $\Longrightarrow$ (iii), (iv) は明らか. (iii)(または (iv))が成立するとき,命題 4.33 より測定 $\mathcal{M} = (M_i)_{i=1}^{d^2}$ (または射影的測定 $\mathcal{M} = (M_i)_{i=1}^{d}$)が存在して $S_f(\rho\|\sigma) = S_f(\mathcal{M}(\rho)\|\mathcal{M}(\sigma)) < +\infty$. 命題 4.34 (7) の証明から分かるように,これは S_f の単調性における等号成立を意味する. これより,定理 4.28 の (iv) $\Longrightarrow$ (i) と同様に,S_f の単調性の等号成立条件に関する定理 ([71], [73]) を使って (i) が示せる. この部分の証明はここでは割愛する.

注意 4.36. 3 種類の量子 f-ダイバージェンス S_f, $\widehat{S}_f$, S_f^{meas} をより概念的に理解するために以下の説明が有益であろう. f は $(0,\infty)$ 上の作用素凸関数とする. $\mathcal{H}$ がすべての有限次元 Hilbert 空間にわたるとき,次の 2 つの条件を満たす関数 $S_f^q \colon B(\mathcal{H})^+ \times B(\mathcal{H})^+ \to (-\infty, +\infty]$ を**単調量子 f-ダイバージェンス**と呼ぶ:

(a) 任意の TPCP 写像 $\Phi\colon B(\mathcal{K}) \to B(\mathcal{H})$ と $\rho,\sigma \in B(\mathcal{H})$ に対し $S_f^q(\Phi(\rho)\|\Phi(\sigma)) \leq S_f^q(\rho\|\sigma)$.

(b) $\rho,\sigma \in B(\mathcal{H})^+$ が可換なら $S_f^q(\rho\|\sigma)$ は古典的な f-ダイバージェンスと一致する. つまり $\mathcal{H}$ の正規直交基底 $\{e_i\}_{i=1}^{d}$ により $\rho = \sum_{i=1}^{d} a_i |e_i\rangle\langle e_i|$, $\sigma = \sum_{i=1}^{d} b_i |e_i\rangle\langle e_i|$ と同時対角化すると $S_f^q(\rho\|\sigma) = S_f^c(\boldsymbol{a}\|\boldsymbol{b}) := \sum_{i=1}^{d} b_i f\left(\frac{a_i}{b_i}\right)$.

このとき,定理 4.26 より極大 f-ダイバージェンス $\widehat{S}_f$ は ρ,σ を出力にもつ古典-量子情報路の入力側の f-ダイバージェンスを最小化したものであり,測定 f-ダイバージェンスは量子-古典情報路 (= 測定) の出力側の f-ダイバージェンスを最大化したものである. したがって $S_f^{\max}$ と S_f^{meas} は相補的な関係にあり,単調性の仮定 (a) より

$$S_f^{\mathrm{meas}}(\rho\|\sigma) \leq S_f^q(\rho\|\sigma) \leq \widehat{S}_f(\rho\|\sigma)$$

が成立する. それゆえ S_f^{meas}, $\widehat{S}_f$ は (a), (b) を満たす量子 f-ダイバージェンスのうちでそれぞれ極小,極大なものである. これが $\widehat{S}_f$ を極大 f-ダイバージェンスと呼ぶ理由である. 標準 f-ダイバージェンスは (a), (b) を満たす典型的なものであるから,$S_f^{\mathrm{meas}} \leq S_f \leq \widehat{S}_f$ (命題 4.34 (7)) である.

この節の残りで,適当な条件を満たす $(0,\infty)$ 上の凸関数 f に対し $S_f^{\mathrm{pr}}(\rho\|\sigma)$ の変分表示を与え,それを用いて等号 $S_f^{\mathrm{pr}}(\rho\|\sigma) = S_f^{\mathrm{meas}}(\rho\|\sigma)$ を示す. そのために付録の A.2 節で定義する関数族 $\mathcal{F}_{\mathrm{cv}}^{\nearrow}(0,\infty)$ と $\mathcal{F}_{\mathrm{cc}}^{\nearrow}(0,\infty)$ を用いる. $f \in \mathcal{F}_{\mathrm{cv}}^{\nearrow}(0,\infty)$ に対し

$$a_f := f'(0^+) \left(= \lim_{x\searrow 0} f'_+(x)\right), \qquad b_f := -f(0^+)$$

と定めると $a_f \in [0,\infty)$, $b_f \in (-\infty,\infty)$ である. Legendre 型の変換 $f^\sharp$ $(\in \mathcal{F}_{\mathrm{cv}}^{\nearrow}(0,\infty))$ を (A.4) で定義すると,$f^\sharp$ が (a_f,∞) を (b_f,∞) に連続かつ狭義単調増加に写すから逆関数 $(f^\sharp)^{-1}\colon (b_f,\infty) \to (a_f,\infty)$ が定まる. また $g \in \mathcal{F}_{\mathrm{cc}}^{\nearrow}(0,\infty)$ に対し

$$a_g := g'(0^+), \qquad b_g := -g(0^+), \qquad c_g := -g(\infty)$$

と定めると, $g \neq$ 定数 なら $a_g \in (0, \infty]$, $-\infty \leq c_g < b_g \leq \infty$ である. 変換 $g^\flat$ $(\in \mathcal{F}_{cc}^{\nearrow}(0, \infty))$ を (A.5) で定義すると, $g^\flat$ が $(0, a_g)$ を (c_g, b_g) に連続かつ狭義単調増加に写すから逆関数 $(g^\flat)^{-1}: (c_g, b_g) \to (0, a_g)$ が定まる.

表記を簡単にするため, $-\infty \leq \alpha < \beta \leq \infty$ に対し

$$B(\mathcal{H})_{(\alpha, \beta)} := \{A \in B(\mathcal{H}): A = A^*, \mathrm{Sp}(A) \subset (\alpha, \beta)\}$$

と書く. 特に $B(\mathcal{H})_{(0, \infty)} = B(\mathcal{H})^{++}$ である.

命題 4.37. $\rho, \sigma \in B(\mathcal{H})^+$ とする.

(1) $f \in \mathcal{F}_{cv}^{\nearrow}(0, \infty)$ とすると

$$S_f^{\mathrm{pr}}(\rho\|\sigma) = \sup_{A \in B(\mathcal{H})_{(a_f, \infty)}} \{\mathrm{Tr}\, \rho A - \mathrm{Tr}\, \sigma f^\sharp(A)\} \tag{4.40}$$

$$= \sup_{A \in B(\mathcal{H})_{(b_f, \infty)}} \{\mathrm{Tr}\, \rho (f^\sharp)^{-1}(A) - \mathrm{Tr}\, \sigma A\}. \tag{4.41}$$

(2) $g \in \mathcal{F}_{cc}^{\nearrow}(0, \infty)$ が $g \neq$ 定数 とし, $f := -g$ とすると

$$S_f^{\mathrm{pr}}(\rho\|\sigma) = \sup_{A \in B(\mathcal{H})_{(0, a_g)}} \{-\mathrm{Tr}\, \rho A + \mathrm{Tr}\, \sigma g^\flat(A)\} \tag{4.42}$$

$$= \sup_{A \in B(\mathcal{H})_{(c_g, b_g)}} \{-\mathrm{Tr}\, \rho (g^\flat)^{-1}(A) + \mathrm{Tr}\, \sigma A\}. \tag{4.43}$$

証明. (1) $\mathcal{P} = (P_x)_{x \in \mathcal{X}}$ を $\mathcal{H}$ 上の射影的測定とする. 任意の $x \in \mathcal{X}$ に対し

$$(\mathrm{Tr}\, \sigma P_x) f\Big(\frac{\mathrm{Tr}\, \rho P_x}{\mathrm{Tr}\, \sigma P_x}\Big) = \sup_{t > 0}\big\{t\, \mathrm{Tr}\, \rho P_x - f^\sharp(t)\, \mathrm{Tr}\, \sigma P_x\big\} \tag{4.44}$$

を示す. $\mathrm{Tr}\, \rho P_x, \mathrm{Tr}\, \sigma P_x > 0$ なら, 付録の補題 A.3 (1) より (4.44) の左辺は

$$(\mathrm{Tr}\, \sigma P_x) \sup_{t > 0}\Big\{\frac{\mathrm{Tr}\, \rho P_x}{\mathrm{Tr}\, \sigma P_x} t - f^\sharp(t)\Big\} = \sup_{t > 0}\big\{t\, \mathrm{Tr}\, \rho P_x - f^\sharp(t)\, \mathrm{Tr}\, \sigma P_x\big\}.$$

$\mathrm{Tr}\, \rho P_x = 0$, $\mathrm{Tr}\, \sigma P_x > 0$ なら, (4.44) の左辺は

$$f(0^+)\, \mathrm{Tr}\, \sigma P_x = -f^\sharp(0^+)\, \mathrm{Tr}\, \sigma P_x = \sup_{t > 0}\big\{-f^\sharp(t)\, \mathrm{Tr}\, \sigma P_x\big\}.$$

上で補題 A.3 (1) の $f(0^+) = -f^\sharp(0^+)$ を使った. $\mathrm{Tr}\, \rho P_x > 0$, $\mathrm{Tr}\, \sigma P_x = 0$ なら, (4.44) の左辺は

$$f'(\infty)\, \mathrm{Tr}\, \rho P_x = +\infty = \sup_{t > 0} t\, \mathrm{Tr}\, \rho P_x \quad (f'(\infty) = +\infty \text{ より}).$$

$\mathrm{Tr}\, \rho P_x = \mathrm{Tr}\, \sigma P_x = 0$ なら, (4.44) の両辺 $= 0$. これで (4.44) が示せた.

$x \in \mathcal{X}$ について (4.44) の両辺の和をとると

$$\begin{aligned}
S_f(&\mathcal{P}(\rho)\|\mathcal{P}(\sigma)) \\
&= \sum_x (\mathrm{Tr}\, \sigma P_x) f\Big(\frac{\mathrm{Tr}\, \rho P_x}{\mathrm{Tr}\, \sigma P_x}\Big) = \sup_{(t_x) > 0} \sum_x \big\{t_x\, \mathrm{Tr}\, \rho P_x - f^\sharp(t_x)\, \mathrm{Tr}\, \sigma P_x\big\} \\
&= \sup_{(t_x) > 0} \Big\{\mathrm{Tr}\, \rho\Big(\sum_x t_x P_x\Big) - \mathrm{Tr}\, \sigma\Big(\sum_x f^\sharp(t_x) P_x\Big)\Big\}.
\end{aligned} \tag{4.45}$$

さらに $f^\sharp$ の定義から，$0 < t \le a_f$ なら $f^\sharp(t) = b_f$ がいえる．よって (4.45) の sup は $t_x > a_f$ に制限しても同じであるから，$\mathcal{P} = (P_x)$ について sup をとると

$$S_f^{\mathrm{pr}}(\rho\|\sigma) = \sup_{(P_x)} \sup_{(t_x),\, t_x > a_f} \left\{ \operatorname{Tr} \rho\left(\sum_x t_x P_x\right) - \operatorname{Tr} \sigma f^\sharp\left(\sum_x t_x P_x\right) \right\}.$$

$A = \sum_x t_x P_x$ とおいて (4.40) が示せた．$A \mapsto (f^\sharp)^{-1}(A)$ が $B(\mathcal{H})_{(b_f,\infty)}$ を $B(\mathcal{H})_{(a_f,\infty)}$ に写すから (4.41) も成立する．

(2) $\mathcal{P} = (P_x)_{x \in \mathcal{X}}$ を $\mathcal{H}$ 上の射影的測定とする．任意の $x \in \mathcal{X}$ に対し

$$(\operatorname{Tr} \sigma P_x) f\left(\frac{\operatorname{Tr} \rho P_x}{\operatorname{Tr} \sigma P_x}\right) = \sup_{t>0}\{-t \operatorname{Tr} \rho P_x + g^\flat(t) \operatorname{Tr} \sigma P_x\} \tag{4.46}$$

を示す．$\operatorname{Tr} \rho P_x, \operatorname{Tr} \sigma P_x > 0$ なら，補題 A.3 (2) より (4.46) の左辺は

$$-(\operatorname{Tr} \sigma P_x) g\left(\frac{\operatorname{Tr} \rho P_x}{\operatorname{Tr} \sigma P_x}\right) = -(\operatorname{Tr} \sigma P_x) \inf_{t>0}\left\{\frac{\operatorname{Tr} \rho P_x}{\operatorname{Tr} \sigma P_x} t - g^\flat(t)\right\}$$
$$= \sup_{t>0}\{-t \operatorname{Tr} \rho P_x + g^\flat(t) \operatorname{Tr} \sigma P_x\}.$$

$\operatorname{Tr} \rho P_x = 0,\ \operatorname{Tr} \sigma P_x > 0$ なら，(4.46) の左辺は $g(0^+) = -g^\flat(\infty)$ より

$$-g(0^+) \operatorname{Tr} \sigma P_x = g^\flat(\infty) \operatorname{Tr} \sigma P_x = \sup_{t>0}\{g^\flat(t) \operatorname{Tr} \sigma P_x\}.$$

$\operatorname{Tr} \rho P_x > 0,\ \operatorname{Tr} \sigma P_x = 0$ なら，(4.46) の左辺は

$$-g'(\infty) \operatorname{Tr} \rho P_x = 0 = \sup_{t>0}\{-t \operatorname{Tr} \rho P_x\} \quad (g'(\infty) = 0\ \text{より}).$$

$\operatorname{Tr} \rho P_x = \operatorname{Tr} \sigma P_x = 0$ なら，(4.46) の両辺 $= 0$．これで (4.46) が示せた．さらに $a_g < \infty$ とすると，$-b_g = g(0^+) > -\infty$ であり，$t \ge a_g$ なら $g^\flat(t) = -b_g$ だから，上の (1) の証明と同様にして (4.42) が示せる．$A \mapsto (g^\flat)^{-1}(A)$ が $B(\mathcal{H})_{(c_g,b_g)}$ を $B(\mathcal{H})_{(0,a_g)}$ に写すから (4.43) も成立する． $\qquad\square$

命題 4.37 を用いて等式 $S_f^{\mathrm{pr}} = S_f^{\mathrm{meas}}$ を次に示す．

定理 4.38. f は $(0,\infty)$ 上の凸関数とし $g := -f$ とする．次の (1), (2) のいずれかが満たされるとする:

(1) $f \in \mathcal{F}_{\mathrm{cv}}^{\nearrow}(0,\infty)$ であり，$f^\sharp$ が (a_f,∞) で作用素凸または $(f^\sharp)^{-1}$ が (b_f,∞) 上で作用素凹.

(2) $g \in \mathcal{F}_{\mathrm{cc}}^{\nearrow}(0,\infty)$ であり，$g^\flat$ が $(0,a_g)$ 上で作用素凹または $(g^\flat)^{-1}$ が (c_g,b_g) 上で作用素凸.

このとき任意の $\rho, \sigma \in B(\mathcal{H})^+$ に対し

$$S_f^{\mathrm{pr}}(\rho\|\sigma) = S_f^{\mathrm{meas}}(\rho\|\sigma).$$

証明. $S_f^{\mathrm{meas}}(\rho\|\sigma) \le S_f^{\mathrm{pr}}(\rho\|\sigma)$ を示せばよい．

(1) $f \in \mathcal{F}_{\mathrm{cv}}^{\nearrow}(0,\infty)$ とする．$\mathcal{H}$ 上の任意の測定 $\mathcal{M} = (M_x)_{x \in \mathcal{X}}$ に対し，命題 4.37 (1) の証明で $\operatorname{Tr} \rho P_x, \operatorname{Tr} \sigma P_x$ を $\operatorname{Tr} \rho M_x, \operatorname{Tr} \sigma M_x$ に置き換えると次が同様に示せる:

$$\sum_x (\operatorname{Tr} \sigma M_x) f\Big(\frac{\operatorname{Tr} \rho M_x}{\operatorname{Tr} \sigma M_x}\Big)$$

$$= \sup_{(t_x), t_x > a_f} \Big\{ \operatorname{Tr} \rho \Big(\sum_x t_x M_x\Big) - \operatorname{Tr} \sigma \Big(\sum_x f^\sharp(t_x) M_x\Big) \Big\}$$

$$= \sup_{(s_x), s_x > b_f} \Big\{ \operatorname{Tr} \rho \Big(\sum_x (f^\sharp)^{-1}(s_x) M_x\Big) - \operatorname{Tr} \sigma \Big(\sum_x s_x M_x\Big) \Big\}.$$

$f^\sharp$ が (a_f, ∞) 上で作用素凸なら，Davis–Choi の Jensen 不等式 (命題 1.21 参照) より $t_x > a_f$ に対し

$$f^\sharp\Big(\sum_x t_x M_x\Big) = f^\sharp\Big(\sum_x M_x^{1/2} t_x M_x^{1/2}\Big) \le \sum_x M_x^{1/2} f^\sharp(t_x) M_x^{1/2} = \sum_x f^\sharp(t_x) M_x.$$

よって

$$\sum_x (\operatorname{Tr} \sigma M_x) f\Big(\frac{\operatorname{Tr} \rho M_x}{\operatorname{Tr} \sigma M_x}\Big)$$

$$\le \sup_{(t_x), t_x > a_f} \Big\{ \operatorname{Tr} \rho \Big(\sum_x t_x M_x\Big) - \operatorname{Tr} \sigma f^\sharp\Big(\sum_x t_x M_x\Big) \Big\}$$

$$\le \sup_{A \in B(\mathcal{H})_{(a_f, \infty)}} \Big\{ \operatorname{Tr} \rho A - \operatorname{Tr} \sigma f^\sharp(A) \Big\} = S_f^{\mathrm{pr}}(\rho \| \sigma).$$

上の最後の等号は (4.40) による.

次に $(f^\sharp)^{-1}$ が (b_f, ∞) 上で作用素凹なら，上と同様に $s_x > b_f$ に対し

$$(f^\sharp)^{-1}\Big(\sum_x s_x M_x\Big) \ge \sum_x M_x^{1/2} (f^\sharp)^{-1}(s_x) M_x^{1/2} = \sum_x (f^\sharp)^{-1}(s_x) M_x$$

だから

$$\sum_x (\operatorname{Tr} \sigma M_x) f\Big(\frac{\operatorname{Tr} \rho M_x}{\operatorname{Tr} \sigma M_x}\Big)$$

$$\le \sup_{(s_x), s_x > b_f} \Big\{ \operatorname{Tr} \rho (f^\sharp)^{-1}\Big(\sum_x s_x M_x\Big) - \operatorname{Tr} \sigma \Big(\sum_x s_x M_x\Big) \Big\}$$

$$\le \sup_{A \in B(\mathcal{H})_{(b_f, \infty)}} \Big\{ \operatorname{Tr} \rho (f^\sharp)^{-1}(A) - \operatorname{Tr} \sigma A \Big\} = S_f^{\mathrm{pr}}(\rho \| \sigma).$$

上の最後の等号は (4.41) による. ゆえに $S_f^{\mathrm{meas}}(\rho \| \sigma) \le S_f^{\mathrm{pr}}(\rho \| \sigma)$ が示せた.

(2) $g = $ 定数 なら結論は明らかだから $g \ne$ 定数 とする．すると $a_g > 0, c_g < b_g$. $\mathcal{H}$ 上の任意の測定 $\mathcal{M} = (M_x)_{x \in \mathcal{X}}$ に対し，命題 4.37 (2) の証明と同様に次が示せる:

$$\sum_x (\operatorname{Tr} \sigma M_x) f\Big(\frac{\operatorname{Tr} \rho M_x}{\operatorname{Tr} \sigma M_x}\Big)$$

$$= \sup_{(t_x), 0 < t_x < a_g} \Big\{ -\operatorname{Tr} \rho \Big(\sum_x t_x M_x\Big) + \operatorname{Tr} \sigma \Big(\sum_x g^\flat(t_x) M_x\Big) \Big\}$$

$$= \sup_{(s_x), c_g < s_x < b_g} \Big\{ -\operatorname{Tr} \rho \Big(\sum_x (g^\flat)^{-1}(s_x) M_x\Big) + \operatorname{Tr} \sigma \Big(\sum_x s_x M_x\Big) \Big\}.$$

$g^\flat$ が $(0, a_g)$ 上で作用素凹なら，上の (1) の証明と同様に Davis–Choi の Jensen 不等式

と (4.42) より結果が示せる．$(g^\flat)^{-1}$ が (c_g, b_g) 上で作用素凸でも (4.43) より同様である．□

　$(0, \infty)$ 上の多くの凸関数 f が定理 4.38 の仮定 (1) または (2) を満たす（後述の 5.4 節の例 5.25, 5.26 を見よ）．それゆえ定理 4.38 の結果 $S_f^{\mathrm{pr}} = S_f^{\mathrm{meas}}$ は適用範囲が広い．ところで $S_f^{\mathrm{pr}}(\rho\|\sigma) < S_f^{\mathrm{meas}}(\rho\|\sigma)$ である具体例は現在まで知られていない．

4.5　文献ノート

　4.1 節の擬 f-ダイバージェンス（Petz の呼び方では擬エントロピー）は最初に Kosaki [91] で導入され，Petz [126], [127] でもっと詳しく研究された．4.1 節は [127] の内容を最新版に改良したものになっている．ちなみに古典的な f-ダイバージェンスは Csiszár により研究された（例えば文献 [37]）．擬 f-ダイバージェンスの特別の場合である標準 f-ダイバージェンス $S_f(\rho\|\sigma)$ については 4.2 節で簡単に触れたが，詳しい文献として有限次元の場合の [73]，von Neumann 環の場合の [67] がある．

　4.3 節の極大 f-ダイバージェンス $\widehat{S}_f(\rho\|\sigma)$ は最初に Petz–Ruskai [130] で導入され，Matsumoto [106] と [71] で詳しく研究された．さらに $\widehat{S}_f$ の von Neumann 環の場合への拡張が [68] にある．$\rho, \sigma \in B(\mathcal{H})^{++}$ のとき 1.4 節で説明した作用素パースペクティブ $P_f(\rho, \sigma)$ を用いて $\widehat{S}_f(\rho\|\sigma) = \mathrm{Tr}\, P_f(\rho, \sigma)$ と定義されることから，$\widehat{S}_f$ は数学的に自然なものである．しかし量子情報における $\widehat{S}_f$ の応用は S_f ほど広くない．$f(x) := x \log x$ のときの Belavkin–Staszewski 相対エントロピー $D_{\mathrm{BS}}(\rho\|\sigma) = \widehat{S}_{x \log x}(\rho\|\sigma)$ は [19] で導入された．関連して Fujii–Kamei [154] で導入された作用素相対エントロピーは $-x \log x$ に対する作用素パースペクティブ（定義 1.33）である．不等式 $S_f \leq \widehat{S}_f$ の特別の場合である $D \leq D_{\mathrm{BS}}$ は [76] で 6.4 節で説明する量子 Stein の補題の副産物として最初に証明された．補題 4.25 と定理 4.26, 4.27 で使った（極小）逆テストのアイデアは [106] による．定理 4.28 の詳しい証明は [71] の Theorem 4.3 を見よ．

　4.4 節の測定 f-ダイバージェンスについてはあちこちの論文に記述があるが，まとまった解説が有限次元の場合で [71] に，von Neumann 環の場合で [69] にある．定理 4.35 の詳しい証明は [71] の Theorem 4.18 を見よ．Berta–Fawzi–Tomamichel [22] は相対エントロピーを含む量子 Rényi ダイバージェンス（次章のテーマ）D_α に対して D_α^{pr} の変分表示を用いて $D_\alpha^{\mathrm{pr}} = D_\alpha^{\mathrm{meas}}$ を示した．モノグラフ [69] でもっと一般の S_f に対する S_f^{pr} の変分表示（命題 4.37）と $S_f^{\mathrm{pr}} = S_f^{\mathrm{meas}}$（定理 4.38）に拡張された．$D_\alpha^{\mathrm{pr}} = D_\alpha^{\mathrm{meas}}$ については 5.4 節の例 5.25, 5.26 で詳しく説明する．

第 5 章
量子 Rényi ダイバージェンス

　量子情報が近年目覚ましく発展する過程で，相対エントロピー $D(\rho\|\sigma)$ をパラメータ $\alpha \geq 0$ をもつ径数族に拡張する 2 種類の量子 Rényi ダイバージェンス (量子 Rényi 相対エントロピーともいう) $D_\alpha(\rho\|\sigma)$ と $\widetilde{D}_\alpha(\rho\|\sigma)$ が量子情報の研究に重要であるという認識が深まった．相対エントロピー D は D_α と $\widetilde{D}_\alpha$ の $\alpha \to 1$ の極限になる．D_α は標準的な量子 Rényi ダイバージェンスで以前から知られていたが，$\widetilde{D}_\alpha$ はサンドイッチ Rényi ダイバージェンスと呼ばれる新しいタイプのもので最近 10 年くらいで研究が進んだ．

　本章の 5.1–5.3 節では古典的な Rényi ダイバージェンスの量子版である上記の 2 種類の標準 Rényi ダイバージェンス D_α とサンドイッチ Rényi ダイバージェンス $\widetilde{D}_\alpha$ に，α-z-Rényi ダイバージェンス $D_{\alpha,z}$ を加えた 3 種類の Rényi 型の量子ダイバージェンスについて詳しく解説する．3 番目の $D_{\alpha,z}$ は D_α と $\widetilde{D}_\alpha$ を同時に拡張するものである．3 つの $D_\alpha, \widetilde{D}_\alpha, D_{\alpha,z}$ に共通の最も重要な性質は TPCP 写像の下での単調性 (DPI) である．最後の 5.4 節では量子 Rényi ダイバージェンスの測定型について解説する．

　量子 Rényi ダイバージェンス $D_\alpha, \widetilde{D}_\alpha$ の量子情報理論における意義は極めて大きい．例えば，第 6 章で取り上げるいくつかのタイプの量子仮説検定でエラー確率の漸近限界の記述に量子 Rényi ダイバージェンス $D_\alpha, \widetilde{D}_\alpha$ が使われる．また第 7 章の量子通信路符号化の証明で $D_\alpha, \widetilde{D}_\alpha$ が中心的な役割を果たす．

5.1　標準 Rényi ダイバージェンス

　この節で説明する量子 Rényi ダイバージェンスは標準 (または Petz 型) Rényi ダイバージェンスと呼ばれる古くから知られていたものである．

定義 5.1. $\rho, \sigma \in B(\mathcal{H})^+$ とパラメータ $\alpha \in [0, \infty)$ に対し

$$Q_\alpha(\rho\|\sigma) := \begin{cases} \operatorname{Tr} \rho^\alpha \sigma^{1-\alpha} & (0 \leq \alpha \leq 1 \text{ または } \rho^0 \leq \sigma^0 \text{ のとき}), \\ +\infty & (\alpha > 1 \text{ かつ } \rho^0 \not\leq \sigma^0 \text{ のとき}) \end{cases}$$

と定める．ただし ρ^0, σ^0 は ρ, σ のサポート射影とし，$\beta < 0$ のとき σ^β は $\sigma^0 \mathcal{H}$ に制限して定める．つまり σ^{-1} を一般逆として $\sigma^\beta = (\sigma^{-1})^{-\beta}$ と定める．そこで，$\rho \neq 0$,

$\alpha \in [0, \infty) \setminus \{1\}$ のとき，ρ, σ の**標準 Rényi ダイバージェンス**を

$$D_\alpha(\rho\|\sigma) := \frac{1}{\alpha - 1} \log \frac{Q_\alpha(\rho\|\sigma)}{\operatorname{Tr}\rho}$$

と定める．

補題 5.2. $[0, \infty)$ 上の凸関数 f_α を

$$f_\alpha(x) := \begin{cases} x^\alpha & (\alpha > 1 \text{ のとき}), \\ -x^\alpha & (0 < \alpha < 1 \text{ のとき}) \end{cases}$$

と定めると，任意の $\rho, \sigma \in B(\mathcal{H})^+$ に対し

$$Q_\alpha(\rho\|\sigma) = \begin{cases} S_{f_\alpha}(\rho\|\sigma) & (\alpha > 1), \\ -S_{f_\alpha}(\rho\|\sigma) & (0 < \alpha < 1). \end{cases} \tag{5.1}$$

証明. $0 < \alpha < 1$ なら $f_\alpha(0) = f'_\alpha(\infty) = 0$ だから，(4.22) より

$$S_{f_\alpha}(\rho\|\sigma) = \langle \sigma^{1/2}, f_\alpha(\Delta_{\rho,\sigma})\Delta^0_{\rho,\sigma}\sigma^{1/2}\rangle_{\mathrm{HS}} = \langle \sigma^{1/2}, -L^\alpha_\rho R^\alpha_{\sigma^{-1}}\sigma^{1/2}\rangle_{\mathrm{HS}}$$
$$= \langle \sigma^{1/2}, -L_{\rho^\alpha} R_{\sigma^{-\alpha}}\sigma^{1/2}\rangle_{\mathrm{HS}} = -\operatorname{Tr}\rho^\alpha \sigma^{1-\alpha} = -Q_\alpha(\rho\|\sigma).$$

$\alpha > 1$ なら $f_\alpha(0) = 0$, $f'_\alpha(\infty) = +\infty$ だから，同じく (4.22) より

$$S_{f_\alpha}(\rho\|\sigma) = (+\infty)\operatorname{Tr}\rho(I - \sigma^0) + \langle \sigma^{1/2}, f_\alpha(\Delta_{\rho,\sigma})\Delta^0_{\rho,\sigma}\sigma^{1/2}\rangle_{\mathrm{HS}}$$
$$= (+\infty)\operatorname{Tr}\rho(I - \sigma^0) + \operatorname{Tr}\rho^\alpha \sigma^{1-\alpha} = Q_\alpha(\rho\|\sigma).$$

上の最後の等号は $\operatorname{Tr}\rho(I - \sigma^0) = 0 \iff \rho^0 \le \sigma^0$ による． $\square$

　上の補題は $\alpha \in (0, \infty) \setminus \{1\}$ なら $Q_\alpha(\rho\|\sigma)$ が（それゆえ $D_\alpha(\rho\|\sigma)$ も）実質的に標準 f-ダイバージェンスの一種であることをいう．

　次に $Q_\alpha(\rho\|\sigma)$ と $D_\alpha(\rho\|\sigma)$ のいくつかの性質をまとめる．

命題 5.3. $\rho, \sigma \in B(\mathcal{H})^+$, $\rho \ne 0$ とする．

(1) $\rho^0 \perp \sigma^0$ のとき，$Q_\alpha(\rho\|\sigma) = 0$ $(0 \le \alpha \le 1)$, $Q_\alpha(\rho\|\sigma) = +\infty$ $(\alpha > 1)$. よってすべての $\alpha \in [0, \infty) \setminus \{1\}$ に対し $D_\alpha(\rho\|\sigma) = +\infty$.

(2) $\rho^0 \not\perp \sigma^0$ のとき，すべての $\alpha \ge 0$ に対し $Q_\alpha(\rho\|\sigma) > 0$ であり，$\alpha \in [0, \infty) \mapsto \log Q_\alpha(\rho\|\sigma)$ は凸関数．

(3) 極限 $D_1(\rho\|\sigma) := \lim_{\alpha \to 1} D_\alpha(\rho\|\sigma)$ が存在し

$$D_1(\rho\|\sigma) = \frac{D(\rho\|\sigma)}{\operatorname{Tr}\rho} \quad (D(\rho\|\sigma) \text{ は相対エントロピー}). \tag{5.2}$$

(4) **α に関する単調性**: $\alpha \in [0, \infty) \mapsto D_\alpha(\rho\|\sigma)$ $(D_1(\rho\|\sigma)$ は上の (3) で定めた) は単調増加．

(5) 任意の $\alpha \in [0, 1]$ に対し $Q_\alpha(\rho\|\sigma) = Q_{1-\alpha}(\sigma\|\rho)$ であり，$\rho, \sigma \ne 0$ なら

$$\frac{1}{\alpha}D_\alpha(\rho\|\sigma) = \frac{1}{1-\alpha}D_{1-\alpha}(\sigma\|\rho) + \frac{1}{\alpha(1-\alpha)}\log\frac{\operatorname{Tr}\rho}{\operatorname{Tr}\sigma}, \quad 0 < \alpha < 1.$$

よって $\mathrm{Tr}\,\rho = \mathrm{Tr}\,\sigma$ なら $\lim_{\alpha \searrow 0}\frac{1}{\alpha}D_\alpha(\rho\|\sigma) = D_1(\sigma\|\rho)$.

(6) $\rho_i, \sigma_i \in B(\mathcal{H})^+$, $\rho_i \neq 0$ $(i=1,2)$ とする. $0 \le \alpha \le 1$ のとき, $\rho_1 \le \rho_2$, $\sigma_1 \le \sigma_2$ なら $Q_\alpha(\rho_1\|\sigma_1) \le Q_\alpha(\rho_2\|\sigma_2)$. $1 < \alpha \le 2$ のとき, $\sigma_1 \le \sigma_2$ なら $Q_\alpha(\rho\|\sigma_1) \ge Q_\alpha(\rho\|\sigma_2)$. よって任意の $\alpha \in [0,2]$ に対し, $\sigma_1 \le \sigma_2$ なら $D_\alpha(\rho\|\sigma_1) \ge D_\alpha(\rho\|\sigma_2)$.

(7) テンソル積の下での加法性: $\rho_i, \sigma_i \in B(\mathcal{H}_i)$, $\rho_i \neq 0$ $(i=1,2)$ とすると, 任意の $\alpha \in [0,\infty)$ に対し

$$Q_\alpha(\rho_1 \otimes \rho_2 \| \sigma_1 \otimes \sigma_2) = Q_\alpha(\rho_1\|\sigma_1)Q_\alpha(\rho_2\|\sigma_2), \tag{5.3}$$

$$D_\alpha(\rho_1 \otimes \rho_2 \| \sigma_1 \otimes \sigma_2) = D_\alpha(\rho_1\|\sigma_1) + D_\alpha(\rho_2\|\sigma_2). \tag{5.4}$$

証明. (1) は定義より簡単.

(2) $\rho^0 \not\perp \sigma^0$ とする. 明らかに $Q_\alpha(\rho\|\sigma) > 0$ $(\alpha \ge 0)$. $\alpha \ge 0$ に対し $F(\alpha) := \mathrm{Tr}\,\rho^\alpha\sigma^{1-\alpha}$ とおく. $\Delta_{\rho,\sigma}$ のスペクトル分解を付録の (A.11) のように $\Delta_{\rho,\sigma} = \sum_{i=1}^n t_i E_{\rho,\sigma}(t_i)$ と表すと,

$$F(\alpha) = \langle \sigma^{1/2}, \Delta_{\rho,\sigma}^\alpha \Delta_{\rho,\sigma}^0 \sigma^{1/2}\rangle_{\mathrm{HS}} = \sum_{i=1}^n t_i^\alpha \|E_{\rho,\sigma}(t_i)\sigma^{1/2}\|_2^2$$

と書ける. 任意の $\alpha_1, \alpha_2 \ge 0$, $0 < \lambda < 1$ に対し Hölder の不等式より

$$F(\lambda\alpha_1 + (1-\lambda)\alpha_2) = \sum_{i=1}^n (t_i^{\alpha_1})^\lambda (t_i^{\alpha_2})^{1-\lambda}\|E_{\rho,\sigma}(t_i)\sigma^{1/2}\|_2^2$$
$$\le \left(\sum_{i=1}^n t_i^{\alpha_1}\|E_{\rho,\sigma}(t_i)\sigma^{1/2}\|_2^2\right)^\lambda \left(\sum_{i=1}^n t_i^{\alpha_2}\|E_{\rho,\sigma}(t_i)\sigma^{1/2}\|_2^2\right)^{1-\lambda}$$
$$= F(\alpha_1)^\lambda F(\alpha_2)^{1-\lambda}.$$

よって $\log F(\alpha)$ は $[0,\infty)$ 上で凸関数である[*1)].

$\rho^0 \le \sigma^0$ なら, $Q_\alpha(\rho\|\sigma) = F(\alpha)$ $(\alpha \ge 0)$ だから $\log Q_\alpha(\rho\|\sigma)$ は $[0,\infty)$ 上で凸. $\rho^0 \not\le \sigma^0$ なら, $Q_\alpha(\rho\|\sigma) = F(\alpha)$ $(0 \le \alpha \le 1)$, $Q_\alpha(\rho\|\sigma) = +\infty$ $(\alpha > 1)$ だから, この場合も $\log Q_\alpha(\rho\|\sigma)$ は $[0,\infty)$ 上で凸.

(3) $\rho^0 \le \sigma^0$ のとき, 上で定義した $F(\alpha)$ を用いて

$$D_\alpha(\rho\|\sigma) = \frac{\log F(\alpha) - \log F(1)}{\alpha - 1}, \qquad \alpha \in [0,\infty)\setminus\{1\}. \tag{5.5}$$

また (4.6) のスペクトル分解を用いて $F(\alpha) = \sum_{a,b>0} a^\alpha b^{1-\alpha}\,\mathrm{Tr}\,P_a Q_b$ $(\alpha \ge 0)$. よって

$$\lim_{\alpha \to 1} D_\alpha(\rho\|\sigma) = \frac{d}{d\alpha}\log F(\alpha)\Big|_{\alpha=1} = \frac{F'(1)}{F(1)}$$
$$= \frac{1}{F(1)}\sum_{a,b>0}\left(a\log\frac{a}{b}\right)\mathrm{Tr}\,P_a Q_b = \frac{D(\rho\|\sigma)}{\mathrm{Tr}\,\rho}.$$

$\rho^0 \not\le \sigma^0$ なら, $\log F(1) = \log\mathrm{Tr}\,\rho\sigma^0 < \log\mathrm{Tr}\,\rho$ だから

[*1)] これは $\log F(\alpha)$ を 2 回微分した式に Schwarz の不等式を使っても示せる (読者の演習問題とする).

$$\lim_{\alpha \nearrow 1} D_\alpha(\rho\|\sigma) = \lim_{\alpha \nearrow 1} \frac{\log F(\alpha) - \log \operatorname{Tr}\rho}{\alpha - 1} = +\infty.$$

他方 $Q_\alpha(\rho\|\sigma) = +\infty$ $(\alpha > 1)$ だから $\lim_{\alpha \to 1} D_\alpha(\rho\|\sigma) = +\infty = D(\rho\|\sigma)/\operatorname{Tr}\rho$.

(4) $\rho^0 \le \sigma^0$ なら, 上の (2) の証明で示したように $\log F(\alpha)$ は $[0, \infty)$ 上で凸. よって (5.5) より結論を得る. $\rho^0 \not\le \sigma^0$ でも, $\log F(1) < \log \operatorname{Tr}\rho$ だから, $D_\alpha(\rho\|\sigma)$ は $0 \le \alpha < 1$ で単調増加. 他方この場合 $D_\alpha(\rho\|\sigma) = +\infty$ $(\alpha \ge 1)$.

(5) $0 \le \alpha \le 1$ に対し $f_\alpha = \widetilde{f_{1-\alpha}}$ だから, 命題 4.6 (3) より $S_{f_\alpha}(\rho\|\sigma) = S_{f_{1-\alpha}}(\sigma\|\rho)$. よって最初の主張は (5.1) よりいえる. さらに $\rho, \sigma \ne 0$ のとき, $0 < \alpha < 1$ に対し

$$D_\alpha(\rho\|\sigma) = \frac{1}{\alpha - 1} \log \frac{Q_{1-\alpha}(\sigma\|\rho)}{\operatorname{Tr}\rho} = \frac{\alpha}{1-\alpha} D_{1-\alpha}(\sigma\|\rho) + \frac{1}{1-\alpha} \log \frac{\operatorname{Tr}\rho}{\operatorname{Tr}\sigma}$$

だから残りの主張もいえる.

(6) $\alpha \in (0, 2] \setminus \{1\}$ に対する Q_α についての結果は (5.1) より定理 4.7 (5) から従う (直接に示すのも簡単). $\alpha = 0$ のときは $Q_0(\rho\|\sigma) = \operatorname{Tr}\rho^0\sigma$ から簡単. $\alpha = 1$ のときも同様に簡単. よって $\alpha \in [0, 2] \setminus \{1\}$ に対する D_α についての結果もいえる. D_1 の場合は (5.2) より命題 2.15 (2) に帰着する.

(7) $(\rho_1 \otimes \rho_2)^\beta = \rho_1^\beta \otimes \rho_2^\beta$ $(\beta \in \mathbb{R})$ に注意する. 特に $(\rho_1 \otimes \rho_2)^0 = \rho_1^0 \otimes \rho_2^0$. また $\rho_i \ne 0$ だから, $(\rho_1 \otimes \rho_2)^0 \le (\sigma_1 \otimes \sigma_2)^0 \iff \rho_1^0 \le \sigma_1^0$ かつ $\rho_2^0 \le \sigma_2^0$ (これは命題 2.15 (4) の証明で注意した) だから, $0 \le \alpha \le 1$ または $(\rho_1 \otimes \rho_2)^0 \le (\sigma_1 \otimes \sigma_2)^0$ なら, (5.3) は簡単に分かる. また $\alpha > 1$ かつ $(\rho_1 \otimes \rho_2)^0 \not\le (\sigma_1 \otimes \sigma_2)^0$ なら, (5.3) は両辺 $= +\infty$ で成立. 任意の $\alpha \in [0, \infty) \setminus \{1\}$ に対し D_α の加法性 (5.4) は (5.3) より明らか. $\alpha = 1$ の場合も (3) からいえる (この場合は (5.2) と命題 2.15 (4) からも従う). $\square$

$D_\alpha(\rho\|\sigma)$ の重要な性質は次の定理にまとめられる.

定理 5.4. (1) **同時 (下半) 連続性**: $(\rho, \sigma) \mapsto D_\alpha(\rho\|\sigma)$ は $(B(\mathcal{H})^+ \setminus \{0\}) \times B(\mathcal{H})^+$ 上で $0 < \alpha < 1$ なら同時連続, $\alpha = 0$ なら同時上半連続, また $\alpha \ge 1$ なら同時下半連続である.

(2) **同時凸性**: $(\rho, \sigma) \mapsto Q_\alpha(\rho\|\sigma)$ は $B(\mathcal{H})^+ \times B(\mathcal{H})^+$ 上で任意の $\alpha \in [0, 1]$ に対し同時凹かつ同時優加法的, 任意の $\alpha \in (1, 2]$ に対し同時凸かつ同時劣加法的である. よって $0 \le \alpha \le 1$ なら $D_\alpha(\rho\|\sigma)$ は $\{(\rho, \sigma) \in B(\mathcal{H})^+ \times B(\mathcal{H})^+ : \operatorname{Tr}\rho = c\}$ $(c > 0$ は定数$)$ 上で同時凸である.

(3) 任意の $\alpha \in [0, 2]$ に対し, $\rho \in B(\mathcal{H})^+$, $\rho \ne 0$ を固定して $\sigma \in B(\mathcal{H})^+ \mapsto D_\alpha(\rho\|\sigma)$ は凸.

(4) **単調性 (DPI)**: $\Phi : B(\mathcal{H}) \to B(\mathcal{K})$ はトレースを保存する正写像で Φ^* が Schwarz 写像であるとする. 任意の $\alpha \in [0, 2]$ と $\rho, \sigma \in B(\mathcal{H})^+$, $\rho \ne 0$ に対し

$$D_\alpha(\Phi(\rho)\|\Phi(\sigma)) \le D_\alpha(\rho\|\sigma).$$

(5) **狭義正値性**: $\rho, \sigma \in B(\mathcal{H})^+$ は $\rho, \sigma \ne 0$ とする. 任意の $\alpha \in [0, \infty)$ に対し

$$D_\alpha(\rho\|\sigma) \ge \log \frac{\operatorname{Tr}\rho}{\operatorname{Tr}\sigma} \tag{5.6}$$

であり, $\alpha > 0$ なら等号成立 $\iff \rho = \frac{\operatorname{Tr}\rho}{\operatorname{Tr}\sigma}\sigma$. よって $\alpha > 0$, $\operatorname{Tr}\rho = \operatorname{Tr}\sigma$ なら

$D_\alpha(\rho\|\sigma) \geq 0$ であり，$D_\alpha(\rho\|\sigma) = 0 \iff \rho = \sigma$．

証明. (1) まず関数 $\log$ が $[0, +\infty]$ から $[-\infty, +\infty]$ (無限遠点 $\pm\infty$ を添加した位相空間と考える) への連続な単調増加関数であることに注意する．$0 < \alpha < 1$ のとき，$(\rho, \sigma) \mapsto \rho^\alpha \sigma^{1-\alpha}$ が $B(\mathcal{H})^+ \times B(\mathcal{H})^+$ 上で連続だから，$D_\alpha(\rho\|\sigma)$ は $(B(\mathcal{H})^+ \setminus \{0\}) \times B(\mathcal{H})^+$ 上で同時連続．$\alpha = 0$ のとき，

$$h_\varepsilon(x) := \frac{x}{x + \varepsilon}, \qquad x \geq 0,\ \varepsilon > 0 \tag{5.7}$$

を用いて $\mathrm{Tr}\,\rho^0\sigma = \sup_{\varepsilon > 0} \mathrm{Tr}\,h_\varepsilon(\rho)\sigma$ と書けるから，$Q_0(\rho\|\sigma)$ は $B(\mathcal{H})^+ \times B(\mathcal{H})^+$ 上で同時下半連続．よって $D_0(\rho\|\sigma)$ は $(B(\mathcal{H})^+ \setminus \{0\}) \times B(\mathcal{H})^+$ 上で同時上半連続．$1 \leq \alpha \leq 2$ のとき，(5.1) と定理 4.7 (2) および (5.2) と定理 2.16 (2) より $D_\alpha(\rho\|\sigma)$ は $(B(\mathcal{H})^+ \setminus \{0\}) \times B(\mathcal{H})^+$ 上で同時下半連続．$\alpha > 2$ でも，$Q_\alpha(\rho\|\sigma) = Q_2(\rho^{\alpha/2}\|\sigma^{\alpha-1})$ と $(\rho, \sigma) \mapsto (\rho^{\alpha/2}, \sigma^{\alpha-1})$ の連続性に注意すれば同じ結論がいえる．

(2) 最初の主張は，$\alpha \in (0,1) \cup (1,2]$ なら (5.1) と定理 4.7 (1) から従う．$Q_0(\rho\|\sigma) = \lim_{\alpha \searrow 0} Q_\alpha(\rho\|\sigma)$, $Q_1(\rho\|\sigma) = \lim_{\alpha \nearrow 1} Q_\alpha(\rho\|\sigma)$ だから $\alpha = 0, 1$ でも同じ結論がいえる．後半は $0 \leq \alpha < 1$ なら非負凹関数が対数凹であることから明らかであり，$\alpha = 1$ の場合は定理 2.16 (3) に帰着する．

(3) $\alpha \in [0,1]$ なら上の (2) に含まれるので，$\alpha \in (1,2]$ と仮定する．$\sigma_1, \sigma_2 \in B(\mathcal{H})^+$, $\lambda \in (0,1)$, $\varepsilon > 0$ に対し

$$\begin{aligned} D_\alpha(\rho\|&\lambda(\sigma_1 + \varepsilon I) + (1-\lambda)(\sigma_2 + \varepsilon I)) \\ &\leq \lambda D_\alpha(\rho\|\sigma_1 + \varepsilon I) + (1-\lambda)D_\alpha(\rho\|\sigma_2 + \varepsilon I) \end{aligned} \tag{5.8}$$

を示せばよい．実際，定理 4.7 (6) ($\omega_1 = 0$, $\omega_2 = I$ として) より (5.8) で $\varepsilon \searrow 0$ とすると結論を得る．$x^{1-\alpha}$ $(x > 0)$ が作用素単調減少 (例 1.15) だから，定理 1.26 より

$$\sigma \in B(\mathcal{H})^{++} \mapsto \log \mathrm{Tr}\,\rho^\alpha \sigma^{1-\alpha} = \log\langle \rho^{\alpha/2}, L_\sigma^{1-\alpha}\rho^{\alpha/2}\rangle_{\mathrm{HS}}$$

は凸である．これより (5.8) が従う．

(4) (5.1) と定理 4.7 (4) より $\alpha \in (0,1)$ なら $Q_\alpha(\Phi(\rho)\|\Phi(\sigma)) \geq Q_\alpha(\rho\|\sigma)$ であり，$\alpha \in (1,2]$ なら $Q_\alpha(\Phi(\rho)\|\Phi(\sigma)) \leq Q_\alpha(\rho\|\sigma)$ である．また $\alpha \searrow 0$ として $Q_0(\Phi(\rho)\|\Phi(\sigma)) \geq Q_0(\rho\|\sigma)$．よって $\alpha \in [0,2] \setminus \{1\}$ のとき結論がいえる．$\alpha = 1$ の場合は定理 2.16 (4) に帰着する．

(5) 任意の $\alpha \in [0,2]$ に対し，上の (4) で $\Phi: B(\mathcal{H}) \to \mathbb{C}$, $\Phi(X) := \mathrm{Tr}\,X$ とすると $D_\alpha(\rho\|\sigma) \geq D_\alpha(\mathrm{Tr}\,\rho\|\mathrm{Tr}\,\sigma)$．$\alpha \neq 1$ なら

$$D_\alpha(\mathrm{Tr}\,\rho\|\mathrm{Tr}\,\sigma) = \frac{1}{\alpha - 1}\log \frac{(\mathrm{Tr}\,\rho)^\alpha (\mathrm{Tr}\,\sigma)^{1-\alpha}}{\mathrm{Tr}\,\rho} = \log \frac{\mathrm{Tr}\,\rho}{\mathrm{Tr}\,\sigma}.$$

(5.2) より上の等式は $\alpha = 1$ でも成立．よって命題 5.3 (4) より (5.6) がすべての $\alpha \geq 0$ に対し成立．$\rho = k\sigma$ ($k = \mathrm{Tr}\,\rho/\mathrm{Tr}\,\sigma$) とすると，$Q_\alpha(\rho\|\sigma) = k^\alpha \mathrm{Tr}\,\sigma$ だから $D_\alpha(\rho\|\sigma) = \log\frac{\mathrm{Tr}\,\rho}{\mathrm{Tr}\,\sigma}$ ($\alpha \geq 0$). 逆にある $\alpha > 0$ で等号成立するなら，命題 5.3 (4) よりある $\alpha \in (0,1)$ で等号成立する．これは $f = f_\alpha$ に対する (4.24) で等号成立することを意味する．それゆえ命題 4.15 より $\rho = \frac{\mathrm{Tr}\,\rho}{\mathrm{Tr}\,\sigma}\sigma$． $\square$

注意 5.5. 定理 5.4 (2) の $1 < \alpha \le 2$ に対する Q_α の同時凸性は $\alpha > 2$ に拡張できない. これは $\alpha > 2$ なら $x^{1-\alpha}$ が作用素凸でないことから分かる. したがって定理 5.4 (4) の D_α の単調性も $\alpha > 2$ では成立しない (注意 4.11 より単調性 $\implies$ 同時凸性がいえるから). また, $\alpha > 2$ なら $x^{1-\alpha}$ が作用素単調減少でないから, 命題 5.3 (6) の $\sigma \mapsto D_\alpha(\rho\|\sigma)$ の単調減少性も $\alpha > 2$ に拡張できない.

5.2 サンドイッチ Rényi ダイバージェンス

この節で説明する量子 Rényi ダイバージェンスはサンドイッチ Rényi ダイバージェンスと呼ばれる新しいタイプのものである.

定義 5.6. $\rho, \sigma \in B(\mathcal{H})^+$ と $\alpha \in (0, \infty)$ に対し

$$\widetilde{Q}_\alpha(\rho\|\sigma) := \begin{cases} \operatorname{Tr}\big(\sigma^{\frac{1-\alpha}{2\alpha}} \rho \, \sigma^{\frac{1-\alpha}{2\alpha}}\big)^\alpha & (0 < \alpha \le 1 \text{ または } \rho^0 \le \sigma^0 \text{ のとき}), \\ +\infty & (\alpha > 1 \text{ かつ } \rho^0 \not\le \sigma^0 \text{ のとき}) \end{cases}$$

と定める. ただし $\beta < 0$ のとき σ^β は定義 5.1 と同じ意味で定める. そこで, $\rho \ne 0$, $\alpha \in (0, \infty) \setminus \{1\}$ のとき, ρ, σ の**サンドイッチ Rényi** ダイバージェンスを

$$\widetilde{D}_\alpha(\rho\|\sigma) := \frac{1}{\alpha - 1} \log \frac{\widetilde{Q}_\alpha(\rho\|\sigma)}{\operatorname{Tr}\rho}$$

と定める. 特に ρ, σ が可換なら, 正規直交基底 $\{e_i\}_{i=1}^d$ により $\rho = \sum_{i=1}^d a_i |e_i\rangle\langle e_i|$, $\sigma = \sum_{i=1}^d b_i |e_i\rangle\langle e_i|$ と同時対角化すると,

$$\widetilde{D}_\alpha(\rho\|\sigma) = D_\alpha(\rho\|\sigma) = \frac{1}{\alpha - 1} \log \frac{\sum_{i=1}^d a_i^\alpha b_i^{1-\alpha}}{\sum_{i=1}^d a_i}, \qquad \alpha \in (0, \infty) \setminus \{1\}$$

と古典的な Rényi ダイバージェンスになる.

以下の $\widetilde{Q}_\alpha$, $\widetilde{D}_\alpha$ の説明では多くの場合に $\alpha \in [1/2, \infty) \setminus \{1\}$ とする. 実際のところ, $0 < \alpha < 1/2$ の $\widetilde{Q}_\alpha$, $\widetilde{D}_\alpha$ はあまり役に立たない (これについて注意 5.18 を見よ).

注意 5.7. $\alpha = 1/2$ のときの $\widetilde{Q}_{1/2}$ と $Q_{1/2}$ は量子情報で有用なフィデリティ $F(\rho\sigma) = \operatorname{Tr}(\sigma^{1/2}\rho\sigma^{1/2})^{1/2}$ と遷移確率 $P(\rho, \sigma) = \operatorname{Tr}\rho^{1/2}\sigma^{1/2}$ (定義 2.24 参照) にそれぞれ等しい:

$$\widetilde{Q}_{1/2}(\rho\|\sigma) = F(\rho, \sigma), \qquad \widetilde{D}_{1/2}(\rho\|\sigma) = -2\log\frac{F(\rho, \sigma)}{\operatorname{Tr}\rho},$$

$$Q_{1/2}(\rho\|\sigma) = P(\rho, \sigma), \qquad D_{1/2}(\rho\|\sigma) = -2\log\frac{P(\rho, \sigma)}{\operatorname{Tr}\rho}.$$

以下の補題で Araki–Masuda の L^p-ノルムを用いて $\widetilde{Q}_\alpha(\rho\|\sigma)$ の別表示を与える.

定義 5.8. $\rho, \sigma \in B(\mathcal{H})^+$ とし, $\mathcal{S}(\mathcal{H})$ は $\mathcal{H}$ 上の状態の全体とする. $2 \le p \le \infty$ に対し

$$\|\rho^{1/2}\|_{p,\sigma}^{\mathrm{AM}} := \begin{cases} \sup\big\{\big\|\Delta_{\eta,\sigma}^{\frac{1}{2} - \frac{1}{p}} \rho^{1/2}\big\|_2 : \eta \in \mathcal{S}(\mathcal{H})\big\} & (\rho^0 \le \sigma^0 \text{ のとき}), \\ +\infty & (\rho^0 \not\le \sigma^0 \text{ のとき}) \end{cases} \tag{5.9}$$

と定め，$1 \leq p < 2$ に対し

$$\|\rho^{1/2}\|_{p,\sigma}^{\mathrm{AM}} := \inf\bigl\{\bigl\|\Delta_{\eta,\sigma}^{\frac{1}{2}-\frac{1}{p}}\rho^{1/2}\bigr\|_2 : \eta \in \mathcal{S}(\mathcal{H}),\, \eta^0 \geq \rho^0\bigr\} \tag{5.10}$$

と定める．ただし $\beta < 0$ のとき (5.10) の $\Delta_{\eta,\sigma}^{\beta}\rho^{1/2}$ は $\Delta_{\eta,\sigma}^{\beta}\Delta_{\eta,\sigma}^{0}\rho^{1/2}$ と定める．(5.9) と (5.10) で定義される $\|\rho^{1/2}\|_{p,\sigma}^{\mathrm{AM}}$ は $\rho^{1/2}$ の σ に関する **Araki–Masuda** の L^p-ノルムと呼ばれる．

補題 5.9. 任意の $\rho, \sigma \in B(\mathcal{H})^+$ と $\alpha \in [1/2, \infty) \setminus \{1\}$ に対し

$$\widetilde{Q}_\alpha(\rho\|\sigma) = \bigl(\|\rho^{1/2}\|_{2\alpha,\sigma}^{\mathrm{AM}}\bigr)^{2\alpha}. \tag{5.11}$$

よって $\rho \neq 0$ なら

$$\widetilde{D}_\alpha(\rho\|\sigma) = \frac{1}{\alpha-1}\log\frac{\bigl(\|\rho^{1/2}\|_{2\alpha,\sigma}^{\mathrm{AM}}\bigr)^{2\alpha}}{\mathrm{Tr}\,\rho}.$$

証明. $\rho = 0$ なら (5.11) の両辺 $= 0$ だから $\rho \neq 0$ とする．$p = 2\alpha$ とする．任意の $\eta \in \mathcal{S}(\mathcal{H})$ に対し

$$\begin{aligned}
\bigl\|\Delta_{\eta,\sigma}^{\frac{1}{2}-\frac{1}{p}}\rho^{1/2}\bigr\|_2^2 &= \bigl\|\eta^{\frac{1}{2}-\frac{1}{p}}\rho^{1/2}\sigma^{\frac{1}{p}-\frac{1}{2}}\bigr\|_2^2 = \mathrm{Tr}\,\eta^{1-\frac{2}{p}}\rho^{1/2}\sigma^{\frac{2}{p}-1}\rho^{1/2} \\
&= \mathrm{Tr}\,\eta^{\frac{p-2}{p}}A^{2/p} = \bigl\|A^{1/p}\eta^{\frac{p-2}{2p}}\bigr\|_2^2.
\end{aligned} \tag{5.12}$$

ただし $A := \bigl(\rho^{1/2}\sigma^{\frac{2-p}{p}}\rho^{1/2}\bigr)^{p/2}$ とする．$2 \leq p < \infty$ のとき，$\rho^0 \not\leq \sigma^0$ なら (5.11) の両辺 $= +\infty$ だから，$\rho^0 \leq \sigma^0$ とする．$\frac{1}{p} + \frac{p-2}{2p} = \frac{1}{2}$ による Hölder の不等式 (定理 1.51 (1)) より

$$(5.12) \leq (\mathrm{Tr}\,A)^{2/p}(\mathrm{Tr}\,\eta)^{\frac{p-2}{p}} = (\mathrm{Tr}\,A)^{2/p}$$

である．さらに $\rho^0 \leq \sigma^0$ より $\mathrm{Tr}\,A > 0$ だから，$\eta = A/\mathrm{Tr}\,A$ とすると直接計算して $(5.12) = (\mathrm{Tr}\,A)^{2/p}$．他方 $1 \leq p < 2$ のとき，$\eta^0 \geq \rho^0$ なら $A^0 \leq \rho^0 \leq \eta^0$ だから，$\eta^0\mathcal{H}$ に制限して $\eta > 0$ としてよい．このとき逆向き Hölder の不等式 (定理 1.51 (2)) を $(p,q,r) = (p, 2p/(p-2), 2)$ に適用すると

$$(5.12) \geq (\mathrm{Tr}\,A)^{2/p}(\mathrm{Tr}\,\eta)^{\frac{p-2}{p}} = (\mathrm{Tr}\,A)^{2/p}$$

であり，さらに任意の $\varepsilon > 0$ に対し $\eta = (A + \varepsilon(I - A^0))/\mathrm{Tr}(A + \varepsilon(I - A^0))$ とすると $(5.12) = [\mathrm{Tr}(A + \varepsilon(I - A^0))]^{\frac{2-p}{p}}\mathrm{Tr}\,A \to (\mathrm{Tr}\,A)^{2/p}$ $(\varepsilon \searrow 0)$．ゆえに $\|\rho^{1/2}\|_{p,\sigma}^{\mathrm{AM}} = (\mathrm{Tr}\,A)^{1/p}$ であり，

$$\bigl(\|\rho^{1/2}\|_{2\alpha,\sigma}^{\mathrm{AM}}\bigr)^{2\alpha} = \mathrm{Tr}\,A = \mathrm{Tr}\bigl(\rho^{1/2}\sigma^{\frac{1-\alpha}{\alpha}}\rho^{1/2}\bigr)^{\alpha} = \widetilde{Q}_\alpha(\rho\|\sigma)$$

が示せた． $\square$

注意 5.10. 上の証明で $2 \leq p < \infty$ で $\rho^0 \leq \sigma^0$ のとき $A^0 = \rho^0$ だから，(5.9) の sup は (5.10) と同様に $\eta \in \mathcal{S}(\mathcal{H})$, $\eta^0 \geq \rho^0$ に制限しても同じである．

次に示す $\alpha > 1$ の場合の極限の式は以下の議論で有用である．

補題 5.11. $\alpha > 1$ のとき,

$$\widetilde{Q}_\alpha(\rho\|\sigma) = \lim_{\varepsilon \searrow 0} \widetilde{Q}_\alpha(\rho\|\sigma + \varepsilon I) \quad \text{(単調増加)}, \tag{5.13}$$

$$\widetilde{Q}_\alpha(\rho\|\sigma) = \lim_{\varepsilon \searrow 0} \widetilde{Q}_\alpha(\rho + \varepsilon I\|\sigma + \varepsilon I). \tag{5.14}$$

証明. (4.6) の σ のスペクトル分解を用いて

$$\rho^{1/2}(\sigma + \varepsilon I)^{\frac{1-\alpha}{\alpha}}\rho^{1/2} = \sum_b (b + \varepsilon)^{\frac{1-\alpha}{\alpha}}\rho^{1/2}Q_b\rho^{1/2}$$
$$= \sum_{b>0} (b + \varepsilon)^{\frac{1-\alpha}{\alpha}}\rho^{1/2}Q_b\rho^{1/2} + \varepsilon^{\frac{1-\alpha}{\alpha}}\rho^{1/2}(I - \sigma^0)\rho^{1/2}.$$

$\varepsilon \searrow 0$ のとき, $\rho^0 \le \sigma^0$ なら

$$\rho^{1/2}(\sigma + \varepsilon I)^{\frac{1-\alpha}{\alpha}}\rho^{1/2} = \sum_{b>0} (b + \varepsilon)^{\frac{1-\alpha}{\alpha}}\rho^{1/2}Q_b\rho^{1/2}$$
$$\to \sum_{b>0} b^{\frac{1-\alpha}{\alpha}}\rho^{1/2}Q_b\rho^{1/2} = \rho^{1/2}\sigma^{\frac{1-\alpha}{\alpha}}\rho^{1/2}.$$

よって $\widetilde{Q}_\alpha(\rho\|\sigma + \varepsilon I) \to \operatorname{Tr}(\rho^{1/2}\sigma^{\frac{1-\alpha}{\alpha}}\rho^{1/2})^\alpha = \widetilde{Q}_\alpha(\rho\|\sigma)$. $\rho^0 \not\le \sigma^0$ なら $\rho^{1/2}(\sigma + \varepsilon I)^{\frac{1-\alpha}{\alpha}}\rho^{1/2} \ge \varepsilon^{\frac{1-\alpha}{\alpha}}\rho^{1/2}(I - \sigma^0)\rho^{1/2}$ だから,

$$\widetilde{Q}_\alpha(\rho\|\sigma + \varepsilon I) \ge \varepsilon^{1-\alpha}\operatorname{Tr}[\rho^{1/2}(I - \sigma^0)\rho^{1/2}]^\alpha \to +\infty.$$

よって $\widetilde{Q}_\alpha(\rho\|\sigma + \varepsilon I) \to +\infty = \widetilde{Q}_\alpha(\rho\|\sigma)$. さらに, $0 < \varepsilon_1 < \varepsilon_2$ なら, $\frac{1-\alpha}{\alpha} \in (-1, 0)$ だから $(\sigma + \varepsilon_1 I)^{\frac{1-\alpha}{\alpha}} \ge (\sigma + \varepsilon_2 I)^{\frac{1-\alpha}{\alpha}}$. よって $\widetilde{Q}_\alpha(\rho\|\sigma + \varepsilon_1 I) \ge \widetilde{Q}_\alpha(\rho\|\sigma + \varepsilon_2 I)$. (実際この不等式は命題 5.12 (5) に含まれる.) ゆえに (5.13) が示せた.

次に

$$(\rho + \varepsilon I)^{1/2}(\sigma + \varepsilon I)^{\frac{1-\alpha}{\alpha}}(\rho + \varepsilon I)^{1/2}$$
$$= \sum_{b>0} (b + \varepsilon)^{\frac{1-\alpha}{\alpha}}(\rho + \varepsilon I)^{1/2}Q_b(\rho + \varepsilon I)^{1/2} + \varepsilon^{\frac{1-\alpha}{\alpha}}(\rho + \varepsilon I)^{1/2}(I - \sigma^0)(\rho + \varepsilon I)^{1/2}$$

であり, $\varepsilon \searrow 0$ のとき

$$\sum_{b>0} (b + \varepsilon)^{\frac{1-\alpha}{\alpha}}(\rho + \varepsilon I)^{1/2}Q_b(\rho + \varepsilon I)^{1/2} \to \rho^{1/2}\sigma^{\frac{1-\alpha}{\alpha}}\rho^{1/2}.$$

$\rho^0 \le \sigma^0$ なら $(I - \sigma^0)(\rho + \varepsilon I)(I - \sigma^0) = \varepsilon(I - \sigma^0)$ だから

$$\varepsilon^{\frac{1-\alpha}{\alpha}}\|(\rho + \varepsilon I)^{1/2}(I - \sigma^0)(\rho + \varepsilon I)^{1/2}\|$$
$$= \varepsilon^{\frac{1-\alpha}{\alpha}}\|(I - \sigma^0)(\rho + \varepsilon I)(I - \sigma^0)\| = \varepsilon^{1/\alpha}\|I - \sigma^0\| \to 0.$$

よって $\widetilde{Q}_\alpha(\rho + \varepsilon I\|\sigma + \varepsilon I) \to \widetilde{Q}_\alpha(\rho\|\sigma)$. $\rho^0 \not\le \sigma^0$ なら

$$\widetilde{Q}_\alpha(\rho + \varepsilon I\|\sigma + \varepsilon I) \ge \varepsilon^{1-\alpha}\operatorname{Tr}[(\rho + \varepsilon I)^{1/2}(I - \sigma^0)(\rho + \varepsilon I)^{1/2}]^\alpha$$
$$= \varepsilon^{1-\alpha}\operatorname{Tr}[(I - \sigma^0)(\rho + \varepsilon I)(I - \sigma^0)]^\alpha$$
$$\ge \varepsilon^{1-\alpha}\operatorname{Tr}[(I - \sigma^0)\rho(I - \sigma^0)]^\alpha \to +\infty.$$

ゆえに (5.14) が示せた. □

次に $\widetilde{Q}_\alpha(\rho\|\sigma)$ と $\widetilde{D}_\alpha(\rho\|\sigma)$ のいくつかの性質をまとめる.

命題 5.12. $\rho, \sigma \in B(\mathcal{H})^+$, $\rho \neq 0$ とする.

(1) α に関する単調性: $\alpha \mapsto \widetilde{D}_\alpha(\rho\|\sigma)$ は $[1/2, \infty) \setminus \{1\}$ 上で単調増加.

(2) 任意の $\alpha \in (0, \infty) \setminus \{1\}$ に対し $\widetilde{D}_\alpha(\rho\|\sigma) \leq D_\alpha(\rho\|\sigma)$. さらに $0 < \alpha < 1$ または $\rho^0 \leq \sigma^0$ のとき,

$$\widetilde{D}_\alpha(\rho\|\sigma) = D_\alpha(\rho\|\sigma) \iff \rho, \sigma \text{ が可換 } (\rho\sigma = \sigma\rho).$$

(3) 極限 $\widetilde{D}_1(\rho\|\sigma) := \lim_{\alpha\to 1} \widetilde{D}_\alpha(\rho\|\sigma)$ が存在し $\widetilde{D}_1(\rho\|\sigma) = D_1(\rho\|\sigma)$ ((5.2) を見よ).

(4) $\lim_{\alpha\to\infty} \widetilde{D}_\alpha(\rho\|\sigma) = D_{\max}(\rho\|\sigma) := \log\inf\{\lambda > 0 : \rho \leq \lambda\sigma\}$. ($D_{\max}$ は max-相対エントロピーと呼ばれる.)

(5) $\rho_i, \sigma_i \in B(\mathcal{H})^+$, $\rho_i \neq 0$ $(i = 1, 2)$ とする. $1/2 \leq \alpha \leq 1$ のとき, $\rho_1 \leq \rho_2$, $\sigma_1 \leq \sigma_2$ なら $\widetilde{Q}_\alpha(\rho_1\|\sigma_1) \leq \widetilde{Q}_\alpha(\rho_2\|\sigma_2)$. $\alpha > 1$ のとき, $\rho_1 \geq \rho_2$, $\sigma_1 \leq \sigma_2$ なら $\widetilde{Q}_\alpha(\rho_1\|\sigma_1) \geq \widetilde{Q}_\alpha(\rho_2\|\sigma_2)$. よって任意の $\alpha \in [1/2, \infty)$ に対し, $\sigma_1 \leq \sigma_2$ なら $\widetilde{D}_\alpha(\rho\|\sigma_1) \geq \widetilde{D}_\alpha(\rho\|\sigma_2)$ (ただし上の (3) より $\widetilde{D}_1(\rho\|\sigma) = D_1(\rho\|\sigma)$ とする).

(6) テンソル積の下での加法性: $\rho_i, \sigma_i \in B(\mathcal{H}_i)$, $\rho_i \neq 0$ $(i = 1, 2)$ とすると, 任意の $\alpha \in (0, \infty)$ に対し

$$\widetilde{Q}_\alpha(\rho_1 \otimes \rho_2\|\sigma_1 \otimes \sigma_2) = \widetilde{Q}_\alpha(\rho_1\|\sigma_1)\widetilde{Q}_\alpha(\rho_2\|\sigma_2),$$
$$\widetilde{D}_\alpha(\rho_1 \otimes \rho_2\|\sigma_1 \otimes \sigma_2) = \widetilde{D}_\alpha(\rho_1\|\sigma_1) + \widetilde{D}_\alpha(\rho_2\|\sigma_2).$$

証明. (1) 命題 5.3 (2) の証明と同様に, 任意の $\eta \in B(\mathcal{H})^+$ に対し $\Delta_{\eta,\sigma}$ のスペクトル分解を $\Delta_{\eta,\sigma} = \sum_{i=1}^n t_i E_{\eta,\sigma}(t_i)$ と表すと,

$$\big\|\Delta_{\eta,\sigma}^{\frac{1}{2}-\frac{1}{p}}\rho^{1/2}\big\|_2^2 = \sum_{i=1}^n t_i^{1-\frac{2}{p}}\|E_{\eta,\sigma}(t_i)\rho^{1/2}\|_2^2.$$

任意の $p_1, p_2 \in [1, \infty)$ と $0 < \lambda < 1$ に対し $\frac{1}{p_\lambda} = \frac{\lambda}{p_1} + \frac{1-\lambda}{p_2}$ とすると, Hölder の不等式より

$$\begin{aligned}
\big\|\Delta_{\eta,\sigma}^{\frac{1}{2}-\frac{1}{p_\lambda}}\rho^{1/2}\big\|_2^2 &= \sum_{i=1}^n \big(t_i^{1-\frac{2}{p_1}}\big)^\lambda \big(t_i^{1-\frac{2}{p_2}}\big)^{1-\lambda}\|E_{\eta,\sigma}(t_i)\rho^{1/2}\|_2^2 \\
&\leq \bigg(\sum_{i=1}^n t_i^{1-\frac{2}{p_1}}\|E_{\eta,\sigma}(t_i)\rho^{1/2}\|_2^2\bigg)^\lambda \bigg(\sum_{i=1}^n t_i^{1-\frac{2}{p_2}}\|E_{\eta,\sigma}(t_i)\rho^{1/2}\|_2^2\bigg)^{1-\lambda} \\
&= \big\|\Delta_{\eta,\sigma}^{\frac{1}{2}-\frac{1}{p_1}}\rho^{1/2}\big\|_2^{2\lambda}\big\|\Delta_{\eta,\sigma}^{\frac{1}{2}-\frac{1}{p_2}}\rho^{1/2}\big\|_2^{2(1-\lambda)}.
\end{aligned}$$

よって

$$\log\big\|\Delta_{\eta,\sigma}^{\frac{1}{2}-\frac{1}{p_\lambda}}\rho^{1/2}\big\|_2^{p_\lambda} \leq \frac{p_\lambda\lambda}{p_1}\log\big\|\Delta_{\eta,\sigma}^{\frac{1}{2}-\frac{1}{p_1}}\rho^{1/2}\big\|_2^{p_1} + \frac{p_\lambda(1-\lambda)}{p_2}\log\big\|\Delta_{\eta,\sigma}^{\frac{1}{2}-\frac{1}{p_2}}\rho^{1/2}\big\|_2^{p_2}.$$

ここで $\frac{p_\lambda\lambda}{p_1} + \frac{p_\lambda(1-\lambda)}{p_2} = 1$, $\frac{p_\lambda\lambda}{p_1}p_1 + \frac{p_\lambda(1-\lambda)}{p_2}p_2 = p_\lambda$ であり, λ が 0 から 1 に動くと p_λ が p_2 から p_1 に連続に動くことに注意すると, $p \in [1, \infty) \mapsto \log\big\|\Delta_{\eta,\sigma}^{\frac{1}{2}-\frac{1}{p}}\rho^{1/2}\big\|_2^p$ は凸関数

であることが分かる. いま $\rho^0 \le \sigma^0$ かつ $\eta^0 \ge \rho^0$ なら $\|\Delta_{\eta,\sigma}^0 \rho^{1/2}\|_2^2 = \operatorname{Tr} \rho$ だから,

$$F_\eta(p) := \frac{\log \left\|\Delta_{\eta,\sigma}^{\frac{1}{2}-\frac{1}{p}} \rho^{1/2}\right\|_2^p - \log \operatorname{Tr} \rho}{p-2} \tag{5.15}$$

は $[1,\infty) \setminus \{2\}$ 上で単調増加. このとき定義 5.8, 補題 5.9 と注意 5.10 より

$$\sup\{F_\eta(p) \colon \eta \in \mathcal{S}(\mathcal{H}),\ \eta^0 \ge \rho^0\}$$
$$= \frac{\log\big(\|\rho^{1/2}\|_{p,\sigma}^{\mathrm{AM}}\big)^p - \log \operatorname{Tr} \rho}{p-2} = \frac{\log \widetilde{Q}_\alpha(\rho\|\sigma) - \log \operatorname{Tr} \rho}{2(\alpha-1)} = \frac{1}{2}\widetilde{D}_\alpha(\rho\|\sigma)$$

$(p = 2\alpha$ とした) だから結論がいえる. また $\rho^0 \not\le \sigma^0$ でも $\|\Delta_{\eta,\sigma}^0 \rho^{1/2}\|_2^2 \le \|\rho^{1/2}\sigma^0\|_2^2 < \operatorname{Tr} \rho$ だから (5.15) は $[1,2)$ 上で単調増加であり, 上と同様にして $\widetilde{D}_\alpha(\rho\|\sigma)$ は $[1/2,1)$ で単調増加. $\widetilde{D}_\alpha(\rho\|\sigma) = +\infty$ $(\alpha > 1)$ だから, この場合も結論がいえる.

(2) Araki–Lieb–Thirring の不等式 (定理 1.53 (1)) より, $0 < \alpha < 1$ なら

$$\operatorname{Tr}\big(\sigma^{\frac{1-\alpha}{2\alpha}} \rho \sigma^{\frac{1-\alpha}{2\alpha}}\big)^\alpha \ge \operatorname{Tr} \sigma^{\frac{1-\alpha}{2}} \rho^\alpha \sigma^{\frac{1-\alpha}{2}} = \operatorname{Tr} \rho^\alpha \sigma^{1-\alpha}$$

であり, $\alpha > 1$ なら上の不等号が逆向きになる. よって定義 5.1, 5.6 より $\widetilde{D}_\alpha(\rho\|\sigma) \le D_\alpha(\rho\|\sigma)$ が成立. ただし $\alpha > 1$, $\rho^0 \not\le \sigma^0$ なら 両辺 $= +\infty$ で成立. さらに, $0 < \alpha < 1$ または $\rho^0 \le \sigma^0$ のとき, 等号成立 $\iff \rho\sigma = \sigma\rho$ は Araki–Lieb–Thirring の不等式の等号成立条件 (定理 1.55 (1)) から分かる.

(3) 上の (1), (2) と命題 5.3 (3) より $\lim_{\alpha \searrow 1} \widetilde{D}_\alpha(\rho\|\sigma) \le D_1(\rho\|\sigma)$. 他方 $\alpha \in (1/2,1)$ のとき, $\frac{1-\alpha}{2\alpha} + \frac{1}{2} = \frac{1}{2\alpha}$ による Hölder の不等式より

$$\operatorname{Tr}\big(\sigma^{\frac{1-\alpha}{2\alpha}} \rho \sigma^{\frac{1-\alpha}{2\alpha}}\big)^\alpha = \big\|\rho^{1/2}\sigma^{\frac{1-\alpha}{2\alpha}}\big\|_{2\alpha}^{2\alpha} = \big\|\rho^{\frac{1-\alpha}{2\alpha}} \rho^{1-\frac{1}{2\alpha}} \sigma^{\frac{1-\alpha}{2\alpha}}\big\|_{2\alpha}^{2\alpha}$$
$$\le \big\|\rho^{\frac{1-\alpha}{2\alpha}}\big\|_{\frac{2\alpha}{1-\alpha}}^{2\alpha} \big\|\rho^{1-\frac{1}{2\alpha}} \sigma^{\frac{1-\alpha}{2\alpha}}\big\|_2^{2\alpha} = (\operatorname{Tr} \rho)^{1-\alpha}\big(\operatorname{Tr} \rho^{2-\frac{1}{\alpha}} \sigma^{\frac{1-\alpha}{\alpha}}\big)^\alpha.$$

よって $\widetilde{Q}_\alpha(\rho\|\sigma) \le (\operatorname{Tr} \rho)^{1-\alpha} Q_{2-\frac{1}{\alpha}}(\rho\|\sigma)^\alpha$. これを書き直して

$$\frac{1}{\alpha-1} \log \frac{\widetilde{Q}_\alpha(\rho\|\sigma)}{\operatorname{Tr} \rho} \ge \frac{1}{(2-\frac{1}{\alpha})-1} \log \frac{Q_{2-\frac{1}{\alpha}}(\rho\|\sigma)}{\operatorname{Tr} \rho}$$

だから $\widetilde{D}_\alpha(\rho\|\sigma) \ge D_{2-\frac{1}{\alpha}}(\rho\|\sigma)$. $\alpha \nearrow 1$ なら $2-\frac{1}{\alpha} \nearrow 1$ だから上の (1) と命題 5.3 (3) より $\lim_{\alpha \nearrow 1} \widetilde{D}_\alpha(\rho\|\sigma) \ge D_1(\rho\|\sigma)$. 再び上の (1) より $\lim_{\alpha \nearrow 1} \widetilde{D}_\alpha(\rho\|\sigma) \le \lim_{\alpha \searrow 1} \widetilde{D}_\alpha(\rho\|\sigma)$ だから $\lim_{\alpha \to 1} \widetilde{D}_\alpha(\rho\|\sigma) = D_1(\rho\|\sigma)$.

(4) 上の (1) より $D_\infty := \lim_{\alpha \to \infty} D_\alpha(\rho\|\sigma) \in (-\infty, +\infty]$ が存在する. $\rho^0 \not\le \sigma^0$ なら $D_\infty = +\infty = D_{\max}(\rho\|\sigma)$ だから $\rho^0 \le \sigma^0$ とする. ρ, σ を $\sigma^0 \mathcal{H}$ に制限して $\sigma > 0$ としてよい. すると

$$e^{D_\infty} = \lim_{\alpha \to \infty} \left[\frac{\operatorname{Tr}\big(\sigma^{\frac{1-\alpha}{2\alpha}} \rho \sigma^{\frac{1-\alpha}{2\alpha}}\big)^\alpha}{\operatorname{Tr} \rho}\right]^{\frac{1}{\alpha-1}} = \lim_{\alpha \to \infty} \big[\operatorname{Tr}\big(\rho^{1/2} \sigma^{\frac{1}{\alpha}-1} \rho^{1/2}\big)^\alpha\big]^{1/\alpha}$$
$$= \lim_{\alpha \to \infty} \big\|\rho^{1/2} \sigma^{\frac{1}{\alpha}-1} \rho^{1/2}\big\|_\alpha.$$

ここで $\|\sigma^{-1}\|_\infty^{-1/\alpha} \sigma^{-1} \le \sigma^{\frac{1}{\alpha}-1} \le \|\sigma\|_\infty^{1/\alpha} \sigma^{-1}$ だから,

$$\|\sigma^{-1}\|_\infty^{-1/\alpha} \|\rho^{1/2} \sigma^{-1} \rho^{1/2}\|_\alpha \le \big\|\rho^{1/2} \sigma^{\frac{1}{\alpha}-1} \rho^{1/2}\big\|_\alpha \le \|\sigma\|_\infty^{1/\alpha} \|\rho^{1/2} \sigma^{-1} \rho^{1/2}\|_\alpha.$$

それゆえ

$$e^{D_\infty} = \lim_{\alpha \to \infty} \|\rho^{1/2}\sigma^{-1}\rho^{1/2}\|_\alpha = \|\sigma^{-1/2}\rho\sigma^{-1/2}\|_\infty = e^{D_{\max}(\rho\|\sigma)}$$

が示せた.

(5) $1/2 \leq \alpha \leq 1$ のとき, $\rho_1 \leq \rho_2$, $\sigma_1 \leq \sigma_2$ なら

$$\widetilde{Q}_\alpha(\rho_1\|\sigma_1) = \left\|\sigma_1^{\frac{1-\alpha}{2\alpha}}\rho_1\sigma_1^{\frac{1-\alpha}{2\alpha}}\right\|_\alpha^\alpha \leq \left\|\sigma_1^{\frac{1-\alpha}{2\alpha}}\rho_2\sigma_1^{\frac{1-\alpha}{2\alpha}}\right\|_\alpha^\alpha = \left\|\rho_2^{1/2}\sigma_1^{\frac{1-\alpha}{\alpha}}\rho_2^{1/2}\right\|_\alpha^\alpha.$$

$0 \leq \frac{1-\alpha}{\alpha} \leq 1$ より $\sigma_1^{\frac{1-\alpha}{\alpha}} \leq \sigma_2^{\frac{1-\alpha}{\alpha}}$ だから,

$$\widetilde{Q}_\alpha(\rho_1\|\sigma_1) \leq \left\|\rho_2^{1/2}\sigma_2^{\frac{1-\alpha}{\alpha}}\rho_2^{1/2}\right\|_\alpha^\alpha = \widetilde{Q}_\alpha(\rho_2\|\sigma_2).$$

$\alpha > 1$ のとき, $\rho_1 \geq \rho_2$, $\sigma_1 \leq \sigma_2$ とする. $\rho_1^0 \not\leq \sigma_1^0$ なら $\widetilde{Q}_\alpha(\rho_1\|\sigma_1) \geq \widetilde{Q}_\alpha(\rho_2\|\sigma_1)$ は明らか. $\rho_1^0 \leq \sigma_1^0$ なら $\rho_2^0 \leq \sigma_1^0$ で

$$\widetilde{Q}_\alpha(\rho_1\|\sigma_1) = \left\|\sigma_1^{\frac{1-\alpha}{2\alpha}}\rho_1\sigma_1^{\frac{1-\alpha}{2\alpha}}\right\|_\alpha^\alpha \geq \left\|\sigma_1^{\frac{1-\alpha}{2\alpha}}\rho_2\sigma_1^{\frac{1-\alpha}{2\alpha}}\right\|_\alpha^\alpha = \widetilde{Q}_\alpha(\rho_2\|\sigma_1).$$

$\rho_2^0 \not\leq \sigma_1^0$ なら $\widetilde{Q}_\alpha(\rho_2\|\sigma_1) \geq \widetilde{Q}_\alpha(\rho_2\|\sigma_2)$ は明らか. $\rho_2^0 \leq \sigma_1^0$ なら $\rho_2^0 \leq \sigma_2^0$ で, $\frac{1-\alpha}{\alpha} \in (-1, 0)$ だから

$$\widetilde{Q}_\alpha(\rho_2\|\sigma_1) = \left\|\rho_2^{1/2}\sigma_1^{\frac{1-\alpha}{\alpha}}\rho_2^{1/2}\right\|_\alpha^\alpha \geq \left\|\rho_2^{1/2}\sigma_2^{\frac{1-\alpha}{\alpha}}\rho_2^{1/2}\right\|_\alpha^\alpha = \widetilde{Q}_\alpha(\rho_2\|\sigma_2).$$

よって $\widetilde{Q}_\alpha(\rho_1\|\sigma_1) \geq \widetilde{Q}_\alpha(\rho_2\|\sigma_2)$.

(6) は命題 5.3 (7) と同様に示せる. □

次の定理で $\widetilde{D}_\alpha(\rho\|\sigma)$ の重要な性質を示す.

定理 5.13. (1) **同時 (下半) 連続性**: $(\rho, \sigma) \mapsto \widetilde{D}_\alpha(\rho\|\sigma)$ は $(B(\mathcal{H})^+ \setminus \{0\}) \times B(\mathcal{H})^+$ 上で $0 < \alpha < 1$ なら同時連続であり, $\alpha \geq 1$ なら同時下半連続である.

(2) **同時凸性**: $(\rho, \sigma) \mapsto \widetilde{Q}_\alpha(\rho\|\sigma)$ は $B(\mathcal{H})^+ \times B(\mathcal{H})^+$ 上で任意の $\alpha \in [1/2, 1]$ に対し同時凹であり, 任意の $\alpha \in (1, \infty)$ に対し同時凸である. よって $1/2 \leq \alpha \leq 1$ なら $\widetilde{D}_\alpha(\rho\|\sigma)$ は $\{(\rho, \sigma) \in B(\mathcal{H})^+ \times B(\mathcal{H})^+ : \operatorname{Tr}\rho = c\}$ ($c > 0$ は定数) 上で同時凸である.

(3) **単調性 (DPI)**: $\Phi : B(\mathcal{H}) \to B(\mathcal{K})$ がトレースを保存する正写像なら, 任意の $\alpha \in [1/2, \infty)$ と $\rho, \sigma \in B(\mathcal{H})^+$, $\rho \neq 0$ に対し

$$\widetilde{D}_\alpha(\Phi(\rho)\|\Phi(\sigma)) \leq \widetilde{D}_\alpha(\rho\|\sigma). \tag{5.16}$$

よって任意の $\rho, \sigma \in B(\mathcal{H})^+$ に対し $D(\Phi(\rho)\|\Phi(\sigma)) \leq D(\rho\|\sigma)$.

(4) **狭義正値性**: $\rho, \sigma \in B(\mathcal{H})^+$ は $\rho, \sigma \neq 0$ とする. 任意の $\alpha \in [1/2, \infty)$ に対し

$$\widetilde{D}_\alpha(\rho\|\sigma) \geq \log \frac{\operatorname{Tr}\rho}{\operatorname{Tr}\sigma}$$

であり, 等号成立 $\iff \rho = \frac{\operatorname{Tr}\rho}{\operatorname{Tr}\sigma}\sigma$. よって $\operatorname{Tr}\rho = \operatorname{Tr}\sigma$ なら $\widetilde{D}_\alpha(\rho\|\sigma) \geq 0$ であり, $\widetilde{D}_\alpha(\rho\|\sigma) = 0 \iff \rho = \sigma$.

証明. (1) $0 < \alpha < 1$ のとき, $\sigma \mapsto \sigma^{\frac{1-\alpha}{2\alpha}}$ は $B(\mathcal{H})^+$ 上で連続だから, $(\rho, \sigma) \mapsto$

$\left(\sigma^{\frac{1-\alpha}{2\alpha}}\rho\sigma^{\frac{1-\alpha}{2\alpha}}\right)^{\alpha}$ が $B(\mathcal{H})^{+}\times B(\mathcal{H})^{+}$ 上で同時連続．よって $\widetilde{D}_{\alpha}(\rho\|\sigma)$ は $(B(\mathcal{H})^{+}\setminus\{0\})\times$ $B(\mathcal{H})^{+}$ 上で同時連続である．次に $\alpha>1$ とする．σ を $B(\mathcal{H})^{++}$ に制限すれば上と同じことがいえるから，$\varepsilon>0$ に対し $(\rho,\sigma)\mapsto\widetilde{Q}_{\alpha}(\rho\|\sigma+\varepsilon I)$ は $B(\mathcal{H})^{+}\times B(\mathcal{H})^{+}$ 上で同時連続．(5.13) より

$$\widetilde{Q}_{\alpha}(\rho\|\sigma)=\sup_{\varepsilon>0}\widetilde{Q}_{\alpha}(\rho\|\sigma+\varepsilon I)$$

だから $\widetilde{Q}_{\alpha}(\rho\|\sigma)$ が $B(\mathcal{H})^{+}\times B(\mathcal{H})^{+}$ 上で同時下半連続．よって $\widetilde{D}_{\alpha}(\rho\|\sigma)$ の $(B(\mathcal{H})^{+}\setminus\{0\})\times B(\mathcal{H})^{+}$ 上での下半連続性がいえる．$\alpha=1$ の場合は命題 5.12 (3) より定理 2.16 (2) に帰着する． $\qquad\square$

定理 5.13 の残りを証明するためにいくつかの準備をする．$\Psi\colon B(\mathcal{K})\to B(\mathcal{H})$ は単位的 ($\Psi(I_{\mathcal{K}})=I_{\mathcal{H}}$) な正写像とする．双対写像 $\Psi^{*}\colon B(\mathcal{H})\to B(\mathcal{K})$ はトレースを保存する正写像である (1.2 節参照)．いま $\sigma\in B(\mathcal{H})^{+}$ とし $e:=s(\sigma)\ (=\sigma^{0})$, $\hat{\sigma}:=\Psi^{*}(\sigma)$, $\hat{e}:=s(\hat{\sigma})$ とする．

定義 5.14. 上記の設定と定義の下で，任意の $X\in B(\mathcal{H})$ に対し $\Psi^{*}(\sigma^{1/2}X\sigma^{1/2})\in\hat{e}B(\mathcal{K})\hat{e}$ だから

$$\hat{\sigma}^{1/2}\Psi_{\sigma}^{\star}(X)\hat{\sigma}^{1/2}=\Psi^{*}(\sigma^{1/2}X\sigma^{1/2}) \tag{5.17}$$

を満たす $\Psi_{\sigma}^{\star}(X)\in\hat{e}B(\mathcal{K})\hat{e}$ が一意的に存在する．つまり

$$\Psi_{\sigma}^{\star}(X)=\hat{\sigma}^{-1/2}\Psi^{*}(\sigma^{1/2}X\sigma^{1/2})\hat{\sigma}^{-1/2}. \tag{5.18}$$

これで $\Psi_{\sigma}^{\star}\colon B(\mathcal{H})\to\hat{e}B(\mathcal{K})\hat{e}=B(\hat{e}\mathcal{K})$ が定まった．明らかに $\Psi_{\sigma}^{\star}$ は単位的 ($\Psi_{\sigma}^{\star}(I_{\mathcal{H}})=\hat{e}$) な正写像であり，(5.18) と (1.10) より Ψ が n-正 (また CP) なら $\Psi_{\sigma}^{\star}$ が n-正 (また CP) であることは直ぐに分かる．写像 $\Psi_{\sigma}^{\star}$ は Ψ の σ に関する **Petz** の双対写像と呼ばれることが多い．($\Psi_{\sigma}^{\star}$ では通常の $*$ と違う星印 $\star$ を使った．)

補題 5.15. (1) $(\Psi_{\sigma}^{\star})^{*}(\hat{\sigma})=\sigma$, つまり

$$\langle\hat{\sigma},\Psi_{\sigma}^{\star}(X)\rangle_{\mathrm{HS}}=\langle\sigma,X\rangle_{\mathrm{HS}},\qquad X\in B(\mathcal{H}).$$

(2) $(\Psi_{\sigma}^{\star})_{\hat{\sigma}}^{\star}=e\Psi(\cdot)e|_{\hat{e}B(\mathcal{K})\hat{e}}$, つまり $e\Psi(\cdot)e|_{\hat{e}B(\mathcal{K})\hat{e}}\colon\hat{e}B(\mathcal{K})\hat{e}\to eB(\mathcal{H})e$ は $\Psi_{\sigma}^{\star}$ の $\hat{\sigma}$ に関する Petz の双対写像．よって $\sigma,\hat{\sigma}>0$ (つまり $e=I_{\mathcal{H}}$, $\hat{e}=I_{\mathcal{K}}$) なら $(\Psi_{\sigma}^{\star})_{\hat{\sigma}}^{\star}=\Psi$.

証明. (1) 任意の $X\in B(\mathcal{H})$ に対し

$$
\begin{aligned}
\langle\hat{\sigma},\Psi_{\sigma}^{\star}(X)\rangle_{\mathrm{HS}}&=\operatorname{Tr}\hat{\sigma}^{1/2}\Psi_{\sigma}^{\star}(X)\hat{\sigma}^{1/2}=\operatorname{Tr}\Psi^{*}(\sigma^{1/2}X\sigma^{1/2})\quad(\text{(5.17) より})\\
&=\operatorname{Tr}\sigma^{1/2}X\sigma^{1/2}=\langle\sigma,X\rangle_{\mathrm{HS}}.
\end{aligned}
$$

(2) $\Psi_{0}:=e\Psi(\cdot)e|_{\hat{e}B(\mathcal{K})\hat{e}}$ とおく．$X\in B(\mathcal{H})$, $Y\in\hat{e}B(\mathcal{K})\hat{e}$ に対し

$$
\begin{aligned}
\langle(\Psi_{\sigma}^{\star})^{*}(\hat{\sigma}^{1/2}Y\hat{\sigma}^{1/2}),X\rangle_{\mathrm{HS}}&=\langle\hat{\sigma}^{1/2}Y\hat{\sigma}^{1/2},\Psi_{\sigma}^{\star}(X)\rangle_{\mathrm{HS}}=\langle Y,\hat{\sigma}^{1/2}\Psi_{\sigma}^{\star}(X)\hat{\sigma}^{1/2}\rangle_{\mathrm{HS}}\\
&=\langle Y,\Psi^{*}(\sigma^{1/2}X\sigma^{1/2})\rangle_{\mathrm{HS}}\quad(\text{(5.17) より})\\
&=\langle\sigma^{1/2}\Psi(Y)\sigma^{1/2},X\rangle_{\mathrm{HS}}=\langle\sigma^{1/2}\Psi_{0}(Y)\sigma^{1/2},X\rangle_{\mathrm{HS}}
\end{aligned}
$$

だから，

$$\sigma^{1/2}\Psi_0(Y)\sigma^{1/2} = (\Psi_\sigma^\star)^*(\hat{\sigma}^{1/2}Y\hat{\sigma}^{1/2}), \qquad Y \in \hat{e}B(\mathcal{K})\hat{e}. \tag{5.19}$$

上の (1) より $\sigma = (\Psi_\sigma^\star)^*(\hat{\sigma})$ だから，(5.19) は Ψ, σ を $\Psi_\sigma^\star, \hat{\sigma}$ として式 (5.17) が成立することを意味する．よって $\Psi_0 = (\Psi_\sigma^\star)_{\hat{\sigma}}^\star$. $\qquad\square$

いま $\Psi, \sigma, \hat{\sigma}, \Psi_\sigma^\star$ は上述の通りとし，$\sigma \in B(\mathcal{H})^{++}$ を仮定する．また $1 \le p \le \infty$，$1/p + 1/q = 1$ とする．次の補題の (5.21) は定理 5.13 (3) の証明に使われる．補題の証明は付録の A.8 節で説明する σ に付随する p-ノルム

$$\|X\|_{p,\sigma} := \|\sigma^{-1/2q}X\sigma^{-1/2q}\|_p, \qquad X \in B(\mathcal{H})$$

の複素補間性に基づく．このノルムの有用性は $\alpha \in (1,\infty)$ のとき $\widetilde{Q}_\alpha(\rho\|\sigma) = \|\rho\|_{\alpha,\sigma}^\alpha$ と書けることからも推察される．特に $p = 1$ なら $\|X\|_{1,\sigma} = \|X\|_1$，$p = \infty$ なら $\|X\|_{\infty,\sigma} = \|\sigma^{-1/2}X\sigma^{-1/2}\|_\infty$ に注意する．

補題 5.16. $\sigma \in B(\mathcal{H})^{++}$ に加えて $\hat{\sigma} \in B(\mathcal{K})^{++}$ も仮定する．任意の $p \in [1,\infty]$ に対し

$$\|\hat{\sigma}^{1/2p}\Psi_\sigma^\star(X)\hat{\sigma}^{1/2p}\|_p \le \|\sigma^{1/2p}X\sigma^{1/2p}\|_p, \qquad X \in B(\mathcal{H}), \tag{5.20}$$

$$\|\sigma^{1/2p}\Psi(Y)\sigma^{1/2p}\|_p \le \|\hat{\sigma}^{1/2p}Y\hat{\sigma}^{1/2p}\|_p, \qquad Y \in B(\mathcal{K}). \tag{5.21}$$

証明．$\Psi^*\colon B(\mathcal{H}) \to B(\mathcal{K})$ がトレースを保存する正写像だから，命題 1.6 (5) より任意の $X \in B(\mathcal{H})$ に対し $\|\Psi^*(X)\|_1 \le \|X\|_1$. 他方，$\Psi_\sigma^\star\colon B(\mathcal{H}) \to B(\mathcal{K})$ が単位的な正写像だから，命題 1.6 (4) より任意の $X \in B(\mathcal{H})$ に対し

$$\|\Psi^*(\sigma^{1/2}X\sigma^{1/2})\|_{\infty,\hat{\sigma}} = \|\hat{\sigma}^{1/2}\Psi_\sigma^\star(X)\hat{\sigma}^{1/2}\|_{\infty,\hat{\sigma}} \quad ((5.17) \text{ より})$$
$$= \|\Psi_\sigma^\star(X)\|_\infty \le \|X\|_\infty = \|\sigma^{1/2}X\sigma^{1/2}\|_{\infty,\sigma}.$$

それゆえ付録の (A.21) の記号を使うと，$\|\Psi^*\|_{(1,\sigma)\to(1,\hat{\sigma})} \le 1$ かつ $\|\Psi^*\|_{(\infty,\sigma)\to(\infty,\hat{\sigma})} \le 1$ が成立する．ゆえに定理 A.17 の Riesz–Thorin の定理より $\|\Psi^*\|_{(p,\sigma)\to(p,\hat{\sigma})} \le 1$ だから，

$$\|\hat{\sigma}^{1/2p}\Psi_\sigma^\star(X)\hat{\sigma}^{1/2p}\|_p = \|\hat{\sigma}^{1/2}\Psi_\sigma^\star(X)\hat{\sigma}^{1/2}\|_{p,\hat{\sigma}} = \|\Psi^*(\sigma^{1/2}X\sigma^{1/2})\|_{p,\hat{\sigma}}$$
$$\le \|\sigma^{1/2}X\sigma^{1/2}\|_{p,\sigma} = \|\sigma^{1/2p}X\sigma^{1/2p}\|_p.$$

これで (5.20) が示せた．

次に Ψ, σ を $\Psi_\sigma^\star, \hat{\sigma}$ に置き換えて (5.20) を適用すると，補題 5.15 (1) より任意の $Y \in B(\mathcal{K})$ に対し

$$\|\sigma^{1/2p}(\Psi_\sigma^\star)_{\hat{\sigma}}^\star(Y)\sigma^{1/2p}\|_p \le \|\hat{\sigma}^{1/2p}Y\hat{\sigma}^{1/2p}\|_p.$$

補題 5.15 (2) より $(\Psi_\sigma^\star)_{\hat{\sigma}}^\star(Y) = \Psi(Y)$ だから (5.21) も示せた．$\qquad\square$

次に与える $\widetilde{Q}_\alpha(\rho\|\sigma)$ の変分表示は定理 5.13 の (2), (3) の証明に使われる．

定理 5.17. (i) 任意の $\alpha \in (0,1)$ と $\rho, \sigma \in B(\mathcal{H})^+$ に対し

$$\widetilde{Q}_\alpha(\rho\|\sigma) \le \inf_{A \in B(\mathcal{H})^{++}}\left[\alpha \operatorname{Tr}\rho A + (1-\alpha)\operatorname{Tr}\left(\sigma^{\frac{1-\alpha}{2\alpha}}A^{-1}\sigma^{\frac{1-\alpha}{2\alpha}}\right)^{\frac{\alpha}{1-\alpha}}\right]. \tag{5.22}$$

(ii) $1/2 \leq \alpha < 1$ で ρ, σ が任意，または $0 < \alpha < 1$ で $\rho^0 \leq \sigma^0$ なら

$$\widetilde{Q}_\alpha(\rho\|\sigma) = \inf_{A \in B(\mathcal{H})^{++}} \left[\alpha \operatorname{Tr}\rho A + (1-\alpha)\operatorname{Tr}\left(\sigma^{\frac{1-\alpha}{2\alpha}} A^{-1} \sigma^{\frac{1-\alpha}{2\alpha}}\right)^{\frac{\alpha}{1-\alpha}}\right]. \quad (5.23)$$

さらに $0 < \alpha < 1$ で $\rho, \sigma \in B(\mathcal{H})^{++}$ なら (5.23) の右辺の inf は min になる．(注意 5.7 によれば，$\alpha = 1/2$ のとき変分表示 (5.23) は (2.26) に帰着する．)

(iii) 任意の $\alpha > 1$ と $\rho, \sigma \in B(\mathcal{H})^+$ に対し

$$\widetilde{Q}_\alpha(\rho\|\sigma) = \sup_{A \in B(\mathcal{H})^+} \left[\alpha \operatorname{Tr}\rho A - (\alpha-1)\operatorname{Tr}\left(\sigma^{\frac{\alpha-1}{2\alpha}} A \sigma^{\frac{\alpha-1}{2\alpha}}\right)^{\frac{\alpha}{\alpha-1}}\right]. \quad (5.24)$$

さらに $\rho^0 \leq \sigma^0$ なら (5.24) の右辺の sup は max になる．

証明. (i) $0 < \alpha < 1$, $\beta := \frac{1-\alpha}{\alpha}$ とする．任意の $A \in B(\mathcal{H})^{++}$ に対し

$$\begin{aligned}
\widetilde{Q}_\alpha(\rho\|\sigma) &= \|\rho^{1/2}\sigma^{\beta/2}\|_{2\alpha}^{2\alpha} = \|\rho^{1/2}A^{1/2}A^{-1/2}\sigma^{\beta/2}\|_{2\alpha}^{2\alpha} \\
&\leq \|\rho^{1/2}A^{1/2}\|_2^{2\alpha}\|A^{-1/2}\sigma^{\beta/2}\|_{2/\beta}^{2\alpha} \\
&= (\operatorname{Tr}\rho A)^\alpha \left[\operatorname{Tr}(\sigma^{\beta/2}A^{-1}\sigma^{\beta/2})^{1/\beta}\right]^{1-\alpha} \\
&\leq \alpha \operatorname{Tr}\rho A + (1-\alpha)\operatorname{Tr}(\sigma^{\beta/2}A^{-1}\sigma^{\beta/2})^{1/\beta}.
\end{aligned}$$

上の最初の不等号は $\frac{1}{2} + \frac{\beta}{2} = \frac{1}{2\alpha}$ による Hölder の不等式 (定理 1.51 (1))．よって (5.22) が成立.

(ii) α, β は上の (i) と同じとして，まず $\rho, \sigma \in B(\mathcal{H})^{++}$ とする．$B := \sigma^{\beta/2}\rho\sigma^{\beta/2}$, $X := \sigma^{\beta/2}B^{\frac{\alpha-1}{2}}$, $A_0 := XX^* \in B(\mathcal{H})^{++}$ とすると，$X^*\rho X = B^\alpha$ だから $\operatorname{Tr}\rho A_0 = \operatorname{Tr}X^*\rho X = \operatorname{Tr}B^\alpha$. また

$$\sigma^{\beta/2}A_0^{-1}\sigma^{\beta/2} = \sigma^{\beta/2}\left(B^{\frac{\alpha-1}{2}}\sigma^{\beta/2}\right)^{-1}\left(\sigma^{\beta/2}B^{\frac{\alpha-1}{2}}\right)^{-1}\sigma^{\beta/2} = B^{1-\alpha}$$

だから $\operatorname{Tr}(\sigma^{\beta/2}A_0^{-1}\sigma^{\beta/2})^{1/\beta} = \operatorname{Tr}B^\alpha$. それゆえ (5.23) の右辺 $\leq \operatorname{Tr}B^\alpha = \widetilde{Q}_\alpha(\rho\|\sigma)$. (5.22) と合わせて (5.23) の等式と (ii) の最後の主張が示せた.

いま $1/2 \leq \alpha < 1$ とする．一般の $\rho, \sigma \in B(\mathcal{H})^+$ に対し，命題 5.12 (5) ($1/2 \leq \alpha \leq 1$ の場合) と定理 5.13 (1) (既に示した) より

$$\begin{aligned}
\widetilde{Q}_\alpha(\rho\|\sigma) &= \inf_{\varepsilon>0}\widetilde{Q}_\alpha(\rho+\varepsilon I\|\sigma+\varepsilon I) \\
&= \inf_{\varepsilon>0}\inf_{A \in B(\mathcal{H})^{++}}\big[\alpha \operatorname{Tr}(\rho+\varepsilon I)A \\
&\qquad\qquad + (1-\alpha)\operatorname{Tr}((\sigma+\varepsilon I)^{\beta/2}A^{-1}(\sigma+\varepsilon I)^{\beta/2})^{1/\beta}\big] \\
&= \inf_{A \in B(\mathcal{H})^{++}}\inf_{\varepsilon>0}\big[\alpha \operatorname{Tr}(\rho+\varepsilon I)A + (1-\alpha)\|A^{-1/2}(\sigma+\varepsilon I)^\beta A^{-1/2}\|_{1/\beta}^{1/\beta}\big].
\end{aligned}$$

$\varepsilon \searrow 0$ のとき，$\operatorname{Tr}(\rho+\varepsilon I)A \searrow \operatorname{Tr}\rho A$ であり，

$$\|A^{-1/2}(\sigma+\varepsilon I)^\beta A^{-1/2}\|_{1/\beta}^{1/\beta} \searrow \|A^{-1/2}\sigma^\beta A^{-1/2}\|_{1/\beta}^{1/\beta} = \operatorname{Tr}(\sigma^{\beta/2}A^{-1}\sigma^{\beta/2})^{1/\beta}$$

だから (5.23) が成立.

次に $0 < \alpha < 1$, $\rho^0 \leq \sigma^0$ とする．ρ, σ を $\sigma^0\mathcal{H}$ に制限して $\sigma \in B(\mathcal{H})^{++}$ としてよい．定理 5.13 (1) と命題 5.12 (5) の証明から $\rho \mapsto \widetilde{Q}_\alpha(\rho\|\sigma)$ は $B(\mathcal{H})^+$ 上で連続かつ単調増加

である．よって

$$\widetilde{Q}_\alpha(\rho\|\sigma) = \inf_{\varepsilon>0} \widetilde{Q}_\alpha(\rho+\varepsilon I\|\sigma)$$
$$= \inf_{\varepsilon>0} \inf_{A\in B(\mathcal{H})^{++}} \left[\alpha\operatorname{Tr}(\rho+\varepsilon I)A + (1-\alpha)\operatorname{Tr}\big(\sigma^{\frac{1-\alpha}{2\alpha}}A^{-1}\sigma^{\frac{1-\alpha}{2\alpha}}\big)^{\frac{\alpha}{1-\alpha}}\right]$$
$$= \inf_{A\in B(\mathcal{H})^{++}} \left[\alpha\operatorname{Tr}\rho A + (1-\alpha)\operatorname{Tr}\big(\sigma^{\frac{1-\alpha}{2\alpha}}A^{-1}\sigma^{\frac{1-\alpha}{2\alpha}}\big)^{\frac{\alpha}{1-\alpha}}\right].$$

上の 2 番目の等号は $\rho,\sigma\in B(\mathcal{H})^{++}$ の場合の (5.23) から従う．最後の等号は $\inf_{\varepsilon>0}$ と $\inf_A$ の順序交換により成立．

(iii) $\alpha>1$, $\beta:=\frac{\alpha-1}{\alpha}$ とする．まず $\rho^0\le\sigma^0$ とすると，ρ,σ を $\sigma^0\mathcal{H}$ 上に制限して $\sigma\in B(\mathcal{H})^{++}$ としてよい．$B:=\sigma^{-\beta/2}\rho\sigma^{-\beta/2}$ とすると，任意の $A\in B(\mathcal{H})^+$ に対し

$$\operatorname{Tr}\rho A = \operatorname{Tr}B(\sigma^{\beta/2}A\sigma^{\beta/2})$$
$$\le \|B\|_\alpha\|\sigma^{\beta/2}A\sigma^{\beta/2}\|_{1/\beta} \quad (\tfrac{1}{\alpha}+\beta=1 \text{ による Hölder の不等式})$$
$$\le \frac{1}{\alpha}\|B\|_\alpha^\alpha + \beta\|\sigma^{\beta/2}A\sigma^{\beta/2}\|_{1/\beta}^{1/\beta} = \frac{1}{\alpha}\widetilde{Q}_\alpha(\rho\|\sigma) + \beta\operatorname{Tr}(\sigma^{\beta/2}A\sigma^{\beta/2})^{1/\beta}$$

だから

$$\widetilde{Q}_\alpha(\rho\|\sigma) \ge \alpha\operatorname{Tr}\rho A - (\alpha-1)\operatorname{Tr}(\sigma^{\beta/2}A\sigma^{\beta/2})^{1/\beta}.$$

さらに $A_0:=\sigma^{-\beta/2}B^{\alpha-1}\sigma^{-\beta/2}$ とすると，

$$\operatorname{Tr}\rho A_0 = \operatorname{Tr}(\sigma^{-\beta/2}\rho\sigma^{-\beta/2})B^{\alpha-1} = \operatorname{Tr}B^\alpha = \widetilde{Q}_\alpha(\rho\|\sigma),$$
$$\operatorname{Tr}(\sigma^{\beta/2}A_0\sigma^{\beta/2})^{1/\beta} = \operatorname{Tr}B^\alpha = \widetilde{Q}_\alpha(\rho\|\sigma)$$

だから (5.24) の等式と最後の主張が示せた．$\rho^0\not\le\sigma^0$ のときは，任意の $\varepsilon>0$ に対し

$$\widetilde{Q}_\alpha(\rho\|\sigma+\varepsilon I) = \sup_{A\in B(\mathcal{H})^+}\left[\alpha\operatorname{Tr}\rho A - (\alpha-1)\operatorname{Tr}(A^{1/2}(\sigma+\varepsilon I)^\beta A^{1/2})^{1/\beta}\right]$$
$$\le \sup_{A\in B(\mathcal{H})^+}\left[\alpha\operatorname{Tr}\rho A - (\alpha-1)\operatorname{Tr}(A^{1/2}\sigma^\beta A^{1/2})^{1/\beta}\right]$$
$$= (5.24) \text{ の右辺}.$$

(5.13) より $\sup_{\varepsilon>0}\widetilde{Q}_\alpha(\rho\|\sigma+\varepsilon I) = \widetilde{Q}_\alpha(\rho\|\sigma) = +\infty$ だから，この場合も両辺 $=+\infty$ で (5.24) が成立． $\qquad\square$

定理 5.13 の証明 (続き). (2) $1/2\le\alpha<1$ なら $\frac{1-\alpha}{\alpha}\in(0,1]$，$\alpha>1$ なら $\frac{\alpha-1}{\alpha}\in(0,1)$ に注意する．Epstein の凹性定理 (定理 1.60) より $\beta\in(0,1]$ のとき，任意の $A\in B(\mathcal{H})^+$ に対し $\sigma\in B(\mathcal{H})^+ \mapsto \operatorname{Tr}(\sigma^{\beta/2}A\sigma^{\beta/2})^{1/\beta} = \operatorname{Tr}(A^{1/2}\sigma^\beta A^{1/2})^{1/\beta}$ は凹関数であるから，$(\rho,\sigma)\in B(\mathcal{H})^+\times B(\mathcal{H})^+$ について $1/2\le\alpha<1$ なら (5.23) の inf 内の $[\cdots]$ は同時凹，また $\alpha>1$ なら (5.24) の sup 内の $[\cdots]$ は同時凸である．よって $\widetilde{Q}_\alpha(\rho\|\sigma)$ についての主張が成立し，それゆえ $\widetilde{D}_\alpha(\rho\|\sigma)$ についての結論もいえる．ただし $\alpha=1$ の場合は命題 5.12 (3) から分かる (あるいは定理 2.16 (3) に帰着する)．

(3) $\Phi\colon B(\mathcal{H})\to B(\mathcal{K})$ はトレースを保存する正写像とする．各 $\delta\in(0,1)$ に対し，単位的な正写像 $\Psi_\delta\colon B(\mathcal{K})\to B(\mathcal{H})$ を (4.17) で定め $\Phi_\delta:=\Psi_\delta^*$ とする．$1/2\le\alpha<1$ のと

き，$p := \frac{\alpha}{1-\alpha} \in (1, \infty)$ とし，任意の $\varepsilon > 0$ に対し $\rho_\varepsilon := \rho + \varepsilon I_\mathcal{H}$, $\sigma_\varepsilon := \sigma + \varepsilon I_\mathcal{H}$ とする．$\Psi_\delta^*(\sigma_\varepsilon) = \Phi_\delta(\sigma_\varepsilon) \in B(\mathcal{K})^{++}$ だから，(5.21) より，任意の $B \in B(\mathcal{K})^{++}$ に対し

$$\mathrm{Tr}\big(\Phi_\delta(\sigma_\varepsilon)^{1/2p} B^{-1} \Phi_\delta(\sigma_\varepsilon)^{1/2p}\big)^p \geq \mathrm{Tr}\big(\sigma_\varepsilon^{1/2p} \Psi_\delta(B^{-1}) \sigma_\varepsilon^{1/2p}\big)^p$$
$$\geq \mathrm{Tr}\big(\sigma_\varepsilon^{1/2p} \Psi_\delta(B)^{-1} \sigma_\varepsilon^{1/2p}\big)^p.$$

上で Choi の不等式 (命題 1.6 (2)) $\Psi_\delta(B^{-1}) \geq \Psi_\delta(B)^{-1}$ を使った．よって (5.23) を 2 度使って

$$\widetilde{Q}_\alpha(\Phi_\delta(\rho_\varepsilon)\|\Phi_\delta(\sigma_\varepsilon))$$
$$= \inf_{B \in B(\mathcal{K})^{++}} \big[\alpha \,\mathrm{Tr}\, \Phi_\delta(\rho_\varepsilon) B + (1-\alpha) \,\mathrm{Tr}\big(\Phi_\delta(\sigma_\varepsilon)^{1/2p} B^{-1} \Phi_\delta(\sigma_\varepsilon)^{1/2p}\big)^p\big]$$
$$\geq \inf_{B \in B(\mathcal{K})^{++}} \big[\alpha \,\mathrm{Tr}\, \rho_\varepsilon \Psi_\delta(B) + (1-\alpha) \,\mathrm{Tr}\big(\sigma_\varepsilon^{1/2p} \Psi_\delta(B)^{-1} \sigma_\varepsilon^{1/2p}\big)^p\big]$$
$$\geq \widetilde{Q}_\alpha(\rho_\varepsilon\|\sigma_\varepsilon).$$

定理 5.13 (1) より $\delta \searrow 0, \varepsilon \searrow 0$ とすると $\widetilde{Q}_\alpha(\Phi(\rho)\|\Phi(\sigma)) \geq \widetilde{Q}_\alpha(\rho\|\sigma)$ が成立する．

$\alpha > 1$ のとき，$p := \frac{\alpha}{\alpha-1} \in (1, \infty)$ とする．任意の $\varepsilon > 0$ と $B \in B(\mathcal{K})^+$ に対し，(5.21) より

$$\mathrm{Tr}\big(\Phi_\delta(\sigma_\varepsilon)^{1/2p} B \Phi_\delta(\sigma_\varepsilon)^{1/2p}\big)^p \geq \mathrm{Tr}\big(\sigma_\varepsilon^{1/2p} \Psi_\delta(B) \sigma_\varepsilon^{1/2p}\big)^p.$$

よって (5.24) を使うと

$$\widetilde{Q}_\alpha(\Phi_\delta(\rho_\varepsilon)\|\Phi_\delta(\sigma_\varepsilon)) \leq \sup_{B \in B(\mathcal{K})^+} \big[\alpha \,\mathrm{Tr}\, \rho_\varepsilon \Psi_\delta(B) - (\alpha - 1) \,\mathrm{Tr}\big(\sigma_\varepsilon^{1/2p} \Psi_\delta(B) \sigma_\varepsilon^{1/2p}\big)^p\big]$$
$$\leq \widetilde{Q}_\alpha(\rho_\varepsilon\|\sigma_\varepsilon).$$

定理 5.13 (1) と (5.14) より，$\delta \searrow 0$ としてから $\varepsilon \searrow 0$ とすると $\widetilde{Q}_\alpha(\Phi(\rho)\|\Phi(\sigma)) \leq \widetilde{Q}_\alpha(\rho\|\sigma)$ が成立する．よって $\alpha \in [1/2, \infty) \setminus \{1\}$ のとき (5.16) が示せた．$\alpha = 1$ の場合は命題 5.12 (3) から従う．

(4) 命題 5.12 (1) と $\Phi : B(\mathcal{H}) \to \mathbb{C}$, $\Phi(X) := \mathrm{Tr}\, X$ に対する上の (3) の単調性より，任意の $\alpha \in [1/2, \infty)$ に対し

$$\widetilde{D}_\alpha(\rho\|\sigma) \geq \widetilde{D}_{1/2}(\rho\|\sigma) \geq -2 \log \frac{(\mathrm{Tr}\, \rho)^{1/2} (\mathrm{Tr}\, \sigma)^{1/2}}{\mathrm{Tr}\, \rho} = \log \frac{\mathrm{Tr}\, \rho}{\mathrm{Tr}\, \sigma}.$$

$\rho = \frac{\mathrm{Tr}\, \rho}{\mathrm{Tr}\, \sigma} \sigma$ なら，命題 5.12 (2) と定理 5.4 (5) より $\widetilde{D}_\alpha(\rho\|\sigma) \leq D_\alpha(\rho\|\sigma) = \log \frac{\mathrm{Tr}\, \rho}{\mathrm{Tr}\, \sigma}$ だから $\widetilde{D}_\alpha(\rho\|\sigma) = \log \frac{\mathrm{Tr}\, \rho}{\mathrm{Tr}\, \sigma}$．逆にある $\alpha \in [1/2, \infty)$ で $\widetilde{D}_\alpha(\rho\|\sigma) = \log \frac{\mathrm{Tr}\, \rho}{\mathrm{Tr}\, \sigma}$ なら，任意の射影 $E \in B(\mathcal{H})$ に対しトレースを保存する正写像 $\Phi : B(\mathcal{H}) \to \mathbb{C}^2$ を $\Phi(X) := (\mathrm{Tr}\, XE, \mathrm{Tr}\, XE^\perp)$ と定めると，命題 5.12 (1) と上の (3) の単調性より

$$\log \frac{\mathrm{Tr}\, \rho}{\mathrm{Tr}\, \sigma} \geq \widetilde{D}_{1/2}(\Phi(\rho)\|\Phi(\sigma))$$
$$= -2 \log \frac{(\mathrm{Tr}\, \rho E \cdot \mathrm{Tr}\, \sigma E)^{1/2} + (\mathrm{Tr}\, \rho E^\perp \cdot \mathrm{Tr}\, \sigma E^\perp)^{1/2}}{\mathrm{Tr}\, \rho}.$$

これより

$$(\operatorname{Tr}\rho\cdot\operatorname{Tr}\sigma)^{1/2}\le(\operatorname{Tr}\rho E\cdot\operatorname{Tr}\sigma E)^{1/2}+(\operatorname{Tr}\rho E^\perp\cdot\operatorname{Tr}\sigma E^\perp)^{1/2}.$$

よって $\operatorname{Tr}\rho E=\frac{\operatorname{Tr}\rho}{\operatorname{Tr}\sigma}\operatorname{Tr}\sigma E$. これがすべての射影 $E\in B(\mathcal{H})$ に対し成立するから $\rho=\frac{\operatorname{Tr}\rho}{\operatorname{Tr}\sigma}\sigma$. $\qquad\square$

注意 5.18. 注意 4.11 と同様なやり方で，定理 5.13 の (3) から (2) を示すことができる．実際，任意の $\alpha>0$, $\alpha\ne1$ に対して，$\widetilde{D}_\alpha$ の単調性 (5.16) が TPCP 写像 Φ の下で成立するためには，定理 5.13 (2) の $\widetilde{Q}_\alpha$ の同時凹凸性が成立することが必要十分であることが分かっている．Epstein の凹性の必要条件 (命題 1.66 (1)) から，$0<\alpha<1/2$ のとき $\widetilde{Q}_\alpha(\rho\|\sigma)=\operatorname{Tr}(\rho^{1/2}\sigma^{\frac{1-\alpha}{\alpha}}\rho^{1/2})^\alpha$ は同時凹でない (ρ を固定しても σ の凹関数でない)．したがって $\widetilde{D}_\alpha$ の TPCP 写像 Φ の下での単調性は $\alpha\in[1/2,\infty)$ に制限される．他方，注意 5.5 によれば D_α の単調性は $\alpha\in[0,2]$ に制限される．これらの事実については，D_α と $\widetilde{D}_\alpha$ を拡張する $\alpha\text{-}z\text{-Rényi}$ ダイバージェンスの場合に次節の定理 5.21 の (4), (5) と補題 5.22 で詳しく説明する．

5.3 $\alpha\text{-}z\text{-Rényi}$ ダイバージェンス

この節で説明する量子 Rényi ダイバージェンスは 2 個のパラメータ α,z をもち，5.1 節と 5.2 節で説明した D_α と $\widetilde{D}_\alpha$ を同時に拡張するものである．

定義 5.19. $\rho,\sigma\in B(\mathcal{H})^+$ と $\alpha\ge0$, $z>0$ に対し

$$Q_{\alpha,z}(\rho\|\sigma):=\begin{cases}\operatorname{Tr}\bigl(\sigma^{\frac{1-\alpha}{2z}}\rho^{\frac{\alpha}{z}}\sigma^{\frac{1-\alpha}{2z}}\bigr)^z & (0\le\alpha\le1\ \text{または}\ \rho^0\le\sigma^0\ \text{のとき}),\\[2mm]+\infty & (\alpha>1\ \text{かつ}\ \rho^0\not\le\sigma^0\ \text{のとき})\end{cases}$$

と定める．$\rho\ne0$, $\alpha\ne1$ のとき，ρ,σ の $\alpha\text{-}z\text{-Rényi}$ ダイバージェンスを

$$D_{\alpha,z}(\rho\|\sigma):=\frac{1}{\alpha-1}\log\frac{Q_{\alpha,z}(\rho\|\sigma)}{\operatorname{Tr}\rho}$$

と定める．特に $z=1$ のとき $D_{\alpha,1}(\rho\|\sigma)=D_\alpha(\rho\|\sigma)$ であり，$z=\alpha>0$ のとき $D_{\alpha,\alpha}(\rho\|\sigma)=\widetilde{D}_\alpha(\rho\|\sigma)$ である．

補題 5.20. $\alpha>1$, $z>0$ のとき，

$$Q_{\alpha,z}(\rho\|\sigma)=\lim_{\varepsilon\searrow0}Q_{\alpha,z}(\rho\|\sigma+\varepsilon I)\quad(\text{単調増加}),\tag{5.25}$$

$$Q_{\alpha,z}(\rho\|\sigma)=\lim_{\varepsilon\searrow0}Q_{\alpha,z}(\rho+\varepsilon I\|\sigma+\varepsilon I).\tag{5.26}$$

証明. これの証明は補題 5.11 の証明で $\frac{1-\alpha}{\alpha}$, $\frac12$ の冪を $\frac{1-\alpha}{z}$, $\frac{\alpha}{2z}$ に置き換えれば同様にできる (詳しくは読者の演習問題とする)．ただし次のことに注意する：

- $0<\varepsilon_1<\varepsilon_2$ のとき，$\frac{1-\alpha}{z}<0$ で $\sigma+\varepsilon_1 I$, $\sigma+\varepsilon_2 I$ が可換だから $(\sigma+\varepsilon_1 I)^{\frac{1-\alpha}{z}}\ge(\sigma+\varepsilon_2 I)^{\frac{1-\alpha}{z}}$.

- $\rho^0\le\sigma^0$ なら，$\rho+\varepsilon I$ と $I-\sigma^0$ が可換だから $(I-\sigma^0)(\rho+\varepsilon I)^{\frac{\alpha}{z}}(I-\sigma^0)=[(I-\sigma^0)(\rho+\varepsilon I)(I-\sigma^0)]^{\frac{\alpha}{z}}=\varepsilon^{\frac{\alpha}{z}}(I-\sigma^0)$. $\qquad\square$

$D_{\alpha,z}$ の性質を次の定理にまとめる.

定理 5.21. (1) z **に関する単調性**: $\rho, \sigma \in B(\mathcal{H})^+$, $\rho \neq 0$ とする. $\alpha \in [0, \infty) \setminus \{1\}$ を固定したとき, $z \in (0, \infty) \mapsto D_{\alpha,z}(\rho \| \sigma)$ は単調増加. さらに, $0 < \alpha < 1$ または $\rho^0 \leq \sigma^0$ のとき, 任意の $z, z' \in (0, \infty)$, $z \neq z'$ に対し

$$D_{\alpha,z}(\rho \| \sigma) = D_{\alpha,z'}(\rho \| \sigma) \iff \rho, \sigma \text{ が可換}.$$

(2) **テンソル積の下での加法性**: $\rho_i, \sigma_i \in B(\mathcal{H}_i)$, $\rho_i \neq 0$ ($i = 1, 2$) とすると, 任意の $\alpha \in [0, \infty) \setminus \{1\}$, $z > 0$ に対し

$$Q_{\alpha,z}(\rho_1 \otimes \rho_2 \| \sigma_1 \otimes \sigma_2) = Q_{\alpha,z}(\rho_1 \| \sigma_1) Q_\alpha(\rho_2 \| \sigma_2),$$
$$D_{\alpha,z}(\rho_1 \otimes \rho_2 \| \sigma_1 \otimes \sigma_2) = D_{\alpha,z}(\rho_1 \| \sigma_1) + D_\alpha(\rho_2 \| \sigma_2).$$

(3) **同時 (下半) 連続性**: 任意の $z > 0$ に対し, $(\rho, \sigma) \mapsto D_{\alpha,z}(\rho \| \sigma)$ は $(B(\mathcal{H})^+ \setminus \{0\}) \times B(\mathcal{H})^+$ 上で $0 < \alpha < 1$ なら同時連続, $\alpha = 0$ なら同時上半連続, また $\alpha > 1$ なら同時下半連続である.

(4) **同時凸性**: $\alpha \geq 0$, $z > 0$ とする.

(a) $0 \leq \alpha \leq 1$, $z \geq \max\{\alpha, 1 - \alpha\}$ のとき (かつそのときに限り), $(\rho, \sigma) \mapsto Q_{\alpha,z}(\rho \| \sigma)$ は $B(\mathcal{H})^+ \times B(\mathcal{H})^+$ 上で同時凹である. よって $0 \leq \alpha < 1$, $z \geq \max\{\alpha, 1 - \alpha\}$ のとき $D_{\alpha,z}$ は $\{(\rho, \sigma) \in B(\mathcal{H})^+ \times B(\mathcal{H})^+ : \operatorname{Tr} \rho = c\}$ ($c > 0$ は定数) 上で同時凸である.

(b) $\alpha > 1$, $\max\{\alpha/2, \alpha - 1\} \leq z \leq \alpha$ のとき (かつそのときに限り), $(\rho, \sigma) \mapsto Q_{\alpha,z}(\rho \| \sigma)$ は $B(\mathcal{H})^+ \times B(\mathcal{H})^+$ 上で同時凸である.

(5) **単調性 (DPI)**: $\alpha \in [0, \infty) \setminus \{1\}$, $z > 0$ とすると,

$$0 \leq \alpha < 1, \ z \geq \max\{\alpha, 1 - \alpha\},$$
$$\text{または} \quad \alpha > 1, \ \max\{\alpha/2, \alpha - 1\} \leq z \leq \alpha$$

のとき (かつそのときに限り), 任意の TPCP 写像 $\Phi \colon B(\mathcal{H}) \to B(\mathcal{K})$ と任意の $\rho, \sigma \in B(\mathcal{H})^+$, $\rho \neq 0$ に対し

$$D_{\alpha,z}(\Phi(\rho) \| \Phi(\sigma)) \leq D_{\alpha,z}(\rho \| \sigma).$$

証明. (1), (2) はそれぞれ命題 5.12 (2), 命題 5.3 (7) と同様に示せる.

(3) $0 < \alpha < 1$ のときの $D_{\alpha,z}$ の連続性は定理 5.13 (1) の証明と同様に示せる. $\alpha = 0$ のときは, (5.7) の h_ε を用いて

$$Q_{0,z}(\rho \| \sigma) = \operatorname{Tr}\big(\sigma^{\frac{1}{2z}} \rho^0 \sigma^{\frac{1}{2z}}\big)^z = \sup_{\varepsilon > 0} \operatorname{Tr}\big(\sigma^{\frac{1}{2z}} h_\varepsilon(\rho) \sigma^{\frac{1}{2z}}\big)^z$$

と書けることから分かる. $\alpha > 1$ のときの $D_{\alpha,z}$ の下半連続性は (5.25) を用いてやはり定理 5.13 (1) の証明と同様に示せる. $\qquad \square$

次の補題は定理 5.21 の (4), (5) の証明の実質的な部分である.

補題 5.22. $\alpha \in (0, \infty) \setminus \{1\}$, $z > 0$ とすると, 次の条件 (i)–(iii) は同値である (ただし

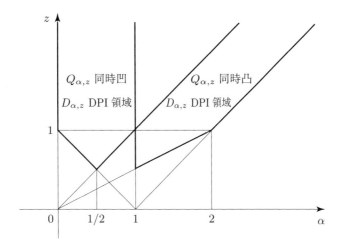

図 5.1　$Q_{\alpha,z}$ の同時凹凸領域と $D_{\alpha,z}$ の DPI 領域.

$\mathcal{H}, \mathcal{K}$ は任意の有限次元 Hilbert 空間とする):

(i) 任意の TPCP 写像 $\Phi\colon B(\mathcal{H}) \to B(\mathcal{K})$ と任意の $\rho, \sigma \in B(\mathcal{H})^+$, $\rho \neq 0$ に対し

$$D_{\alpha,z}(\Phi(\rho)\|\Phi(\sigma)) \leq D_{\alpha,z}(\rho\|\sigma).$$

(ii) $B(\mathcal{H})^+ \times B(\mathcal{H})^+$ 上で $(\rho,\sigma) \mapsto Q_{\alpha,z}(\rho\|\sigma)$ が $0 < \alpha < 1$ で同時凹，または $\alpha > 1$ で同時凸.

(iii) $0 < \alpha < 1$ で $z \geq \max\{\alpha, 1-\alpha\}$，または $\alpha > 1$ で $\max\{\alpha/2, \alpha-1\} \leq z \leq \alpha$.

証明. (i) $\Longrightarrow$ (ii). (i) は $Q_{\alpha,z}$ が TPCP 写像の下で $\alpha > 1$ なら単調であり，$0 < \alpha < 1$ なら逆単調であることをいう．それゆえ (i) $\Longrightarrow$ (ii) は定理 2.26 (3) の証明および注意 4.11 と同様に示せる (詳しくは読者の演習問題とする).

　(ii) $\Longrightarrow$ (i). TPCP 写像 $\Phi\colon B(\mathcal{H}) \to B(\mathcal{K})$ について，その表現定理 (定理 2.12) より有限次元 Hilbert 空間 $\mathcal{H}_0$，単位ベクトル $e \in \mathcal{H}_0 \otimes \mathcal{K}$, $\mathcal{H} \otimes \mathcal{H}_0 \otimes \mathcal{K}$ 上のユニタリ作用素 V が存在して

$$\Phi(X) = \mathrm{Tr}_{\mathcal{H} \otimes \mathcal{H}_0} V(X \otimes |e\rangle\langle e|)V^*, \qquad X \in B(\mathcal{H}) \tag{5.27}$$

と表される (ただし定理 2.12 の $\mathcal{H} \otimes \mathcal{K} \otimes \mathcal{H}_0$ をここでは $\mathcal{H} \otimes \mathcal{H}_0 \otimes \mathcal{K}$ と書いている)．ここで $\mathrm{Tr}_{\mathcal{H} \otimes \mathcal{H}_0}\colon B(\mathcal{H} \otimes \mathcal{H}_0 \otimes \mathcal{K}) \to B(\mathcal{K})$ は部分トレース．いま $\tau_0 := [\dim(\mathcal{H} \otimes \mathcal{H}_0)]^{-1} I_{\mathcal{H} \otimes \mathcal{H}_0}$ とすると，$\tau_0 \otimes \mathrm{Tr}_{\mathcal{H} \otimes \mathcal{H}_0}(\cdot)$ は $B(\mathcal{H} \otimes \mathcal{H}_0 \otimes \mathcal{K})$ から $I_{\mathcal{H} \otimes \mathcal{H}_0} \otimes B(\mathcal{K})$ へのトレースに関する条件付き期待値 (例 1.11, 1.12 を見よ) だから，次の表示は容易に分かる (読者の演習問題とする): $Z \in B(\mathcal{H} \otimes \mathcal{H}_0 \otimes \mathcal{K})$ に対し

$$\tau_0 \otimes \mathrm{Tr}_{\mathcal{H} \otimes \mathcal{H}_0}(Z) = \int_{\mathcal{U}(\mathcal{H} \otimes \mathcal{H}_0)} (U \otimes I_{\mathcal{K}})Z(U \otimes I_{\mathcal{K}})^* \, d\lambda(U). \tag{5.28}$$

ただし $\mathcal{U}(\mathcal{H} \otimes \mathcal{H}_0)$ は $\mathcal{H} \otimes \mathcal{H}_0$ 上のユニタリ作用素全体の作るコンパクト群であり，λ は $\mathcal{U}(\mathcal{H} \otimes \mathcal{H}_0)$ 上の Haar 確率測度とする．(5.27) と (5.28) より

$$\tau_0 \otimes \Phi(X) = \int_{\mathcal{U}(\mathcal{H}\otimes\mathcal{H}_0)} (U \otimes I_{\mathcal{K}}) V(X \otimes |e\rangle\langle e|) V^*(U \otimes I_{\mathcal{K}})^* \, d\lambda(U), \quad X \in B(\mathcal{H}).$$

各 $n \in \mathbb{N}$ に対し $\mathcal{U}(\mathcal{H} \otimes \mathcal{H}_0)$ の Borel 集合からなる有限分割 $\{\mathcal{B}_{n,i}\}_{i=1}^{k_n}$ で $\mathcal{B}_{n,i}$ の $\|\cdot\|_\infty$-直径がすべて $1/n$ 以下であるものがとれる. このとき, $U_{n,i} \in \mathcal{B}_{n,i}$ を任意にとると, 上の積分内の式 (X を固定) が U について一様連続であるから,

$$\tau_0 \otimes \Phi(X)$$
$$= \lim_{n\to\infty} \sum_{i=1}^{k_n} \lambda(\mathcal{B}_{n,i})(U_{n,i}\otimes I_{\mathcal{K}})V(X\otimes|e\rangle\langle e|)V^*(U_{n,i}\otimes I_{\mathcal{K}})^*, \qquad X \in B(\mathcal{H})$$

が容易に確かめられる. 簡単のため $\Lambda_{n,i}(X) := (U_{n,i}\otimes I_{\mathcal{K}})V(X\otimes|e\rangle\langle e|)V^*(U_{n,i}\otimes I_{\mathcal{K}})^*$ と書く. $0 < \alpha < 1$ のとき, 定理 5.21 (3) より $Q_{\alpha,z}$ が $B(\mathcal{H})^+ \times B(\mathcal{H})^+$ 上で同時連続だから,

$$Q_{\alpha,z}(\Phi(\rho)\|\Phi(\sigma)) = Q_{\alpha,z}(\tau_0\otimes\Phi(\rho)\|\tau_0\otimes\Phi(\sigma)) \quad (\text{定理 5.21 (2) より})$$
$$= \lim_{n\to\infty} Q_{\alpha,z}\left(\sum_{i=1}^{k_n}\lambda(\mathcal{B}_{n,i})\Lambda_{n,i}(\rho)\Bigg\|\sum_{i=1}^{k_n}\lambda(\mathcal{B}_{n,i})\Lambda_{n,i}(\sigma)\right) \tag{5.29}$$

であり, (ii) と $Q_{\alpha,z}$ のユニタリ不変性 (これは $Q_{\alpha,z}$ 定義式より明らか) より

$$Q_{\alpha,z}\left(\sum_{i=1}^{k_n}\lambda(\mathcal{B}_{n,i})\Lambda_{n,i}(\rho)\Bigg\|\sum_{i=1}^{k_n}\lambda(\mathcal{B}_{n,i})\Lambda_{n,i}(\sigma)\right)$$
$$\geq \sum_{i=1}^{k_n}\lambda(\mathcal{B}_{n,i})Q_{\alpha,z}(\Lambda_{n,i}(\rho)\|\Lambda_{n,i}(\sigma)) \tag{5.30}$$
$$= Q_{\alpha,z}(\rho\otimes|e\rangle\langle e|\|\sigma\otimes|e\rangle\langle e|) = Q_{\alpha,z}(\rho\|\sigma) \quad (\text{定理 5.21 (2) より}).$$

よって $Q_\alpha(\Phi(\rho)\|\Phi(\sigma)) \geq Q_{\alpha,z}(\rho\|\sigma)$. $\alpha > 1$ のとき, 再び定理 5.21 (3) より $Q_{\alpha,z}$ が $B(\mathcal{H})^+ \times B(\mathcal{H})^+$ 上で同時下半連続だから, (5.29) は "$=\lim_{n\to\infty}$" を "$\leq \liminf_{n\to\infty}$" として成立. また (ii) より (5.30) は不等号を逆向きにして成立. よって $Q_\alpha(\Phi(\rho)\|\Phi(\sigma)) \leq Q_{\alpha,z}(\rho\|\sigma)$. これで (ii) から (i) が示せた.

(ii) $\Longrightarrow$ (iii). $\alpha \in (0,\infty)\setminus\{1\}$, $z > 0$ に対し $p := \frac{\alpha}{z}$, $q := \frac{1-\alpha}{z}$ とおくと, $p > 0$, $q \neq 0$, $z = \frac{1}{p+q}$ であり

$$Q_{\alpha,z}(\rho\|\sigma) = \mathrm{Tr}(\sigma^{q/2}\rho^p\sigma^{q/2})^{\frac{1}{p+q}}, \qquad \rho, \sigma \in B(\mathcal{H})^+. \tag{5.31}$$

定理 1.64 (a) ($X = I$ として) と命題 1.66 (3) より, (5.31) が $(\rho,\sigma) \in B(\mathcal{H})^+ \times B(\mathcal{H})^+$ について同時凹であるのは $0 < p, q \leq 1$ のときに限る. α, z の上記の仮定でこれを解くと

$$0 < \alpha < 1 \ \text{かつ} \ z \geq \max\{\alpha, 1-\alpha\}.$$

また定理 1.64 (c) ($X = I$ として) と命題 1.66 (4) より, (5.31) が同時凸であるのは $1 \leq p \leq 2$, $-1 \leq q < 0$ のときに限る. α, z の上記の仮定でこれを解くと

$$\alpha > 1 \ \text{かつ} \ \max\{\alpha/2, \alpha-1\} \leq z \leq \alpha.$$

これで (ii) から (iii) が示せた.

(iii) $\Longrightarrow$ (ii). 定理 1.64 と (5.31) より, 上の (ii) $\Longrightarrow$ (iii) の証明を逆向きに行うと, (iii) から (ii) の性質が $B(\mathcal{H})^{++} \times B(\mathcal{H})^{++}$ に制限して成立する. $0 < \alpha < 1$ のときの $Q_{\alpha,z}$ の連続性 (定理 5.21 (3)) と $\alpha > 1$ のときの (5.26) より, (ii) が $B(\mathcal{H})^+ \times B(\mathcal{H})^+$ 全体で成立することが分かる. $\qquad\square$

定理 5.21 の証明 (続き). (4) $Q_{\alpha,z}$ の結果を示せばよい. $\alpha \in (0,\infty) \setminus \{1\}$, $z > 0$ とすると, 補題 5.22 より $Q_{\alpha,z}$ は $B(\mathcal{H})^+ \times B(\mathcal{H})^+$ 上で, $0 < \alpha < 1$, $z \geq \max\{\alpha, 1-\alpha\}$ のとき (かつそのときに限り) 同時凹であり, $\alpha \geq 1$, $\max\{\alpha/2, \alpha - 1\} \leq z \leq \alpha$ のとき (かつそのときに限り) 同時凸である. よって残るのは (a) で $\alpha = 0, 1$ の場合である. この場合

$$Q_{0,z}(\rho\|\sigma) = \mathrm{Tr}(\sigma^{1/2z}\rho^0\sigma^{1/2z})^z = \mathrm{Tr}(\rho^0\sigma^{1/z}\rho^0)^z,$$
$$Q_{1,z}(\rho\|\sigma) = \mathrm{Tr}(\sigma^0\rho^{1/z}\sigma^0)^z = Q_{0,z}(\sigma\|\rho)$$

だから, $\alpha = 0$ の場合だけ吟味すればよい. $z \geq 1$ とすると, $Q_{0,z}(\rho\|\sigma) = \lim_{1 > \alpha \searrow 0} Q_{\alpha,z}(\rho\|\sigma)$ だから, $Q_{0,z}$ は $B(\mathcal{H})^+ \times B(\mathcal{H})^+$ 上で同時凹である. さらに $Q_{0,z}$ が同時凹であるのはこのときに限る. 実際, $\rho = \begin{bmatrix} 1/2 & 1/2 \\ 1/2 & 1/2 \end{bmatrix}$, $\sigma = \begin{bmatrix} x & 0 \\ 0 & 1 \end{bmatrix}$ $(x \geq 0)$ とすると $Q_{0,z}(\rho\|\sigma) = \left(\frac{x^{1/z}+1}{2}\right)^z$. これが $x \geq 0$ の凹関数になるのは $z \geq 1$ に限る. また $Q_{0,z}$ は同時凸になることはない. 実際, $P \neq 0, I$ である射影作用素 P をとり, $\rho_1 = P$, $\sigma_1 = P^{\perp}$, $\rho_2 = P^{\perp}$, $\sigma_2 = P$ とすると, 任意の $z > 0$ に対し $Q_{0,z}\left(\frac{\rho_1 + \rho_2}{2} \| \frac{\sigma_1 + \sigma_2}{2}\right) = \mathrm{Tr}\,I/2$, $Q_{0,z}(\rho_1\|\sigma_1) = Q_{0,z}(\rho_2\|\sigma_2) = 0$ だから, $Q_{0,z}$ は同時凸でない. これで (4) が示せた.

(5) 補題 5.22 の (i) $\Longleftrightarrow$ (ii) の証明は $\alpha = 0$, $z > 0$ でもそのまま成立することに注意すると, (5) の主張は (4) から直ちにいえる. $\qquad\square$

注意 5.23. $\Phi \colon B(\mathcal{H}) \to B(\mathcal{K})$ が TPCP 写像のとき, D_α, $\widetilde{D}_\alpha$ の単調性 (DPI) は定理 5.21 (5) で示した $D_{\alpha,z}$ のそれの特別な場合として従う. しかし定理 5.4 (4) では Φ は Φ^* が Schwarz 写像である正写像, 定理 5.13 (3) では Φ が一般の正写像としているので, 定理 5.21 (5) が定理 5.4 (4), 5.13 (3) を含むわけでない. $\widetilde{D}_\alpha$ の単調性が一般の正写像に対し証明できるのは複素補間理論が使えるからである.

5.4 測定 Rényi ダイバージェンス

4.4 節で量子 f-ダイバージェンスを測定型にした測定 f-ダイバージェンスを解説した. 量子 Rényi ダイバージェンスに対しても同様に測定型のものが考えられる. この節ではこれについて解説する.

定義 5.24. 各 $\alpha \in [0,\infty) \setminus \{1\}$ と $\rho, \sigma \in B(\mathcal{H})^+$, $\rho \neq 0$ に対し, **測定 Rényi ダイバージェンス**を次で定める:

$$D_\alpha^{\mathrm{meas}}(\rho\|\sigma) := \sup\{D_\alpha(\mathcal{M}(\rho)\|\mathcal{M}(\sigma)) \colon \mathcal{M} \text{ は } \mathcal{H} \text{ 上の測定}\},$$
$$D_\alpha^{\mathrm{pr}}(\rho\|\sigma) := \sup\{D_\alpha(\mathcal{M}(\rho)\|\mathcal{M}(\sigma)) \colon \mathcal{M} \text{ は } \mathcal{H} \text{ 上の射影的測定}\}.$$

測定相対エントロピー $D^{\mathrm{meas}}(\rho\|\sigma)$, $D^{\mathrm{pr}}(\rho\|\sigma)$ も同様に定める. いま

$$
\begin{aligned}
f_\alpha(t) &:= t^\alpha \in \mathcal{F}_{\mathrm{cv}}^{\nearrow}(0,\infty) &&(\alpha \in (1,\infty) \text{ のとき}), \\
g_\alpha(t) &:= t^\alpha \in \mathcal{F}_{\mathrm{cc}}^{\nearrow}(0,\infty), \quad f_\alpha = -g_\alpha &&(\alpha \in (0,1) \text{ のとき})
\end{aligned}
\tag{5.32}
$$

($\mathcal{F}_{\mathrm{cv}}^{\nearrow}(0,\infty)$, $\mathcal{F}_{\mathrm{cc}}^{\nearrow}(0,\infty)$ は付録の A.2 節を見よ) とおくと

$$
D_\alpha^{\mathrm{meas}}(\rho\|\sigma) = \begin{cases} \frac{1}{\alpha-1} \log \dfrac{S_{f_\alpha}^{\mathrm{meas}}(\rho\|\sigma)}{\operatorname{Tr}\rho} & (\alpha \in (1,\infty) \text{ のとき}), \\ \frac{1}{\alpha-1} \log \dfrac{-S_{f_\alpha}^{\mathrm{meas}}(\rho\|\sigma)}{\operatorname{Tr}\rho} & (\alpha \in (0,1) \text{ のとき}) \end{cases}
\tag{5.33}
$$

と書ける. D_α^{pr} についても同様である. 5.2 節の $\widetilde{D}_\alpha$ と 5.3 節の $D_{\alpha,z}$ からも測定ダイバージェンスを定義できるが, 可換な ρ, σ に対し $D_\alpha(\rho\|\sigma) = \widetilde{D}_\alpha(\rho\|\sigma) = D_{\alpha,z}(\rho\|\sigma)$ だから同じ D_α^{meas}, D_α^{pr} が現れることに注意する.

例 5.25. (5.32) の f_α, g_α について次が成立する.

(1) $1 < \alpha < \infty$ のとき, $f_\alpha'(0^+) = 0$, $f_\alpha(0^+) = 0$ であり

$$
f_\alpha^\sharp(t) = (\alpha-1)\Big(\frac{t}{\alpha}\Big)^{\frac{\alpha}{\alpha-1}}, \quad (f_\alpha^\sharp)^{-1}(t) = \alpha\Big(\frac{t}{\alpha-1}\Big)^{\frac{\alpha-1}{\alpha}}, \qquad t \in (0,\infty).
$$

$(f_\alpha^\sharp)^{-1}$ が $(0,\infty)$ 上で作用素凹だから, 命題 4.37 (1) と定理 4.38 (1) より任意の $\rho, \sigma \in B(\mathcal{H})^+$ に対し

$$
\begin{aligned}
S_{f_\alpha}^{\mathrm{pr}}(\rho\|\sigma) = S_{f_\alpha}^{\mathrm{meas}}(\rho\|\sigma) &= \sup_{A \in B(\mathcal{H})^{++}} \Big\{ \operatorname{Tr}\rho A - (\alpha-1)\operatorname{Tr}\sigma\Big(\frac{A}{\alpha}\Big)^{\frac{\alpha}{\alpha-1}} \Big\} \\
&= \sup_{A \in B(\mathcal{H})^+} \Big\{ \alpha\operatorname{Tr}\rho A - (\alpha-1)\operatorname{Tr}\sigma A^{\frac{\alpha}{\alpha-1}} \Big\}.
\end{aligned}
$$

よって $\rho \neq 0$ なら $D_\alpha^{\mathrm{pr}}(\rho\|\sigma) = D_\alpha^{\mathrm{meas}}(\rho\|\sigma)$.

(2) $0 < \alpha < 1$ のとき, $g_\alpha'(0^+) = \infty$, $g_\alpha(0^+) = 0$, $g_\alpha(\infty) = \infty$ であり

$$
g_\alpha^\flat(t) = (\alpha-1)\Big(\frac{t}{\alpha}\Big)^{\frac{\alpha}{\alpha-1}}, \quad (g_\alpha^\flat)^{-1}(t) = \alpha\Big(\frac{-t}{1-\alpha}\Big)^{\frac{\alpha-1}{\alpha}}, \qquad t \in (0,\infty).
$$

$\alpha \in (0,1/2]$ なら $-1 \le \frac{\alpha}{\alpha-1} < 0$ だから $g_\alpha^\flat$ は $(0,\infty)$ 上で作用素凹. $\alpha \in [1/2,1)$ なら $-1 \le \frac{\alpha-1}{\alpha} < 0$ だから $(g_\alpha^\flat)^{-1}$ は $(-\infty,0)$ 上で作用素凸. よって命題 4.37 (2), 定理 4.38 (2) より任意の $\rho, \sigma \in B(\mathcal{H})^+$ に対し

$$
\begin{aligned}
S_{f_\alpha}^{\mathrm{pr}}(\rho\|\sigma) = S_{f_\alpha}^{\mathrm{meas}}(\rho\|\sigma) &= \sup_{A \in B(\mathcal{H})^{++}} \Big\{ -\operatorname{Tr}\rho A + (\alpha-1)\operatorname{Tr}\sigma\Big(\frac{A}{\alpha}\Big)^{\frac{\alpha}{\alpha-1}} \Big\} \\
&= -\inf_{A \in B(\mathcal{H})^{++}} \Big\{ \alpha\operatorname{Tr}\rho A + (1-\alpha)\operatorname{Tr}\sigma A^{\frac{\alpha}{\alpha-1}} \Big\}.
\end{aligned}
$$

よって $\rho \neq 0$ なら $D_\alpha^{\mathrm{pr}}(\rho\|\sigma) = D_\alpha^{\mathrm{meas}}(\rho\|\sigma)$.

例 5.26. ここで

$$
g_0(t) := \log t \in \mathcal{F}_{\mathrm{cc}}^{\nearrow}(0,\infty), \qquad f_0 := -g_0
$$

を考える. $g_0'(0^+) = \infty$, $g_0(0^+) = -\infty$, $g_0(\infty) = \infty$ であり

$$
g_0^\flat(t) = 1 + \log t, \quad t \in (0,\infty); \qquad (g_0^\flat)^{-1}(t) = e^{t-1}, \quad t \in (-\infty,\infty).
$$

$g_0^\flat$ が $(0, \infty)$ 上で作用素凹だから，(4.23) と命題 4.37 (2)，定理 4.38 (2) より任意の $\rho, \sigma \in B(\mathcal{H})^+$ に対し

$$D^{\mathrm{pr}}(\rho\|\sigma) = D^{\mathrm{meas}}(\rho\|\sigma) = \sup_{A \in B(\mathcal{H})^{++}} \{-\mathrm{Tr}\,\sigma A + \mathrm{Tr}\,\rho(I + \log A)\}$$

$$= \sup_{H \in B(\mathcal{H})^{\mathrm{sa}}} \{\mathrm{Tr}\,\rho H + \mathrm{Tr}\,\rho - \mathrm{Tr}\,\sigma e^H\}.$$

$D^{\mathrm{pr}}(\rho\|\sigma)$ の変分表示として次も知られている．

命題 5.27. 任意の $\rho \in \mathcal{S}(\mathcal{H})$, $\sigma \in B(\mathcal{H})^+$ に対し

$$D^{\mathrm{pr}}(\rho\|\sigma) = \sup_{H \in B(\mathcal{H})^{\mathrm{sa}}} \{\mathrm{Tr}\,\rho H - \log \mathrm{Tr}\,\sigma e^H\}. \tag{5.34}$$

証明. $\rho \in \mathcal{S}(\mathcal{H})$ とし，まず $\sigma \in B(\mathcal{H})^{++}$ とする．任意の $\{e_i\}_{i=1}^d \in \mathrm{ONB}(\mathcal{H})$ に対し $\boldsymbol{a} := (\langle e_i, \rho e_i \rangle)_{i=1}^d$, $\boldsymbol{b} := (\langle e_i, \sigma e_i \rangle)_{i=1}^d$ とおくと $\sum_i a_i = 1$, $\boldsymbol{b} > 0$. $B(\mathcal{H})^{\mathrm{sa}}$ を $\mathbb{R}^d$ に置き換えて命題 2.23 の (1), (2) の証明と同様にすると，

$$D(\boldsymbol{a}\|\boldsymbol{b}) = \sup_{\boldsymbol{t} \in \mathbb{R}^d} \left\{ \sum_{i=1}^d a_i t_i - \log \sum_{i=1}^d b_i e^{t_i} \right\}$$

がいえる．よって

$$D^{\mathrm{pr}}(\rho\|\sigma) = \sup_{\{e_i\} \in \mathrm{ONB}(\mathcal{H})} \sup_{\boldsymbol{t} \in \mathbb{R}^d} \left\{ \sum_{i=1}^d \langle e_i, \rho e_i \rangle t_i - \log \sum_{i=1}^d \langle e_i, \sigma e_i \rangle e^{t_i} \right\}.$$

$H := \sum_{i=1}^d t_i |e_i\rangle\langle e_i| \in B(\mathcal{H})^{\mathrm{sa}}$ とすると，$\sum_{i=1}^d \langle e_i, \rho e_i \rangle t_i = \mathrm{Tr}\,\rho H$, $\sum_{i=1}^d \langle e_i, \sigma e_i \rangle e^{t_i} = \mathrm{Tr}\,\sigma e^H$ だから (5.34) が示せた．一般の $\sigma \in B(\mathcal{H})^+$ に対しては，命題 2.15 (3) より $D^{\mathrm{pr}}(\rho\|\sigma) = \sup_{\varepsilon > 0} D^{\mathrm{pr}}(\rho\|\sigma + \varepsilon I)$ が簡単に示せる．よって

$$D^{\mathrm{pr}}(\rho\|\sigma) = \sup_{\varepsilon > 0} \sup_{H \in B(\mathcal{H})^{\mathrm{sa}}} \{\mathrm{Tr}\,\rho H - \log \mathrm{Tr}(\sigma + \varepsilon I) e^H\}$$

$$= \sup_{H \in B(\mathcal{H})^{\mathrm{sa}}} \sup_{\varepsilon > 0} \{\mathrm{Tr}\,\rho H - \log \mathrm{Tr}(\sigma + \varepsilon I) e^H\} = (5.34) \text{ の右辺}$$

がいえる． $\square$

注意 5.28. (2.23), (2.24) と (5.34) を比較すると，$D^{\mathrm{pr}}(\rho\|\sigma) \le D(\rho\|\sigma)$ が Golden–Thompson の不等式に対応していることが分かる．実際，$H, K \in B(\mathcal{H})^{\mathrm{sa}}$ に対し $\sigma = e^K$, $\rho = e^{H+K}/\mathrm{Tr}\,e^{H+K}$ とおくと，

$$\log \mathrm{Tr}\,e^{H+K} = \mathrm{Tr}\,\rho H - D(\rho\|\sigma) \quad ((2.23) \text{ より})$$

$$\le \mathrm{Tr}\,\rho H - D^{\mathrm{pr}}(\rho\|\sigma) \le \log \mathrm{Tr}\,\sigma e^H \quad ((5.34) \text{ より})$$

だから Golden–Thompson の不等式 $\mathrm{Tr}\,e^{H+K} \le \mathrm{Tr}\,e^H e^K$ が従う．

D_α^{meas} と D_α^{pr} の性質をいくつか次にまとめる．

命題 5.29. (1) **単調性 (DPI)**: $\Phi\colon B(\mathcal{H}) \to B(\mathcal{K})$ がトレースを保存する正写像なら，

任意の $\alpha \in [0,\infty)$ と $\rho, \sigma \in B(\mathcal{H})^+$ に対し

$$D_\alpha^{\mathrm{meas}}(\Phi(\rho)\|\Phi(\sigma)) \leq D_\alpha^{\mathrm{meas}}(\rho\|\sigma).$$

(2) **テンソル積の下での優加法性**: $\rho_i, \sigma_i \in B(\mathcal{H}_i)^+$, $\rho_i \neq 0$ $(i = 1, 2)$ とすると，任意の $\alpha \in [0,\infty)$ に対し

$$D_\alpha^{\mathrm{meas}}(\rho_1 \otimes \rho_2 \| \sigma_1 \otimes \sigma_2) \geq D_\alpha^{\mathrm{meas}}(\rho_1\|\sigma_1) + D_\alpha^{\mathrm{meas}}(\rho_2\|\sigma_2),$$
$$D_\alpha^{\mathrm{pr}}(\rho_1 \otimes \rho_2 \| \sigma_1 \otimes \sigma_2) \geq D_\alpha^{\mathrm{pr}}(\rho_1\|\sigma_1) + D_\alpha^{\mathrm{pr}}(\rho_2\|\sigma_2).$$

(3) 任意の $\alpha \in [0,\infty)$ と $\rho, \sigma_1, \sigma_2 \in B(\mathcal{H})^+$ に対し，$\sigma_1 \leq \sigma_2$ なら

$$D_\alpha^{\mathrm{meas}}(\rho\|\sigma_1) \geq D_\alpha^{\mathrm{meas}}(\rho\|\sigma_2), \qquad D_\alpha^{\mathrm{pr}}(\rho\|\sigma_1) \geq D_\alpha^{\mathrm{pr}}(\rho\|\sigma_2).$$

(4) 任意の $\alpha \in [0,\infty)$ と $\rho, \sigma \in B(\mathcal{H})^+$, $\rho \neq 0$ に対し

$$D_\alpha^{\mathrm{pr}}(\rho\|\sigma) \leq D_\alpha^{\mathrm{meas}}(\rho\|\sigma) \leq \begin{cases} D_\alpha(\rho\|\sigma) & (0 \leq \alpha < 1/2 \text{ のとき}), \\ \widetilde{D}_\alpha(\rho\|\sigma) \leq D_\alpha(\rho\|\sigma) & (1/2 \leq \alpha < \infty \text{ のとき}). \end{cases}$$

証明. (1) は (5.33) より命題 4.34 (5) に帰着する.

(2) $\mathcal{H}_1$, $\mathcal{H}_2$ 上の測定をそれぞれ $\mathcal{M}^{(1)} = (M_x^{(1)})_{x \in \mathcal{X}}$, $\mathcal{M}^{(2)} = (M_y^{(2)})_{y \in \mathcal{Y}}$ とすると，$\mathcal{M} := (M_x^{(1)} \otimes M_y^{(2)})_{(x,y) \in \mathcal{X} \times \mathcal{Y}}$ は $\mathcal{H}_1 \otimes \mathcal{H}_2$ 上の測定である. すると

$$D_\alpha^{\mathrm{meas}}(\rho_1 \otimes \rho_2 \| \sigma_1 \otimes \sigma_2) \geq D_\alpha(\mathcal{M}(\rho_1 \otimes \rho_2)\|\mathcal{M}(\sigma_1 \otimes \sigma_2))$$
$$= D_\alpha(\mathcal{M}^{(1)}(\rho_1) \otimes \mathcal{M}^{(2)}(\rho_2)\|\mathcal{M}^{(1)}(\sigma_1) \otimes \mathcal{M}^{(2)}(\sigma_2))$$
$$= D_\alpha(\mathcal{M}^{(1)}(\rho_1)\|\mathcal{M}^{(1)}(\sigma_1)) + D_\alpha(\mathcal{M}^{(2)}(\rho_2)\|\mathcal{M}^{(2)}(\sigma_2)).$$

上の最後の等号は (5.4) による. $\mathcal{M}^{(1)}$, $\mathcal{M}^{(2)}$ について上の最後の式の sup をとればよい. $\mathcal{M}^{(1)}$, $\mathcal{M}^{(2)}$ が射影的測定なら $\mathcal{M}$ もそうだから，D_α^{pr} についても同様である.

(3) は $D_\alpha(\boldsymbol{a}\|\boldsymbol{b})$ $(\boldsymbol{a}, \boldsymbol{b} \in [0,\infty)^n)$ について，$\boldsymbol{b}_1 \leq \boldsymbol{b}_2 \Longrightarrow D_\alpha(\boldsymbol{a}\|\boldsymbol{b}_1) \geq D_\alpha(\boldsymbol{a}\|\boldsymbol{b}_2)$ が成立することから明らかである.

(4) 最初の不等号は明らか (実際，例 5.25, 5.26 より $\alpha > 0$ なら等号成立). 2 番目の不等号は定理 5.4 (4), 5.13 (3) から分かる (注意 4.36 でもっと一般に説明した). $\widetilde{D}_\alpha(\rho\|\sigma) \leq D_\alpha(\rho\|\sigma)$ $(1/2 \leq \alpha < \infty)$ は命題 5.12 (2) (および命題 5.3 (3), 5.12 (3)) に含まれる. $\qquad\square$

測定 Rényi ダイバージェンス $D_\alpha^{\mathrm{meas}}(\rho\|\sigma)$ をテンソル積の下で正規化した量を次に定義する.

定義 5.30. $\alpha \in [0,\infty)$ とし，$\rho, \sigma \in B(\mathcal{H})^+$, $\rho \neq 0$ とする. 命題 5.29 (2) より $\{D_\alpha^{\mathrm{meas}}(\rho^{\otimes n}\|\sigma^{\otimes n})\}_{n=1}^\infty$ は $(-\infty, +\infty]$ に値をとる優加法的な列である. つまり，すべての $m, n \in \mathbb{N}$ に対し

$$D_\alpha^{\mathrm{meas}}(\rho^{\otimes(m+n)}\|\sigma^{\otimes(m+n)}) \geq D_\alpha^{\mathrm{meas}}(\rho^{\otimes m}\|\sigma^{\otimes m}) + D_\alpha^{\mathrm{meas}}(\rho^{\otimes n}\|\sigma^{\otimes n}).$$

よって Fekete の補題 (付録の補題 A.18) より

$$\overline{D}_\alpha^{\mathrm{meas}}(\rho\|\sigma) := \sup_{n\geq 1} \frac{1}{n} D_\alpha^{\mathrm{meas}}(\rho^{\otimes n}\|\sigma^{\otimes n}) = \lim_{n\to\infty} \frac{1}{n} D_\alpha^{\mathrm{meas}}(\rho^{\otimes n}\|\sigma^{\otimes n})$$

と定義できる. $\overline{D}_\alpha^{\mathrm{meas}}(\rho\|\sigma)$ は正規化された測定 **Rényi** ダイバージェンスと呼ばれる.

この節の主結果である**漸近的達成可能性定理**を次に示す. 次の定理で $\sigma^{\otimes n}$ に付随するピンチング $\mathcal{P}_{\sigma^{\otimes n}}$ を使う. これの定義は付録の A.10 節にある.

定理 5.31 ([59], [76], [109]). 任意の $\alpha \in [1/2, \infty)$ と $\rho, \sigma \in B(\mathcal{H})^+$, $\rho \neq 0$ に対し

$$\overline{D}_\alpha^{\mathrm{meas}}(\rho\|\sigma) = \widetilde{D}_\alpha(\rho\|\sigma) = \lim_{n\to\infty} \frac{1}{n} D_\alpha(\mathcal{P}_{\sigma^{\otimes n}}(\rho^{\otimes n})\|\sigma^{\otimes n}). \tag{5.35}$$

ただし $\widetilde{D}_1 = D_1$ とする (命題 5.12 (3)).

証明. 簡単のため $\rho_n := \rho^{\otimes n}$, $\sigma_n := \sigma^{\otimes n}$ とおく. (5.35) の 2 番目の等号を先に示す. 任意の $\alpha \in [1/2, \infty)$ に対し, $\mathcal{P}_{\sigma_n} : B(\mathcal{H}^{\otimes n}) \to B(\mathcal{H}^{\otimes n})$ は単位的な正写像で $\mathcal{P}_{\sigma_n}(\sigma_n) = \sigma_n$ だから, 定理 5.13 (3) の単調性より

$$\widetilde{D}_\alpha(\mathcal{P}_{\sigma_n}(\rho_n)\|\sigma_n) \leq \widetilde{D}_\alpha(\rho_n\|\sigma_n). \tag{5.36}$$

$\alpha > 1$ のとき, 補題 A.19 (1) と命題 5.12 (5) より

$$\widetilde{Q}_\alpha(\rho_n\|\sigma_n) \leq \widetilde{Q}_\alpha(v(\sigma_n)\mathcal{P}_{\sigma_n}(\rho_n)\|\sigma_n) = v(\sigma_n)^\alpha \widetilde{Q}_\alpha(\mathcal{P}_{\sigma_n}(\rho_n)\|\sigma_n)$$

だから

$$\widetilde{D}_\alpha(\rho_n\|\sigma_n) \leq \widetilde{D}_\alpha(\mathcal{P}_{\sigma_n}(\rho_n)\|\sigma_n) + \frac{\alpha}{\alpha-1} \log v(\sigma_n). \tag{5.37}$$

命題 5.12 (6) より $\widetilde{D}_\alpha(\rho_n\|\sigma_n) = n\widetilde{D}_\alpha(\rho\|\sigma)$ だから, (5.36), (5.37) と補題 A.19 (2) より (5.35) の 2 番目の等号が成立.

$1/2 \leq \alpha < 1$ のとき, 任意の $\varepsilon > 0$ に対し補題 A.19 (1) より

$$\begin{aligned}
\rho_n + \varepsilon I_n &\leq v(\sigma_n + \varepsilon I_n)\mathcal{P}_{\sigma_n + \varepsilon I_n}(\rho_n + \varepsilon I_n) \\
&= v(\sigma_n)\mathcal{P}_{\sigma_n}(\rho_n + \varepsilon I_n) = v(\sigma_n)(\mathcal{P}_{\sigma_n}(\rho_n) + \varepsilon I_n)
\end{aligned}$$

(ただし $I_n := I_{\mathcal{H}^{\otimes n}}$) だから,

$$\begin{aligned}
&\widetilde{Q}_\alpha(\rho_n + \varepsilon I_n\|\sigma_n + \varepsilon I_n) \\
&\quad = \mathrm{Tr}\Big(\big[(\sigma_n + \varepsilon I_n)^{\frac{1-\alpha}{2\alpha}}(\rho_n + \varepsilon I_n)(\sigma_n + \varepsilon I_n)^{\frac{1-\alpha}{2\alpha}}\big]^{\alpha-1} \\
&\qquad\qquad \cdot (\sigma_n + \varepsilon I_n)^{\frac{1-\alpha}{2\alpha}}(\rho_n + \varepsilon I_n)(\sigma_n + \varepsilon I_n)^{\frac{1-\alpha}{2\alpha}} \Big) \\
&\quad \geq \mathrm{Tr}\Big(\big[v(\sigma_n)(\sigma_n + \varepsilon I_n)^{\frac{1-\alpha}{2\alpha}}(\mathcal{P}_{\sigma_n}(\rho_n) + \varepsilon I_n)(\sigma_n + \varepsilon I_n)^{\frac{1-\alpha}{2\alpha}}\big]^{\alpha-1} \\
&\qquad\qquad \cdot (\sigma_n + \varepsilon I_n)^{\frac{1-\alpha}{2\alpha}}(\rho_n + \varepsilon I_n)(\sigma_n + \varepsilon I_n)^{\frac{1-\alpha}{2\alpha}} \Big) \\
&\quad = v(\sigma_n)^{\alpha-1} \mathrm{Tr}\Big(\big[(\sigma_n + \varepsilon I_n)^{\frac{1-\alpha}{2\alpha}}(\mathcal{P}_{\sigma_n}(\rho_n) + \varepsilon I_n)(\sigma_n + \varepsilon I_n)^{\frac{1-\alpha}{2\alpha}}\big]^{\alpha-1} \\
&\qquad\qquad \cdot (\sigma_n + \varepsilon I_n)^{\frac{1-\alpha}{2\alpha}}(\mathcal{P}_{\sigma_n}(\rho_n) + \varepsilon I_n)(\sigma_n + \varepsilon I_n)^{\frac{1-\alpha}{2\alpha}} \Big) \\
&\quad = v(\sigma_n)^{\alpha-1} \widetilde{Q}_\alpha(\mathcal{P}_{\sigma_n}(\rho_n) + \varepsilon I_n\|\sigma_n + \varepsilon I_n).
\end{aligned}$$

上の不等号は $x^{\alpha-1}$ $(x > 0)$ が作用素単調減少であることから，2 番目の等号は $\mathcal{P}_{\sigma_n}$ が $B(\mathcal{H}^{\otimes n})$ から $\{\sigma_n\}'$ へのトレースを保存する条件付き期待値であることからいえる．よって

$$\widetilde{D}_\alpha(\rho_n + \varepsilon I_n \| \sigma_n + \varepsilon I_n) \leq \widetilde{D}_\alpha(\mathcal{P}_{\sigma_n}(\rho_n) + \varepsilon I_n \| \sigma_n + \varepsilon I_n) + \log v(\sigma_n).$$

$\varepsilon \searrow 0$ として定理 5.13 (1) より

$$\widetilde{D}_\alpha(\rho_n \| \sigma_n) \leq \widetilde{D}_\alpha(\mathcal{P}_{\sigma_n}(\rho_n) \| \sigma_n) + \log v(\sigma_n).$$

$\alpha \nearrow 1$ として命題 5.12 (3) より

$$D_1(\rho_n \| \sigma_n) \leq D_1(\mathcal{P}_{\sigma_n}(\rho_n) \| \sigma_n) + \log v(\sigma_n).$$

それゆえ補題 A.19 (2) より $1/2 \leq \alpha \leq 1$ でも (5.35) の 2 番目の等号が成立．
　次に，任意の $\alpha \in [1/2, \infty)$ に対し命題 5.29 (4) より

$$D_\alpha^{\mathrm{meas}}(\rho_n \| \sigma_n) \leq \widetilde{D}_\alpha(\rho_n \| \sigma_n) = n\widetilde{D}_\alpha(\rho \| \sigma). \tag{5.38}$$

他方，σ_n のスペクトル分解を $\sigma_n = \sum_{j=1}^{k_n} b_{n,j} E_{n,j}$ として，各 $E_{n,j}\rho_n E_{n,j}$ の固有ベクトルからなる $E_{n,j}\mathcal{H}^{\otimes n}$ の正規直交基底を集めた $\mathcal{H}^{\otimes n}$ の正規直交基底を $\{e_{n,i}\}_{i=1}^{d^n}$ $(d := \dim \mathcal{H})$ とすると，

$$\widetilde{Q}_\alpha(\mathcal{P}_{\sigma_n}(\rho_n) \| \sigma_n) = Q_\alpha\big((\langle e_{n,i}, \rho_n e_{n,i}\rangle)_{i=1}^{d^n} \| (\langle e_{n,i}, \sigma_n e_{n,i}\rangle)_{i=1}^{d^n}\big)$$

が容易に示せる (証明は演習問題とする)．よって

$$\widetilde{D}_\alpha(\mathcal{P}_{\sigma_n}(\rho_n) \| \sigma_n) \leq D_\alpha^{\mathrm{pr}}(\rho_n \| \sigma_n) \leq D_\alpha^{\mathrm{meas}}(\rho_n \| \sigma_n). \tag{5.39}$$

それゆえ

$$\begin{aligned}
\overline{D}_\alpha^{\mathrm{meas}}(\rho \| \sigma) &\leq \widetilde{D}_\alpha(\rho \| \sigma) && ((5.38) \text{ より}) \\
&= \lim_{n \to \infty} \frac{1}{n} \widetilde{D}_\alpha(\mathcal{P}_{\sigma_n}(\rho_n) \| \sigma_n) && ((5.35) \text{ の 2 番目}) \\
&\leq \overline{D}_\alpha^{\mathrm{meas}}(\rho \| \sigma) && ((5.39) \text{ より})
\end{aligned}$$

となり (5.35) の最初の等号も示せた．　　　　　　　　　　　　　　　□

　最後に，本章で扱った種々の量子または測定 Rényi ダイバージェンスの大小関係を整理しておく．

定理 5.32. $\rho, \sigma \in B(\mathcal{H})^+$, $\rho \neq 0$ とする．
(1) $0 < \alpha < 1/2$ のとき，

$$\widetilde{D}_\alpha(\rho \| \sigma) \leq D_\alpha^{\mathrm{pr}}(\rho \| \sigma) = D_\alpha^{\mathrm{meas}}(\rho \| \sigma) \leq \overline{D}_\alpha^{\mathrm{meas}}(\rho \| \sigma) \leq D_\alpha(\rho \| \sigma). \tag{5.40}$$

さらに次が成立:
(a) $\rho\sigma = \sigma\rho$ または $D_\alpha(\rho, \sigma) = +\infty$ なら (5.40) の値はすべて等しい．
(b) $\rho\sigma \neq \sigma\rho$ で $\rho, \sigma > 0$ なら (5.40) の最初の不等号は $<$．

(c) $\rho\sigma \neq \sigma\rho$ で $\rho^0 \leq \sigma^0$ なら (5.40) の後半の 2 つの不等号の少なくとも 1 つは $<$.

(2) $1/2 \leq \alpha < \infty$ のとき,

$$D_\alpha^{\mathrm{pr}}(\rho\|\sigma) = D_\alpha^{\mathrm{meas}}(\rho\|\sigma) \leq \overline{D}_\alpha^{\mathrm{meas}}(\rho\|\sigma) = \widetilde{D}_\alpha(\rho\|\sigma) \leq D_\alpha(\rho\|\sigma). \qquad (5.41)$$

さらに次が成立:

(a) $\rho\sigma = \sigma\rho$ または $D_\alpha(\rho,\sigma) = +\infty$ なら (5.41) の値はすべて等しい.

(b) $\rho\sigma \neq \sigma\rho$ とする. $[1/2 < \alpha < 1$ で $\rho, \sigma > 0]$ または $[1 \leq \alpha < \infty$ で $\rho^0 \leq \sigma^0]$ なら (5.41) の最初の不等号は $<$.

(c) $\rho\sigma \neq \sigma\rho$ とする. $1/2 \leq \alpha < 1$ または $[1 < \alpha < \infty$ で $\rho^0 \leq \sigma^0]$ なら (5.41) の最後の不等号は $<$.

証明. すべての $\alpha \in (0, \infty)$ に対し $D_\alpha^{\mathrm{pr}}(\rho\|\sigma) = D_\alpha^{\mathrm{meas}}(\rho\|\sigma)$ が成立することは例 5.25, 5.26 で示した. $\alpha \geq 1/2$ のとき定理 5.31 より $\overline{D}_\alpha^{\mathrm{meas}}(\rho\|\sigma) = \widetilde{D}_\alpha(\rho\|\sigma)$. 任意の $\alpha > 0$ に対し, 命題 5.29 (4) を $\rho^{\otimes n}$, $\sigma^{\otimes n}$ に適用して $D_\alpha^{\mathrm{meas}}(\rho^{\otimes n}\|\sigma^{\otimes n}) \leq D_\alpha(\rho^{\otimes n}\|\sigma^{\otimes n}) = nD_\alpha(\rho\|\sigma)$ だから,

$$D_\alpha^{\mathrm{meas}}(\rho\|\sigma) \leq \overline{D}_\alpha^{\mathrm{meas}}(\rho\|\sigma) \leq D_\alpha(\rho\|\sigma).$$

$\rho\sigma = \sigma\rho$ とすると, 任意の $\alpha \in (0, \infty)$ に対し明らかに $D_\alpha^{\mathrm{meas}}(\rho\|\sigma) = D_\alpha(\rho\|\sigma) = \widetilde{D}_\alpha(\rho\|\sigma)$. よって上の段落の説明と合わせて (5.40) (また (5.41)) の値はすべて等しい. 次に $D_\alpha(\rho\|\sigma) = +\infty$ とすると, $0 < \alpha < 1$ なら $\rho^0 \perp \sigma^0$ の場合であり, (5.40), (5.41) の値はすべて $+\infty$. また $\alpha \geq 1$ なら $\rho^0 \not\leq \sigma^0$ の場合であり, (5.41) の値はすべて $+\infty$.

いま (5.32) の f_α を用いて

$$Q_\alpha^{\mathrm{pr}}(\rho\|\sigma) := \begin{cases} -S_{f_\alpha}^{\mathrm{pr}}(\rho\|\sigma) & (0 < \alpha < 1 \text{ のとき}), \\ S_{f_\alpha}^{\mathrm{pr}}(\rho\|\sigma) & (1 < \alpha < \infty \text{ のとき}) \end{cases}$$

と定めると,

$$D_\alpha^{\mathrm{pr}}(\rho\|\sigma) = \frac{1}{\alpha - 1} \log \frac{Q_\alpha^{\mathrm{pr}}(\rho\|\sigma)}{\mathrm{Tr}\,\rho}, \qquad \alpha \in (0, \infty) \setminus \{1\}.$$

例 5.25 より, $0 < \alpha < 1$ のとき,

$$Q_\alpha^{\mathrm{pr}}(\rho\|\sigma) = \inf_{A \in B(\mathcal{H})^{++}} \left[\alpha\,\mathrm{Tr}\,\rho A + (1 - \alpha)\,\mathrm{Tr}\,\sigma A^{\frac{\alpha}{\alpha-1}} \right]. \qquad (5.42)$$

$1 < \alpha < \infty$ のとき,

$$Q_\alpha^{\mathrm{pr}}(\rho\|\sigma) = \sup_{A \in B(\mathcal{H})^+} \left[\alpha\,\mathrm{Tr}\,\rho A - (\alpha - 1)\,\mathrm{Tr}\,\sigma A^{\frac{\alpha}{\alpha-1}} \right]. \qquad (5.43)$$

そこで残りの主張を (1), (2) に分けて示す.

(1) $0 < \alpha < 1/2$ とする. $\frac{\alpha}{1-\alpha} \in (0, 1)$ だから, 任意の $\rho, \sigma \in B(\mathcal{H})^+$ と $A \in B(\mathcal{H})^{++}$ に対し, Araki–Lieb–Thirring の不等式 (定理 1.53 (1)) より

$$\mathrm{Tr}\left(\sigma^{\frac{1-\alpha}{2\alpha}} A^{-1} \sigma^{\frac{1-\alpha}{2\alpha}} \right)^{\frac{\alpha}{1-\alpha}} \geq \mathrm{Tr}\,\sigma^{1/2} A^{\frac{\alpha}{\alpha-1}} \sigma^{1/2} = \mathrm{Tr}\,\sigma A^{\frac{\alpha}{\alpha-1}}. \qquad (5.44)$$

(5.40) の最初の不等号を示すために, 定理 5.13 (1) と命題 5.29 (3) より $\sigma > 0$ とし

てよい. すると (5.23), (5.42) と (5.44) より $\widetilde{Q}_\alpha(\rho\|\sigma) \geq Q_\alpha^{\mathrm{pr}}(\rho\|\sigma)$ がいえるから, $\widetilde{D}_\alpha(\rho\|\sigma) \leq D_\alpha^{\mathrm{pr}}(\rho\|\sigma)$ が成立. (1) で残るのは (b) と (c) である. 以下 $\rho\sigma \neq \sigma\rho$ とする.

(b) $\rho, \sigma > 0$ とする. 定理 5.17 (ii) より (5.23) の inf を達成する $A_0 \in B(\mathcal{H})^{++}$ が存在する. いま $\widetilde{D}_\alpha(\rho\|\sigma) = D_\alpha^{\mathrm{pr}}(\rho\|\sigma)$, つまり $\widetilde{Q}_\alpha(\rho\|\sigma) = Q_\alpha^{\mathrm{pr}}(\rho\|\sigma)$ とすると, (5.42) より $A = A_0$ のとき (5.44) の不等号が等号にならなければならない. 定理 1.55 (1) より σ は A_0 と可換. また A_0 が (5.42) の inf も達成するから, 任意の $H \in B(\mathcal{H})^{\mathrm{sa}}$ に対し

$$
\begin{aligned}
0 &= \frac{d}{dt}\left\{\alpha\operatorname{Tr}\rho(A_0+tH) + (1-\alpha)\operatorname{Tr}\sigma(A_0+tH)^{\frac{\alpha}{\alpha-1}}\right\}\Big|_{t=0} \\
&= \alpha\operatorname{Tr}\rho H - \alpha\operatorname{Tr}\sigma A_0^{\frac{1}{\alpha-1}}H.
\end{aligned}
\tag{5.45}
$$

上で 2 番目の等号は σ と A_0 を同時対角化して Daleckii–Krein の微分公式 (定理 1.5 (1)) を用いて計算すれば確かめられる (読者の演習問題とする). よって $\rho = \sigma A_0^{\frac{1}{\alpha-1}}$. それゆえ ρ, σ が可換になり仮定に反する.

(c) $\rho^0 \leq \sigma^0$ のとき, $S_{f_\alpha}(\rho\|\sigma) < +\infty$ であり, f_α の積分表示の測度 μ_{f_α} のサポートは $(0, \infty)$ 全体だから (例 1.23 を見よ), 定理 4.35 より $S_{f_\alpha}^{\mathrm{meas}}(\rho\|\sigma) < S_{f_\alpha}(\rho\|\sigma)$. よって $D_\alpha^{\mathrm{meas}}(\rho\|\sigma) < D_\alpha(\rho\|\sigma)$ だから (c) がいえる.

(2) 残るのは (b) と (c) である. (c) は命題 5.12 (2). (b) を示すために $\rho\sigma \neq \sigma\rho$ とする. まず $1/2 < \alpha < 1$ で $\rho, \sigma > 0$ とする. $\frac{\alpha}{1-\alpha} > 1$ だから (5.44) が不等号を逆向きにして成立する. 下で示す補題 5.33 より (5.42) の inf を達成する $A_0 \in B(\mathcal{H})^{++}$ が存在する. $D_\alpha^{\mathrm{pr}}(\rho\|\sigma) = \widetilde{D}_\alpha(\rho\|\sigma)$ とすると, 上の (1) の (b) の証明と同様に σ は A_0 と可換でなければならない. それゆえ ρ, σ が可換になり仮定に反する.

次に $1 < \alpha < \infty$ で $\rho^0 \leq \sigma^0$ とする. 下の補題 5.33 より (5.43) の sup を達成する $A_0^0 \geq \sigma^0$ である $A_0 \in B(\mathcal{H})^+$ が存在する. $\frac{\alpha}{\alpha-1} > 1$ だから, 定理 1.53 (1) より

$$
\operatorname{Tr}\left(\sigma^{\frac{\alpha-1}{2\alpha}}A_0\sigma^{\frac{\alpha-1}{2\alpha}}\right)^{\frac{\alpha}{\alpha-1}} \leq \operatorname{Tr}\sigma^{1/2}A_0^{\frac{\alpha}{\alpha-1}}\sigma^{1/2} = \operatorname{Tr}\sigma A_0^{\frac{\alpha}{\alpha-1}}.
\tag{5.46}
$$

いま $D_\alpha^{\mathrm{pr}}(\rho\|\sigma) = \widetilde{D}_\alpha(\rho\|\sigma)$ とすると, (5.24) より (5.46) の不等号が等号にならなければならない. よって σ が A_0 と可換. それゆえ, $A_0^0 \geq \sigma^0$ に注意して (5.45) と同様に議論すると, ρ, σ が可換になり仮定に反する.

最後に $\alpha = 1$ で $\rho^0 \leq \sigma^0$ とすると, (b) は $D^{\mathrm{pr}}(\rho\|\sigma) < D(\rho\|\sigma)$ を意味する. これは $f(x) = x\log x$ (積分表示は例 1.23) の場合の定理 4.35 に帰着する. $\qquad\square$

補題 5.33. $\rho, \sigma \in B(\mathcal{H})^+$ とする. $0 < \alpha < 1$ で $\rho, \sigma \in B(\mathcal{H})^{++}$ なら, (5.42) の inf を達成する $A \in B(\mathcal{H})^{++}$ が存在する. また $\alpha > 1$ で $\rho^0 \leq \sigma^0$ なら, (5.43) の sup を達成する $A^0 \geq \sigma^0$ である $A \in B(\mathcal{H})^+$ が存在する.

証明. $0 < \alpha < 1$ で $\rho, \sigma > 0$ とする. 命題 4.33 より $\{e_i\}_{i=1}^d \in \mathrm{ONB}(\mathcal{H})$ が存在して

$$
\begin{aligned}
Q_\alpha^{\mathrm{pr}}(\rho\|\sigma) &= -S_{f_\alpha}^{\mathrm{pr}}(\rho\|\sigma) = -S_{f_\alpha}\left((\langle e_i, \rho e_i\rangle)_{i=1}^d \| (\langle e_i, \sigma e_i\rangle)_{i=1}^d\right) \\
&= \sum_{i=1}^d \langle e_i, \sigma e_i\rangle g_\alpha\left(\frac{\langle e_i, \rho e_i\rangle}{\langle e_i, \sigma e_i\rangle}\right).
\end{aligned}
$$

各 i について, $\langle e_i, \rho e_i \rangle, \langle e_i, \sigma e_i \rangle > 0$, $g_\alpha^\flat(0^+) = -\infty$, $g_\alpha^\flat(\infty) = 0$ に注意すると補題 A.3 (2) より

$$\langle e_i, \sigma e_i \rangle g_\alpha \Big(\frac{\langle e_i, \rho e_i \rangle}{\langle e_i, \sigma e_i \rangle} \Big) = \inf_{t>0} \{ t \langle e_i, \rho e_i \rangle - g_\alpha^\flat(t) \langle e_i, \sigma e_i \rangle \}$$
$$= t_i \langle e_i, \rho e_i \rangle - g_\alpha^\flat(t_i) \langle e_i, \sigma e_i \rangle$$
$$= t_i \langle e_i, \rho e_i \rangle + (1-\alpha) \Big(\frac{t_i}{\alpha} \Big)^{\frac{\alpha}{\alpha-1}} \langle e_i, \sigma e_i \rangle$$

となる $t_i > 0$ が存在する. $A_0 := \frac{1}{\alpha} \sum_{i=1}^d t_i |e_i\rangle\langle e_i|$ とすると, $A_0 \in B(\mathcal{H})^{++}$ で

$$Q_\alpha^{\mathrm{pr}}(\rho\|\sigma) = \alpha \operatorname{Tr} \rho A_0 + (1-\alpha) \operatorname{Tr} \sigma A_0^{\frac{\alpha}{\alpha-1}}$$

が成立する.

次に $\alpha > 1$ で $\rho^0 \leq \sigma^0$ とする. 命題 4.33 より $\{e_i\}_{i=1}^d \in \mathrm{ONB}(\mathcal{H})$ が存在して

$$Q_\alpha^{\mathrm{pr}}(\rho\|\sigma) = \sum_{i=1}^d \langle e_i, \sigma e_i \rangle f_\alpha \Big(\frac{\langle e_i, \rho e_i \rangle}{\langle e_i, \sigma e_i \rangle} \Big).$$

$f_\alpha^\sharp(0^+) = 0$, $f_\alpha^\sharp(\infty) = \infty$ に注意すると, 補題 A.3 (1) より $\langle e_i, \sigma e_i \rangle > 0$ なら

$$\langle e_i, \sigma e_i \rangle f_\alpha \Big(\frac{\langle e_i, \rho e_i \rangle}{\langle e_i, \sigma e_i \rangle} \Big) = t_i \langle e_i, \rho e_i \rangle - f_\alpha^\sharp(t_i) \langle e_i, \sigma e_i \rangle$$
$$= t_i \langle e_i, \rho e_i \rangle - (\alpha-1) \Big(\frac{t_i}{\alpha} \Big)^{\frac{\alpha}{\alpha-1}} \langle e_i, \sigma e_i \rangle$$

となる $t_i > 0$ が存在する. $\langle e_i, \sigma e_i \rangle = 0$ なら $\langle e_i, \rho e_i \rangle = 0$ だから $t_i = 0$ として, $A_0 := \frac{1}{\alpha} \sum_{i=1}^d t_i |e_i\rangle\langle e_i| \in B(\mathcal{H})^+$ とすると,

$$Q_\alpha^{\mathrm{pr}} = \alpha \operatorname{Tr} \rho A_0 - (\alpha-1) \operatorname{Tr} \sigma A_0^{\frac{\alpha}{\alpha-1}}$$

が成立し, $\ker A_0 = \mathrm{span}\{e_i : \langle e_i, \sigma e_i \rangle = 0\} \subset \ker \sigma$ だから $A_0^0 \geq \sigma^0$. □

注意 5.34. $\alpha = 1/2$ のとき $\widetilde{Q}_{1/2}(\rho\|\sigma) = F(\rho, \sigma)$ (注意 5.7 を見よ) だから, 任意の $\rho, \sigma \in B(\mathcal{H})^+$ に対し (5.23) (または (2.26)) と (5.42) より

$$\widetilde{Q}_{1/2}(\rho\|\sigma) = \frac{1}{2} \inf_{A \in B(\mathcal{H})^{++}} \{ \operatorname{Tr} \rho A + \operatorname{Tr} \sigma A^{-1} \} = Q_{1/2}^{\mathrm{pr}}(\rho\|\sigma).$$

それゆえ

$$\widetilde{D}_{1/2}(\rho\|\sigma) = -2 \log \frac{F(\rho, \sigma)}{\operatorname{Tr} \rho} = D_{1/2}^{\mathrm{pr}}(\rho\|\sigma).$$

これより定理 5.32 (2) の (b) は $\alpha = 1/2$ では成立しない.

注意 5.35. $0 < \alpha < 1/2$ のとき, もし $\widetilde{D}_\alpha(\rho\|\sigma)$ が TPCP 写像の下での定理 5.13 (3) の単調性を満たすならば, $D_\alpha^{\mathrm{pr}}(\rho\|\sigma) \leq \widetilde{D}_\alpha(\rho\|\sigma)$ でなければならない. しかし定理 5.32 (1) の (b) よりこれは成立しないから, $\widetilde{D}_\alpha$ は $0 < \alpha < 1/2$ のとき TPCP 写像の下での単調性を満たさない (これについては注意 5.18 でも述べた).

5.5 文献ノート

5.1 節の標準 Rényi ダイバージェンス D_α は標準 f-ダイバージェンスの一種とみなすことができるので，Petz 型 Rényi ダイバージェンスと呼ばれることも多い．5.1 節の内容は von Neumann 環の設定での [67] の内容を有限次元で書き直したものである．

5.2 節のサンドイッチ Rényi ダイバージェンス $\widetilde{D}_\alpha$ は Müller-Lennert 達 [114] と Wilde–Winter–Yang [150] により導入された．定義 5.8 の Araki–Masuda の L^p-ノルムは [15] で von Neumann 環の設定で導入された．定義 5.14 の Petz の双対写像は Accardi–Cecchini [1] が最初に導入したもので，Petz が [128] などで量子情報路の十分性の問題 (定理 4.28 のところで少し説明した) に使った．付録の A.8 節で説明し補題 5.16 の証明で使われた状態に付随する複素補間 p-ノルム (および複素補間 L^p-空間) は Kosaki [92] で von Neumann 環の設定で研究された．Beigi [18] は有限次元の場合で複素補間 p-ノルムを使って $\widetilde{D}_\alpha$ の単調性 (DPI) を $\alpha > 1$ のときに証明した．本書では [92] に基づいて複素補間 p-ノルムを定義したので [18] とは定義が若干違うが数学的に同じである．定理 5.17 の $\widetilde{Q}_\alpha$ の変分表示は Frank–Lieb [51] で示され，$\widetilde{D}_\alpha$ の単調性をすべての $\alpha \in [1/2, \infty)$ に対し証明するために使われた．しかし [51] の単調性の証明では Φ は CP 写像に制限される．他方 [113] で [18] の証明を再考することにより，D と $\widetilde{D}_\alpha$ ($\alpha > 1$) の単調性が一般の正写像に拡張された．5.2 節では [18], [51] の両方の手法を組み合わせるやり方で $\widetilde{D}_\alpha$ の単調性 (DPI) について最善の結果 (定理 5.13 の (3)) を得た．サンドイッチ Rényi ダイバージェンス $\widetilde{D}_\alpha$ の最近の発展としては，Berta–Scholz–Tomamichel [23] と Jenčová [88], [89] による一般の von Neumann 環の場合への拡張がある．前者は Araki–Masuda の L^p-ノルムによる補題 5.9 の表示を使い，後者は Kosaki の複素補間 L^p-空間の方法を使っている．両者でやり方は異なるが von Neumann 環に拡張された両方の $\widetilde{D}_\alpha$ は同値である．モノグラフ [69] にも von Neumann 環での $\widetilde{D}_\alpha$ の説明がある．

5.3 節の α-z-Rényi ダイバージェンス $D_{\alpha,z}$ は Jakšić 達 [85] で最初に定義され，Audenaert–Datta [17] によりさらに研究された．$\widetilde{D}_\alpha$ のときと同様に $D_{\alpha,z}$ についても問題の中心は定理 5.21 の単調性 (DPI) であった．この問題は [17] で予想が与えられ，Carlen–Frank–Lieb [28] で議論されたが，最終的に Zhang [153] によって解決された．Zhang は証明の主要部分である補題 5.22 を第 1 章の最後の定理 1.64 (これが [153] の主定理) を基に与えた．

定義 5.30 の正規化された測定 Rényi ダイバージェンスと定理 5.31 の漸近極限の公式 (原論文は [59], [76], [109]) は次章の量子仮説検定と関連がある．定理 5.32 は [71] からとった．これの証明は主に [22] に基づく．

ちなみに Tomamichel のモノグラフ [143] は有限次元の場合で Rényi 型の量子ダイバージェンスとその関連する話題が書かれており，本章と併せて読むとより理解が深まるであろう．

第 6 章
量子仮説検定

量子仮説検定は量子情報理論の重要な話題の1つであり，その歴史はかなり長い．現在までに知られている量子仮説検定として次の4つのタイプがある:

(a) 相対エントロピーが現れる量子 Stein の補題,

(b) Chernoff 限界が現れる対称的な量子仮説検定,

(c) Hoeffding 限界が現れる非対称的な量子仮説検定,

(d) 逆型 Hoeffding 限界が現れる強逆型の量子仮説検定.

(a) の量子 Stein の補題は量子情報理論が今日ほど隆盛でなかった初期に Hiai–Petz [76] と Ogawa–Nagaoka [120] により証明された．2000年代後半に入って量子仮説検定の研究が急速に発展して，(b) のタイプが論文 [16], [115] により，(c) のタイプが論文 [56], [116] により発表され，[74] でさらに詳しく議論された．最後の (d) の強逆型のタイプは一番新しく Mosonyi–Ogawa [109] により証明された．本章では量子仮説検定について (b), (c), (a), (d) の順で解説する．

量子仮説検定の枠組みと考え方を簡単に述べておく．(有限次元) Hilbert 空間 $\mathcal{H}$ 上の2つの状態 ρ (帰無仮説 H_0), σ (対立仮説 H_1) が与えられ，$\mathcal{H}$ を n 個コピーした $\mathcal{H}^{\otimes n}$ (n-重テンソル積) 上では $\rho^{\otimes n}, \sigma^{\otimes n}$ のいずれかであると仮定する．$\mathcal{H}^{\otimes n}$ 上の $0 \le T_n \le I$ である作用素 T_n (テストと呼ばれる) によって $T_n, I - T_n$ にそれぞれ $0, 1$ を対応させる測定を行うとき，2種類のエラー確率 $\alpha_n(T_n) := \operatorname{Tr} \rho^{\otimes n}(I - T_n)$ (H_0 が正しいのに H_0 を棄却する場合), $\beta_n(T_n) := \operatorname{Tr} \sigma^{\otimes n} T_n$ (H_1 が正しいのに H_0 を採択する場合) が定まる．T_n を変化させたとき，$\alpha_n(T_n), \beta_n(T_n)$ はトレードオフの関係にあり，同時にいくらでも小さくすることはできない．それゆえ，$\alpha_n(T_n)$ と $\beta_n(T_n)$ の和を最小化する，あるいは $\alpha_n(T_n)$ または $\beta_n(T_n)$ の一方を適当な条件で制限して他方を最小化することを考える．このような枠組みで $\alpha_n(T_n), \beta_n(T_n)$ の $n \to \infty$ の漸近的な振る舞い，つまり $\frac{1}{n} \log \alpha_n(T_n)$, $\frac{1}{n} \log \beta_n(T_n)$ の挙動を調べるのが量子仮説検定の目標である．2種類のエラー確率の漸近的な振る舞いが相対エントロピーや標準・サンドイッチ Rényi ダイバージェンスで記述されることが興味深い．これは相対エントロピーなどの操作的観点からの正当化として重要である．

6.1 いくつかの補題

この章でも $\mathcal{H}$ は常に有限次元の Hilbert 空間とする．$A \in B(\mathcal{H})^{\mathrm{sa}}$ のスペクトル分解を $A = \sum_a aP_a$ ($a \in \mathrm{Sp}(A)$ についての和) とするとき，スペクトルの正あるいは非負などの部分に対応するスペクトル射影を

$$\{A > 0\} := \sum_{a>0} P_a, \qquad \{A \geq 0\} := \sum_{a \geq 0} P_a$$

などで表すと便利である．例えば，Jordan 分解 $A = A_+ - A_-$ は

$$A_+ = A\{A > 0\} = A\{A \geq 0\}, \qquad A_- = -A\{A < 0\} = -A\{A \leq 0\}$$

で与えられる．$\rho \in B(\mathcal{H})^+$ のとき，スペクトル分解 $\rho = \sum_a aP_a$ により，任意の $s \in \mathbb{R}$ に対し $\rho^s := \sum_{a>0} a^s P_a$ と定める (定義 5.1 も見よ)．特に $\rho^0 = \sum_{a>0} P_a$ は ρ のサポート射影を表す．

本節で使う補題をいくつか準備する．まず簡単な 2 つの補題から始める．

補題 6.1. (1) $\rho, \sigma \in B(\mathcal{H})^+$ に対し

$$\mathrm{Tr}\, \rho\{\rho - \sigma > 0\} \geq \mathrm{Tr}\, \sigma\{\rho - \sigma > 0\}.$$

(2) $A \in B(\mathcal{H})^{\mathrm{sa}}$ に対し

$$\mathrm{Tr}\, A_+ = \max_{0 \leq T \leq I} \mathrm{Tr}\, AT = \mathrm{Tr}\, A\{A > 0\}.$$

(3) $\Phi \colon B(\mathcal{H}) \to B(\mathcal{K})$ ($\mathcal{K}$ は有限次元 Hilbert 空間) がトレースを保存する正写像のとき，$A \in B(\mathcal{H})^{\mathrm{sa}}$ に対し

$$\mathrm{Tr}\, A_+ \geq \mathrm{Tr}\, \Phi(A)_+.$$

証明. (1) $\mathrm{Tr}(\rho - \sigma)\{\rho - \sigma > 0\} \geq 0$ から直ちにいえる．

(2) $0 \leq T \leq I$ なら，$\mathrm{Tr}\, AT \leq \mathrm{Tr}\, A_+ T \leq \mathrm{Tr}\, A_+$ であり，$T = \{A > 0\}$ で等号成立．

(3) $B(\mathcal{H})$, $B(\mathcal{K})$ 上の Hilbert–Schmidt 内積に関する Φ の随伴 $\Phi^* \colon B(\mathcal{K}) \to B(\mathcal{H})$ は $\Phi^*(I) = I$ である正写像である．よって (2) より

$$\mathrm{Tr}\, \Phi(A)_+ = \max_{0 \leq T \leq I} \mathrm{Tr}\, \Phi(A)T = \max_{0 \leq T \leq I} \mathrm{Tr}\, A\Phi^*(T) \leq \max_{0 \leq S \leq I} \mathrm{Tr}\, AS = \mathrm{Tr}\, A_+$$

が従う． □

補題 6.2. 任意の $\rho, \sigma \in B(\mathcal{H})^+$ に対し

$$\min_{T \in B(\mathcal{H}),\, 0 \leq T \leq I} \{\mathrm{Tr}\, \rho(I - T) + \mathrm{Tr}\, \sigma T\} = \frac{1}{2} \mathrm{Tr}(\rho + \sigma - |\rho - \sigma|). \tag{6.1}$$

また，左辺の $\min$ は $T = \{\rho - \sigma > 0\}$ (または $\{\rho - \sigma \geq 0\}$) で達成される．

証明. $\rho, \sigma \in B(\mathcal{H})^+$ とすると，$\mathrm{Tr}\, \rho(I - T) + \mathrm{Tr}\, \sigma T = \mathrm{Tr}\, \rho - \mathrm{Tr}(\rho - \sigma)T$．よって補題 6.1 (2) より，$T = \{\rho - \sigma > 0\}$ のとき (6.1) の左辺の $\min$ が達成され，その値は

$\operatorname{Tr}\rho - \operatorname{Tr}(\rho - \sigma)_+$. また $(\rho - \sigma)_+ = (\rho - \sigma + |\rho - \sigma|)/2$ だから,

$$(6.1) \text{ の左辺} = \operatorname{Tr}\rho - \operatorname{Tr}\frac{\rho - \sigma + |\rho - \sigma|}{2} = \frac{1}{2}\operatorname{Tr}(\rho + \sigma - |\rho - \sigma|)$$

である. $\qquad\qquad\qquad\qquad\qquad\qquad\qquad\qquad\qquad\qquad\qquad\qquad\qquad\square$

次の補題は論文 [16] で示された. 以下の証明は N. Ozawa によって簡易化されたものである.

補題 6.3. 任意の $\rho, \sigma \in B(\mathcal{H})^+$ に対して,

$$\operatorname{Tr}\rho^s \sigma^{1-s} \geq \frac{1}{2}\operatorname{Tr}(\rho + \sigma - |\rho - \sigma|), \qquad s \in [0,1]. \tag{6.2}$$

よって

$$\operatorname{Tr}\rho^s \sigma^{1-s} \geq \min_{T \in B(\mathcal{H}),\, 0 \leq T \leq I}\{\operatorname{Tr}\rho(I - T) + \operatorname{Tr}\sigma T\}, \qquad s \in [0,1]. \tag{6.3}$$

証明. $\rho, \sigma \in B(\mathcal{H})^+$ とすると, $s \in [0,1]$ に対し

$$\operatorname{Tr}\sigma - \operatorname{Tr}\rho^s \sigma^{1-s} = \operatorname{Tr}(\sigma^s - \rho^s)\sigma^{1-s} \leq \operatorname{Tr}[(\sigma + (\rho - \sigma)_+)^s - \rho^s]\sigma^{1-s}. \tag{6.4}$$

上の不等号は $\sigma^s \leq (\sigma + (\rho - \sigma)_+)^s$ より明らか. さらに

$$\rho^s \leq (\sigma + (\rho - \sigma)_+)^s, \qquad \sigma^{1-s} \leq (\sigma + (\rho - \sigma)_+)^{1-s}$$

だから,

$$\operatorname{Tr}[(\sigma + (\rho - \sigma)_+)^s - \rho^s][(\sigma + (\rho - \sigma)_+)^{1-s} - \sigma^{1-s}] \geq 0.$$

よって

$$\begin{aligned}
\operatorname{Tr}&[(\sigma + (\rho - \sigma)_+)^s - \rho^s]\sigma^{1-s} \\
&\leq \operatorname{Tr}[(\sigma + (\rho - \sigma)_+)^s - \rho^s](\sigma + (\rho - \sigma)_+)^{1-s} \\
&= \operatorname{Tr}(\sigma + (\rho - \sigma)_+) - \operatorname{Tr}\rho^s(\sigma + (\rho - \sigma)_+)^{1-s} \\
&\leq \operatorname{Tr}(\sigma + (\rho - \sigma)_+) - \operatorname{Tr}\rho = \operatorname{Tr}\sigma - \operatorname{Tr}(\rho - (\rho - \sigma)_+).
\end{aligned} \tag{6.5}$$

上の 2 番目の不等号は $(\sigma + (\rho - \sigma)_+)^{1-s} \geq \rho^{1-s}$ から従う. (6.4) と (6.5) より

$$\operatorname{Tr}\rho^s \sigma^{1-s} \geq \operatorname{Tr}(\rho - (\rho - \sigma)_+).$$

ρ, σ および $s, 1-s$ をそれぞれ交換して,

$$\operatorname{Tr}\rho^s \sigma^{1-s} = \operatorname{Tr}\sigma^{1-s}\rho^s \geq \operatorname{Tr}(\sigma - (\sigma - \rho)_+) = \operatorname{Tr}(\sigma - (\rho - \sigma)_-).$$

上の 2 つの不等式の辺々を加えて (6.2) を得る[*1)]. (6.1) より (6.3) もいえる. $\qquad\square$

[*1)] この不等式の等号成立条件は

$$\begin{cases} s = 0 \text{ のとき}, & \sigma \perp (\rho - \sigma)_+, \\ s = 1 \text{ のとき}, & \rho \perp (\rho - \sigma)_-, \\ 0 < s < 1 \text{ のとき}, & \rho \perp (\rho - \sigma)_- \text{ かつ } \sigma \perp (\rho - \sigma)_+ \end{cases}$$

である (証明は読者の演習問題とする).

補題 6.4. 任意の $\rho, \sigma \in B(\mathcal{H})^+$ に対し，相対モジュラー作用素 $\Delta_{\rho,\sigma}$ (付録の A.5 節参照) により

$$\min_{T \in B(\mathcal{H}),\, 0 \leq T \leq I} \{\operatorname{Tr} \rho(I - T) + \operatorname{Tr} \sigma T\} \geq \left\langle \sigma^{1/2}, \frac{\Delta_{\rho,\sigma}}{I + \Delta_{\rho,\sigma}} \sigma^{1/2} \right\rangle_{\mathrm{HS}}. \tag{6.6}$$

さらに，$\rho^0 \leq \sigma^0$ なら

$$\min_{T \in B(\mathcal{H}),\, 0 \leq T \leq I} \{\operatorname{Tr} \rho(I - T) + \operatorname{Tr} \sigma T\} \geq \left\langle \rho^{1/2}, \frac{I}{I + \Delta_{\rho,\sigma}} \rho^{1/2} \right\rangle_{\mathrm{HS}}. \tag{6.7}$$

証明. スペクトル分解

$$\rho = \sum_a a P_a, \qquad \sigma = \sum_b b Q_b \tag{6.8}$$

を用いて，任意の $T \in B(\mathcal{H})$, $0 \leq T \leq I$ に対し

$$\operatorname{Tr} \rho(I - T) \geq \sum_a a \operatorname{Tr}(I - T) P_a (I - T)$$

$$= \sum_{a,b} a \operatorname{Tr} Q_b (I - T) P_a (I - T)$$

$$\geq \sum_{a,b>0} ab^{-1} \operatorname{Tr} \sigma Q_b (I - T) P_a (I - T).$$

また

$$\operatorname{Tr} \sigma T \geq \sum_a \operatorname{Tr} \sigma P_a T = \sum_{a,b>0} \operatorname{Tr} \sigma Q_b T P_a T.$$

任意の $\lambda \geq 0$ に対し

$$\lambda(I - T) P_a (I - T) + T P_a T$$

$$= \frac{\lambda}{1 + \lambda} P_a + (1 + \lambda)\left(\frac{\lambda}{1 + \lambda} I - T\right) P_a \left(\frac{\lambda}{1 + \lambda} I - T\right) \geq \frac{\lambda}{1 + \lambda} P_a$$

であるから，

$$\operatorname{Tr} \rho(I - T) + \operatorname{Tr} \sigma T \geq \sum_{a,b>0} \operatorname{Tr} \sigma Q_b [ab^{-1}(I - T) P_a (I - T) + T P_a T]$$

$$\geq \sum_{a,b>0} \frac{ab^{-1}}{1 + ab^{-1}} \operatorname{Tr} \sigma Q_b P_a.$$

ここで $\operatorname{Tr} \sigma Q_b P_a = \operatorname{Tr} \sigma^{1/2} Q_b \sigma^{1/2} P_a = \operatorname{Tr} \sigma^{1/2} P_a \sigma^{1/2} Q_b$ だから，

$$\operatorname{Tr} \rho(I - T) + \operatorname{Tr} \sigma T = \sum_{a,b>0} \frac{ab^{-1}}{1 + ab^{-1}} \langle \sigma^{1/2}, P_a \sigma^{1/2} Q_b \rangle_{\mathrm{HS}}$$

$$= \left\langle \sigma^{1/2}, \frac{\Delta_{\rho,\sigma}}{I + \Delta_{\rho,\sigma}} \sigma^{1/2} \right\rangle_{\mathrm{HS}}.$$

上の最後の等号は (A.12) による．よって (6.6) が示せた．さらに，$\rho^0 \leq \sigma^0$ なら，$\Delta_{\rho,\sigma}^{1/2} = L_{\rho^{1/2}} R_{(\sigma^{-1})^{1/2}}$ だから，$\Delta_{\rho,\sigma}^{1/2} \sigma^{1/2} = \rho^{1/2} \sigma^0 = \rho^{1/2}$. よって (6.6) の右辺は (6.7) の右辺に等しい． $\square$

Hilbert 空間 $(B(\mathcal{H}), \langle \cdot, \cdot \rangle_{\mathrm{HS}})$ の部分空間 $\Delta_{\rho,\sigma}^0 B(\mathcal{H}) = \rho^0 B(\mathcal{H})\sigma^0$ (命題 A.8 (1) より) 上で定義された $\Delta_{\rho,\sigma}^0 \Delta_{\rho,\sigma}$, $\Delta_{\rho,\sigma}^0 \log \Delta_{\rho,\sigma}$ の $\Delta_{\rho,\sigma}^0 \sigma^{1/2} = \rho^0 \sigma^{1/2}$ に関するスペクトル測度をそれぞれ $\mu_{\rho,\sigma}$ $((0,\infty)$ 上$)$, $\nu_{\rho,\sigma}$ $(\mathbb{R}$ 上$)$ で表す. (A.11) より $\Delta_{\rho,\sigma}$ のスペクトル分解は (6.8) を用いて

$$\Delta_{\rho,\sigma} = \sum_{t>0} t E_{\rho,\sigma}(t) \quad \left(E_{\rho,\sigma}(t) := \sum_{a,b>0,\, ab^{-1}=t} L_{P_a} R_{Q_b} \right) \tag{6.9}$$

と書ける. このとき

$$d\mu_{\rho,\sigma}(t) = d\|E_{\rho,\sigma}(t)\sigma^{1/2}\|_2^2, \qquad d\nu_{\rho,\sigma}(x) = d\|E_{\rho,\sigma}(e^x)\sigma^{1/2}\|_2^2. \tag{6.10}$$

補題 6.5. 任意の $\rho, \sigma \in B(\mathcal{H})^+$ と任意の $\lambda \in \mathbb{R}$ に対し

$$\left\langle \sigma^{1/2}, \frac{\Delta_{\rho,\sigma}}{I + \Delta_{\rho,\sigma}} \sigma^{1/2} \right\rangle_{\mathrm{HS}} \geq \frac{1}{1 + e^{-\lambda}} \nu_{\rho,\sigma}([\lambda, \infty)). \tag{6.11}$$

証明. (6.9) と (6.10) より

$$\left\langle \sigma^{1/2}, \frac{\Delta_{\rho,\sigma}}{I + \Delta_{\rho,\sigma}} \sigma^{1/2} \right\rangle_{\mathrm{HS}} = \int_{(0,\infty)} \frac{t}{1+t} \, d\mu_{\rho,\sigma}(t) \tag{6.12}$$
$$= \int_{\mathbb{R}} \frac{e^x}{1 + e^x} \, d\nu_{\rho,\sigma}(x) = \int_{\mathbb{R}} \frac{1}{1 + e^{-x}} \, d\nu_{\rho,\sigma}(x).$$

$x \in [\lambda, \infty)$ なら $\frac{1}{1+e^{-x}} \geq \frac{1}{1+e^{-\lambda}}$ であるから,

$$\int_{\mathbb{R}} \frac{1}{1 + e^{-x}} \, d\nu_{\rho,\sigma}(s) \geq \frac{1}{1 + e^{-\lambda}} \nu_{\rho,\sigma}([\lambda, \infty))$$

が成り立つ. $\qquad\qquad\qquad\qquad\qquad\qquad\qquad\qquad\qquad\qquad\qquad\qquad\qquad\square$

6.2 対称的な量子仮説検定と Chernoff 限界

$\mathcal{H}$ 上の状態 (つまり $\mathrm{Tr}\,\rho = 1$ である $\rho \in B(\mathcal{H})^+$) の全体を $\mathcal{S}(\mathcal{H})$ で表す. この節では常に $\rho, \sigma \in \mathcal{S}(\mathcal{H})$ とし,

$$\begin{cases} \text{帰無仮説 (null hypothesis)} & H_0 : \rho, \\ \text{対立仮説 (alternative hypothesis)} & H_1 : \sigma \end{cases}$$

の**量子仮説検定**を議論する. 確率論でいう**独立同分布 (i.i.d.)** の設定で, 各 $n \in \mathbb{N}$ に対し $\rho_n, \sigma_n \in \mathcal{S}(\mathcal{H}^{\otimes n})$ は n-重テンソル積状態

$$\rho_n := \rho^{\otimes n}, \qquad \sigma_n := \sigma^{\otimes n}$$

とする. つまり $\rho^{\otimes n}$ は周辺分布が同じ ρ である独立な結合状態で, ρ を n 個コピーした状態を表す. $0 \leq T_n \leq I$ である $T_n \in B(\mathcal{H}^{\otimes n})$ を $\mathcal{H}^{\otimes n}$ 上の**テスト**という. これに対し 2 つのエラー確率

$$\begin{cases} \text{第 1 種エラー確率} & \alpha_n(T_n) := \mathrm{Tr}\,\rho_n(I - T_n), \\ \text{第 2 種エラー確率} & \beta_n(T_n) := \mathrm{Tr}\,\sigma_n T_n \end{cases} \tag{6.13}$$

を定める.

以下この節では,対称的な量子仮説検定を議論する. 次の定義はこの節と次の6.3節で基本的な役割を演じる.

定義 6.6. $\rho, \sigma \in \mathcal{S}(\mathcal{H})$ とするとき, $\mathbb{R}$ 上の関数 ψ, φ を次で定める:

$$\psi(s) = \psi(s|\rho\|\sigma) := \log \operatorname{Tr} \rho^s \sigma^{1-s},$$

$$\varphi(a) = \varphi(a|\rho\|\sigma) := \sup_{0 \le s \le 1} \{as - \psi(s)\}.$$

さらに

$$C(\rho\|\sigma) := -\inf_{0 \le s \le 1} \psi(s) = -\varphi(0) \tag{6.14}$$

と定める. $C(\rho\|\sigma)$ は ρ, σ の **Chernoff 限界**または **Chernoff ダイバージェンス**と呼ばれる.

$\rho \perp \sigma$ (つまり $\rho^0 \perp \sigma^0$) なら, $\mathbb{R}$ 全体で $\psi \equiv -\infty$, $\varphi \equiv \infty$ であることに注意する. $s \in [0, \infty) \setminus \{1\}$ なら, 5.1節の標準 Rényi ダイバージェンス $D_s(\rho\|\sigma)$ を用いて

$$\psi(s) = \log Q_s(\rho\|\sigma) = (s-1)D_s(\rho\|\sigma)$$

と書ける. それゆえ ψ の連続性 (下の補題 6.7 (1)) に注意すれば,

$$C(\rho\|\sigma) = \sup_{0 \le s < 1} (1-s)\{D_s(\rho\|\sigma)\}$$

と書ける.

補題 6.7. $\rho \not\perp \sigma$ とする.

(1) ψ は $\mathbb{R}$ 上の微分可能 (さらに実解析的) な凸関数.

(2) φ は $\mathbb{R}$ 上の連続で単調増加な凸関数. また $\varphi, C(\rho\|\sigma)$ の定義式の sup, inf はそれぞれ max, min になる.

(3) $a \in (-\infty, \psi'(0)]$ なら $\varphi(a) = -\psi(0)$. $a \in [\psi'(1), \infty)$ なら $\varphi(a) = a - \psi(1)$. さらに φ は $[\psi'(0), \psi'(1)]$ を $[-\psi(0), \psi'(1) - \psi(1)]$ に狭義単調増加に写す.

(4) $\rho^0 \le \sigma^0 \Longleftrightarrow \psi(1) = 0$ であり, このとき $\psi'(1) = D(\rho\|\sigma)$. $\rho^0 \ge \sigma^0 \Longleftrightarrow \psi(0) = 0$ であり, このとき $\psi'(0) = -D(\sigma\|\rho)$.

(5) すべての $a \in \mathbb{R}$ に対し $\varphi(a|\sigma\|\rho) = a + \varphi(-a)$.

証明. (1) スペクトル分解 (6.8) により $\operatorname{Tr} \rho^s \sigma^{1-s} = \sum_{a,b>0} a^s b^{1-s} \operatorname{Tr} P_a Q_b$. $\rho \not\perp \sigma$ より, ある (a,b) で $a, b > 0$ かつ $\operatorname{Tr} P_a Q_b > 0$ だから, $\operatorname{Tr} \rho^s \sigma^{1-s}$ は $\mathbb{R}$ 上で正の実解析関数である. よって ψ は $\mathbb{R}$ 上で実解析的である. $\psi(s) = \log Q_s(\rho\|\sigma)$ の凸性は命題 5.3 (2) による.

(2) 上の (1) と φ の定義式から, φ は $\mathbb{R}$ 上の単調増加な有限値凸関数, それゆえ連続である. よって後半の主張は明らか.

(3) φ の定義から, $a \in (-\infty, \psi'(0)]$ に対する $\varphi(a) = -\psi(0)$ および $a \in [\psi'(1), \infty)$ に対する $\varphi(a) = a - \psi(1)$ は容易に分かる. そこで, $\psi'(0) < \psi'(1)$ として $(\psi'(0), \psi'(1))$ 上

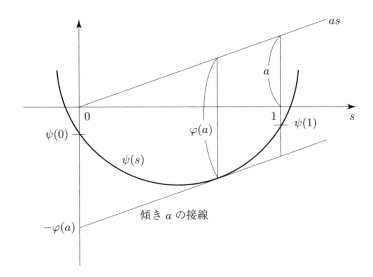

図 6.1　関数 ψ のグラフと φ の定義.

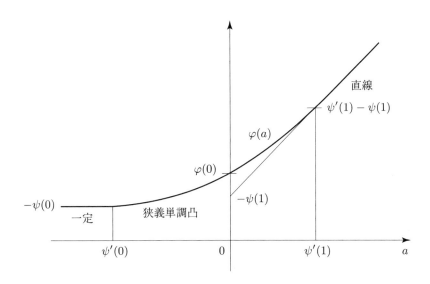

図 6.2　関数 $\varphi(a)$ のグラフ.

で φ が狭義単調増加であることを示す. $\psi'(0) < \psi'(1)$ だから, 上の (1) より $\psi'(s)$ は狭義単調増加である. よって任意の $a \in (\psi'(0), \psi'(1))$ に対し, $\psi'(s_a) = a$ となる $s_a \in (0,1)$ が一意に存在し, このとき $\varphi(a) = as_a - \psi(s_a)$ が成立する. $\psi'(0) < a < b < \psi'(1)$ とすると,

$$\psi(s_a) > b(s_a - s_b) + \psi(s_b) = bs_a - \varphi(b)$$

だから, $as_a - \varphi(a) > bs_a - \varphi(b)$ であり $\varphi(b) - \varphi(a) > (b-a)s_a > 0$. よって (3) が示せた.

(4) は $\rho^0 \le \sigma^0 \iff \mathrm{Tr}\,\rho\sigma^0 = 1$, $\rho^0 \ge \sigma^0 \iff \mathrm{Tr}\,\rho^0\sigma = 1$ と

$$\psi'(s) = \frac{\operatorname{Tr} \rho^s (\log \rho - \log \sigma) \sigma^{1-s}}{\operatorname{Tr} \rho^s \sigma^{1-s}}$$

から直ちに分かる.

(5) 命題 5.3 (5) より $\psi(s|\sigma\|\rho) = \psi(1-s)$ だから

$$\varphi(a|\sigma\|\rho) = \sup_{0 \le s \le 1} \{as - \psi(1-s)\} = \sup_{0 \le s \le 1} \{a(1-s) - \psi(s)\} = a + \varphi(-a)$$

である. $\qquad\square$

補題 6.8. 次の条件は同値である:

(a) ψ のグラフが直線.

(b) (6.10) で与えた $(0, \infty)$ 上の測度 $\mu_{\rho,\sigma}$ が 1 点 γ にサポートをもつ.

(c) $(a_k, b_k) \in \mathcal{X} := (\operatorname{Sp}(\rho) \setminus \{0\}) \times (\operatorname{Sp}(\sigma) \setminus \{0\})$ $(1 \le k \le m)$ と $\gamma > 0$ が存在して

$$\begin{cases} P_{a_k} Q_{b_k} \neq 0, \quad a_k = \gamma b_k, \qquad 1 \le k \le m, \\ \text{すべての } (a,b) \in \mathcal{X} \setminus \{(a_k, b_k) \colon 1 \le k \le m\} \text{ に対し } P_a \perp Q_b. \end{cases}$$

さらに,上の条件が成立するなら,$\mu_{\rho,\sigma} = (\operatorname{Tr} \rho^0 \sigma) \delta_\gamma$ (δ_γ は γ での 1 点測度) であり,

$$\psi(s) = s \log \gamma + \log \operatorname{Tr} \rho^0 \sigma, \qquad s \in \mathbb{R}.$$

証明. (a) が成立するなら,命題 5.3 (2) の証明の $F(\alpha)$ について,(6.10) より

$$F(\alpha) = e^{\psi(\alpha)} = \int_{(0,\infty)} t^\alpha \, d\mu_{\rho,\sigma}(t), \qquad \alpha \ge 0$$

であるから,(a) より命題 5.3 (2) の証明で Hölder の不等式がすべての α_1, α_2 で等号とな
る.特に $\alpha_1 = 1$, $\alpha_2 = 0$ にとると,この等号成立条件から関数 t が $\mu_{\rho,\sigma}$-a.e. で定数であ
ることが分かる.これは $\mu_{\rho,\sigma}$ のサポートが 1 点に集中していることを意味する.よって
(a) $\Longrightarrow$ (b) がいえる.また

$$\|E_{\rho,\sigma}(t) \sigma^{1/2}\|_2^2 = \sum_{ab^{-1}=t} \|P_a \sigma^{1/2} Q_b\|_2^2 = \sum_{ab^{-1}=t} b \|P_a Q_b\|_2^2, \qquad t > 0$$

だから,(b) $\Longleftrightarrow$ (c) が直ちにいえる.最後に (c) が成立するなら,

$$\psi(s) = \log \sum_{k=1}^m a_k^s b_k^{1-s} \operatorname{Tr} P_{a_k} Q_{b_k} = s \log \gamma + \log \sum_{k=1}^m b_k \operatorname{Tr} P_{a_k} Q_{b_k},$$

$$\sum_{k=1}^m b_k \operatorname{Tr} P_{a_k} Q_{b_k} = \sum_{(a,b) \in \mathcal{X}} b \operatorname{Tr} P_a Q_b = \operatorname{Tr} \rho^0 \sigma$$

であるから,(c) $\Longrightarrow$ (a) と最後の主張が成立する. $\qquad\square$

いま $0 < \pi < 1$ とする.各 $n \in \mathbb{N}$ について,$\mathcal{H}^{\otimes n}$ 上のテスト T_n $(0 \le T_n \le I)$ に対し
て (6.13) で定義した 2 つのエラー確率 $\alpha_n(T_n)$ と $\beta_n(T_n)$ を対等に扱い,$\pi, 1 - \pi$ の確率
で平均したエラー

$$\pi \alpha_n(T_n) + (1 - \pi) \beta_n(T_n)$$

を考える．**対称的な量子仮説検定**では，これを最小化した

$$\kappa_n^{\mathrm{C}}(\pi|\rho\|\sigma) := \min_{0 \le T_n \le I} \{\pi\alpha_n(T_n) + (1-\pi)\beta_n(T_n)\}$$

の指数レイトの漸近的な限界を考察する．次の定理に述べるように，漸近限界として Chernoff 限界が現れる．ここで上付きの添字 C は Chernoff の意味である．

定理 6.9 ([16], [115]). 任意の $\rho, \sigma \in \mathcal{S}(\mathcal{H})$ に対し，$\pi \in (0,1)$ に無関係に

$$\lim_{n\to\infty} \frac{1}{n} \log \kappa_n^{\mathrm{C}}(\pi|\rho\|\sigma) = -C(\rho\|\sigma). \tag{6.15}$$

上の定理で確率 π が本質的でないことは直ちに分かる．$\pi_0 := \min\{\pi, 1-\pi\} > 0$ とすると，

$$\pi_0 \min_{0 \le T_n \le I}\{\alpha_n(T_n) + \beta_n(T_n)\} \le \kappa_n^{\mathrm{C}}(\pi|\rho\|\sigma) \le \min_{0 \le T_n \le I}\{\alpha_n(T_n) + \beta_n(T_n)\}$$

だから，(6.15) は

$$\lim_{n\to\infty} \frac{1}{n} \log \min_{0 \le T_n \le I}\{\alpha_n(T_n) + \beta_n(T_n)\} = -C(\rho\|\sigma)$$

と同値である．したがって，(6.14) に注意すると，定理 6.9 は次の定理 6.10 で $\theta = 0$ の場合になる．

定理 6.10 ([74]). 任意の $\rho, \sigma \in \mathcal{S}(\mathcal{H})$ と任意の $\theta \in \mathbb{R}$ に対し

$$\lim_{n\to\infty} \frac{1}{n} \log \min_{0 \le T_n \le I} \{e^{-n\theta}\alpha_n(T_n) + \beta_n(T_n)\} = -\varphi(\theta), \tag{6.16}$$

$$\lim_{n\to\infty} \frac{1}{n} \log \min_{0 \le T_n \le I} \{\alpha_n(T_n) + e^{n\theta}\beta_n(T_n)\} = \theta - \varphi(\theta). \tag{6.17}$$

証明. (6.17) は (6.16) から直ちに従うから (6.16) だけ示す．簡単のため

$$\kappa_n(\theta) := \min_{0 \le T_n \le I} \{e^{-n\theta}\alpha_n(T_n) + \beta_n(T_n)\}$$

$$= \min_{0 \le T_n \le I} \{\mathrm{Tr}(e^{-\theta}\rho)^{\otimes n}(I - T_n) + \mathrm{Tr}\,\sigma^{\otimes n}(T_n)\}$$

とおく．(6.16) を示すには次の 2 つの不等式を証明すればよい:

$$\limsup_{n\to\infty} \frac{1}{n} \log \kappa_n(\theta) \le -\varphi(\theta) \qquad (\text{達成可能性}), \tag{6.18}$$

$$\liminf_{n\to\infty} \frac{1}{n} \log \kappa_n(\theta) \ge -\varphi(\theta) \qquad (\text{最良性}). \tag{6.19}$$

(6.18) の証明．任意の $s \in [0,1]$ と $n \in \mathbb{N}$ に対し，(6.3) を $(e^{-\theta}\rho)^{\otimes n}$, $\sigma^{\otimes n}$ に用いると，

$$\kappa_n(\theta) \le \mathrm{Tr}((e^{-\theta}\rho)^{\otimes n})^s(\sigma^{\otimes n})^{1-s} = e^{-n\theta s}\,\mathrm{Tr}(\rho^s\sigma^{1-s})^{\otimes n} = e^{-n\theta s}(\mathrm{Tr}\,\rho^s\sigma^{1-s})^n.$$

よって $\log \kappa_n(\theta) \le n\{-\theta s + \psi(s)\}$ だから

$$\limsup_{n\to\infty} \frac{1}{n} \log \kappa_n(\theta) \le -\{\theta s - \psi(s)\}, \qquad s \in [0,1].$$

これより (6.18) が示せた.

(6.19) の証明. $\rho \perp \sigma$ なら (6.16) は両辺 $= -\infty$ で成立するから, $\rho \not\perp \sigma$ つまり $\beta := \operatorname{Tr} \rho^0 \sigma > 0$ としてよい. $\rho_\theta := e^{-\theta} \rho$, $\rho_{\theta,n} := \rho_\theta^{\otimes n}$ とおき, $\lambda \geq 0$ とする. $\rho_{\theta,n}, \sigma_n$ に (6.6) と (6.11) ($\lambda = 0$ で) を用いると,

$$\kappa_n(\theta) \geq \frac{1}{2} \nu_{\rho_{\theta,n},\sigma_n}([0,\infty)). \tag{6.20}$$

ただし $\nu_{\rho_{\theta,n},\sigma_n}$ は $\Delta^0_{\rho_{\theta,n},\sigma_n} \log \Delta_{\rho_{\theta,n},\sigma_n}$ の $\Delta^0_{\rho_{\theta,n},\sigma_n} \sigma_n^{1/2}$ に関するスペクトル測度とする. $B(\mathcal{H}^{\otimes n}) = B(\mathcal{H})^{\otimes n}$ 上で $\Delta_{\rho_{\theta,n},\sigma_n} = (\Delta_{\rho_\theta,\sigma})^{\otimes n}$, $\Delta^0_{\rho_{\theta,n},\sigma_n} = (\Delta^0_{\rho_\theta,\sigma})^{\otimes n}$ だから,

$$\frac{1}{n} \Delta^0_{\rho_{\theta,n},\sigma_n} \log \Delta_{\rho_{\theta,n},\sigma_n} = \frac{1}{n} \sum_{k=1}^n (\Delta^0_{\rho_\theta,\sigma})^{\otimes k-1} \otimes (\Delta^0_{\rho_\theta,\sigma} \log \Delta_{\rho_\theta,\sigma}) \otimes (\Delta^0_{\rho_\theta,\sigma})^{\otimes n-k}.$$

これと $\Delta^0_{\rho_{\theta,n},\sigma_n} \sigma_n^{1/2} = (\Delta^0_{\rho_\theta,\sigma} \sigma^{1/2})^{\otimes n}$ から, $d\nu_{\rho_{\theta,n},\sigma_n}(nx)$ は $(\nu_{\rho_\theta,\sigma})^{\otimes n}$ の $(x_1,\ldots,x_n) \mapsto \frac{1}{n} \sum_{k=1}^n x_k$ による像測度 (push-forward measure) であることが分かる. $\nu_{\rho_{\theta,n},\sigma_n}(\mathbb{R}) = \operatorname{Tr} s(\rho_{\theta,n}) \sigma_n = \beta^n$ に注意すると, 確率分布 $d\mu_n(x) := \beta^{-n} d\nu_{\rho_{\theta,n},\sigma_n}(nx)$, $\mu := \beta^{-1} \nu_{\rho_\theta,\sigma}$ について, μ_n は $\mu^{\otimes n}$ の $(x_1,\ldots,x_n) \mapsto \frac{1}{n} \sum_{k=1}^n x_k$ による像測度である. ここで μ の対数モーメント母関数 (付録の (A.25) 参照) を Λ とすると,

$$\begin{aligned}
\Lambda(s) &:= \log \int_\mathbb{R} e^{sx} \, d\mu(x) = \log\left[\beta^{-1} \int_\mathbb{R} e^{sx} \, d\nu_{\rho_\theta,\sigma}(x)\right] \\
&= \log\left[\beta^{-1} \langle \sigma^{1/2}, \Delta^s_{\rho_\theta,\sigma} \sigma^{1/2} \rangle_{\mathrm{HS}}\right] = \log\left[\beta^{-1} e^{-\theta s} \operatorname{Tr} \rho^s \sigma^{1-s}\right] \\
&= \psi(s) - \theta s - \log \beta
\end{aligned}$$

であり, Λ の Fenchel–Legendre 変換 (付録の (A.26) 参照) は

$$\begin{aligned}
\Lambda^*(a) &:= \sup_{s \in \mathbb{R}} \{as - \Lambda(s)\} = \sup_{s \in \mathbb{R}} \{(a+\theta)s - \psi(s)\} + \log \beta \\
&= \psi^*(a + \theta) + \log \beta
\end{aligned}$$

と定まる. ただし ψ^* は ψ の Fenchel–Legendre 変換. よって Cramér の定理 (定理 A.20 (b)) より

$$\liminf_{n \to \infty} \frac{1}{n} \log \mu_n((0,\infty)) \geq -\inf_{a>0} \Lambda^*(a) = -\inf_{a>\theta} \psi^*(a) - \log \beta. \tag{6.21}$$

(6.20) と (6.21) より

$$\begin{aligned}
\liminf_{n \to \infty} \frac{1}{n} \log \kappa_n(\theta) &\geq \liminf_{n \to \infty} \frac{1}{n} \log \nu_{\rho_{\theta,n},\sigma_n}((0,\infty)) \\
&= \liminf_{n \to \infty} \frac{1}{n} \log \mu_n((0,\infty)) + \log \beta \geq -\inf_{a>\theta} \psi^*(a).
\end{aligned} \tag{6.22}$$

(6.19) を示すために, まず ψ のグラフが直線でない (つまり $\psi'(0) < \psi'(1)$) と仮定する. 3 つの場合に分けて示す.

• $\psi'(0) \leq \theta \leq \psi'(1)$ とする. 容易に分かるように ψ^* は $[\psi'(0),\infty)$ 上で単調増加であり, $a \in [\psi'(0), \psi'(1)]$ なら $\psi^*(a) = \varphi(a)$ であるから,

$$\inf_{a>\theta} \psi^*(\theta) = \inf_{a>\theta} \varphi(a) = \varphi(\theta) \quad (\text{補題 6.7 (2) より}).$$

よって (6.22) より (6.19) が示せた.

- $\theta < \psi'(0)$ とする. 直ぐ分かるように $\inf_{a \in \mathbb{R}} \psi^*(a) = \psi^*(\psi'(0)) = -\psi(0)$ だから,

$$\inf_{a > \theta} \psi^*(x) = -\psi(0) = \varphi(\theta) \quad (\text{補題 6.7 (3) より}).$$

よって (6.19) が成立.

- $\theta > \psi'(1)$ とする. $\psi(s|\sigma\|\rho) = \psi(1-s|\rho\|\sigma)$ だから, $-\theta < -\psi'(1) = \psi'(0|\sigma\|\rho)$ であり,

$$\varphi(a|\sigma\|\rho) = a + \varphi(-a) \quad (\text{補題 6.7 (5) より}).$$

よって $\rho,\, \sigma,\, \theta$ の代わりに $\sigma,\, \rho,\, -\theta$ に対して上の 2 番目の場合を適用すると,

$$\liminf_{n \to \infty} \frac{1}{n} \log \min_{0 \leq T_n \leq I} \{e^{n\theta}\beta_n(T_n) + \alpha_n(T_n)\} \geq -\varphi(-\theta|\sigma\|\rho).$$

左辺 $= \theta + \liminf_{n \to \infty} \frac{1}{n} \log \kappa_n(\theta)$, 右辺 $= \theta - \varphi(\theta)$ だから, この場合も (6.19) が成立.

次に ψ のグラフが直線とすると, 補題 6.8 より $\psi(s) = s\log\gamma + \log\alpha$ $(\alpha := \operatorname{Tr}\rho^0\sigma)$ であるから, 次は容易:

$$\varphi(\theta) = \begin{cases} -\log\alpha, & \theta \leq \log\gamma, \\ \theta - \log\alpha\gamma, & \theta \geq \log\gamma. \end{cases}$$

他方, 任意の $n \in \mathbb{N}$ に対し

$$\psi(s|\rho_n\|\sigma_n) = n\psi(s|\rho\|\sigma) = s\log\gamma^n + \log\alpha^n$$

だから, 再び補題 6.8 より $\mu_{\rho_n,\sigma_n} = (\operatorname{Tr} s(\rho_n)\sigma_n)\delta_{\gamma^n} = \alpha^n\delta_{\gamma^n}$. よって $e^{-n\theta}\rho_n,\, \sigma_n$ に (6.6) と (6.12) を用いて

$$\kappa_n(\theta) \geq \int_{(0,\infty)} \frac{t}{1+t}\, d\mu_{e^{-n\theta}\rho_n,\sigma_n}(t).$$

ここで $\frac{t}{1+t} \geq \frac{1}{2}\min\{t,1\}$ $(t \in (0,\infty))$ であり, $\Delta_{e^{-n\theta}\rho_n,\sigma_n} = e^{-n\theta}\Delta_{\rho_n,\sigma_n}$ だから,

$$\kappa_n(\theta) \geq \frac{1}{2}\int_{(0,\infty)} \min\{e^{-n\theta}t,1\}\, d\mu_{\rho_n,\sigma_n}(t) = \frac{\alpha^n}{2}\min\{e^{-n\theta}\gamma^n,1\}.$$

これより

$$\liminf_{n \to \infty} \frac{1}{n}\log\kappa_n(\theta) \geq \begin{cases} \log\alpha, & \theta \leq \log\gamma, \\ -\theta + \log\alpha\gamma, & \theta \geq \log\gamma. \end{cases}$$

よって再び (6.19) が成立する. $\qquad\square$

6.3 非対称的な量子仮説検定と Hoeffding 限界

この節でも $\rho, \varphi \in \mathcal{S}(\mathcal{H})$ に対し定義 6.6 で定めた $\psi,\, \varphi$ を使う. 最初に補題を 1 つ与える.

補題 6.11. (1) $a > \psi'(0)$ とする．テスト列 $\{T_n\}$ が

$$\limsup_{n \to \infty} \frac{1}{n} \log \beta_n(T_n) \leq -\varphi(a)$$

を満たすならば，

$$\liminf_{n \to \infty} \frac{1}{n} \log \alpha_n(T_n) \geq a - \varphi(a).$$

(2) $a < \psi'(1)$ とする．テスト列 $\{T_n\}$ が

$$\limsup_{n \to \infty} \frac{1}{n} \log \alpha_n(T_n) \leq a - \varphi(a)$$

を満たすならば，

$$\liminf_{n \to \infty} \frac{1}{n} \log \beta_n(T_n) \geq -\varphi(a).$$

証明. (1) $a > b > \psi'(0)$ とすると，(6.17) と付録の (A.24) より

$$
\begin{aligned}
b - \varphi(b) &\leq \liminf_{n \to \infty} \frac{1}{n} \log\{\alpha_n(T_n) + e^{nb}\beta_n(T_n)\} \\
&\leq \max\left\{\liminf_{n \to \infty} \frac{1}{n} \log \alpha_n(T_n), b + \limsup_{n \to \infty} \frac{1}{n} \log \beta_n(T_n)\right\} \\
&\leq \max\left\{\liminf_{n \to \infty} \frac{1}{n} \log \alpha_n(T_n), b - \varphi(a)\right\}.
\end{aligned}
$$

補題 6.7 (3) より $b - \varphi(a) < b - \varphi(b)$．よって $\liminf_n \frac{1}{n} \log \alpha_n(T_n) \geq b - \varphi(b)$．$b \nearrow a$ として結論を得る．

(2) $\psi'(0|\sigma\|\rho) = -\psi'(1), \varphi(-a|\sigma\|\rho) = \varphi(a) - a$ (補題 6.7 (5) より) に注意して，上の (1) で ρ, σ, T_n, a をそれぞれ $\sigma, \rho, I - T_n, -a$ に置き換えればよい． $\square$

命題 6.12. 各 $n \in \mathbb{N}$ と $a \in \mathbb{R}$ に対し

$$S_n(a) := \{e^{-na}\rho_n - \sigma_n > 0\} = \{\rho_n - e^{na}\sigma_n > 0\}$$

と定める．任意の $a \in \mathbb{R}$ に対し

$$\limsup_{n \to \infty} \frac{1}{n} \log \alpha_n(S_n(a)) \leq a - \varphi(a),$$

$$\limsup_{n \to \infty} \frac{1}{n} \log \beta_n(S_n(a)) \leq -\varphi(a).$$

さらに，

$$a > \psi'(0) \text{ なら} \quad \lim_{n \to \infty} \frac{1}{n} \log \alpha_n(S_n(a)) = a - \varphi(a),$$

$$a < \psi'(1) \text{ なら} \quad \lim_{n \to \infty} \frac{1}{n} \log \beta_n(S_n(a)) = -\varphi(a).$$

証明. $\rho_n, e^{na}\sigma_n$ に補題 6.2 と (6.3) を用いて，任意の $s \in [0, 1]$ に対し

$$\alpha_n(S_n(a)) + e^{na}\beta_n(S_n(a)) \leq \operatorname{Tr} \rho_n^s (e^{na}\sigma_n)^{1-s} = e^{na(1-s)}e^{n\psi(s)}.$$

よって

$$\alpha_n(S_n(a)) \le e^{n\{a(1-s)+\psi(s)\}}, \qquad \beta_n(S_n(a)) \le e^{n\{-as+\psi(s)\}}$$

であるから，

$$\limsup_{n\to\infty} \frac{1}{n} \log \alpha_n(S_n(a)) \le -\sup_{s\in[0,1]} \{a(s-1) - \psi(s)\} = a - \varphi(a),$$

$$\limsup_{n\to\infty} \frac{1}{n} \log \beta_n S(a)) \le -\sup_{s\in[0,1]} \{as - \psi(s)\} = -\varphi(a).$$

さらに，補題 6.11 より

$$a > \psi'(0) \ \text{なら} \quad \liminf_{n\to\infty} \frac{1}{n} \log \alpha_n(S_n(a)) \ge a - \varphi(a),$$

$$a < \psi'(1) \ \text{なら} \quad \liminf_{n\to\infty} \frac{1}{n} \log \beta_n(S_n(a)) \ge -\varphi(a)$$

も成立する．よって結論がいえる． □

上の補題で定義したテスト $S_n(a)$ は **Neyman–Pearson** テストと呼ばれる．

この節の主結果を述べるために次の定義を与える．

定義 6.13. 各 $r \in \mathbb{R}$ に対し

$$\underline{B}^{\mathrm{H}}(r|\rho\|\sigma) := \inf_{\{T_n\}} \left\{ \liminf_{n\to\infty} \frac{1}{n} \log \alpha_n(T_n) \ \middle|\ \limsup_{n\to\infty} \frac{1}{n} \log \beta_n(T_n) \le -r \right\},$$

$$\overline{B}^{\mathrm{H}}(r|\rho\|\sigma) := \inf_{\{T_n\}} \left\{ \limsup_{n\to\infty} \frac{1}{n} \log \alpha_n(T_n) \ \middle|\ \limsup_{n\to\infty} \frac{1}{n} \log \beta_n(T_n) \le -r \right\},$$

$$B^{\mathrm{H}}(r|\rho\|\sigma) := \inf_{\{T_n\}} \left\{ \lim_{n\to\infty} \frac{1}{n} \log \alpha_n(T_n) \ \middle|\ \limsup_{n\to\infty} \frac{1}{n} \log \beta_n(T_n) \le -r \right\}.$$

上の最後は $\lim_n \frac{1}{n} \log \alpha_n(T_n)$ が（$-\infty$ の値も含み）存在するテスト列 $\{T_n\}$ について inf をとる．上で条件 $\limsup_n \frac{1}{n} \log \beta_n(T_n) \le -r$ を $\limsup_n \frac{1}{n} \log \beta_n(T_n) < -r$ に置き換えた 3 通りの inf の表示を $\underline{B}_0^{\mathrm{H}}(r|\rho\|\sigma)$, $\overline{B}_0^{\mathrm{H}}(r|\rho\|\sigma)$, $B_0^{\mathrm{H}}(r|\rho\|\sigma)$ と書く．ここで上付きの添字 H は Hoeffding の意味である．さらに

$$H_r(\rho\|\sigma) := \sup_{0\le s<1} \frac{-sr - \psi(1-s)}{1-s} = \sup_{0\le s<1} \frac{-sr - \log \mathrm{Tr}\,\rho^{1-s}\sigma^s}{1-s} \tag{6.23}$$

と定める．(6.23) の $\sup_{0\le s<1}$ は連続性より $\sup_{0<s<1}$ としても同じだから，$\alpha = 1-s$ とおいて 5.1 節の標準 Rényi ダイバージェンスを用いると，

$$H_r(\rho\|\sigma) = \sup_{0<\alpha<1} \frac{\alpha-1}{\alpha} \{r - D_\alpha(\rho\|\sigma)\} \tag{6.24}$$

と表せる．$H_r(\rho\|\sigma)$ は ρ, σ の（指数 r の）**Hoeffding** 限界または **Hoeffding** ダイバージェンスと呼ばれる．

明らかに

$$\begin{array}{ccccc}
\underline{B}^{\mathrm{H}}(r|\rho\|\sigma) & \le & \overline{B}^{\mathrm{H}}(r|\rho\|\sigma) & \le & B^{\mathrm{H}}(r|\rho\|\sigma) \\
\wedge| & & \wedge| & & \wedge| \\
\underline{B}_0^{\mathrm{H}}(r|\rho\|\sigma) & \le & \overline{B}_0^{\mathrm{H}}(r|\rho\|\sigma) & \le & B_0^{\mathrm{H}}(r|\rho\|\sigma).
\end{array} \tag{6.25}$$

$r \leq 0$ のとき，$T_n = I$ とすれば (6.25) の上段の量はすべて $-\infty$ になる．$r < 0$ のとき，同様に (6.25) の下段の量はすべてが $-\infty$ になる．

$\rho \perp \sigma$ とすると，(6.25) のすべての量はすべての $r \in \mathbb{R}$ に対し $-\infty$ であり，また $H_r(\rho\|\sigma) \equiv \infty$ であるから，この節の以下の議論は自明になる．

補題 6.14. $\rho \not\perp \sigma$ とする．
(1) $r \mapsto H_r(\rho\|\sigma)$ は $\mathbb{R}$ 上の非負凸関数．
(2) $r \geq -\psi(0)$ のとき，$\varphi(a_r) = r$ となる $a_r \in [\psi'(0), \infty)$ が一意に定まり，

$$H_r(\rho\|\sigma) = r - a_r = \varphi(a_r) - a_r.$$

(3) $r > -\psi(0)$ のとき，$H_r(\rho\|\sigma)$ の定義式 (6.23) の sup は max になる．
(4) $r < -\psi(0)$ なら $H_r(\rho\|\sigma) = \infty$．$r \geq \psi'(1) - \psi(1)$ なら $H_r(\rho\|\sigma) = -\psi(1)$．さらに $r \mapsto H_r(\rho\|\sigma)$ は $[-\psi(0), \psi'(1) - \psi(1)]$ を $[-\psi(1), -\psi'(0) - \psi(0)]$ に連続かつ狭義単調減少に写す．
(5) $H_0(\rho\|\sigma) = D(\sigma\|\rho)$．また $\sup\{r\colon H_r(\rho\|\sigma) > 0\} = D(\rho\|\sigma)$．

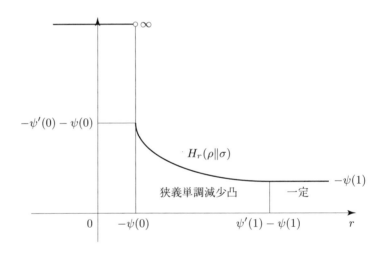

図 6.3　$H_r(\rho\|\sigma)$ のグラフ．

証明．まず

$$H_r(\rho\|\sigma) = \sup_{0 < s \leq 1} \frac{-(1-s)r - \psi(s)}{s} = r + \sup_{0 < s \leq 1} \frac{-r - \psi(s)}{s}$$

に注意する．

(1) は定義式より明らか．

(2) $r \geq -\psi(0)$ のとき，補題 6.7 (3)（図 6.2 も見よ）より $a_r \in [\psi'(0), \infty)$ が一意に存在して $\varphi(a_r) = r$．このとき，$\psi(s) \geq a_r s - r$ $(s \in [0, 1])$ であり，$\psi(s_r) = a_r s_r - r$ となる $s_r \in [0, 1]$ が存在する．よって $(-r - \psi(s))/s \leq -a_r$ $(s \in (0, 1])$．$r > -\psi(0)$ なら，$a_r > \psi'(0)$ だから $s_r \in (0, 1]$．よって $(-r - \psi(s_r))/s_r = -a_r$ だから

$H_r(\rho\|\sigma) = r - a_r = \varphi(a_r) - a_r$. また $r_0 = -\psi(0)$ とすると, $a_{r_0} = \psi'(0)$ だから補題 6.7 (3) より $\varphi(a_{r_0}) = r_0$. さらに

$$\frac{-r_0 - \psi(s)}{s} = -\frac{\psi(s) - \psi(0)}{s} \nearrow -\psi'(0) = -a_{r_0} \quad (s \searrow 0)$$

だから, $r = r_0$ でも上と同じ $H_r(\rho\|\sigma)$ の式が成立する.

(3) $r > -\psi(0)$ のとき, $s_r \in (0,1]$ を (2) の証明のようにとる. すると $s = 1 - s_r \in [0,1)$ で (6.23) の sup が max になることが分かる.

(4) $r < -\psi(0)$ とすると, $-r - \psi(s) \to -r - \psi(0) > 0 \ (s \searrow 0)$ だから $H_r(\rho\|\sigma) = \infty$. $r \geq \psi'(1) - \psi(1)$ とすると, 補題 6.7 (3) より $a_r = r + \psi(1)$ だから $H_r(\rho\|\sigma) = r - a_r = -\psi(1)$. (4) の残りを示すために, ψ が直線なら $-\psi(0) = \psi'(1) - \psi(1)$, $-\psi(1) = -\psi'(0) - \psi(0)$ だから, ψ は直線でないとしてよい. すると補題 6.7 (1) より ψ は狭義の凸関数であり, 補題 6.7 (3) より $r \mapsto a_r = \psi'(s_r)$ は $[-\psi(0), \psi'(1) - \psi(1)]$ を $[\psi'(0), \psi'(1)]$ に連続かつ狭義単調増加に写す. よって $r \mapsto s_r$ は $[-\psi(0), \psi'(1) - \psi(1)]$ を $[0,1]$ に連続かつ狭義単調増加に写す. $r \in [-\psi(0), \psi'(1) - \psi(1)]$ のとき, $-H_r(\rho\|\sigma) = \psi'(s_r) - r$ が $\psi(s)$ のグラフの $s = s_r$ での接線の $s = 1$ での値であるから, (4) の残りの主張がいえる (図 6.1, 6.3 参照)[*2].

(5) は (4) と補題 6.7 (4) から容易に分かる. $\qquad\qquad\qquad\qquad\square$

次は**非対称的な量子仮説検定**の主要定理で, エラー確率の指数レイトの漸近限界として Hoeffding 限界が現れる.

定理 6.15 ([56], [74], [116]). 任意の $\rho, \sigma \in \mathcal{S}(\mathcal{H})$ と任意の $r \in \mathbb{R}$ に対し

$$\underline{B}_0^{\mathrm{H}}(r|\rho\|\sigma) = \overline{B}_0^{\mathrm{H}}(r|\rho\|\sigma) = B_0^{\mathrm{H}}(r|\rho\|\sigma) = -H_r(\rho\|\sigma). \tag{6.26}$$

また, 任意の $r \in \mathbb{R} \setminus \{-\psi(0)\}$ に対し

$$\underline{B}^{\mathrm{H}}(r|\rho\|\sigma) = \overline{B}^{\mathrm{H}}(r|\rho\|\sigma) = B^{\mathrm{H}}(r|\rho\|\sigma) = -H_r(\rho\|\sigma). \tag{6.27}$$

証明. $\rho \not\perp \sigma$ としてよい. まず $T_n := s(\rho_n) = (\rho^0)^{\otimes n}$ とすると $\alpha_n(T_n) = 0$, $\beta(T_n) = (\mathrm{Tr}\,\rho^0\sigma)^n$ だから, $\frac{1}{n}\log\alpha_n(T_n) = -\infty$, $\frac{1}{n}\log\beta_n(T_n) = \psi(0)$. よって $r < -\psi(0)$ のとき, (6.25) のすべての量が $-\infty$ であることが分かる. また補題 6.14 (4) より $H_r(\rho\|\sigma) = \infty$ だから, (6.26) と (6.27) のすべてが $-\infty$ で等しい. したがって, 以下 $r \geq -\psi(0)$ とする.

(6.26) の証明. 補題 6.14 (2) のように $a_r \in [\psi'(0), \infty)$ をとる. $\limsup_n \frac{1}{n}\log\beta_n(T_n) < -r = -\varphi(a_r)$ とする. φ の連続性より, $a > a_r$ が a_r に十分近いなら,

$$\limsup_{n\to\infty}\frac{1}{n}\log\beta_n(T_n) < -\varphi(a)$$

であるから, 補題 6.11 (1) より

$$\liminf_{n\to\infty}\frac{1}{n}\log\alpha_n(T_n) \geq a - \varphi(a).$$

[*2] $H_r(\rho\|\sigma)$ の $r = -\psi(0)$ における右微分係数について吟味せよ (演習問題とする).

$a \searrow a_r$ として,

$$\liminf_{n \to \infty} \frac{1}{n} \log \alpha_n(T_n) \geq a_r - \varphi(a_r) = -H_r(\rho\|\sigma).$$

よって $\underline{B}_0^{\mathrm{H}}(r|\rho\|\sigma) \geq -H_r(\rho\|\sigma)$.

他方, 任意の $a > a_r$ に対し命題 6.12 と補題 6.7 (3) より

$$\limsup_{n \to \infty} \frac{1}{n} \log \beta_n(S_n(a)) \leq -\varphi(a) < -\varphi(a_r) = -r$$

であり, 命題 6.12 より

$$\lim_{n \to \infty} \frac{1}{n} \log \alpha_n(S_n(a)) = a - \varphi(a).$$

よって $B_0^{\mathrm{H}}(r|\rho\|\sigma) \leq a - \varphi(a)$. $a \searrow a_r$ として, $B_0^{\mathrm{H}}(r|\rho\|\sigma) \leq a_r - \varphi(a_r) = -H_r(\rho\|\sigma)$.
(6.25) に注意すると, (6.26) が示せた.

(6.27) の証明. $r > -\psi(0)$ とする. $r > r' > -\psi(0)$ に対し, (6.26) より

$$-H_r(\rho\|\sigma) = \underline{B}_0^{\mathrm{H}}(r|\rho\|\sigma) \geq \underline{B}^{\mathrm{H}}(r|\rho\|\sigma) \geq \underline{B}_0^{\mathrm{H}}(r'|\rho\|\sigma) = -H_{r'}(\rho\|\sigma).$$

$r' \nearrow r$ とすると, 補題 6.14 (4) より $H_{r'}(\rho\|\sigma) \searrow H_r(\rho\|\sigma)$. よって $\underline{B}^{\mathrm{H}}(r|\rho\|\sigma) = -H_r(\rho\|\sigma)$. $\overline{B}^{\mathrm{H}}(r|\rho\|\sigma)$ と $B^{\mathrm{H}}(r|\rho\|\sigma)$ についても同様であり, (6.27) が成立する. $\qquad\square$

注意 6.16. $\rho^0 \geq \sigma^0$ (よって $\psi(0) = 0$) とすると, 定理 6.15 はすべての $r \geq 0$ に対し (6.26) が成立し, すべての $r > 0$ に対し (6.27) が成立することをいう. しかし, (6.27) は $r = 0$ では成立しない. 実際, $\underline{B}^{\mathrm{H}}(0|\rho\|\sigma) = \overline{B}^{\mathrm{H}}(0|\rho\|\sigma) = B^{\mathrm{H}}(0|\rho\|\sigma) = -\infty$ であるが, 補題 6.14 (5) より $H_0(\rho\|\sigma) = D(\sigma\|\rho) < \infty$ である.

次の定理で定理 6.15 を定理 6.9 の流儀に書き直す. 各 $n \in \mathbb{N}$ と $r \geq 0$ に対し

$$\kappa_n^{\mathrm{H}}(r|\rho\|\sigma) := \min\{\alpha_n(T_n) \colon 0 \leq T_n \leq I,\, \beta_n(T_n) \leq e^{-nr}\} \tag{6.28}$$

と定める.

定理 6.17. 任意の $\rho, \sigma \in \mathcal{S}(\mathcal{H})$ と $r \geq 0$ に対し, $r \neq -\psi(0)$ なら

$$\lim_{n \to \infty} \frac{1}{n} \log \kappa_n^{\mathrm{H}}(r|\rho\|\sigma) = -H_r(\rho\|\sigma).$$

特に $\rho^0 \geq \sigma^0$ ならば, 上式はすべての $r > 0$ に対し成立する.

証明. 簡単のため $\kappa_n^{\mathrm{H}}(r) := \kappa_n^{\mathrm{H}}(r|\rho\|\sigma)$ と書く. $r \geq 0$, $r \neq -\psi(0)$ とする. 各 n に対し $\beta_n(T_n) \leq e^{-nr}$ かつ $\alpha_n(T_n) = \kappa_n^{\mathrm{H}}(r)$ であるテスト T_n がとれて, $\limsup_n \frac{1}{n} \log \beta_n(T_n) \leq -r$ だから

$$\liminf_{n \to \infty} \frac{1}{n} \log \kappa_n^{\mathrm{H}}(r) = \liminf_{n \to \infty} \frac{1}{n} \log \alpha_n(T_n) \geq \underline{B}(r|\rho\|\sigma).$$

他方, テスト列 $\{T_n\}$ が $\limsup_n \frac{1}{n} \log \beta_n(T_n) < -r$ を満たすならば, 十分大きなすべての n に対して $\beta_n(T_n) < e^{-nr}$ だから $\kappa_n^{\mathrm{H}}(r) \leq \alpha_n(T_n)$. よって

$$\limsup_{n \to \infty} \frac{1}{n} \log \kappa_n^{\mathrm{H}}(r) \leq \limsup_{n \to \infty} \frac{1}{n} \log \alpha_n(T_n).$$

これより

$$\limsup_{n\to\infty} \frac{1}{n} \log \kappa_n^{\mathrm{H}}(r) \leq \overline{B}_0(r|\rho\|\sigma)$$

がいえる．定理 6.15 より $\underline{B}(r|\rho\|\sigma) = \overline{B}_0(r|\rho\|\sigma) = -H_r(\rho\|\sigma)$ に注意すると，証明すべき等式を得る．$\rho^0 \geq \sigma^0$ なら $\psi(0) = 0$ だから，残りの主張は明らか． $\qquad\square$

6.4　量子 Stein の補題

この節で示す量子 Stein の補題は歴史的に一番古くて代表的な量子仮説検定の定理であるが，前節の非対称的な量子仮説検定を使って証明するのが現代風である．

任意の $\rho, \sigma \in \mathcal{S}(\mathcal{H})$ に対し，まず次の定義を与える．

定義 6.18. 各 $\varepsilon \in (0, 1)$ に対し

$$\underline{B}^{\mathrm{S}}(\varepsilon|\rho\|\sigma) := \inf_{\{T_n\}} \left\{ \liminf_{n\to\infty} \frac{1}{n} \log \beta_n(T_n) \;\middle|\; \text{すべての } n \text{ に対し } \alpha_n(T_n) \leq \varepsilon \right\},$$

$$\overline{B}^{\mathrm{S}}(\varepsilon|\rho\|\sigma) := \inf_{\{T_n\}} \left\{ \limsup_{n\to\infty} \frac{1}{n} \log \beta_n(T_n) \;\middle|\; \text{すべての } n \text{ に対し } \alpha_n(T_n) \leq \varepsilon \right\},$$

$$B^{\mathrm{S}}(\varepsilon|\rho\|\sigma) := \inf_{\{T_n\}} \left\{ \lim_{n\to\infty} \frac{1}{n} \log \beta_n(T_n) \;\middle|\; \text{すべての } n \text{ に対し } \alpha_n(T_n) \leq \varepsilon \right\}.$$

上の最後は $\lim_n \frac{1}{n} \log \beta_n(T_n)$ が存在するテスト列 $\{T_n\}$ について inf をとる．さらに，上の [すべての n に対し $\alpha_n(T_n) \leq \varepsilon$] の条件を $\lim_{n\to\infty} \alpha_n(T_n) = 0$ に置き換えた 3 通りの inf の表示を $\underline{B}_0^{\mathrm{S}}(\rho\|\sigma)$, $\overline{B}_0^{\mathrm{S}}(\rho\|\sigma)$, $B_0^{\mathrm{S}}(\rho\|\sigma)$ と書く．ここで上付きの添字 S は Stein の意味である．

明らかに

$$
\begin{array}{ccccc}
\underline{B}^{\mathrm{S}}(\varepsilon|\rho\|\sigma) & \leq & \overline{B}^{\mathrm{S}}(\varepsilon|\rho\|\sigma) & \leq & B^{\mathrm{S}}(\varepsilon|\rho\|\sigma) \\
\wedge| & & \wedge| & & \wedge| \\
\underline{B}_0^{\mathrm{S}}(\rho\|\sigma) & \leq & \overline{B}_0^{\mathrm{S}}(\rho\|\sigma) & \leq & B_0^{\mathrm{S}}(\rho\|\sigma).
\end{array}
\tag{6.29}
$$

次に示す**量子 Stein の補題**では，エラー確率の指数レイトの漸近限界として相対エントロピー $D(\rho\|\sigma)$ が現れる．

定理 6.19 ([74], [76], [86], [120])．任意の $\rho, \sigma \in \mathcal{S}(\mathcal{H})$ と任意の $\varepsilon \in (0, 1)$ に対し，(6.29) の量はすべて $-D(\rho\|\sigma)$ に等しい．

証明. (6.29) より

$$B_0^{\mathrm{S}}(\rho\|\sigma) \leq -D(\rho\|\sigma) \qquad \text{(達成可能性)}, \tag{6.30}$$

$$\underline{B}^{\mathrm{S}}(\varepsilon|\rho\|\sigma) \geq -D(\rho\|\sigma) \qquad \text{(最良性)} \tag{6.31}$$

を示せばよい．定義 6.13 で ρ, σ を交換すると，

$$B_0^{\mathrm{H}}(r|\sigma\|\rho) = \inf_{\{T_n\}} \left\{ \lim_{n\to\infty} \frac{1}{n} \log \beta_n(T_n) \;\middle|\; \limsup_{n\to\infty} \frac{1}{n} \log \alpha_n(T_n) < -r \right\}.$$

$r = 0$ のとき，$\limsup_n \frac{1}{n} \log \alpha_n(T_n) < 0$ なら $\lim_n \alpha_n(T_n) = 0$ であるから，

$$B_0^{\mathrm{S}}(\rho\|\sigma) \leq B_0^{\mathrm{H}}(0|\sigma\|\rho) = -H_0(\sigma\|\rho) = -D(\rho\|\sigma).$$

上の 2 つの等号は定理 6.15 の (6.26) と補題 6.14 (5) による．よって (6.30) が示せた．

次に (6.31) を示す．$D(\rho\|\sigma) < \infty$ を仮定してよいから，$\rho^0 \leq \sigma^0$ としてよい．テスト列 $\{T_n\}$ が $\alpha_n(T_n) \leq \varepsilon$ を満たすとする．$a > \theta > D(\rho\|\sigma)$ を任意にとる．$s(\rho_n) \leq s(\sigma_n)$ だから，$e^{-na}\rho_n$ と σ_n に対して (6.7) を適用すると，

$$
\begin{aligned}
e^{-na}\varepsilon + \beta_n(T_n) &\geq e^{-na}\alpha_n(T_n) + \beta_n(T_n) \\
&\geq \left\langle (e^{-na}\rho_n)^{1/2}, \frac{I}{I + \Delta_{e^{-na}\rho_n,\sigma_n}} (e^{-na}\rho_n)^{1/2} \right\rangle_{\mathrm{HS}} \\
&= e^{-na}\left\langle \rho_n^{1/2}, \frac{I}{I + e^{-na}\Delta_{\rho_n,\sigma_n}} \rho_n^{1/2} \right\rangle_{\mathrm{HS}}.
\end{aligned}
\tag{6.32}
$$

命題 A.8 (1) より $\Delta_{\rho_n,\sigma_n}^0 \rho_n^{1/2} = \rho_n^{1/2}$ だから，$\frac{1}{n}\Delta_{\rho_n,\sigma_n}^0 \log \Delta_{\rho_n,\sigma_n}$ のベクトル $\rho_n^{1/2}$ に関するスペクトル確率測度 μ_n が定義できる．すると (6.32) の式は $e^{-na}\int \frac{1}{1+e^{-na}e^{nx}}\,d\mu_n(x)$ と書ける．よって

$$\beta_n(T_n) \geq e^{-na}\left(\int \frac{d\mu_n(x)}{1 + e^{n(x-a)}} - \varepsilon \right) \geq e^{-na}\left(\frac{\mu_n((-\infty,\theta])}{1 + e^{n(\theta-a)}} - \varepsilon \right). \tag{6.33}$$

そこで $\mu_n((-\infty,\theta]) \to 0 \ (n \to \infty)$ を示す．定理 6.10 の証明 ((6.20) の下の部分) と同様にして，μ_n が $\mu_1^{\otimes n}$ の $(x_1,\dots,x_n) \mapsto \frac{1}{n}\sum_{k=1}^n x_k$ による像測度であることが分かる．確率変数 $X(x) := x$ の μ_1 に関する期待値は

$$\boldsymbol{E}_{\mu_1}(X) = \langle \rho^{1/2}, (\log \Delta_{\rho,\sigma})\rho^{1/2} \rangle_{\mathrm{HS}} = \mathrm{Tr}\,\rho(\log \rho - \log \sigma) = D(\rho\|\sigma).$$

$\theta > D(\rho\|\sigma)$ としたから，**大数の弱法則**より $\mu_n((-\infty,\theta]) \to 1 \ (n \to \infty)$ がいえる．それゆえ (6.33) より $\liminf_n \frac{1}{n}\log \beta_n(T_n) \geq -a$ が成立し，$a \searrow D(\rho\|\sigma)$ として

$$\liminf_{n\to\infty} \frac{1}{n}\log \beta_n(T_n) \geq -D(\rho\|\sigma).$$

これで (6.31) が示せた． $\square$

各 $n \in \mathbb{N}$ と $\varepsilon \in (0,1)$ に対し

$$\kappa_n^{\mathrm{S}}(\varepsilon|\rho\|\sigma) := \min\{\beta_n(T_n) \colon 0 \leq T_n \leq I,\, \alpha_n(T_n) \leq \varepsilon\}$$

と定める．定理 6.17 と同様にして，定理 6.19 から次が簡単に示せる (証明は演習問題とする)．

定理 6.20 ([76], [120])．任意の $\rho,\sigma \in \mathcal{S}(\mathcal{H})$ に対し，$\varepsilon \in (0,1)$ に無関係に

$$\lim_{n\to\infty} \frac{1}{n}\log \kappa_n^{\mathrm{S}}(\varepsilon|\rho\|\sigma) = -D(\rho\|\sigma).$$

論文 [120] では**強逆定理**と呼ばれる次の結果も示された．このために，(6.24) の H_r と類似した

$$\widehat{H}_r(\rho\|\sigma) := \sup_{1<\alpha\leq 2} \frac{\alpha-1}{\alpha}\{r - D_\alpha(\rho\|\sigma)\} \tag{6.34}$$

を定める.

定理 6.21. $\rho, \sigma \in \mathcal{S}(\mathcal{H})$ が $\rho^0 \leq \sigma^0$ のとき, 任意の $r \geq 0$ に対し

$$\sup_{\{T_n\}}\left\{\limsup_{n\to\infty}\frac{1}{n}\log(1-\alpha_n(T_n)) \,\Big|\, \limsup_{n\to\infty}\frac{1}{n}\log\beta_n(T_n) \leq -r\right\} \leq -\widehat{H}_r(\rho\|\sigma).$$

注意 6.22. 定理 6.19 の証明の最初の段落から次がいえる: 任意の $s > -D(\rho\|\sigma)$ に対し $\limsup_n \frac{1}{n}\log\alpha_n(T_n) < 0$ (つまり $\alpha_n(T_n)$ が指数的に 0 に収束) で $\lim_n \frac{1}{n}\log\beta_n(T_n) < s$ を満たすテスト列 $\{T_n\}$ が存在する. 他方, $r > D(\rho\|\sigma)$ なら命題 5.3 (3) より $\widehat{H}_r(\rho\|\sigma) > 0$ だから, 定理 6.21 から次がいえる: $\rho^0 \leq \sigma^0$ のとき, テスト列 $\{T_n\}$ が $\limsup_n \frac{1}{n}\log\beta_n(T_n) < -D(\rho\|\sigma)$ を満たすなら $\limsup_n \frac{1}{n}\log(1-\alpha_n(T_n)) < 0$, つまり $\alpha_n(T_n)$ は指数的に 1 に収束する. このように, $-D(\rho\|\sigma)$ を臨界点として, エラー確率 $\alpha_n(T_n), \beta_n(T_n)$ の漸近挙動が根本的に変化する. これが Stein の補題とその強逆定理の主張することである. 他の量子仮説検定の定理の主張も同様な特徴をもつ.

次節で定理 6.21 の強逆定理を精密化する量子仮説検定を議論する (特に注意 6.32 を見よ). それゆえ定理 6.21 の証明は省略する.

6.5 強逆型の量子仮説検定と逆型 Hoeffding 限界

この節で解説する強逆型の量子仮説検定は前節の最後に述べた強逆定理を精密化するものである. 以下では常に $\rho^0 \leq \sigma^0$ を仮定して, 6.3 節の ψ, φ, H_r の代わりに次に定義する $\tilde{\psi}$, $\tilde{\varphi}$, $\widetilde{H}_r$ を用いて議論する.

定義 6.23. $\rho, \sigma \in \mathcal{S}(\mathcal{H})$ ($\rho^0 \leq \sigma^0$ を仮定する) に対し, 関数 $\tilde{\psi}$, $\tilde{\varphi}$ を次で定める:

$$\tilde{\psi}(s) := \log \mathrm{Tr}\big(\sigma^{\frac{-s}{2(s+1)}}\rho\sigma^{\frac{-s}{2(s+1)}}\big)^{s+1} = \log \mathrm{Tr}\big(\rho^{1/2}\sigma^{\frac{-s}{s+1}}\rho^{1/2}\big)^{s+1}, \qquad s \in \mathbb{R}\setminus\{-1\},$$

$$\tilde{\varphi}(a) := \sup_{s\geq 0}\{as - \tilde{\psi}(s)\}, \qquad a \in \mathbb{R}.$$

さらに, 各 $r \geq 0$ に対し

$$\widetilde{H}_r(\rho\|\sigma) := \sup_{s\geq 0}\frac{rs - \tilde{\psi}(s)}{s+1} \tag{6.35}$$

と定義し, ρ, σ の (指数 r の) **逆型 Hoeffding** 限界 (ダイバージェンス) と呼ぶ. $\alpha = s+1$ とおいて 5.2 節の $\widetilde{Q}_\alpha$ とサンドイッチ Rényi ダイバージェンス $\widetilde{D}_\alpha$ を用いると,

$$\tilde{\psi}(\alpha - 1) = \log\widetilde{Q}_\alpha(\rho\|\sigma) = (\alpha-1)\widetilde{D}_\alpha(\rho\|\sigma), \qquad \alpha \in (0,\infty)\setminus\{1\}$$

と表せる. また (6.35) の $\sup_{s\geq 0}$ は連続性より $\sup_{s>0}$ としても同じだから,

$$\widetilde{H}_r(\rho\|\sigma) = \sup_{\alpha>1}\frac{\alpha-1}{\alpha}\big\{r - \widetilde{D}_\alpha(\rho\|\sigma)\big\} \tag{6.36}$$

と表せる．(6.36) は (6.24) で D_α を $\widetilde{D}_\alpha$ に置き換え，sup をとる範囲を $\alpha > 1$ としたものである．

補題 6.24. (1) $\tilde{\psi}$ は $(-1, \infty)$ で実解析的．

(2) $\tilde{\psi}$ は $[0, \infty)$ で単調増加な凸関数．

(3) $\tilde{\psi}(0) = 0$, $\tilde{\psi}'(0) = D(\rho\|\sigma)$．また $\tilde{\psi}'(\infty) := \lim_{s\to\infty} \tilde{\psi}'(s)$ は max-相対エントロピー $D_{\max}(\rho\|\sigma)$ (命題 5.12 (4)) に等しい．

(4) $\tilde{\varphi}$ は $\mathbb{R}$ 上の単調増加な凸関数．さらに $a \le D(\rho\|\sigma)$ なら $\tilde{\varphi}(a) = 0$. $a_{\max} := D_{\max}(\rho\|\sigma)$ とすると，$\tilde{\varphi}(a_{\max}) < \infty$ であり，$a > a_{\max}$ なら $\tilde{\varphi}(a) = \infty$．

(5) $D(\rho\|\sigma) < a_{\max}$ ならば，$\tilde{\varphi}$ は $[D(\rho\|\sigma), a_{\max}]$ を $[0, \tilde{\varphi}(a_{\max})]$ に連続かつ狭義単調増加に写す．

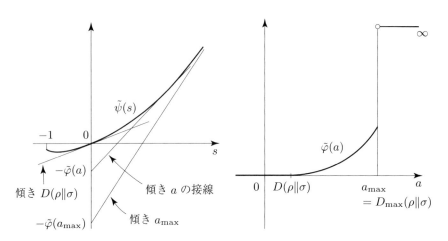

図 6.4 関数 $\tilde{\psi}$ と $\tilde{\varphi}$ のグラフ．

証明. (1) $\rho^0 \le \sigma^0$ の仮定より，$A(s) := \rho^{1/2}\sigma^{\frac{-s}{s+1}}\rho^{1/2}$ が $(-1, \infty)$ で $B(\rho^0\mathcal{H})^{++}$-値の解析関数だから，$\mathrm{Tr}\,A(s)^{s+1}$ は $(-1, \infty)$ で正の解析関数である[*3]．よって (1) がいえる．

(2) 定義 5.8，補題 5.9 と命題 5.12 (1) の証明から $\alpha \mapsto \log\widetilde{Q}_\alpha(\rho\|\sigma)$ は $[1, \infty)$ で凸だから，$\tilde{\psi}$ は $[0, \infty)$ で凸．また次の (3) より $\tilde{\psi}'(0) \ge 0$ だから，$\tilde{\psi}$ は $[0, \infty)$ で単調増加．

(3) $\tilde{\psi}(0) = \log\mathrm{Tr}\,\rho = 0$. 命題 5.12 の (3), (4) より，

$$\tilde{\psi}'(0) = \lim_{\alpha\to 1}\frac{\tilde{\psi}(\alpha-1)}{\alpha-1} = \lim_{\alpha\to 1}\widetilde{D}_\alpha(\rho\|\sigma) = D(\rho\|\sigma),$$

$$\tilde{\psi}'(\infty) = \lim_{\alpha\to\infty}\frac{\tilde{\psi}(\alpha-1)}{\alpha-1} = \lim_{\alpha\to\infty}\widetilde{D}_\alpha(\rho\|\sigma) = D_{\max}(\rho\|\sigma).$$

(4) $\tilde{\varphi}$ の定義式と (2), (3) から，$\tilde{\varphi}(a_{\max}) < \infty$ 以外は簡単．そこで $\tilde{\varphi}(a_{\max}) < \infty$ を示す．$a_{\max}$ の定義から，$\|u_1\| = 1$ の $u_1 \in \mathcal{H}$ が存在して $\langle u_1, \rho u_1\rangle = e^{a_{\max}}\langle u_1, \sigma u_1\rangle > 0$ である．u_1 を含む $\mathcal{H}$ の正規直交基底 $\{u_k\}_{k=1}^d$ $(d := \dim\mathcal{H})$ をとり，$\Phi: B(\mathcal{H}) \to \mathbb{C}^d$ を

[*3]　これは次のように示せる: 各 $s_0 \in (-1, \infty)$ に対し，$A(z)$ を $A(s)$ の $z = s_0$ の近傍での解析接続とし，Γ を $\mathrm{Sp}(A(s_0))$ を含む $\{\zeta \in \mathbb{C}: \mathrm{Re}\,\zeta > 0\}$ 内の円周路とすると，解析関数カルキュラス ([157, p. 76] 参照) $A(z)^{z+1} = \frac{1}{2\pi i}\int_\Gamma \zeta^{z+1}(\zeta I - A(z))^{-1}\,d\zeta$ が $z = s_0$ の近傍で解析的である．

$\Phi(X) := (\langle u_k, Xu_k\rangle)_{k=1}^{d}$ と定める．定理 5.13 (3) と命題 5.12 (2) より，任意の $s \geq 0$ に対し

$$\tilde{\psi}(s) \geq \log Q_{s+1}(\Phi(\rho)\|\Phi(\sigma)) = \log \Phi(\rho)^{s+1}\Phi(\sigma)^{-s}$$
$$\geq \log\langle u_1, \rho u_1\rangle^{s+1}\langle u_1, \sigma u_1\rangle^{-s} = a_{\max}s + \log\langle u_1, \rho u_1\rangle$$

だから，$a_{\max}s - \tilde{\psi}(s) \leq -\log\langle u_1, \rho u_1\rangle$．これより $\tilde{\varphi}(a_{\max}) \leq -\log\langle u_1, \rho u_1\rangle < \infty$．

(5) $D(\rho\|\sigma) < a_{\max}$，つまり $\tilde{\psi}'(0) < \tilde{\psi}'(\infty)$ とすると，(1) より $\tilde{\psi}'(s)$ は $(0, \infty)$ で狭義単調増加である．よって $\tilde{\varphi}$ は $[D(\rho\|\sigma), a_{\max})$ で狭義単調増加．また明らかに，$a \nearrow a_{\max}$ のとき $\tilde{\varphi}(a) \nearrow \tilde{\varphi}(a_{\max})$． $\square$

補題 6.25. (1) $r \mapsto \widetilde{H}_r(\rho\|\sigma)$ は $[0, \infty)$ 上の非負凸関数．

(2) $r_{\max} := \tilde{\varphi}(a_{\max}) + a_{\max}$ とすると，任意の $r \in [0, r_{\max}]$ に対し $a_r \in [0, a_{\max}]$ が一意に存在して $\tilde{\varphi}(a_r) + a_r = r$．

(3) 任意の $r \geq 0$ に対し

$$\widetilde{H}_r(\rho\|\sigma) = \begin{cases} r - a_r = \tilde{\varphi}(a_r) & (0 \leq r \leq r_{\max} \text{ のとき}), \\ r - a_{\max} & (r \geq r_{\max} \text{ のとき}). \end{cases}$$

(4) $0 \leq r < r_{\max}$ のとき，$\widetilde{H}_r(\rho\|\sigma)$ の定義式 (6.35) の sup は max になる．

(5) $r \mapsto \widetilde{H}_r(\rho\|\sigma)$ は $[0, \infty)$ 上の連続関数であり，$[D(\rho\|\sigma), \infty)$ を $[0, \infty)$ に連続かつ狭義単調増加に写す．また，$0 \leq r \leq D(\rho\|\sigma)$ なら $\widetilde{H}_r(\rho\|\sigma) = 0$．

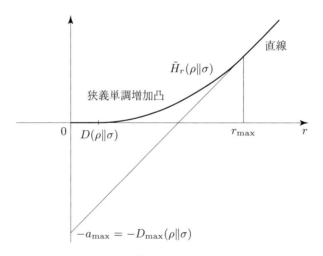

図 6.5 $\widetilde{H}_r(\rho\|\sigma)$ のグラフ．

証明. (1) は定義式より明らか．

(2) 補題 6.24 の (4), (5) より，$a \mapsto \tilde{\varphi}(a) + a$ は $[0, a_{\max}]$ から $[0, r_{\max}]$ の上への狭義単調増加な連続関数．よって (2) がいえる．

(3) $0 \leq r < r_{\max}$ のとき，$a_r \in [0, a_{\max})$ を上の (2) のようにとると，すべての $s \geq 0$ に対し $\tilde{\psi}(s) \geq a_r s - \tilde{\varphi}(a_r)$ が成立する．よって $\tilde{\psi}(s) \geq (r - \tilde{\varphi}(a_r))s - \tilde{\varphi}(a_r)$ だから，$\tilde{\varphi}(a_r) \geq (rs - \tilde{\psi}(s))/(s+1)$．さらに，上の不等式はある $s \in [0, \infty)$ で等号になるから，

$$\tilde{\varphi}(a_r) = \max_{s \geq 0} \frac{rs - \tilde{\psi}(s)}{s+1} = \widetilde{H}_r(\rho\|\sigma).$$

次に $r \geq r_{\max}$ のとき,

$$\lim_{s \to \infty} \frac{rs - \tilde{\psi}(s)}{s+1} = r - \lim_{s \to \infty} \frac{\tilde{\psi}(s)}{s} = r - a_{\max}.$$

それゆえ,すべての $s \geq 0$ に対し $(rs - \tilde{\psi}(s))/(s+1) \leq r - a_{\max}$ を示せばよい.$r \geq r_{\max} = \tilde{\varphi}(a_{\max}) + a_{\max}$ だから,

$$\tilde{\psi}(s) \geq a_{\max}s - \tilde{\varphi}(a_{\max}) \geq a_{\max}s + a_{\max} - r.$$

よって $a_{\max} \leq (r + \tilde{\psi}(s))/(s+1)$ であり,

$$r - a_{\max} \geq r - \frac{r + \tilde{\psi}(s)}{s+1} = \frac{rs - \tilde{\psi}(s)}{s+1}$$

がすべての $s \geq 0$ に対し成立する.

(4) は上の (3) の証明で示した.

(5) $r \mapsto a_r$ が $[0, r_{\max}]$ から $[0, a_{\max}]$ の上への狭義単調増加な連続関数であることに注意すれば,上の (3) の結果と補題 6.24 の (4), (5) より直ちに分かる. $\square$

補題 6.26. $\rho, \sigma \in \mathcal{S}(\mathcal{H})$ が $\rho^0 \leq \sigma^0$ のとき,次は同値である:

(a) $\tilde{\psi}$ のグラフが直線.

(b) $D(\rho\|\sigma) = D_{\max}(\rho\|\sigma)$.

(c) ρ^0, σ が可換かつ ρ が $\rho^0\sigma$ の定数倍である(よって ρ, σ は可換).

さらに,上の条件が成立するなら,$\rho = e^{D(\rho\|\sigma)}\rho^0\sigma$ であり,

$$\widetilde{H}_r(\rho\|\sigma) = (r - D(\rho\|\sigma))_+, \qquad r \geq 0. \tag{6.37}$$

証明. (a) $\Longleftrightarrow$ (b) は補題 6.24 の (1)–(3) から直ちに分かる.

(c) $\Longrightarrow$ (b). $\rho^0\sigma = \sigma\rho^0$ かつ $\rho = \gamma\rho^0\sigma$ ($\gamma > 0$ 定数)とすると,$D_{\max}(\rho\|\sigma) = \log\gamma$ が容易に分かる.また

$$D(\rho\|\sigma) = \mathrm{Tr}(\rho\log\rho - \rho\log(\rho^0\sigma)) = \mathrm{Tr}(\rho\log\rho - \rho\log(\gamma^{-1}\rho)) = \log\gamma$$

だから (b) が成立.

(b) $\Longrightarrow$ (c). まず $D_2(\rho\|\sigma) \leq D_{\max}(\rho\|\sigma)$ を示す.$\gamma := \exp D_{\max}(\rho\|\sigma)$ とすると $\rho \leq \gamma\sigma$. このとき $\gamma \geq 1$ だから,任意の $\varepsilon > 0$ に対し $\rho + \varepsilon I \leq \gamma(\sigma + \varepsilon I)$. よって $(\sigma + \varepsilon I)^{-1} \leq \gamma(\rho + \varepsilon I)^{-1}$ だから,

$$D_2(\rho\|\sigma) = \log\mathrm{Tr}\,\rho\sigma^{-1}\rho = \lim_{\varepsilon \searrow 0}\log\mathrm{Tr}\,\rho(\sigma + \varepsilon I)^{-1}\rho$$

$$\leq \lim_{\varepsilon \searrow 0}\log\mathrm{Tr}\,\rho(\gamma(\rho + \varepsilon I)^{-1})\rho = \log(\gamma\,\mathrm{Tr}\,\rho) = \log\gamma = D_{\max}(\rho\|\sigma).$$

そこで (b) を仮定する.命題 5.12 の (1)–(3) より

$$D(\rho\|\sigma) \leq \widetilde{D}_2(\rho\|\sigma) \leq D_2(\rho\|\sigma) \leq D_{\max}(\rho\|\sigma)$$

だから, $\widetilde{D}_2(\rho\|\sigma) = D_2(\rho\|\sigma)$ であり $\operatorname{Tr}(\sigma^{-1/4}\rho\sigma^{-1/4})^2 = \operatorname{Tr}\sigma^{-1/2}\rho^2\sigma^{-1/2}$. よって定理 1.55 (1) より ρ, σ は可換. ゆえに $\rho^0\sigma$ と $\rho\sigma^{-1}$ は可換だから, 正規直交系 $\{v_j\}_{j=1}^k \subset \mathcal{H}$, $r_j > 0$, $\lambda_j > 0$ がとれて

$$\rho^0\sigma = \sum_{j=1}^k r_j |v_j\rangle\langle v_j|, \qquad \rho\sigma^{-1} = \sum_{j=1}^k \lambda_j |v_j\rangle\langle v_j|$$

と書ける. (b) と命題 5.12 (1) より $\alpha > 1$ で $D_\alpha(\rho\|\sigma) = \widetilde{D}_\alpha(\rho\|\sigma) = D(\rho\|\sigma)$ (一定) であるから,

$$D_\alpha(\rho\|\sigma) = \log \operatorname{Tr}\rho^\alpha\sigma^{1-\alpha} = \log\sum_{j=1}^k r_j \lambda_j^\alpha$$

を α で微分して, $\sum_{j=1}^k (r_j \log\lambda_j)\lambda_j^\alpha = 0$ $(\alpha > 1)$. これより $\lambda_j = \gamma$ (一定) $(1 \le j \le k)$ であり $\rho\sigma^{-1} = \gamma\rho^0$. よって $\rho = \gamma\rho^0\sigma$ となり (c) が成立.

(a)–(c) が成立するとき, (c) $\Longrightarrow$ (b) の証明から $\rho = e^{-D(\rho\|\sigma)}\rho^0\sigma$. また $\tilde{\psi}(s) = D(\rho\|\sigma)s$ $(s \ge 0)$ だから (6.37) は容易. $\qquad\square$

次に, 各 $a \in \mathbb{R}$ に対して, 6.3 節と同様に Neyman–Pearson のテスト列 $S_n(a) := \{\rho_n - e^{na}\sigma_n > 0\}$ $(n \in \mathbb{N})$ を考える.

補題 6.27. 任意の $a \in \mathbb{R}$ と $n \in \mathbb{N}$ に対し

$$\frac{1}{n}\log\operatorname{Tr}\rho_n S_n(a) \le -\tilde{\varphi}(a), \tag{6.38}$$

$$\frac{1}{n}\log\operatorname{Tr}\sigma_n S_n(a) \le -\tilde{\varphi}(a) - a. \tag{6.39}$$

証明. 任意の $s \ge 0$ に対し

$$\begin{aligned}
\operatorname{Tr}\rho_n S_n(a) &= (\operatorname{Tr}\rho_n S_n(a))^{s+1}(\operatorname{Tr}\rho_n S_n(a))^{-s} \\
&\le (\operatorname{Tr}\rho_n S_n(a))^{s+1}(e^{na}\operatorname{Tr}\sigma_n S_n(a))^{-s} \quad \text{(補題 6.1 (1) より)} \\
&\le e^{-nas}\big[(\operatorname{Tr}\rho_n S_n(a))^{s+1}(\operatorname{Tr}\sigma_n S_n(a))^{-s} \\
&\qquad + (\operatorname{Tr}\rho_n(I - S_n(a)))^{s+1}(\operatorname{Tr}\sigma_n(I - S_n(a)))^{-s}\big] \\
&\le e^{-nas}\widetilde{Q}_{s+1}(\rho_n\|\sigma_n) \quad \text{(定理 5.13 (3) より)} \\
&= e^{-nas}e^{n\tilde{\psi}(s)}
\end{aligned} \tag{6.40}$$

だから,

$$\frac{1}{n}\log\operatorname{Tr}\rho_n S_n(a) \le -\{as - \tilde{\psi}(s)\}, \qquad s \ge 0.$$

よって (6.38) が従う. さらに, $S_n(a) = \{e^{-na}\rho_n - \sigma_n > 0\}$ だから

$$\operatorname{Tr}\sigma_n S_n(a) \le e^{-na}\operatorname{Tr}\rho_n S_n(a) \le e^{-na(s+1)}e^{n\tilde{\psi}(s)} \quad \text{((6.40) より)}$$

だから,

$$\frac{1}{n}\log\operatorname{Tr}\sigma_n S_n(a) \le -a - \{as - \tilde{\psi}(s)\}, \qquad s \ge 0.$$

よって (6.39) が従う. □

定理 6.28. $D(\rho\|\sigma) \le a < a_{\max} \ (:= D_{\max}(\rho\|\sigma))$ のとき,

$$\lim_{n\to\infty} \frac{1}{n} \log \mathrm{Tr}\, \rho_n S_n(a) = -\tilde{\varphi}(a), \tag{6.41}$$

$$\lim_{n\to\infty} \frac{1}{n} \log \mathrm{Tr}\, \sigma_n S_n(a) = -\tilde{\varphi}(a) - a. \tag{6.42}$$

証明. (6.41) を示すために, 任意に固定した $m \in \mathbb{N}$ に対して, 付録の A.10 節で定義した σ_m に付随するピンチング $\mathcal{P}_{\sigma_m}$ を用いて,

$$\widehat{\rho}_m := \mathcal{P}_{\sigma_m}(\rho_m) \in \mathcal{S}(\mathcal{H}^{\otimes m})$$

と定める. さらに $k \in \mathbb{N}, b \in \mathbb{R}$ に対し

$$\widehat{S}_{m,k}(b) := \{\widehat{\rho}_m^{\otimes k} - e^{kmb}\sigma_m^{\otimes k} > 0\} = \{e^{-kmb}\widehat{\rho}_m^{\otimes k} - \sigma_m^{\otimes k} > 0\}$$

と定める. $a < b \in \mathbb{R}$ のとき, $n \in \mathbb{N}\ (n \ge m)$ を $n = km + r\ (k \in \mathbb{N}, 0 \le r < m)$ とすると,

$$\begin{aligned}
\mathrm{Tr}\, \rho_n S_n(a) &= \mathrm{Tr}(\rho_n - e^{na}\sigma_n)S_n(a) + e^{na}\,\mathrm{Tr}\,\sigma_n S_n(a) \\
&\ge \mathrm{Tr}(\rho_n - e^{na}\sigma_n)_+.
\end{aligned} \tag{6.43}$$

いま $\mathrm{Tr}_{\mathcal{H}^{\otimes r}} : B(\mathcal{H}^{\otimes n}) = B(\mathcal{H}^{\otimes km}) \otimes B(\mathcal{H}^{\otimes r}) \to B(\mathcal{H}^{\otimes km})$ を部分トレース (例 1.12 参照) とすると, $\Phi := \mathcal{P}_{\sigma_m}^{\otimes k} \circ \mathrm{Tr}_{\mathcal{H}^{\otimes r}} : B(\mathcal{H}^{\otimes n}) \to B(\mathcal{H}^{\otimes km})$ はトレースを保存する正写像である. $\Phi(\rho_n - e^{na}\sigma_n) = \widehat{\rho}_m^{\otimes k} - e^{na}\sigma_m^{\otimes k}$ だから, 補題 6.1 の (3), (2), (1) を順次使って,

$$\begin{aligned}
\mathrm{Tr}(\rho_n - e^{na}\sigma_n)_+ &\ge \mathrm{Tr}(\widehat{\rho}_m^{\otimes k} - e^{na}\sigma_m^{\otimes k})_+ \\
&\ge \mathrm{Tr}(\widehat{\rho}_m^{\otimes k} - e^{na}\sigma_m^{\otimes k})\widehat{S}_{m,k}(b) \\
&\ge \mathrm{Tr}\,\widehat{\rho}_m^{\otimes k}\widehat{S}_{m,k}(b) - e^{na}e^{-kmb}\,\mathrm{Tr}\,\widehat{\rho}_m^{\otimes k}\widehat{S}_{m,k}(b) \\
&= (1 - e^{ra}e^{-km(b-a)})\,\mathrm{Tr}\,\widehat{\rho}_m^{\otimes k}\widehat{S}_{m,k}(b).
\end{aligned} \tag{6.44}$$

さらに

$$\lim_{n\to\infty} \frac{1}{n} \log(1 - e^{ra}e^{-km(b-a)}) = 0$$

に注意すると, (6.43) と (6.44) から

$$\liminf_{n\to\infty} \frac{1}{n} \log \mathrm{Tr}\, \rho_n S_n(a) \ge \liminf_{n\to\infty} \frac{1}{n} \log \mathrm{Tr}\, \widehat{\rho}_m^{\otimes k}\widehat{S}_{m,k}(b) \tag{6.45}$$

が従う.

ここで, $\widehat{\rho}_m$ と σ_m は可換だから, (6.45) の右辺を評価するために, $\widehat{\rho}_m, \sigma_m$ を有限集合 $\mathcal{X}$ 上の確率密度関数とみなしてよい. 無限直積の確率空間 $(\Omega, \boldsymbol{P}) := \prod_1^\infty (\mathcal{X}, \widehat{\rho}_m)$ を考える. $\mathcal{X}$ 上の関数 $Y_k := \log\frac{\widehat{\rho}_m}{\sigma_m}$ を Ω の k 番目の $\mathcal{X}$ 上で定めて, $(\Omega, \boldsymbol{P})$ 上の i.i.d. 確率変数列 $(Y_1, Y_2, \ldots)$ を考える. 各 $k \in \mathbb{N}$ に対し, $U_k := \frac{1}{k}\sum_{j=1}^k Y_j$ と定めると,

$$U_k = \frac{1}{k} \log \frac{\widehat{\rho}_m^{\otimes k}}{\sigma_m^{\otimes k}}$$

だから

$$\widehat{S}_{m,k}(b) = \left\{ \frac{1}{k} \log \frac{\widehat{\rho}_m^{\otimes k}}{\sigma_m^{\otimes k}} > mb \right\} = \{U_k > mb\}.$$

Y_1 の $\widehat{\rho}_m$ に関する対数モーメント母関数 (付録の (A.25) 参照) は

$$\begin{aligned}
\Lambda_m(s) &:= \log \boldsymbol{E}_{\widehat{\rho}_m}(e^{sY_1}) = \log \operatorname{Tr} \widehat{\rho}_m \left(\frac{\widehat{\rho}_m}{\sigma_m} \right)^s = \log \operatorname{Tr} \widehat{\rho}_m^{s+1} \sigma_m^{-s} \\
&= \log Q_{s+1}(\widehat{\rho}_m \| \sigma_m) = \log \widetilde{Q}_{s+1}(\widehat{\rho}_m \| \sigma_m), \quad s \in \mathbb{R}
\end{aligned} \tag{6.46}$$

であり，Cramér の定理 (定理 A.20 (b)) より

$$\begin{aligned}
\liminf_{k \to \infty} \frac{1}{k} \log \operatorname{Tr} \widehat{\rho}_m^{\otimes k} \widehat{S}_{m,k}(b) &= \liminf_{k \to \infty} \frac{1}{k} \log \boldsymbol{P}(\{U_k > mb\}) \\
&\geq - \inf_{x > mb} \Lambda_m^*(x)
\end{aligned} \tag{6.47}$$

がいえる．ただし Λ_m^* は Fenchel–Legendre 変換 ((A.26) 参照)

$$\Lambda_m^*(x) := \sup_{s \in \mathbb{R}} \{xs - \Lambda_m(s)\}, \qquad x \in \mathbb{R}$$

とする．(6.46) より，Λ_m は補題 6.24 の $\tilde{\psi}$ と同じ性質をもつ．よって Λ_m は $[0, \infty)$ で単調増加な凸関数であり，

$$\begin{aligned}
\Lambda_m'(0) &= D(\widehat{\rho}_m \| \sigma_m) \leq D(\rho_m \| \sigma_m) \quad (\text{定理 2.16 (4) より}) \\
&= mD(\rho \| \sigma), \\
\Lambda_m'(\infty) &= D_{\max}(\widehat{\rho}_m \| \sigma_m).
\end{aligned}$$

また $x \geq \Lambda_m'(0)$ のとき，

$$\Lambda_m^*(x) = \sup_{s \geq 0} \{xs - \Lambda_m(s)\} \tag{6.48}$$

がいえるから，Λ_m^* は $[\Lambda_m'(0), \infty)$ で補題 6.24 の $\tilde{\varphi}$ と同じ性質をもつ．よって Λ_m^* は $[\Lambda_m'(0), \Lambda_m'(\infty)]$ で連続かつ狭義単調増加である．

そこで，$D(\rho \| \sigma) \leq a < b < a_{\max}$ とする．付録の補題 A.19 (1) と命題 5.12 (5) より，任意の $s \geq 0$ に対し

$$\widetilde{Q}_{s+1}(\rho \| \sigma)^m = \widetilde{Q}_{s+1}(\rho_m \| \sigma_m) \leq v(\sigma_m)^{s+1} Q_{s+1}(\widehat{\rho}_m \| \sigma_m)$$

だから，(6.46) より

$$\tilde{\psi}(s) \leq (s+1) \frac{\log v(\sigma_m)}{m} + \frac{\Lambda_m(s)}{m}, \qquad s \geq 0. \tag{6.49}$$

よって補題 6.24 (3) より

$$a_{\max} = \tilde{\psi}'(\infty) = \lim_{s \to \infty} \frac{\tilde{\psi}(s)}{s} \leq \frac{\log v(\sigma_m)}{m} + \frac{\Lambda_m'(\infty)}{m}.$$

補題 A.19 (2) より，$b + \frac{\log v(\sigma_m)}{m} < a_{\max}$ を満たすように m を十分大きくとると，$b < \frac{\Lambda_m'(\infty)}{m}$ であり，

$$\Lambda'_m(0) \le mD(\rho\|\sigma) \le ma < mb < \Lambda'_m(\infty)$$

となる．これと前の段落の最後に述べた主張から，

$$
\begin{aligned}
\inf_{x>mb} \Lambda^*_m(x) = \Lambda^*_m(mb) &= \sup_{s\ge 0}\{mbs - \Lambda_m(s)\} \quad ((6.48) \text{ より})\\
&= m\sup_{s\ge 0}\Big\{bs - \frac{\Lambda_m(s)}{m}\Big\}\\
&\le m\sup_{s\ge 0}\Big\{bs - \tilde\psi(s) + (s+1)\frac{\log v(\sigma_m)}{m}\Big\} \quad ((6.49) \text{ より})\\
&= m\sup_{s\ge 0}\Big\{\Big(b + \frac{\log v(\sigma_m)}{m}\Big)s - \tilde\psi(s)\Big\} + \log v(\sigma_m)\\
&= m\tilde\varphi\Big(b + \frac{\log v(\sigma_m)}{m}\Big) + \log v(\sigma_m).
\end{aligned}
$$

これと (6.45), (6.47) を合わせると，

$$
\begin{aligned}
\liminf_{n\to\infty} \frac{1}{n}\log\operatorname{Tr}\rho_n S_n(a) &\ge \frac{1}{m}\liminf_{k\to\infty}\frac{1}{k}\log\widehat\rho_m^{\otimes k}\widehat S_{m,k}(b)\\
&\ge -\tilde\varphi\Big(b + \frac{\log v(\sigma_m)}{m}\Big) - \frac{\log v(\sigma_m)}{m}.
\end{aligned}
\tag{6.50}
$$

補題 A.19 (2) と補題 6.24 (5) より，$m \to \infty$, $b \searrow a$ とすると

$$\liminf_{n\to\infty} \frac{1}{n}\log\operatorname{Tr}\rho_n S_n(a) \ge -\tilde\varphi(a).$$

これと (6.38) より (6.41) が示せた．さらに，(6.43), (6.44) と上の評価 (6.50) から，$D(\rho\|\sigma) \le a < a_{\max}$ に対し

$$\lim_{n\to\infty} \frac{1}{n}\log\operatorname{Tr}(\rho_n - e^{na}\sigma_n)_+ = -\tilde\varphi(a),\tag{6.51}$$

であることに注意する．

　次に，(6.42) を示す．$D(\rho\|\sigma) \le a < b < a_{\max}$ とすると，

$$
\begin{aligned}
\operatorname{Tr}\rho_n S_n(a) &= \operatorname{Tr}(\rho_n - e^{nb}\sigma_n)S_n(a) + e^{nb}\operatorname{Tr}\sigma_n S_n(a)\\
&\le \operatorname{Tr}(\rho_n - e^{nb}\sigma_n)_+ + e^{nb}\operatorname{Tr}\sigma_n S_n(a) \quad (\text{補題 6.1 (2) より})
\end{aligned}
$$

だから，(6.41), (6.51) と付録の (A.24) より

$$-\tilde\varphi(a) \le \max\Big\{-\tilde\varphi(b), b + \liminf_{n\to\infty}\frac{1}{n}\log\operatorname{Tr}\sigma_n S_n(a)\Big\}.$$

補題 6.24 (5) より $\tilde\varphi(a) < \tilde\varphi(b)$ だから，

$$-\tilde\varphi(a) \le b + \liminf_{n\to\infty}\frac{1}{n}\log\operatorname{Tr}\sigma_n S_n(a).$$

$b \searrow a$ として

$$\liminf_{n\to\infty} \frac{1}{n}\log\operatorname{Tr}\sigma_n S_n(a) \ge -\tilde\varphi(a) - a.$$

これと (6.39) より (6.42) を得る． $\qquad\square$

注意 6.29. $a > a_{\max}$ なら，すべての n に対し $S_n(a) = 0$ であり $\tilde{\varphi}(a) = \infty$ (補題 6.24 (4)) だから，(6.41) と (6.42) は明らかに成立する．$a = a_{\max}$ のときは，$S_n(a) = 0$ で $\tilde{\varphi}(a) < \infty$ (補題 6.24 (4)) だから (6.41) と (6.42) は成立しない．また $a < D(\rho\|\sigma)$ なら，命題 6.12 より $\lim_n \frac{1}{n} \log \operatorname{Tr} \sigma_n S_n(a) = -\varphi(a)$ であり，補題 6.7 (図 6.2 も見よ) から $\rho = \sigma$ の場合を除き $\varphi(a) > a$ がいえる (演習問題とする)．よって補題 6.24 (4) より $-\varphi(a) < -a = -\tilde{\varphi}(a) - a$ だから (6.42) は成立しない．

この節の主結果を述べるために，定義 6.13 を強弱型にしたものを次に定義する．

定義 6.30. 各 $r \geq 0$ に対し次を定める:

$$\underline{B}^{\mathrm{sc}}(r|\rho\|\sigma) := \sup_{\{T_n\}} \left\{ \liminf_{n\to\infty} \frac{1}{n} \log(1 - \alpha_n(T_n)) \,\Big|\, \limsup_{n\to\infty} \frac{1}{n} \log \beta_n(T_n) \leq -r \right\},$$

$$\overline{B}^{\mathrm{sc}}(r|\rho\|\sigma) := \sup_{\{T_n\}} \left\{ \limsup_{n\to\infty} \frac{1}{n} \log(1 - \alpha_n(T_n)) \,\Big|\, \limsup_{n\to\infty} \frac{1}{n} \log \beta_n(T_n) \leq -r \right\},$$

$$B^{\mathrm{sc}}(r|\rho\|\sigma) := \sup_{\{T_n\}} \left\{ \lim_{n\to\infty} \frac{1}{n} \log(1 - \alpha_n(T_n)) \,\Big|\, \limsup_{n\to\infty} \frac{1}{n} \log \beta_n(T_n) \leq -r \right\}.$$

上で条件 $\limsup_n \frac{1}{n} \log \beta_n(T_n) \leq -r$ を $\limsup_n \frac{1}{n} \log \beta_n(T_n) < -r$ に置き換えた 3 通りの sup の表示を $\underline{B}_0^{\mathrm{sc}}(r|\rho\|\sigma)$, $\overline{B}_0^{\mathrm{sc}}(r|\rho\|\sigma)$, $B_0^{\mathrm{sc}}(r|\rho\|\sigma)$ と書く．ここで上付きの添字 sc は strong converse (強逆) の意味である．

明らかに

$$\begin{array}{ccccc}
B^{\mathrm{sc}}(r|\rho\|\sigma) & \leq & \underline{B}^{\mathrm{sc}}(r|\rho\|\sigma) & \leq & \overline{B}^{\mathrm{sc}}(r|\rho\|\sigma) \\
\mathrm{VI} & & \mathrm{VI} & & \mathrm{VI} \\
B_0^{\mathrm{sc}}(r|\rho\|\sigma) & \leq & \underline{B}_0^{\mathrm{sc}}(r|\rho\|\sigma) & \leq & \overline{B}_0^{\mathrm{sc}}(r|\rho\|\sigma).
\end{array} \tag{6.52}$$

次は**強逆型の量子仮説検定**の主要定理で，エラー確率が 1 に指数関数的に収束する指数レイトとして逆型 Hoeffding 限界が現れる．

定理 6.31 ([109])．$\rho, \sigma \in \mathcal{S}(\mathcal{H})$ が $\rho^0 \leq \sigma^0$ のとき，任意の $r \geq 0$ に対し，(6.52) の量はすべて $-\widetilde{H}_r(\rho\|\sigma)$ に等しい．

証明. (6.52) より

$$\overline{B}^{\mathrm{sc}}(r|\rho\|\sigma) \leq -\widetilde{H}_r(\rho\|\sigma), \tag{6.53}$$

$$B_0^{\mathrm{sc}}(r|\rho\|\sigma) \geq -\widetilde{H}_r(\rho\|\sigma) \tag{6.54}$$

を示せば十分である．最初に (6.53) を示すために，テスト列 $\{T_n\}$ が $\limsup_n \frac{1}{n} \log \beta_n(T_n) \leq -r$ を満たすとする．トレースを保存する正写像 $\Phi\colon B(\mathcal{H}^{\otimes n}) \to \mathbb{C}^2$, $\Phi(X) := (\operatorname{Tr} X T_n, \operatorname{Tr} X(I - T_n))$ を考えると，任意の $\alpha > 1$ に対し定理 5.13 (3) より

$$\begin{aligned}
\widetilde{D}_\alpha(\rho\|\sigma) = \frac{1}{n} \widetilde{D}_\alpha(\rho_n\|\sigma_n) &\geq \frac{1}{n} D_\alpha(\Phi(\rho_n)\|\Phi(\sigma_n)) \\
&\geq \frac{1}{n} \frac{1}{\alpha - 1} \log(\operatorname{Tr} \rho_n T_n)^\alpha (\operatorname{Tr} \sigma_n T_n)^{1-\alpha}
\end{aligned}$$

$$= \frac{\alpha}{\alpha - 1} \frac{1}{n} \log(1 - \alpha_n(T_n)) - \frac{1}{n} \log \beta_n(T_n).$$

よって

$$\frac{1}{n} \log(1 - \alpha_n(T_n)) \leq \frac{\alpha - 1}{\alpha} \left\{ \widetilde{D}_\alpha(\rho \| \sigma) + \frac{1}{n} \log \beta_n(T_n) \right\}$$

だから

$$\limsup_{n \to \infty} \frac{1}{n} \log(1 - \alpha_n(T_n)) \leq \frac{\alpha - 1}{\alpha} \{ \widetilde{D}_\alpha(\rho \| \sigma) - r \}.$$

それゆえ

$$\limsup_{n \to \infty} \frac{1}{n} \log(1 - \alpha_n(T_n)) \leq \inf_{\alpha > 1} \frac{\alpha - 1}{\alpha} \{ \widetilde{D}_\alpha(\rho \| \sigma) - r \} = -\widetilde{H}_r(\rho \| \sigma).$$

これより (6.53) がいえた.

次に (6.54) を示すには,

$$B^{\mathrm{sc}}(r | \rho \| \sigma) \geq -\widetilde{H}_r(\rho \| \sigma) \tag{6.55}$$

を示せば十分である. 実際, (6.55) が成立するなら, 任意の $r \geq 0$ に対し

$$B_0^{\mathrm{sc}}(r | \rho \| \sigma) \geq \sup_{r' > r} B^{\mathrm{sc}}(r' | \rho \| \sigma) \geq - \inf_{r' > r} \widetilde{H}_{r'}(\rho \| \sigma) = -\widetilde{H}_r(\rho \| \sigma).$$

上で最初の不等号は定義より明らかであり, 2 番目の不等号は (6.55) の仮定であり, 最後の等号は補題 6.25 (5) からいえる. それゆえ, 以下 (6.55) を証明する.

まず $D := D(\rho \| \sigma) = D_{\max}(\rho \| \sigma)$ とする. 任意の $r \geq 0$ に対し, テスト列 $T_n := e^{-n(r-D)_+} s(\rho_n)$ をとると,

$$\frac{1}{n} \log(1 - \alpha_n(T_n)) = -(r - D)_+ = -\widetilde{H}_r(\rho \| \sigma) \quad ((6.37) \text{ より}).$$

また補題 6.26 より $\rho^0 \sigma = e^{-D} \rho$ だから,

$$\frac{1}{n} \log \beta_n(T_n) = \frac{1}{n} \log \left(e^{-n(r-D)_+} \operatorname{Tr}(\rho^0 \sigma)^{\otimes n} \right) = -(r - D)_+ - D \leq -r.$$

よって, $D(\rho \| \sigma) = D_{\max}(\rho \| \sigma)$ のとき (6.55) が示せた.

以下 $D(\rho \| \sigma) < D_{\max}(\rho \| \sigma) = a_{\max}$ を仮定する. (6.55) を示すには, 任意の $R > \widetilde{H}_r(\rho \| \sigma)$ に対し,

$$\limsup_{n \to \infty} \frac{1}{n} \log \operatorname{Tr} \sigma_n T_n \leq -r, \qquad \lim_{n \to \infty} \frac{1}{n} \log \operatorname{Tr} \rho_n T_n \geq -R$$

を満たすテスト列 $\{T_n\}$ が存在することを示せばよい. 以下 3 つの場合に分けてこれを証明する.

- $D(\rho \| \sigma) \leq r < r_{\max}$ $(:= \tilde{\varphi}(a_{\max}) + a_{\max})$ の場合, 補題 6.25 (2) より, $a_r \in [D(\rho \| \sigma), a_{\max})$ が一意に存在して $\tilde{\varphi}(a_r) + a_r = r$. 定理 6.28 より

$$\lim_{n \to \infty} \frac{1}{n} \log \operatorname{Tr} \sigma_n S_n(a_r) = -\tilde{\varphi}(a_r) - a_r = -r,$$

$$\lim_{n \to \infty} \frac{1}{n} \log \operatorname{Tr} \rho_n S_n(a_r) = -\tilde{\varphi}(a_r) = -\widetilde{H}_r(\rho \| \sigma) > -R.$$

上の最後の等号は補題 6.25 (3) による.

• $0 \le r \le D(\rho\|\sigma)$ の場合, $R > \widetilde{H}_r(\rho\|\sigma) = 0$ だから, 補題 6.24 (5) より $a \in (D(\rho\|\sigma), a_{\max})$ がとれて $0 < \tilde{\varphi}(a) < R$. このとき $r \le D(\rho\|\sigma) < a < \tilde{\varphi}(a) + a$ だから, 定理 6.28 より

$$\lim_{n \to \infty} \frac{1}{n} \log \operatorname{Tr} \sigma_n S_n(a) = -\tilde{\varphi}(a) - a < -r,$$

$$\lim_{n \to \infty} \frac{1}{n} \log \operatorname{Tr} \rho_n S_n(a) = -\tilde{\varphi}(a) > -R.$$

• $r \ge r_{\max}$ の場合, 補題 6.25 (3) より $R > \widetilde{H}_r(\rho\|\sigma) = r - a_{\max}$ であり $r - R < a_{\max}$ だから, $r - R < a$ を満たす $a \in (D(\rho\|\sigma), a_{\max})$ をとり, $T_n := e^{-n(r-\tilde{\varphi}(a)-a)} S_n(a)$ と定める. $r \ge r_{\max} > \tilde{\varphi}(a) + a$ だから, $\{T_n\}$ はテスト列を与える. 定理 6.28 より

$$\lim_{n \to \infty} \frac{1}{n} \log \operatorname{Tr} \sigma_n T_n = -(r - \tilde{\varphi}(a) - a) - \tilde{\varphi}(a) - a = -r,$$

$$\lim_{n \to \infty} \frac{1}{n} \log \operatorname{Tr} \rho_n T_n = -(r - \tilde{\varphi}(a) - a) - \tilde{\varphi}(a) = a - r > -R.$$

以上で (6.55) がいえた. □

注意 6.32. $\widetilde{D}_\alpha(\rho\|\sigma) \le D_\alpha(\rho\|\sigma)$ (命題 5.12 (2)) だから, (6.34) と (6.36) より $\widehat{H}_r(\rho\|\sigma) \le \widetilde{H}_r(\rho\|\sigma)$ が分かる. よって定理 6.21 ($\overline{B}^{\mathrm{sc}}(r|\rho\|\sigma) \le -\widehat{H}_r(\rho\|\sigma)$) は定理 6.31 から従う. また補題 6.24, 6.26 より, $r > D(\rho\|\sigma)$ なら $\widetilde{H}_r(\rho\|\sigma) > 0$ だから, 注意 6.22 で述べたことも定理 6.31 から従う.

定理 6.17 を強逆型にした結果は次のようになる. ここで $\kappa_n^{\mathrm{H}}(r|\rho\|\sigma)$ は (6.28) で定義されたものとする.

定理 6.33. $\rho, \sigma \in \mathcal{S}(\mathcal{H})$ が $\rho^0 \le \sigma^0$ のとき, 任意の $r \ge 0$ に対し

$$\lim_{n \to \infty} \frac{1}{n} \log(1 - \kappa_n^{\mathrm{H}}(r|\rho\|\sigma)) = -\widetilde{H}_r(\rho\|\sigma).$$

証明. 簡単のため, $\kappa_n^{\mathrm{H}}(r|\rho\|\sigma)$ を $\kappa_n^{\mathrm{H}}(r)$ と書く. 各 n に対し, $\beta_n(T_n) \le e^{-nr}$ かつ $\alpha_n(T_n) = \kappa_n^{\mathrm{H}}(r)$ であるテスト T_n がとれる. このとき

$$\limsup_{n \to \infty} \frac{1}{n} \log(1 - \kappa_n^{\mathrm{H}}(r)) = \limsup_{n \to \infty} \frac{1}{n} \log(1 - \alpha_n(T_n)) \le \overline{B}^{\mathrm{sc}}(r|\rho\|\sigma).$$

他方, テスト列 $\{T_n\}$ が $\limsup_n \frac{1}{n} \log \beta_n(T_n) < -r$ を満たすなら, 十分大きなすべての n に対し $\kappa_n^{\mathrm{H}}(r) \le \alpha_n(T_n)$ だから

$$\liminf_{n \to \infty} \frac{1}{n} \log(1 - \kappa_n^{\mathrm{H}}(r)) \ge \liminf_{n \to \infty} \frac{1}{n} \log(1 - \alpha_n(T_n)).$$

よって

$$\liminf_{n \to \infty} \frac{1}{n} \log(1 - \kappa_n^{\mathrm{H}}(r)) \ge \underline{B}_0^{\mathrm{sc}}(r|\rho\|\sigma).$$

定理 6.31 より $\overline{B}^{\mathrm{sc}}(r|\rho\|\sigma) = \underline{B}_0^{\mathrm{sc}}(r|\rho\|\sigma) = -\widetilde{H}_r(\rho\|\sigma)$ だから, 結論の等式が示せた. □

6.6 文献ノート

トレース不等式 (6.2) は Audenaert 達 [16] で与えられたが，ここで与えた短い証明は N. Ozawa による．この証明は [86] にも収録されている．これの一般の von Neumann 環の設定への拡張が [119] にある．不等式 (6.2) は $s = 1/2$ のとき，**Powers–Størmer の不等式** $\|A - B\|_1 \geq \|A^{1/2} - B^{1/2}\|_2^2$ になることに注意する．

対称的な量子仮説検定のエラー確率の指数レイトと Chernoff 限界との関係については，Chernoff 限界の達成可能性 (順定理，定理 6.10 の $\theta = 0$ の場合) が [16] で示され，最良性 (逆定理) が Nussbaum–Szkoła [115] によって示された．論文 [16] では補題 6.3 の不等式が鍵になり，[115] の証明では大偏差原理が基礎となった．定理 6.10 はスピン系 (UHF C^*-環) 上の (i.i.d. とは限らない) 相関のある 2 つの状態の設定で Hiai–Mosonyi–Ogawa [74] で示された．この論文の証明では大偏差原理として Gärtner–Ellis の定理が使われた．

Hoeffding 限界をもつ非対称的な量子仮説検定については，順定理の部分 $B^{\mathrm{H}}(r|\rho\|\sigma) \leq -H_r(\rho\|\sigma)$ が Hayashi [56] によって，逆定理の部分 $\underline{B}^{\mathrm{H}}(r|\rho\|\sigma) \geq -H_r(\rho\|\sigma)$ が Nagaoka [116] によって示された．しかし論文 [56], [116] の証明では $s(\rho) = s(\sigma)$ が暗黙に仮定されている．ここで与えた定理 6.15 は [56], [116] の結果を少し精密化したもので，より一般的な相関のある 2 つの状態の設定で [74] で証明された．命題 6.12 は [116] で予想として書かれ [74] で証明された．

量子 Stein の補題は最も初期に得られた量子仮説検定の定理であり，量子仮説検定の研究の先駆けとなった．順定理の部分 $\limsup_n \frac{1}{n} \log \kappa_n^{\mathrm{S}}(\rho\|\sigma) \leq -D(\rho\|\sigma)$ $(\overline{B}^{\mathrm{S}}(\varepsilon|\rho\|\sigma) \leq -D(\rho\|\sigma)$ と同値) は Hiai–Petz [76] で，逆定理の部分 $\liminf_n \frac{1}{n} \log \kappa_n^{\mathrm{S}}(\rho\|\sigma) \geq -D(\rho\|\sigma)$ は Ogawa–Nagaoka [120] で証明された．ここでは，順定理の部分は Hoeffding 限界の定理 6.15 から示し，逆定理の部分は [86] の方法に基づいた．定理 6.21 の強逆定理も [120] で証明されたが，最終的には定理 6.31 に含まれる形になった．

強逆型の量子仮説検定に関する定理 6.28, 6.31 および 6.33 は Mosonyi–Ogawa [109] によって証明された．6.3 節の量子仮説検定におけるエラー指数が $0 < \alpha < 1$ に対する標準 Rényi ダイバージェンス D_α を用いて記述される ((6.24) を見よ)．他方，6.5 節の強逆型では $\alpha > 1$ に対するサンドイッチ Rényi ダイバージェンス $\widetilde{D}_\alpha$ を用いて記述される ((6.36) を見よ)．これらの 2 通りの量子仮説検定の境界にあるのが，エラー指数が相対エントロピーで記述される量子 Stein の補題である．以上の事実から次のことが示唆される：量子情報の操作的 (operational) 観点から適切な量子 Rényi ダイバージェンスは，$\alpha < 1$ では標準型の D_α であり，$\alpha > 1$ では新しいサンドイッチ型の $\widetilde{D}_\alpha$ である．

Mosonyi–Ogawa [110] は [109] の結果をもっと一般の相関のある状態の場合に拡張した．別に，Hayashi–Tomamichel [59] は 2 部状態の相関 vs. 無相関の仮説検定の設定で，6.3, 6.5 節と類似の結果を与えた．論文 [86] は定理 6.9, 6.15 および 6.19 を von Neumann 環の設定でさらに相関のある状態の場合に拡張した．また，最近の論文 [72] で定理 6.31 が単射的 von Neumann 環の場合に拡張されている．

第 7 章
量子通信路符号化

量子情報理論における中心的な話題である量子通信路符号化定理 (Shannon の符号化定理の量子版) は 1970 年代に Holevo により提唱された. この定理の証明は 20 年間くらい未解決のままであったが, 1997–98 年に Schumacher–Westmoreland の論文 [135] と Holevo 自身の論文 [80] で解決された. この解決が 2000 年以降に量子情報理論が急速に発展するための一つの突破口となった. 本章の目的は前章の量子仮説検定で使われた標準型とサンドイッチ型の量子 Rényi ダイバージェンス D_α, $\widetilde{D}_\alpha$ の手法を用いてこの定理の完全な証明を与えることである.

量子通信路符号化では通常, 有限次元の古典-量子 (cq) 通信路, つまり有限集合 $\mathcal{X}$ から有限次元 Hilbert 空間 $\mathcal{H}$ 上の密度作用素の集合への写像 $W: \mathcal{X} \to \mathcal{S}(\mathcal{H})$ を扱う. W の Holevo 容量 $\chi(W)$ は von Neumann エントロピーを用いて定義される. 他方, 定常無記憶の設定で, W の n-重テンソル積 $W^{\otimes n}: \mathcal{X}^n \to \mathcal{S}(\mathcal{H}^{\otimes n})$ とそのコード $\mathcal{C}_n$ に対して, エラー確率 $p_e(W^{\otimes n}, \mathcal{C}_n)$ が導入される. W の通信路容量 $C(W)$ は $\lim_n p_e(W^{\otimes n}, \mathcal{C}_n) = 0$ を満たすコード列 $\{\mathcal{C}_n\}$ についての伝送速度 $\liminf_n \frac{1}{n} \log |\mathcal{C}_n|$ (ただし $|\mathcal{C}_n|$ は $\mathcal{C}_n$ に現れるアルファベットの個数) の上限として定義される. 通信路符号化の主定理は $C(W) = \chi(W)$ を主張する. つまり符号化による操作的観点から定義される容量 $C(W)$ が von Neumann エントロピーにより内在的に定義される容量 $\chi(W)$ と等しいことをいう. 本書の「まえがき」でも述べたように, 量子情報理論で重要な定理の多くは

[量子操作の目標値の達成限界] = [内在的に定義されるエントロピー的な量]

の形式で与えられる.

7.1 定義と主定理

この章で議論する符号化定理の対象である古典-量子通信路 (情報路) については 2.2 節の (B) で説明した. ここで定義を復習しておく.

定義 7.1. $\mathcal{X}$ を有限集合とし, $\mathcal{H}$ を有限次元の Hilbert 空間とする. 写像

$$W: x \in \mathcal{X} \mapsto W_x \in \mathcal{S}(\mathcal{H})$$

を古典-量子通信路 (または情報路) (**classical-quantum channel**) という. 以下, **cq-通信路**と略記する.

$\mathcal{X}, \mathcal{H}$ を固定したとき, cq-通信路 $W\colon \mathcal{X} \to \mathcal{S}(\mathcal{H})$ の集合は, $W_1, W_2\colon \mathcal{X} \to \mathcal{S}(\mathcal{H})$, $\lambda \in [0,1]$ に対し $(\lambda W_1 + (1-\lambda)W_2)_x := \lambda(W_1)_x + (1-\lambda)(W_2)_x$ により凸集合になる.

W_x $(x \in \mathcal{X})$ がすべて互いに可換なら, $\mathcal{H}$ の正規直交基底 $(e_y)_{y \in \mathcal{Y}}$ $(|\mathcal{Y}| = \dim \mathcal{H})$ が存在して $W_x = \sum_{y \in \mathcal{Y}} W(y|x)|e_y\rangle\langle e_y|$ $(x \in \mathcal{X})$ と書ける. このとき $W(y|x)$ $(x \in \mathcal{X},$ $y \in \mathcal{Y})$ は確率行列 (つまり, 有限の古典通信路) になる.

$\mathcal{X}$ 上の (有限) 確率分布の全体を $\mathcal{P}(\mathcal{X})$ で表し, $P \in \mathcal{P}(\mathcal{X})$ に対し $W_P := \sum_{x \in \mathcal{X}} P(x)W_x$ (W の P-平均) と定める.

定義 7.2. $W\colon \mathcal{X} \to \mathcal{S}(\mathcal{H})$ は cq-通信路とする. $\alpha \in [0,\infty) \setminus \{1\}$ とし, Δ は $D_\alpha, \widetilde{D}_\alpha, D$ のいずれかとする.

(1) $P \in \mathcal{P}(\mathcal{X})$ に対し W の P-重み付き Δ-半径を

$$\chi_\Delta(W, P) := \inf_{\sigma \in \mathcal{S}(\mathcal{H})} \sum_{x \in \mathcal{X}} P(x)\Delta(W_x\|\sigma)$$

と定める. $\Delta = D_\alpha, \widetilde{D}_\alpha, D$ のとき, $\chi_\Delta(W, P)$ をそれぞれ $\chi_\alpha(W, P)$, $\widetilde{\chi}_\alpha(W, P)$, $\chi(W, P)$ と書く.

(2) W の Δ-容量 (**capacity**) を

$$\chi_\Delta(W) := \sup_{P \in \mathcal{P}(\mathcal{X})} \chi_\Delta(W, P)$$

と定める. $\Delta = D_\alpha, \widetilde{D}_\alpha, D$ のとき, $\chi_\Delta(W)$ をそれぞれ $\chi_\alpha(W)$, $\widetilde{\chi}_\alpha(W)$, $\chi(W)$ と書く. 特に $\chi(W)$ は **Holevo 容量**または **Holevo 限界**と呼ばれる.

(3) さらに $\Delta = D_\alpha, \widetilde{D}_\alpha, D$ のそれぞれについて, W の Δ-半径を

$$R_\Delta(W) := \inf_{\sigma \in \mathcal{S}(\mathcal{X})} \max_{x \in \mathcal{X}} \Delta(W_x\|\sigma)$$

と定める.

命題 7.3. W は cq-通信路とし, $P \in \mathcal{P}(\mathcal{X})$ とする.

(1) $\chi(W, P)$ は W の P に関する**相互情報量**である. つまり, $\{|x\rangle\}_{x \in \mathcal{X}}$ を $\ell^2(\mathcal{X}) = \mathbb{C}^{|\mathcal{X}|}$ の標準正規直交基底として, cq-複合状態 $P \bullet W \in \mathcal{S}(\ell^2(\mathcal{X}) \otimes \mathcal{H})$ を $P \bullet W := \sum_{x \in \mathcal{X}} P(x)|x\rangle\langle x| \otimes W_x$ と定めると, P, W_P は $P \bullet W$ の周辺状態であり,

$$\chi(W, P) = D(P \bullet W \| P \otimes W_P).$$

(2) Von Neumann エントロピー $S(\sigma) = -\operatorname{Tr} \sigma \log \sigma$ $(\sigma \in \mathcal{S}(\mathcal{H}))$ により

$$\chi(W, P) = \sum_{x \in \mathcal{X}} P(x)D(W_x\|W_P) = S(W_P) - \sum_{x \in \mathcal{X}} P(x)S(W_x). \tag{7.1}$$

よって

$$\chi(W) = \max_{P \in \mathcal{P}(\mathcal{X})} \left\{ S(W_P) - \sum_{x \in \mathcal{X}} P(x)S(W_x) \right\} \tag{7.2}$$

と書ける. (式 (7.2) は Holevo 容量 $\chi(W)$ の定義としてよく使われる.)

(3) $\chi(W, P)$, $\chi(W)$ は W の凸関数. つまり $W_1, W_2 \colon \mathcal{X} \to \mathcal{S}(\mathcal{H})$ と $\lambda \in (0, 1)$ に対し $\chi(\lambda W_1 + (1 - \lambda)W_2, P) \le \lambda \chi(W_1, P) + (1 - \lambda)\chi(W_2, P)$. $\chi(W)$ についても同様.

証明. (2) を先に示す. W を $\mathcal{X}_0 := \{x \in \mathcal{X} \colon P(x) > 0\}$ に制限すれば, $P(x) > 0$ $(x \in \mathcal{X})$ としてよい. $\sigma \in \mathcal{S}(\mathcal{H})$ について, ある $x \in \mathcal{X}$ で $W_x^0 \not\le \sigma^0$ なら $\sum_{x \in \mathcal{X}} P(x)D(W_x \| \sigma) = \infty$. すべての $x \in \mathcal{X}$ に対し $W_x^0 \le \sigma^0$ なら

$$
\begin{aligned}
\sum_x P(x)D(W_x \| \sigma) &= \sum_x P(x)\operatorname{Tr} W_x(\log W_x - \log \sigma) \\
&= \sum_x P(x)\operatorname{Tr} W_x(\log W_x - \log W_P) + \operatorname{Tr} W_P(\log W_P - \log \sigma) \\
&= \sum_x P(x)D(W_x \| W_P) + D(W_P \| \sigma) \\
&= S(W_P) - \sum_x P(x)S(W_x) + D(W_P \| \sigma).
\end{aligned}
$$

これより (2) がいえる.

(1) $P \bullet W$ の周辺状態は

$$
\begin{aligned}
\operatorname{Tr}_{\mathcal{H}} P \bullet W &= \sum_{x \in \mathcal{X}} P(x)|x\rangle\langle x| \quad (\text{つまり } P), \\
\operatorname{Tr}_{\ell^2(\mathcal{X})} P \bullet W &= \sum_{x \in X} P(x)W_x = W_P
\end{aligned}
$$

であり, W の P に関する相互情報量は

$$
\begin{aligned}
D(P \bullet W \| P \otimes W_P) &= \sum_{x \in \mathcal{X}} \operatorname{Tr}(P(x)W_x)(\log(P(x)W_x) - \log(P(x)W_P)) \\
&= \sum_{x \in \mathcal{X}} P(x)\operatorname{Tr} W_x(\log W_x - \log W_P) \\
&= \sum_{x \in \mathcal{X}} P(x)D(W_x \| W_P)
\end{aligned}
$$

であり, (7.1) の 2 番目の式に等しい.

(3) $W \mapsto D(W_x \| W_P)$ は凸関数だから, (7.1) より $W \mapsto \chi(W, P)$ は凸関数. よって $\chi(W)$ も凸関数. $\qquad\square$

命題 7.4. (1) $\lim_{\alpha \to 1} \chi_\alpha(W, P) = \lim_{\alpha \to 1} \widetilde{\chi}_\alpha(W, P) = \chi(W, P)$.

(2) $\lim_{\alpha \to 1} \chi_\alpha(W) = \lim_{\alpha \to 1} \widetilde{\chi}_\alpha(W) = \chi(W)$.

(3) Δ が D_α $(\alpha \in [0, 2] \setminus \{1\})$, $\widetilde{D}_\alpha$ $(\alpha \in [1/2, \infty) \setminus \{1\})$, D のいずれかなら, W の Δ-容量は Δ-半径 $R_\Delta(W)$ に等しい.

証明. (1) 命題 5.3 (4) より $\alpha \mapsto \chi_\alpha(W, P)$ は $[0, \infty) \setminus \{1\}$ 上で単調増加であるから,

$$
\begin{aligned}
\lim_{\alpha \searrow 1} \chi_\alpha(W, P) &= \inf_{\alpha > 1} \chi_\alpha(W, P) = \inf_{\alpha > 1} \inf_{\sigma \in \mathcal{S}(\mathcal{H})} \sum_x P(x)D_\alpha(W_x \| \sigma) \\
&= \inf_{\sigma \in \mathcal{S}(\mathcal{H})} \inf_{\alpha > 1} \sum_x P(x)D_\alpha(W_x \| \sigma) = \inf_{\sigma \in \mathcal{S}(\mathcal{H})} \sum_x P(x)D(W_x \| \sigma)
\end{aligned}
$$

$$= \chi(W, P).$$

上の 4 番目の等号は命題 5.3 の (3) と (4) による．他方，

$$\lim_{\alpha \nearrow 1} \chi_\alpha(W, P) = \sup_{0 < \alpha < 1} \chi_\alpha(W, P) = \sup_{0 < \alpha < 1} \inf_{\sigma \in \mathcal{S}(\mathcal{H})} \sum_x P(x) D_\alpha(W_x \| \sigma)$$

$$= \inf_{\sigma \in \mathcal{S}(\mathcal{H})} \sup_{0 < \alpha < 1} \sum_x P(x) D_\alpha(W_x \| \sigma) = \inf_{\sigma \in \mathcal{S}(\mathcal{H})} \sum_x P(x) D(W_x \| \sigma)$$

$$= \chi(W, P).$$

上の 3 番目の等号は付録の補題 A.22 の minimax 定理による．また 4 番目の等号は命題 5.3 の (3) と (4) による．命題 5.12 の (1) と (3) より $\widetilde{\chi}_\alpha(W, P)$ についても同様に示せる．

(2) 上の (1) の証明から分かるように，$\alpha \mapsto \chi_\alpha(W), \widetilde{\chi}_\alpha(W)$ が $[0, \infty) \setminus \{1\}$ 上で単調増加であるから，

$$\lim_{\alpha \nearrow 1} \chi_\alpha(W) = \sup_{0 < \alpha < 1} \sup_{P \in \mathcal{P}(\mathcal{X})} \chi_\alpha(W, P) = \sup_{P \in \mathcal{P}(\mathcal{X})} \sup_{0 < \alpha < 1} \chi_\alpha(W, P)$$

$$= \sup_{P \in \mathcal{P}(\mathcal{X})} \chi(W, P) \qquad ((1)\ \text{より})．$$

他方，任意の $\alpha \in [0, \infty) \setminus \{1\}$ に対し $P \in \mathcal{P}(\mathcal{X}) \mapsto \chi_\alpha(W, P), \widetilde{\chi}_\alpha(W, P)$ が上半連続であるから，補題 A.22 より

$$\lim_{\alpha \searrow 1} \chi_\alpha(W) = \inf_{\alpha > 1} \sup_{P \in \mathcal{P}(\mathcal{X})} \chi_\alpha(W, P) = \sup_{P \in \mathcal{P}(\mathcal{X})} \inf_{\alpha > 1} \chi_\alpha(W, P)$$

$$= \sup_{P \in \mathcal{P}(\mathcal{X})} \chi(W, P) \qquad ((1)\ \text{より})．$$

よって $\lim_{\alpha \to 1} \chi_\alpha(W) = \chi(W)$．$\lim_{\alpha \to 1} \widetilde{\chi}_\alpha(W)$ についても同様．

(3) Δ は (3) で与えられたダイバージェンスのいずれかとする．任意の $\sigma \in \mathcal{S}(\mathcal{H})$ と $\varepsilon > 0$ に対し $\sigma_\varepsilon := (\sigma + \varepsilon d^{-1} I)/(1 + \varepsilon) \in \mathcal{S}(\mathcal{H})$ (ただし $d := \dim \mathcal{H}$) とおくと，$\sum_x P(x) \Delta(W_x \| \sigma_\varepsilon)$ は $\mathbb{R}$-値であり，σ についてコンパクト集合 $\mathcal{S}(\mathcal{H})$ 上の下半連続な凸関数であり (定理 5.4, 5.13 より)，P について凸集合 $\mathcal{P}(\mathcal{X})$ 上のアフィン関数である．よって付録の定理 A.21 (Sion の minimax 定理) より

$$R_\Delta(W) \le \inf_{\sigma \in \mathcal{S}(\mathcal{H})} \sup_{x \in \mathcal{X}} \Delta(W_x \| \sigma_\varepsilon) = \inf_{\sigma \in \mathcal{S}(\mathcal{H})} \sup_{P \in \mathcal{P}(\mathcal{X})} \sum_x P(x) \Delta(W_x \| \sigma_\varepsilon)$$

$$= \sup_{P \in \mathcal{P}(\mathcal{X})} \inf_{\sigma \in \mathcal{S}(\mathcal{H})} \sum_x P(x) \Delta(W_x \| \sigma_\varepsilon)．$$

さらに

$$\Delta(W_x \| \sigma_\varepsilon) \le \frac{1}{1 + \varepsilon} \Delta(W_x \| \sigma) + \frac{\varepsilon}{1 + \varepsilon} \Delta(W_x \| d^{-1} I)$$

だから，$K := \max_{x \in \mathcal{X}} \Delta(W_x \| d^{-1} I)$ として

$$R_\Delta(W) \le \frac{1}{1 + \varepsilon} \chi_\Delta(W) + \frac{\varepsilon}{1 + \varepsilon} K．$$

$\varepsilon \searrow 0$ として $R_\Delta(W) \le \chi_\Delta(W)$．逆の不等式は明らか． $\square$

cq-通信路 $W\colon \mathcal{X} \to \mathcal{S}(\mathcal{H})$ を用いて有限個の文字 (アルファベット) を送信するとき，送信側は送りたい文字を $\mathcal{X}$ の要素に置き換えるエンコード (通信路符号化) を行い，受信側は送信された文字を推定するために量子測定によるデコード (復号化) を行う．数学理論として送りたい文字が具体的に何であるかは意味がなく，その個数が重要である．したがって，送信する文字の集合は $\{1, 2, \ldots, L\}$ としてよい．

定義 7.5. $W\colon \mathcal{X} \to \mathcal{S}(\mathcal{H})$ を cq-通信路とする．

(1) 写像 $\phi\colon \{1, \ldots, L\} \to \mathcal{X}$ と $\mathcal{H}$ 上の量子測定 $\mathcal{M} = (M(k))_{k=0}^{L}$ (つまり，$M(k) \in \mathcal{B}(\mathcal{H})^{+}$, $\sum_{k=0}^{L} M(k) = I$) の組 $\mathcal{C} = (\phi, \mathcal{M})$ を W の**コード**という．ϕ は**エンコード**といい，$\mathcal{M}$ は**デコード**という．$\mathcal{M}$ の測定結果が $k \in \{1, \ldots, L\}$ なら送られた文字は k であると決定し，測定結果が 0 なら文字の決定を行わない．

(2) コード $\mathcal{C}$ の**サイズ**を $|\mathcal{C}| := L$ と定める．

(3) W のコード $\mathcal{C} = (\phi, \mathcal{M})$ の**平均エラー確率**を

$$p_e(W, \mathcal{C}) := \frac{1}{L} \sum_{k=1}^{L} \operatorname{Tr} W_{\phi(k)}(I - M(k))$$

と定める．実際，コード $\mathcal{C}$ を用いて文字 k を W を通して送信するとき，k が正しくデコードされる確率は $\operatorname{Tr} W_{\phi(k)} M(k)$ である．それゆえ

$$1 - p_e(W, \mathcal{C}) = \frac{1}{L} \sum_{k=1}^{L} \operatorname{Tr} W_{\phi(k)} M(k)$$

が平均成功確率である．

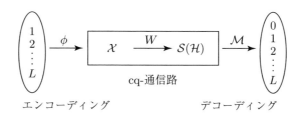

図 7.1　量子通信路符号化の概念図．

以下では，**定常無記憶**の設定で cq-通信路 W の通信容量を考察する．そのため，各 $n \in \mathbb{N}$ に対し W を n-重テンソル積した通信路 $W^{\otimes n}\colon \mathcal{X}^n \to \mathcal{S}(\mathcal{H}^{\otimes n})$ を

$$(W^{\otimes n})_{\boldsymbol{x}} := W_{x_1} \otimes \cdots \otimes W_{x_n}, \qquad \boldsymbol{x} = (x_1, \ldots, x_n) \in \mathcal{X}^n$$

と定め，$W^{\otimes n}$ のコード $\mathcal{C}_n = (\phi_n, \mathcal{M}_n)$ からなるコード列 $\{\mathcal{C}_n\}_{n=1}^{\infty}$ を考える．n をいくらでも大きくして，$W^{\otimes n}$ とコード $\mathcal{C}_n$ を用いて通信するとき，通信が信頼できるための条件として $\lim_n p_e(W^{\otimes n}, \mathcal{C}_n) = 0$ が自然である．この条件の下で**伝送速度** $\liminf_n \frac{1}{n} \log |\mathcal{C}_n|$ をできるだけ大きくしたい．この観点から，次に定義する W の通信路容量 $C(W)$ が基本的である．

定義 7.6. cq-通信路 $W : \mathcal{X} \to \mathcal{S}(\mathcal{H})$ に対し

$$C(W) := \sup_{\{\mathcal{C}_n\}} \left\{ \liminf_{n \to \infty} \frac{1}{n} \log |\mathcal{C}_n| \,\Big|\, \lim_{n \to \infty} p_e(W^{\otimes n}, \mathcal{C}_n) = 0 \right\},$$

$$C^{\mathrm{sc}}(W) := \sup_{\{\mathcal{C}_n\}} \left\{ \liminf_{n \to \infty} \frac{1}{n} \log |\mathcal{C}_n| \,\Big|\, \liminf_{n \to \infty} p_e(W^{\otimes n}, \mathcal{C}_n) < 1 \right\}$$

と定める. 上の 2 つの sup は指定された $p_e(W^{\otimes n}, \mathcal{C}_n)$ の条件を満たすすべてのコード列 $\{\mathcal{C}_n\}_{n=1}^{\infty}$ についてとる. $C(W)$ は W の**通信路容量 (capacity)**, $C^{\mathrm{sc}}(W)$ は W の**強逆通信路容量**と呼ばれる. さらに上で $\liminf_n$ を $\limsup_n$ で置き換えて

$$\widehat{C}(W) := \sup_{\{\mathcal{C}_n\}} \left\{ \limsup_{n \to \infty} \frac{1}{n} \log |\mathcal{C}_n| \,\Big|\, \lim_{n \to \infty} p_e(W^{\otimes n}, \mathcal{C}_n) = 0 \right\},$$

$$\widehat{C}^{\mathrm{sc}}(W) := \sup_{\{\mathcal{C}_n\}} \left\{ \limsup_{n \to \infty} \frac{1}{n} \log |\mathcal{C}_n| \,\Big|\, \limsup_{n \to \infty} p_e(W^{\otimes n}, \mathcal{C}_n) < 1 \right\}$$

と定める.

明らかに

$$\begin{array}{ccc} C(W) & \leq & C^{\mathrm{sc}}(W) \\ \wedge| & & \\ \widehat{C}(W) & \leq & \widehat{C}^{\mathrm{sc}}(W). \end{array} \tag{7.3}$$

$C^{\mathrm{sc}}(W), \widehat{C}^{\mathrm{sc}}(W)$ は次のように書くこともできる (証明は演習問題とする):

$$C^{\mathrm{sc}}(W) = \inf \Big\{ R \in \mathbb{R} : \text{任意のコード列 } \{\mathcal{C}_n\} \text{ に対し} \tag{7.4}$$
$$\liminf_{n \to \infty} \frac{1}{n} \log |\mathcal{C}_n| \geq R \implies \lim_{n \to \infty} p_e(W^{\otimes n}, \mathcal{C}_n) = 1 \Big\},$$

$$\widehat{C}^{\mathrm{sc}}(W) = \inf \Big\{ R \in \mathbb{R} : \text{任意のコード列 } \{\mathcal{C}_n\} \text{ に対し} \tag{7.5}$$
$$\limsup_{n \to \infty} \frac{1}{n} \log |\mathcal{C}_n| \geq R \implies \limsup_{n \to \infty} p_e(W^{\otimes n}, \mathcal{C}_n) = 1 \Big\}.$$

この章の主定理である**量子通信路符号化定理**を次に述べる.

定理 7.7. すべての cq-通信路 $W : \mathcal{X} \to \mathcal{S}(\mathcal{H})$ に対し, (7.3) の量はすべて $\chi(W)$ に等しい.

証明は以下の 2 つの節で与える. 7.2 節で $C(W) \geq \chi(W)$ を証明する. これは任意の $R < \chi(W)$ に対し, $\lim_n p_e(W^{\otimes n}, \mathcal{C}_n) = 0$ で $\liminf_n \frac{1}{n} \log |\mathcal{C}_n| \geq R$ を満たすコード列 $\{\mathcal{C}_n\}$ が存在すること (順定理) をいう. つまり $\chi(W)$ まで達成可能であることをいう. 7.3 節で $C^{\mathrm{sc}}(W) \leq \chi(W)$ と $\widehat{C}^{\mathrm{sc}}(W) \leq \chi(W)$ を証明する. これは任意の $R > \chi(W)$ に対し

$$\liminf_n p_e(W^{\otimes n}, \mathcal{C}_n) < 1 \implies \liminf_n \frac{1}{n} \log |\mathcal{C}_n| < R,$$

$$\limsup_n p_e(W^{\otimes n}, \mathcal{C}_n) < 1 \implies \limsup_n \frac{1}{n} \log |\mathcal{C}_n| < R$$

であることをいう．特に $\lim_n p_e(W^{\otimes n}, \mathcal{C}_n) = 0$ なら $\liminf_n \frac{1}{n} \log |\mathcal{C}_n| < R$, つまり達成可能な $\chi(W)$ が最良であること (逆定理) をいう．それゆえ，(7.3) より定理 7.7 が証明される．

各 $n \in \mathbb{N}$ と $\varepsilon \in (0,1)$ に対し

$$\lambda_n(W, \varepsilon) := \max_{\mathcal{C}_n} \{|\mathcal{C}_n| \colon p_e(W^{\otimes n}, \mathcal{C}_n) \le \varepsilon\}$$

と定める．ただし max は $W^{\otimes n}$ のすべてのコード $\mathcal{C}_n$ についてとる．定理 7.7 より次がいえる．これは 6.4 節で述べた定理 6.20 と類似している．

定理 7.8. 任意の cq-通信路 W に対し，$\varepsilon \in (0,1)$ に無関係に

$$\liminf_{n \to \infty} \frac{1}{n} \log \lambda_n(W, \varepsilon) = \chi(W).$$

証明. 定理 7.7 の $\widehat{C}^{\mathrm{sc}}(W) = \chi(W)$ より，$\limsup_n \frac{1}{n} \log \lambda_n(W, \varepsilon) \le \chi(W)$ は明らか．逆を示す．まず $C(W) = \chi(W)$ より

$$\lim_{n \to \infty} p_e(W^{\otimes n}, \mathcal{C}_n^*) = 0, \quad \liminf_{n \to \infty} \frac{1}{n} \log |\mathcal{C}_n^*| \ge \chi(W) \tag{7.6}$$

を満たすコード列 $\{\mathcal{C}_n^*\}$ が存在することが容易に分かる．実際，任意の $k \in \mathbb{N}$ に対し，コード列 $\{\mathcal{C}_n^{(k)}\}_{n=1}^{\infty}$ が存在して

$$\lim_{n \to \infty} p_e(W^{\otimes n}, \mathcal{C}_n^{(k)}) = 0, \quad \liminf_{n \to \infty} \frac{1}{n} \log |\mathcal{C}_n^{(k)}| > \chi(W) - \frac{1}{k}.$$

よって $n_1 < n_2 < \cdots$ がとれて，各 $k \in \mathbb{N}$ に対し $n \ge n_k$ なら

$$p_e(W^{\otimes n}, \mathcal{C}_n^{(k)}) < \frac{1}{k}, \quad \frac{1}{n} \log |\mathcal{C}_n^{(k)}| > \chi(W) - \frac{1}{k} \quad (n \ge n_k).$$

そこで，$1 \le n < n_1$ に対し $\mathcal{C}_n^*$ は $W^{\otimes n}$ の勝手なコードとし，$n_k \le n < n_{k+1}$ に対し $\mathcal{C}_n^* := \mathcal{C}_n^{(k)}$ と定めると，$\{\mathcal{C}_n^*\}$ は (7.6) を満たす．このとき，任意の $\varepsilon \in (0,1)$ に対し，n が十分大きいなら $p_e(W^{\otimes n}, \mathcal{C}_n^*) < \varepsilon$ であるから，

$$\liminf_{n \to \infty} \frac{1}{n} \log \lambda_n(W, \varepsilon) \ge \liminf_{n \to \infty} \frac{1}{n} \log |\mathcal{C}_n^*| \ge \chi(W).$$

ゆえに証明すべき等式を得る． $\qquad\qquad\qquad\qquad\qquad\qquad\qquad\qquad\qquad\qquad\square$

この節の最後に Holevo 容量 $\chi(W)$ の**加法性**を示しておく．これは $\chi(W)$ の重要な性質であるが以下の議論では使わない．

命題 7.9. cq-通信路 W に対し

$$\chi(W^{\otimes n}) = n\chi(W), \qquad n \in \mathbb{N}.$$

証明. 次の一般的な加法性を示せば十分である：cq-通信路 $W_i \colon \mathcal{X}_i \to \mathcal{S}(\mathcal{H}_i)$ $(i = 1, 2)$ に対し，$W_1 \otimes W_2 \colon \mathcal{X}_1 \times \mathcal{X}_2 \to \mathcal{S}(\mathcal{H}_1 \otimes \mathcal{H}_2)$ を $(W_1 \otimes W_2)_{(x,y)} := (W_1)_x \otimes (W_2)_y$ $((x,y) \in \mathcal{X}_1 \times \mathcal{X}_2)$ と定めると $\chi(W_1 \otimes W_2) = \chi(W_1) + \chi(W_2)$. 任意の $P_i \in \mathcal{P}(\mathcal{X}_i)$ $(i = 1, 2)$ に対し，$P_1 \otimes P_2 \in \mathcal{P}(\mathcal{X}_1 \times \mathcal{X}_2)$ をとると $(W_1 \otimes W_2)_{P_1 \otimes P_2} = (W_1)_{P_1} \otimes (W_2)_{P_2}$ だから，(7.2) より

$$\chi(W_1 \otimes W_2) \geq S((W_1)_{P_1}) + S((W_2)_{P_2})$$
$$- \sum_x P_1(x) S((W_1)_x) - \sum_y P_2(y) S((W_2)_y).$$

P_1, P_2 について右辺の sup をとって $\chi(W_1 \otimes W_2) \geq \chi(W_1) + \chi(W_2)$. 逆に任意の $P \in \mathcal{P}(\mathcal{X}_1 \times \mathcal{X}_2)$ に対し, $P_i \in \mathcal{P}(X_i)$ を P の周辺確率分布とすると $S(\cdot)$ の劣加法性 (定理 2.20 (2)) より

$$S((W_1 \otimes W_2)_P) \leq S(\mathrm{Tr}_2(W_1 \otimes W_2)_P) + S(\mathrm{Tr}_1(W_1 \otimes W_2)_P)$$
$$= S((W_1)_{P_1}) + S((W_2)_{P_2}).$$

上で Tr_i は部分トレースであり, $\mathrm{Tr}_2(W_1 \otimes W_2)_P = (W_1)_{P_1}$, $\mathrm{Tr}_1(W_1 \otimes W_2)_P = (W_2)_{P_2}$ は簡単に分かる. よって命題 2.14 (6) より

$$S((W_1 \otimes W_2)_P) - \sum_{x,y} P(x,y) S((W_1 \otimes W_2)_{(x,y)})$$
$$\leq S((W_1)_{P_1}) + S((W_2)_{P_2}) - \sum_x P_1(x) S((W_1)_x) - \sum_y P_2(y) S((W_2)_y)$$
$$\leq \chi(W_1) + \chi(W_2)$$

がいえる. よって $\chi(W_1 \otimes W_2) \leq \chi(W_1) + \chi(W_2)$. $\qquad\square$

7.2 達成可能性の証明

次の定義は, cq-通信路 W のエンコード ϕ が 1 つ選ばれたとき, それに対応するかなり良いデコードを選ぶ方法を与える.

定義 7.10. $W\colon \mathcal{X} \to \mathcal{S}(\mathcal{H})$ とエンコード $\phi\colon \{1,\dots,L\} \to \mathcal{X}$ に対して, デコード $\mathcal{M}^\phi = (M^\phi(k))_{k=0}^L$ を次のように定める: $W(\phi) := \sum_{k=1}^L W_{\phi(k)}$ とおき,

$$\begin{cases} M^\phi(k) := W(\phi)^{-1/2} W_{\phi(k)} W(\phi)^{-1/2}, & k = 1,\dots,L, \\ M^\phi(0) := I - W(\phi)^0. \end{cases}$$

ただし $W(\phi)^{-1/2}$ は $W(\phi)$ のサポート上に制限して定める.

補題 7.11. W, ϕ, $\mathcal{M}^\phi$ を上で定義したものとする. 任意の $k \in \{1,\dots,L\}$ と任意の $T \in \mathcal{B}(\mathcal{H})$, $0 \leq T \leq I$ に対し

$$\mathrm{Tr}\, W_{\phi(k)}(I - M^\phi(k)) \leq \mathrm{Tr}\, W_{\phi(k)}(I - T) + \mathrm{Tr}\left(\sum_{j\neq k} W_{\phi(j)}\right) T.$$

証明. $B_k := \sum_{j\neq k} W_{\phi(j)}$ とすると,

$$左辺 = \mathrm{Tr}\, W_{\phi(k)}(W(\phi)^0 - M^\phi(k))$$
$$= \mathrm{Tr}\, W_{\phi(k)} W(\phi)^{-1/2}(W(\phi) - W_{\phi(k)}) W(\phi)^{-1/2}$$
$$= \mathrm{Tr}\, W_{\phi(k)}(W_{\phi(k)} + B_k)^{-1/2} B_k (W_{\phi(k)} + B_k)^{-1/2}.$$

ところで，$A, B \in \mathcal{B}(\mathcal{H})^+$ に対して

$$
\begin{aligned}
\operatorname{Tr} A(A+B)^{-1/2} B(A+B)^{-1/2} &= \operatorname{Tr} A(A+B)^{-1/2}(A+B-A)(A+B)^{-1/2} \\
&= \operatorname{Tr} A - \operatorname{Tr}[(A+B)^{-1/4} A(A+B)^{-1/4}]^2 \\
&= \operatorname{Tr} A - \widetilde{Q}_2(A\|A+B).
\end{aligned}
$$

写像 $\Phi\colon B(\mathcal{H}) \to \mathbb{C}^2$, $\Phi(X) := (\operatorname{Tr} X(I-T), \operatorname{Tr} XT)$ を考えると，定理 5.13 (3) より

$$
\begin{aligned}
\operatorname{Tr} A - \widetilde{Q}_2(A\|A+B) &\le \operatorname{Tr} \Phi(A) - \widetilde{Q}_2(\Phi(A)\|\Phi(A+B)) \\
&\le \operatorname{Tr} \Phi(A)\Phi(A+B)^{-1/2}\Phi(B)\Phi(A+B)^{-1/2} \\
&= \frac{\operatorname{Tr} A(I-T) \cdot \operatorname{Tr} B(I-T)}{\operatorname{Tr}(A+B)(I-T)} + \frac{\operatorname{Tr} AT \cdot \operatorname{Tr} BT}{\operatorname{Tr}(A+B)T} \\
&\le \operatorname{Tr} A(I-T) + \operatorname{Tr} BT.
\end{aligned}
$$

$A = W_{\phi(k)}$, $B = B_k$ とすると証明すべき不等式を得る． $\square$

補題 7.12. 任意の $W\colon \mathcal{X} \to \mathcal{S}(\mathcal{H})$, $L \in \mathbb{N}$, $P \in \mathcal{P}(\mathcal{X})$ に対し，エンコード $\phi\colon \{1, \dots, L\} \to \mathcal{X}$ が存在して，定義 7.10 のデコード $\mathcal{M}^\phi$ により $\mathcal{C}^\phi := (\phi, \mathcal{M}^\phi)$ とすると，

$$
\begin{aligned}
p_e(W, \mathcal{C}^\phi) &\le \sum_{x \in \mathcal{X}} P(x) \inf_{0 \le T_x \le I} \big[\operatorname{Tr} W_x(I-T_x) + (L-1)\operatorname{Tr} W_P T_x\big] \\
&\le (L-1)^{1-\alpha} \sum_{x \in \mathcal{X}} P(x) Q_\alpha(W_x\|W_P), \qquad \alpha \in (0,1).
\end{aligned}
$$

証明. 証明はランダムコード法による． $\phi(k)$ $(k = 1, \dots, L)$ を確率分布 P の i.i.d. 確率変数とみなす．つまり $\phi(k)$ は確率空間 $(\mathcal{X}^L, P^{\otimes L})$ 上で k 番目の成分をとる関数とする．このとき，$p_e(W, \mathcal{C}^\phi)$ は $(\mathcal{X}^L, P^{\otimes L})$ 上の確率変数となる． $\boldsymbol{E}_{P^{\otimes L}}$ は $P^{\otimes L}$ に関する期待値とすると，任意の族 $(T_x)_{x \in \mathcal{X}}, 0 \le T_x \le I$ について，

$$
\begin{aligned}
\boldsymbol{E}_{P^{\otimes L}}\big[p_e(W, \mathcal{C}^\phi)\big] &= \frac{1}{L} \sum_{k=1}^{L} \boldsymbol{E}_{P^{\otimes L}}\big[\operatorname{Tr} W_{\phi(k)}(I - M^\phi(k))\big] \\
&\le \frac{1}{L} \sum_{k=1}^{L} \boldsymbol{E}_{P^{\otimes L}}\bigg[\operatorname{Tr} W_{\phi(k)}(I - T_{\phi(k)}) + \operatorname{Tr}\bigg(\sum_{j \ne k} W_{\phi(j)}\bigg) T_{\phi(k)}\bigg]
\end{aligned}
$$

（補題 7.11 より），

$$
\begin{aligned}
\boldsymbol{E}_{P^{\otimes L}}\big[\operatorname{Tr} W_{\phi(k)}(I - T_{\phi(k)})\big] &= \sum_{x \in \mathcal{X}} P(x) \operatorname{Tr} W_x(I - T_x), \\
\boldsymbol{E}_{P^{\otimes L}}\bigg[\operatorname{Tr}\bigg(\sum_{j \ne k} W_{\phi(j)}\bigg) T_{\phi(k)}\bigg] &= \sum_{x \in \mathcal{X}} P(x)[(L-1)\operatorname{Tr} W_P T_x]
\end{aligned}
$$

であるから，

$$
\boldsymbol{E}_{P^{\otimes L}}\big[p_e(W, \mathcal{C}^\phi)\big] \le \sum_{x \in \mathcal{X}} P(x)\big[\operatorname{Tr} W_x(I - T_x) + (L-1)\operatorname{Tr} W_P T_x\big].
$$

T_x $(x \in \mathcal{X})$ について inf をとると，

$$\boldsymbol{E}_{P^{\otimes L}}\left[p_e(W, \mathcal{C}^\phi)\right] \leq \sum_{x \in \mathcal{X}} P(x) \inf_{0 \leq T_x \leq I}\left[\operatorname{Tr} W_x(I - T_x) + (L-1)\operatorname{Tr} W_P T_x\right].$$

これより，あるエンコード ϕ で証明すべき 1 番目の不等式が成立する．2 番目の不等式は (6.3) を $A = W_x$, $B = (L-1)W_P$ に適用すればよい． $\square$

以下の証明で文字列に対するタイプと呼ばれる概念が使われる．これの定義と補題を 1 つ準備する．

定義 7.13. 長さ n の文字列 $\boldsymbol{x} = (x_1, \ldots, x_n) \in \mathcal{X}^n$ に対し，$\boldsymbol{x}$ の**タイプ** $P_{\boldsymbol{x}} \in \mathcal{P}(\mathcal{X})$ を

$$P_{\boldsymbol{x}}(x) := \frac{\#\{i \in \{1, \ldots, n\} \colon x_i = x\}}{n} \qquad (x \in \mathcal{X})$$

と定める．ある $\boldsymbol{x} \in \mathcal{X}^n$ で $P = P_{\boldsymbol{x}}$ となる $P \in \mathcal{P}(\mathcal{X})$ を n-**タイプ**という．n-タイプ P に対し

$$\mathcal{X}_P^n := \{\boldsymbol{x} \in \mathcal{X}^n \colon P_{\boldsymbol{x}} = P\}$$

と定める．

補題 7.14. 任意の n-タイプ P に対し

$$|\mathcal{X}_P^n| \geq (n+1)^{-|\mathcal{X}|} e^{nS(P)}.$$

証明. $P, Q \in \mathcal{P}(\mathcal{X})$ を n-タイプとすると，任意の $\boldsymbol{x} \in \mathcal{X}_Q^n$ に対し

$$P^{\otimes n}(\boldsymbol{x}) = \prod_{x \in \mathcal{X}} P(x)^{\#\{i \in \{1, \ldots, n\} \colon x_i = x\}} = \prod_{x \in \mathcal{X}} P(x)^{nQ(x)}$$

だから

$$P^{\otimes n}(\mathcal{X}_Q^n) = |\mathcal{X}_Q^n| \prod_{x \in \mathcal{X}} P(x)^{nQ(x)} = \frac{n!}{\prod_{x \in \mathcal{X}}(nQ(x))!} \prod_{x \in \mathcal{X}} P(x)^{nQ(x)}.$$

特に，任意の $\boldsymbol{x} \in \mathcal{X}_P^n$ に対し

$$P^{\otimes n}(\boldsymbol{x}) = \prod_{x \in \mathcal{X}} P(x)^{nP(x)} = e^{-nS(P)} \tag{7.7}$$

だから

$$P^{\otimes n}(\mathcal{X}_P^n) = |\mathcal{X}_P^n| \prod_{x \in \mathcal{X}} P(x)^{nP(x)} = |\mathcal{X}_P^n| e^{-nS(P)}. \tag{7.8}$$

ところで

$$\begin{aligned}
\frac{P^{\otimes n}(\mathcal{X}_Q^n)}{P^{\otimes n}(\mathcal{X}_P^n)} &= \prod_{x \in \mathcal{X}}\left[\frac{(nP(x))!}{(nQ(x))!} P(x)^{n(Q(x) - P(x))}\right] \\
&\leq \prod_{x \in \mathcal{X}} (nP(x))^{n(P(x) - Q(x))} P(x)^{n(Q(x) - P(x))} \\
&= \prod_{x \in \mathcal{X}} n^{n(P(x) - Q(x))} = n^{n \sum_{x \in \mathcal{X}}(P(x) - Q(x))} = 1.
\end{aligned}$$

上の不等号は不等式 $m!/l! \le m^{m-l}$ (演習問題とする) による. それゆえ, $P^{\otimes n}(\mathcal{X}_Q^n)$ は $Q = P$ のとき最大になる. さらに, 異なる n-タイプの個数は $(n+1)^{|\mathcal{X}|}$ より小さく, $\mathcal{X}^n = \bigcup_Q \mathcal{X}_Q^n$ (互いに素な和集合) であるから,

$$P^{\otimes n}(\mathcal{X}_P^n) \ge (n+1)^{-|\mathcal{X}|}$$

が成立する. これと (7.8) から結論の不等式がいえる. □

以上の準備の下に定理 7.7 の達成可能性の部分を証明する.

$C(W) \ge \chi(W)$ の証明. 任意の $P \in \mathcal{P}(\mathcal{X})$ に対し n-タイプ P_n $(n \in \mathbb{N})$ の列で $P_n \to P$ となるものがとれる. 任意の $n \in \mathbb{N}$, $R > 0$ に対し, 補題 7.12 を $W^{\otimes n}$, $L_n := \lceil e^{nR} \rceil$ (e^{nR} 以上の最小整数) と $\overline{P}_n := |\mathcal{X}_{P_n}^n|^{-1} \mathbf{1}_{\mathcal{X}_{P_n}^n} \in \mathcal{P}(\mathcal{X}^n)$ に適用すると, エンコード $\phi_n \colon \{1, \ldots, L_n\} \to \mathcal{X}^n$ が存在して, すべての $\alpha \in (0,1)$ に対し

$$p_e\big(W^{\otimes n}, \mathcal{C}_n^{\phi_n}\big) \le \frac{e^{nR(1-\alpha)}}{|\mathcal{X}_{P_n}^n|} \sum_{\boldsymbol{x} \in \mathcal{X}_{P_n}^n} Q_\alpha\big((W^{\otimes n})_{\boldsymbol{x}} \| (W^{\otimes n})_{\overline{P}_n}\big). \tag{7.9}$$

ただし $\mathcal{C}_n^{\phi_n} := (\phi_n, \mathcal{M}^{\phi_n})$ とする. ところで

$$(W_{P_n})^{\otimes n} = (W^{\otimes n})_{P_n^{\otimes n}} \ge \sum_{\boldsymbol{x} \in \mathcal{X}_{P_n}^n} P_n^{\otimes n}(\boldsymbol{x})(W^{\otimes n})_{\boldsymbol{x}}$$

$$= e^{-nS(P_n)} \sum_{\boldsymbol{x} \in \mathcal{X}_{P_n}^n} (W^{\otimes n})_{\boldsymbol{x}} \quad ((7.7) \text{ より})$$

$$= e^{-nS(P_n)} |\mathcal{X}_{P_n}^n| (W^{\otimes n})_{\overline{P}_n} \ge (n+1)^{-|\mathcal{X}|} (W^{\otimes n})_{\overline{P}_n}.$$

上の最後の不等号は補題 7.14 による. よって $(W^{\otimes n})_{\overline{P}_n} \le (n+1)^{|\mathcal{X}|} (W_{P_n})^{\otimes n}$ だから, (7.9) と命題 5.3 (6) より

$$p_e\big(W^{\otimes n}, \mathcal{C}_n^{\phi_n}\big) \le \frac{e^{nR(1-\alpha)}(n+1)^{|\mathcal{X}|(1-\alpha)}}{|\mathcal{X}_{P_n}^n|} \sum_{\boldsymbol{x} \in \mathcal{X}_{P_n}^n} Q_\alpha\big((W^{\otimes n})_{\boldsymbol{x}} \| (W_{P_n})^{\otimes n}\big)$$

$$= e^{nR(1-\alpha)}(n+1)^{|\mathcal{X}|(1-\alpha)} \prod_{x \in \mathcal{X}} Q_\alpha(W_x \| W_{P_n})^{n_x}.$$

ただし $n_x := \#\{i \in \{1, \ldots, n\} \colon x_i = x\}$ とした (これは $\boldsymbol{x} \in \mathcal{X}_{P_n}^n$ に依存しない). したがって

$$-\frac{1}{n} \log p_e\big(W^{\otimes n}, \mathcal{C}_n^{\phi_n}\big)$$

$$\ge -R(1-\alpha) - |\mathcal{X}|(1-\alpha)\frac{\log(n+1)}{n} - \sum_{x \in \mathcal{X}} P_n(x)(\alpha-1)D_\alpha(W_x \| W_{P_n})$$

$$= (1-\alpha)\left[\sum_{x \in \mathcal{X}} P_n(x)D_\alpha(W_x \| W_{P_n}) - R - |\mathcal{X}|\frac{\log(n+1)}{n}\right].$$

$n \to \infty$ として

$$\liminf_{n \to \infty} -\frac{1}{n} \log p_e\big(W^{\otimes n}, \mathcal{C}_n^{\phi_n}\big) \ge (1-\alpha)\left[\sum_{x \in \mathcal{X}} P(x)D_\alpha(W_x \| W_P) - R\right]. \tag{7.10}$$

$\chi(W) = 0$ なら証明すべき不等式は自明だから，$\chi(W) > 0$ とする．$\chi(W, P) = \sum_{x \in \mathcal{X}} P(x) D(W_x \| W_P) > 0$ のとき，任意の $R \in (0, \chi(W, P))$ に対し，命題 5.3 (3) より $\sum_{x \in \mathcal{X}} P(x) D_\alpha(W_x \| W_P) > R$ を満たす $\alpha \in (0, 1)$ が存在する．このとき，(7.10) より $\limsup_n \frac{1}{n} \log p_e(W^{\otimes n}, \mathcal{C}_n^{\phi_n}) < 0$ だから $\lim_{n \to \infty} p_e(W^{\otimes n}, \mathcal{C}_n^{\phi_n}) = 0$．さらに $|\mathcal{C}_n^{\phi_n}| = L_n = \lceil e^{nR} \rceil$ だから $\lim_{n \to \infty} \frac{1}{n} \log |\mathcal{C}_n^{\phi_n}| = R$．よって $C(W) \geq R$．それゆえ $C(W) \geq \chi(W, P)$．P について sup をとると $C(W) \geq \chi(W)$． $\square$

注意 7.15. 上の証明では $\chi(R)$ が単に達成可能であることより強い結果が示されている．実際，任意の $R < \chi(W)$ に対し，$\lim_n \frac{1}{n} \log |\mathcal{C}_n| = R$ で指数的に $p_e(W^{\otimes n}, \mathcal{C}_n) \to 0$，つまり $\limsup_n \frac{1}{n} \log p_e(W^{\otimes n}, \mathcal{C}_n) < 0$ であるコード列 $\{\mathcal{C}_n\}$ が存在することが示された．

7.3 量子通信路符号化の強逆定理

定理 7.7 の最良性 (逆定理) の部分を証明するために，6.5 節の強逆型の量子仮説検定と類似の考察を行う．そのため，cq-通信路の符号化の設定で定義 6.30 と類似の強逆型の指数を定義する．

定義 7.16. $W \colon \mathcal{X} \to \mathcal{S}(\mathcal{H})$ と $R \geq 0$ に対し次を定める：

$$\underline{B}^{\mathrm{sc}}(W, R) := \sup_{\{\mathcal{C}_n\}} \left\{ \liminf_{n \to \infty} \frac{1}{n} \log(1 - p_e(W^{\otimes n}, \mathcal{C}_n)) \,\Big|\, \liminf_{n \to \infty} \frac{1}{n} \log |\mathcal{C}_n| \geq R \right\},$$

$$\overline{B}^{\mathrm{sc}}(W, R) := \sup_{\{\mathcal{C}_n\}} \left\{ \limsup_{n \to \infty} \frac{1}{n} \log(1 - p_e(W^{\otimes n}, \mathcal{C}_n)) \,\Big|\, \liminf_{n \to \infty} \frac{1}{n} \log |\mathcal{C}_n| \geq R \right\},$$

$$\widehat{B}^{\mathrm{sc}}(W, R) := \sup_{\{\mathcal{C}_n\}} \left\{ \liminf_{n \to \infty} \frac{1}{n} \log(1 - p_e(W^{\otimes n}, \mathcal{C}_n)) \,\Big|\, \limsup_{n \to \infty} \frac{1}{n} \log |\mathcal{C}_n| \geq R \right\},$$

$$B^{\mathrm{sc}}(W, R) := \sup_{\{\mathcal{C}_n\}} \left\{ \lim_{n \to \infty} \frac{1}{n} \log(1 - p_e(W^{\otimes n}, \mathcal{C}_n)) \,\Big|\, \liminf_{n \to \infty} \frac{1}{n} \log |\mathcal{C}_n| \geq R \right\}.$$

上の最後は $\lim_n \frac{1}{n} \log(1 - p_e(W^{\otimes n}, \mathcal{C}_n))$ が存在するコード列 $\{\mathcal{C}_n\}$ について sup をとる．

明らかに

$$B^{\mathrm{sc}}(W, R) \ \leq \ \underline{B}^{\mathrm{sc}}(W, R) \ \leq \ \overline{B}^{\mathrm{sc}}(W, R)$$
$$\wedge| \tag{7.11}$$
$$\widehat{B}^{\mathrm{sc}}(W, R).$$

定理 7.7 の最良性の部分を証明するために，$\overline{B}^{\mathrm{sc}}(W, R)$ と $\widehat{B}^{\mathrm{sc}}(W, R)$ について次の補題を示す．

補題 7.17. 任意の $W \colon \mathcal{X} \to \mathcal{S}(\mathcal{H})$ と任意の $R \geq 0$ に対し

$$\left. \begin{array}{l} \overline{B}^{\mathrm{sc}}(W, R) \\ \widehat{B}^{\mathrm{sc}}(W, R) \end{array} \right\} \leq -\sup_{\alpha > 1} \frac{\alpha - 1}{\alpha} \{R - \widetilde{\chi}_\alpha(W)\}.$$

証明. 各 $n \in \mathbb{N}$ に対し, $\mathcal{C}_n = (\phi_n, \mathcal{M}_n)$ を $W^{\otimes n}$ の任意のコードとし, $\phi_n \colon \{1, \ldots, L_n\} \to \mathcal{X}^n$ $(L_n = |\mathcal{C}_n|)$, $\mathcal{M}_n = (M_n(k))_{k=0}^{L_n}$ とする. $\sigma \in \mathcal{S}(\mathcal{H})$ を任意とする. L_n 次元の Hilbert 空間 $\mathcal{H}_n$ とその正規直交基底 $\{|k\rangle\}_{k=1}^{L_n}$ をとり, $\widehat{\rho}_n, \widehat{\sigma}_n \in \mathcal{S}(\mathcal{H}_n \otimes \mathcal{H}^{\otimes n})$ と $T_n \in \mathcal{B}(\mathcal{H}_n \otimes \mathcal{H}^{\otimes n}), 0 \leq T_n \leq I$ を次で定める:

$$\widehat{\rho}_n := \frac{1}{L_n} \sum_{k=1}^{n} |k\rangle\langle k| \otimes (W^{\otimes n})_{\phi_n(k)}, \qquad \widehat{\sigma}_n := \frac{1}{L_n} \sum_{k=1}^{L_n} |k\rangle\langle k| \otimes \sigma^{\otimes n},$$

$$T_n := \sum_{k=1}^{L_n} |k\rangle\langle k| \otimes M_n(k).$$

このとき

$$\operatorname{Tr} \widehat{\rho}_n T_n = \frac{1}{L_n} \sum_{k=1}^{L_n} \operatorname{Tr}(W^{\otimes n})_{\phi_n(k)} M_n(k) = 1 - p_e(W^{\otimes n}, \mathcal{C}_n),$$

$$\operatorname{Tr} \widehat{\sigma}_n T_n = \frac{1}{L_n} \sum_{k=1}^{L_n} \operatorname{Tr} \sigma^{\otimes n} M_n(k) \leq \frac{1}{L_n}.$$

上の最後の不等号は $k = 0$ が和に含まれないことによる. したがって, 任意の $\alpha > 1$ に対し

$$(1 - p_e(W^{\otimes n}, \mathcal{C}_n))^\alpha \left(\frac{1}{L_n}\right)^{1-\alpha}$$

$$\leq \left(\operatorname{Tr} \widehat{\rho}_n T_n\right)^\alpha \left(\operatorname{Tr} \widehat{\sigma}_n T_n\right)^{1-\alpha}$$

$$\leq \left(\operatorname{Tr} \widehat{\rho}_n T_n\right)^\alpha \left(\operatorname{Tr} \widehat{\sigma}_n T_n\right)^{1-\alpha} + \left(\operatorname{Tr} \widehat{\rho}_n (I - T_n)\right)^\alpha \left(\operatorname{Tr} \widehat{\sigma}_n (I - T_n)\right)^{1-\alpha}$$

$$= \widetilde{Q}_\alpha \left(\left(\operatorname{Tr} \widehat{\rho}_n T_n, \operatorname{Tr} \widehat{\rho}_n (I - T_n)\right) \| \left(\operatorname{Tr} \widehat{\sigma}_n T_n, \operatorname{Tr} \widehat{\sigma}_n (I - T_n)\right)\right)$$

$$\leq \widetilde{Q}_\alpha \left(\widehat{\rho}_n \| \widehat{\sigma}_n\right) = \frac{1}{L_n} \sum_{k=1}^{L_n} \widetilde{Q}_\alpha \left((W^{\otimes n})_{\phi_n(k)} \| \sigma^{\otimes n}\right)$$

$$= \frac{1}{L_n} \sum_{k=1}^{L_n} \prod_{i=1}^{n} \widetilde{Q}_\alpha (W_{\phi_n(k)_i} \| \sigma) \leq \left[\sup_{x \in \mathcal{X}} \widetilde{Q}_\alpha (W_x \| \sigma)\right]^n.$$

上の 3 番目の不等号は $\widetilde{Q}_\alpha$ の単調性 (定理 5.13 (3)) による. それゆえ, 上の不等式の log をとり $n\alpha$ で割ると,

$$\frac{1}{n} \log(1 - p_e(W^{\otimes n}, \mathcal{C}_n)) + \frac{\alpha - 1}{\alpha} \frac{1}{n} \log L_n$$

$$\leq \frac{1}{\alpha} \sup_{x \in \mathcal{X}} \log \widetilde{Q}_\alpha (W_x \| \sigma) = \frac{\alpha - 1}{\alpha} \sup_{x \in \mathcal{X}} \widetilde{D}_\alpha (W_x \| \sigma).$$

$\sigma \in \mathcal{S}(\mathcal{H})$ について右辺の inf をとり整理すると,

$$\frac{1}{n} \log(1 - p_e(W^{\otimes n}, \mathcal{C}_n)) \leq -\frac{\alpha - 1}{\alpha} \left\{\frac{1}{n} \log L_n - R_{\widetilde{D}_\alpha}(W)\right\}.$$

命題 7.4 (3) より $R_{\widetilde{D}_\alpha}(W) = \widetilde{\chi}_\alpha(W)$ だから, 任意のコード $\mathcal{C}_n$ と $\alpha > 1$ に対して

$$\frac{1}{n} \log(1 - p_e(W^{\otimes n}, \mathcal{C}_n)) \leq -\frac{\alpha - 1}{\alpha} \left\{\frac{1}{n} \log |\mathcal{C}_n| - \widetilde{\chi}_\alpha(W)\right\} \tag{7.12}$$

が成立する.

コード列 $\{\mathcal{C}_n\}$ が $\liminf_n \frac{1}{n} \log |\mathcal{C}_n| \geq R$ を満たすとき, (7.12) の両辺の $\limsup_n$ をとると, すべての $\alpha > 1$ に対し

$$\limsup_{n \to \infty} \frac{1}{n} \log(1 - p_e(W^{\otimes n}, \mathcal{C}_n))$$
$$\leq -\frac{\alpha - 1}{\alpha} \Big\{ \liminf_{n \to \infty} \frac{1}{n} \log |\mathcal{C}_n| - \widetilde{\chi}_\alpha(W) \Big\} \leq -\frac{\alpha - 1}{\alpha} \{ R - \widetilde{\chi}_\alpha(W) \}.$$

よって証明すべき 1 番目の不等号が示せた. 2 番目の不等号は, $\limsup_n \frac{1}{n} \log |\mathcal{C}_n| \geq R$ のとき, (7.12) の両辺の $\liminf_n$ をとれば同様に示せる. □

次は量子通信路符号化における**強逆定理**である.

定理 7.18. 任意の cq-通信路 W とコード列 $\{\mathcal{C}_n\}_{n=1}^\infty$ に対して次が成立する.
(1) $\liminf_{n \to \infty} \frac{1}{n} \log |\mathcal{C}_n| > \chi(W)$ なら,

$$\limsup_{n \to \infty} \frac{1}{n} \log(1 - p_e(W^{\otimes n}, \mathcal{C}_n)) < 0,$$

つまり指数的に $p_e(W^{\otimes n}, \mathcal{C}_n) \to 1 \ (n \to \infty)$ が成り立つ.
(2) $\limsup_{n \to \infty} \frac{1}{n} \log |\mathcal{C}_n| > \chi(W)$ なら,

$$\liminf_{n \to \infty} \frac{1}{n} \log(1 - p_e(W^{\otimes n}, \mathcal{C}_n)) < 0,$$

特に $\limsup_n p_e(W^{\otimes n}, \mathcal{C}_n) = 1$ が成り立つ.

証明. (1) $R := \liminf_n \frac{1}{n} \log |\mathcal{C}_n|$ とし, $R > \chi(W)$ とする. 命題 7.4 (2) より

$$\kappa := \sup_{\alpha > 1} \frac{\alpha - 1}{\alpha} \{ R - \widetilde{\chi}_\alpha(W) \} > 0.$$

それゆえ補題 7.17 の 1 番目の不等式より

$$\limsup_{n \to \infty} \frac{1}{n} \log(1 - p_e(W^{\otimes n}, \mathcal{C}_n)) \leq -\kappa < 0$$

が成立する.

(2) は補題 7.17 の 2 番目の不等式を使って同様に示せる. □

上の定理の (1) と (7.4) から任意の $R > \chi(W)$ に対して $C^{\mathrm{sc}}(W) \leq R$ がいえる. したがって $C^{\mathrm{sc}}(W) \leq \chi(W)$ である. 上の定理の (2) と (7.5) から同様に $\widehat{C}^{\mathrm{sc}}(W) \leq \chi(W)$ である. これで定理 7.7 の証明が完了した. 量子通信路符号化の強逆定理は上の定理の (1) を指すが, 上の議論のように (2) の方も意味がある.

最後に定義 7.16 で定義した強逆型の指数について成立する次の定理を述べておく. この定理は定理 7.18 の定性的な強逆定理を定量的な結果に精密化したものである.

定理 7.19 ([111]). 任意の cq-通信路 $W: \mathcal{X} \to \mathcal{S}(\mathcal{H})$ と任意の $R > 0$ に対し

$$\widetilde{H}_R(W) := \sup_{\alpha > 1} \frac{\alpha - 1}{\alpha} \{ R - \widetilde{\chi}_\alpha(W) \}$$

と定めると, (7.11) の量はすべて $-\widetilde{H}_R(W)$ に等しい.

$\widetilde{H}_R(W)$ は逆型 Hoeffding 限界 (6.36) で $\widetilde{D}_\alpha$ を $\widetilde{\chi}_\alpha(W)$ $(\alpha > 1)$ に置き換えた類似の式である．実際，Mosonyi–Ogawa [111] は $\underline{B}^{\mathrm{sc}}(W, R) = -\widetilde{H}_R(W)$ を示した．これの証明は本書の範囲を超えるのでここでは割愛する．これと補題 7.17 と (7.11) より

$$\widehat{B}^{\mathrm{sc}}(W, R) = \underline{B}^{\mathrm{sc}}(W, R) = \overline{B}^{\mathrm{sc}}(W, R) = -\widetilde{H}_R(W)$$

がいえる．さらに $\underline{B}^{\mathrm{sc}}(W, R) = -\widetilde{H}_R(W)$ より $\liminf_n \frac{1}{n} \log |\mathcal{C}_n| \geq R$ かつ $\liminf_n \frac{1}{n} \log(1 - p_e(W^{\otimes n}, \mathcal{C}_n)) = -H_R(W)$ を満たすコード列 $\{\mathcal{C}_n\}$ の存在が簡単に示せる．このとき，$\overline{B}^{\mathrm{sc}}(W, R) = -\widetilde{H}_R(W)$ より $\limsup_n \frac{1}{n} \log(1 - p_e(W^{\otimes n}, \mathcal{C}_n)) \leq -\widetilde{H}_R(W)$ である．よって $\lim_n \frac{1}{n} \log(1 - p_e(W^{\otimes n}, \mathcal{C}_n)) = -\widetilde{H}_R(W)$ だから $B^{\mathrm{sc}}(W, R) = -\widetilde{H}_R(W)$ もいえる．

7.4 文献ノート

本章で説明した cq-通信路 W の符号化は 1970 年代に A.S. Holevo により定式化され，そこで Holevo 容量 (7.2) が導入された．この問題はほぼ 20 年の間未解決のままであったが，1996 年に Hausladen 達 [55] により W が純粋状態からなるときに証明された後，Schumacher–Westmoreland [135] と Holevo [80] により独立に解決された．2つの証明は見た目はかなり違うが，ランダムコード法が使われるところは共通している．ここでは補題 7.12 の証明でこの方法を使った．実際，ランダムコード法は古典通信路符号化定理でも有用である ([36] の 7.7 節を見よ)．Winter [151] は別証明と強逆型の定理を与えた．cq-通信路符号化の強逆性の部分は Ogawa–Nagaoka [121], Hayashi–Nagaoka [58] により詳しく考察された．Wilde–Winter–Yang [150] はサンドイッチ Rényi ダイバージェンス $\widetilde{D}_\alpha$ を導入し，それを符号化強定理に応用した．さらに，Mosonyi–Ogawa [111] は $\widetilde{D}_\alpha$ を用いて cq-通信路の強逆定理を精密化した定理 7.19 を証明した．最近の論文 [112] では，$W^{\otimes n}$ のコード $\mathcal{C}_n$ のエンコードのタイプが $n \to \infty$ で一定の確率分布 P に収束するという制限の下で同様な強逆定理を示している．

第 6 章の量子仮説検定において，6.2 節 (Chernoff 限界) と 6.3 節 (Hoeffding 限界) で標準 Rényi ダイバージェンス D_α $(0 < \alpha < 1)$ が使われた．同様に 7.2 節の cq-通信路の順定理の証明で D_α $(0 < \alpha < 1)$ が有効に使われた．D_α の利用は [107], [108] でも見られる．他方，6.5 節の強逆型の量子仮説検定で使われたサンドイッチ Rényi ダイバージェンス $\widetilde{D}_\alpha$ $(\alpha > 1)$ は 7.3 節の cq-通信路符号化の強逆定理で有効に使われた．さらに $\widetilde{D}_\alpha$ は論文 [111], [112] で中心的な役割を果たしている．このように，量子仮説検定でそうであったと同様に，量子通信符号化の議論においても，順定理側 $(\alpha < 1)$ では標準 Rényi ダイバージェンス D_α が正しく機能し，逆定理側 $(\alpha > 1)$ ではサンドイッチ Rényi ダイバージェンス $\widetilde{D}_\alpha$ が機能する．

本章で与えた古典-量子通信路符号化定理の証明のやり方は T. Ogawa [159] が基になっている．D_α と $\widetilde{D}_\alpha$ を明示的に使うこの証明については M. Mosonyi 氏に詳しく教えてもらった．

付録

いくつかの補遺

　この付録では，読者の便宜のために本論で使われるいくつかの補足事項について解説と証明を与える．A.12, A.13 節などの話題は大きな数学分野を形作るものであるが，ここでの解説は本文で必要な最低限に留める．

A.1　$\eta(x) = -x \log x$ に関する不等式

　次の補題は 2.3 節の Fannes の不等式の証明で使った．この補題の証明は完全に初等的であるが，読者の便宜のため詳しい計算を書いておく．

補題 A.1. 情報関数 $\eta(x) := -x \log x$ について，$0 \le x, y \le 1$, $|x - y| \le 1/2$ なら

$$|\eta(x) - \eta(y)| \le \eta(|x - y|).$$

証明. $x \le y$ として，$0 \le x \le 1$, $0 \le t \le \min\{1/2, 1 - x\}$ のとき次を示せばよい：

$$\eta(x) - \eta(x + t) \le \eta(t), \tag{A.1}$$

$$\eta(x + t) - \eta(x) \le \eta(t). \tag{A.2}$$

(A.2) を示すために $F_x(t) := \eta(x + t) - \eta(t)$ とすると $F_x'(t) = -\log(x + t) + \log t \le 0$ だから $F_x(t) \le F_x(0) = \eta(x)$ $(t \ge 0)$. (A.1) を示すために $G_x(t) := \eta(x + t) + \eta(t)$ とすると $G_x'(t) = -\log(x + t) - \log t - 2 = -\log t(x + t) - 2$. $G_x'(0^+) = +\infty$ で $G_x'(t)$ は $t \ge 0$ で単調減少．$G_x(0) = \eta(x)$ だから次を示せばよい．

- $1/2 \le 1 - x$ つまり $0 \le x \le 1/2$ のとき $G_x(1/2) \ge \eta(x)$,
- $1/2 \ge 1 - x$ つまり $1/2 \le x \le 1$ のとき $G_x(1 - x) \ge \eta(x)$.

実際，$0 \le x \le 1/2$ のとき，

$$g(x) := G_x(1/2) - \eta(x) = \eta(x + 1/2) + \eta(1/2) - \eta(x)$$

とすると，$g'(x) = -\log(x + 1/2) + \log x \le 0$ だから $g(x) \ge g(1/2) = \eta(1) = 0$. $1/2 \le x \le 1$ のとき，

$$g(x) := G_x(1 - x) - \eta(x) = \eta(1 - x) - \eta(x)$$

とすると，$g'(x) = \log(1-x) + \log x + 2$ は $[1/2, 1)$ で単調減少で $g(1/2) = g(1) = 0$ だから $g(x) \geq 0$ $(1/2 \leq x \leq 1)$． $\square$

A.2 Legendre 変換

X は局所凸実線形位相空間，X^* を X の双対空間とし，X, X^* の双対形式を $\langle x, x^* \rangle$ $(x \in X,\ x^* \in X^*)$ で書く．(本論で使うのは X が有限次元の場合であるが，議論は同じなので一般的に説明する．) 関数 $f\colon X \to (-\infty, +\infty]$ は $f \not\equiv +\infty$ でないとする．$X \times \mathbb{R}$ (直積線形位相空間) の部分集合

$$\mathrm{epi}\, f := \{(x, y) \in X \times \mathbb{R} \colon y \geq f(x)\} \tag{A.3}$$

を f の**エピグラフ (epigraph)** という．$f \not\equiv +\infty$ より $\mathrm{epi}\, f \neq \emptyset$. 容易に分かるように，

$$f\ が下半連続 \iff \mathrm{epi}\, f\ が閉集合, \quad f\ が凸関数 \iff \mathrm{epi}\, f\ が凸集合.$$

f の **Legendre 変換**を

$$f^*(x^*) := \sup_{x \in X} \{\langle x, x^* \rangle - f(x)\} \qquad (x^* \in X^*)$$

と定める．明らかに $f^*\colon X^* \to (-\infty, +\infty]$ であり，f^* は弱位相 $\sigma(X^*, X)$ に関して下半連続な凸関数である．さらに f^* の Legendre 変換を

$$f^{**}(x) := \sup_{x^* \in X^*} \{\langle x, x^* \rangle - f^*(x^*)\} \qquad (x \in X)$$

と定める．Legendre 変換の双対性を次に示す．これは 2.3 節の最後で使われる．

補題 A.2. $f\colon X \to (-\infty, +\infty]$ は下半連続な凸関数とし $f \not\equiv +\infty$ とする．このとき $f^{**} = f$.

証明. 定義から $f(x) \geq \langle x, x^* \rangle - f^*(x^*)$ $(x \in X,\ x^* \in X^*)$ だから，すべての $x \in X$ に対し $f(x) \geq f^{**}(x)$ である．そこで $f(x_0) > f^{**}(x_0)$ となる $x_0 \in X$ が存在したと仮定すると，$(x_0, f^{**}(x_0)) \notin \mathrm{epi}\, f$. $\mathrm{epi}\, f$ が $X \times \mathbb{R}$ の空でない閉凸集合だから，**Hahn–Banach の分離定理**より $(x_0^*, t_0) \in X^* \times \mathbb{R}\ (= (X \times \mathbb{R})^*)$ がとれて

$$\langle x_0, x_0^* \rangle + f^{**}(x_0) t_0 < \inf_{(x,y) \in \mathrm{epi}\, f} \{\langle x, x_0^* \rangle + y t_0\}.$$

このとき $t_0 > 0$ がいえるから $t_0 = 1$ としてよい．すると

$$\langle x_0, x_0^* \rangle + f^{**}(x_0) < \inf_{x \in X} \{\langle x, x_0^* \rangle + f(x)\}$$
$$= -\sup_{x \in X} \{\langle x, -x_0^* \rangle - f(x)\} = -f^*(-x_0^*)$$

だから

$$f^{**}(x_0) < \langle x_0, -x_0^* \rangle - f^*(-x_0^*) \leq f^{**}(x_0)$$

となり矛盾．よって $f = f^{**}$ が示せた． $\square$

以下この節で $(0,\infty)$ 上の関数に対する Legendre 型変換の双対性に関する補題を与える．この補題は 4.4, 5.4 節で使われる．次の 2 つの関数族を定める：

$$\mathcal{F}_{\mathrm{cv}}^{\nearrow}(0,\infty) := \Big\{ f\colon (0,\infty) \to \mathbb{R} \text{ 単調増加凸},\ f'(\infty) = +\infty \Big\},$$

$$\mathcal{F}_{\mathrm{cc}}^{\nearrow}(0,\infty) := \Big\{ g\colon (0,\infty) \to \mathbb{R} \text{ 単調増加凹},\ g'(\infty) = 0 \Big\}.$$

ただし $f'(\infty) := \lim_{x\to\infty} \frac{f(x)}{x}$．（$f(0^+)$, $f'(\infty)$ については (4.8) のところを見よ．）

補題 A.3. (1) 任意の $f \in \mathcal{F}_{\mathrm{cv}}^{\nearrow}(0,\infty)$ に対し

$$f^{\sharp}(t) := \sup_{x>0}\{xt - f(x)\}, \qquad t \in (0,\infty) \tag{A.4}$$

と定めると $f^{\sharp} \in \mathcal{F}_{\mathrm{cv}}^{\nearrow}(0,\infty)$ であり，$f \mapsto f^{\sharp}$ は $\mathcal{F}_{\mathrm{cv}}^{\nearrow}(0,\infty)$ 上の対合的全単射，つまり $f^{\sharp\sharp} = f$．さらに $f^{\sharp}(0^+) = -f(0^+) \in \mathbb{R}$．

(2) 任意の $g \in \mathcal{F}_{\mathrm{cc}}^{\nearrow}(0,\infty)$ に対し

$$g^{\flat}(t) := \inf_{x>0}\{xt - g(x)\}, \qquad t \in (0,\infty) \tag{A.5}$$

と定めると $g^{\flat} \in \mathcal{F}_{\mathrm{cc}}^{\nearrow}(0,\infty)$ であり，$g \mapsto g^{\flat}$ は $\mathcal{F}_{\mathrm{cc}}^{\nearrow}(0,\infty)$ 上の対合的全単射，つまり $g^{\flat\flat} = g$．さらに $g^{\flat}(0^+) = -g(\infty)$, $g(0^+) = -g^{\flat}(\infty)$．

証明. (1) $f \in \mathcal{F}_{\mathrm{cv}}^{\nearrow}(0,\infty)$ とし $t \in (0,\infty)$ とする．明らかに $f(0^+) \in \mathbb{R}$ であり，$xt - f(x) = x\big(t - \frac{f(x)}{x}\big) \to -\infty$ $(x \to \infty)$．よって定義式 (A.4) より $f^{\sharp}(t) \in \mathbb{R}$ であり，f は $(0,\infty)$ 上で単調増加凸．任意の $x \in (0,\infty)$ に対し $\frac{f^{\sharp}(t)}{t} \geq x - \frac{f(x)}{t} \to x$ $(t \to \infty)$ だから $\lim_{t\to\infty} \frac{f^{\sharp}(t)}{t} = +\infty$．ゆえに $f^{\sharp} \in \mathcal{F}_{\mathrm{cv}}^{\nearrow}(0,\infty)$．また $f^{\sharp}(0^+) = -f(0^+)$ は容易に分かる．次に対合性 $f^{\sharp\sharp} = f$ を示す．任意の $f \in \mathcal{F}_{\mathrm{cv}}^{\nearrow}(0,\infty)$ に対し $\mathbb{R}$ 上の連続凸関数 $\overline{f}$ を

$$\overline{f}(x) := \begin{cases} f(x) & (x > 0), \\ f(0^+) & (x \leq 0) \end{cases}$$

と定めると，$\overline{f}$ の Legendre 変換は

$$\overline{f}^{*}(t) = \sup_{x\in\mathbb{R}}\{xt - \overline{f}(x)\} = \begin{cases} +\infty & (t < 0), \\ -f(0^+) & (t = 0), \\ f^{\sharp}(t) & (t > 0). \end{cases}$$

補題 A.2 より任意の $x > 0$ に対し

$$f(x) = \overline{f}(x) = \sup_{t\in\mathbb{R}}\{xt - \overline{f}^{*}(t)\} = \sup_{t>0}\{xt - f^{\sharp}(t)\} = f^{\sharp\sharp}(x).$$

上の 3 番目の等号で $f(0^+) = -f^{\sharp}(0^+)$ を使った．

(2) $g \in \mathcal{F}_{\mathrm{cc}}^{\nearrow}(0,\infty)$ とし $t \in (0,\infty)$ とする．$x \mapsto xt - g(x)$ が $(0,\infty)$ 上で凸であり，$xt - g(x) = x\big(t - \frac{g(x)}{x}\big) \to +\infty$ $(x \to \infty)$．よって定義式 (A.5) より $g^{\flat}(t) \in \mathbb{R}$ であり，$g^{\flat}$ は $(0,\infty)$ 上で単調増加凹．任意の $x \in (0,\infty)$ に対し $\frac{g^{\flat}(t)}{t} \leq x - \frac{g(x)}{t} \to x$ $(t \to \infty)$

だから $\lim_{t\to\infty}\frac{g^\flat(t)}{t}=0$. ゆえに $g^\flat\in\mathcal{F}_{\mathrm{cc}}^{\nearrow}(0,\infty)$. また $g^\flat(0^+)=-g(\infty)$ は容易. 任意の $g\in\mathcal{F}_{\mathrm{cc}}^{\nearrow}(0,\infty)$ に対し $g^{\flat\flat}=g$ を示すために,

$$
\overline{g}(x):=\begin{cases} g(x) & (x>0), \\ g(0^+) & (x=0), \\ -\infty & (x<0) \end{cases}
$$

と定めると, $-\overline{g}$ は $\mathbb{R}$ 上の下半連続凸関数である. $-\overline{g}$ の Legendre 変換は

$$
(-\overline{g})^*(t)=\sup_{x\in\mathbb{R}}\{xt+\overline{g}(x)\}=-\inf_{x>0}\{x(-t)-g(x)\}
$$
$$
=\begin{cases} -g^\flat(-t) & (t<0), \\ g(\infty)\ (:=\lim_{x\to\infty}g(x)) & (t=0), \\ +\infty & (t>0). \end{cases}
$$

補題 A.2 より任意の $x>0$ に対し

$$
-g(x)=-\overline{g}(x)=\sup_{t\in\mathbb{R}}\{xt-(-\overline{g})^*(t)\}=\sup_{t<0}\{xt+g^\flat(-t)\}.
$$

上の最後の等号で $-g(\infty)=g^\flat(0^+)$ を使った. よって

$$
g(x)=\inf_{t<0}\{x(-t)-g^\flat(-t)\}=\inf_{t>0}\{xt-g^\flat(t)\}=g^{\flat\flat}(x).
$$

また $g(0^+)=g^{\flat\flat}(0^+)=-g^\flat(\infty)$. $\qquad\square$

A.3 凸錐に対する双極定理

A.2 節と同じく X は局所凸実線形空間, X^* は X の双対空間とする. 空でない部分集合 $V\subset X$ が**凸錐 (convex cone)** であるとは, 任意の $x,y\in V$ とスカラー $\alpha,\beta\geq 0$ に対し $\alpha x+\beta y\in V$ であるときをいう. 閉集合である凸錐を**閉凸錐**という. 任意の空でない $B\subset X$ に対し

$$
B^\circ:=\{x^*\in X^*\colon \langle x,x^*\rangle\geq 0,\ x\in B\},
$$
$$
B^{\circ\circ}:=\{x\in X\colon \langle x,x^*\rangle\geq 0,\ x^*\in B^\circ\}
$$

と定義する. B° が X^* の閉凸錐であり, また $B^{\circ\circ}$ が X の閉凸錐であることは簡単に分かる. 凸錐 $V\ (\subset X)$ に対し $V^\circ\ (\subset X^*)$ は**双対凸錐**と呼ばれる.

次は**双極 (bipolar) 定理**と呼ばれる. これは 3.1 節で使われる.

定理 A.4. 任意の空でない $B\subset X$ に対し $B^{\circ\circ}$ は B で生成される X の閉凸錐 (つまり B を含む最小の閉凸錐) である. よって $V\subset X$ が閉凸錐であることは $V=V^{\circ\circ}$ と同値である.

証明. 上の定義から $B\subset B^{\circ\circ}$ は明らかであり, 上で述べたように $B^{\circ\circ}$ は X の閉凸錐である. いま B を含む最小の閉凸錐を $\langle B\rangle$ とすると $\langle B\rangle\subset B^{\circ\circ}$. $\langle B\rangle\neq B^{\circ\circ}$ と仮定して

$x_0 \in B^{\circ\circ} \setminus \langle B \rangle$ をとると，Hahn–Banach の分離定理より $x_0^* \in X^*$ が存在して

$$\langle x_0, x_0^* \rangle < \inf_{x \in \langle B \rangle} \langle x, x_0^* \rangle.$$

$\langle B \rangle$ が凸錐であることから，

$$\langle x_0, x_0^* \rangle < 0 = \inf_{x \in \langle B \rangle} \langle x, x_0^* \rangle$$

が容易に分かる．よって $\langle x, x_0^* \rangle \geq 0 \ (x \in B)$ だから $x_0^* \in B^{\circ}$．$x_0 \in B^{\circ\circ}$ だから $\langle x_0, x_0^* \rangle \geq 0$．これは $\langle x_0, x_0^* \rangle < 0$ と矛盾する．それゆえ $\langle B \rangle = B^{\circ\circ}$ である．後半の主張は前半より明らか． $\square$

A.4 Carathéodory の定理と関数の凸ルーフ

ここでは $\mathbb{R}^n$ の集合および関数の凸包についての基本性質を説明する．$B(\mathcal{H})^{\mathrm{sa}}$ が $\mathbb{R}^{d^2}$ ($d := \dim \mathcal{H} < \infty$) と同型であることから，この付録の結果は 3.1, 3.2 節で使われる．

まず $\mathbb{R}^n$ の集合の凸包に関する基本定理 (**Carathéodory の定理**) を証明なしで述べる．

定理 A.5. S は $\mathbb{R}^n$ の空でない任意の部分集合とし，$\mathrm{conv}\, S$ は S の凸包とする．任意の $x \in \mathrm{conv}\, S$ は S の高々 $n+1$ 個の点の凸結合として表される．

次に f は $\mathbb{R}^n$ 上の $(-\infty, +\infty]$-値の関数とし $f \not\equiv +\infty$ とする．(A.3) の $\mathrm{epi}\, f$ は空でない．$\mathrm{epi}\, f$ の凸包 $\mathrm{conv}(\mathrm{epi}\, f) \ (\subset \mathbb{R}^{n+1})$ をとり

$$g(x) := \inf\{t \in \mathbb{R} \colon (x, t) \in \mathrm{conv}(\mathrm{epi}\, f)\}, \qquad x \in \mathbb{R}^n \tag{A.6}$$

と定める (ただし $\inf \emptyset = +\infty$ とする)．すると $\mathrm{epi}\, g = \mathrm{conv}(\mathrm{epi}\, f)$ が簡単に分かる．よって g は凸関数である．実際 g は $g \leq f$ を満たす $\mathbb{R}^n$ 上の最大の凸関数であり，f の**凸ルーフ (convex roof)** あるいは**凸包**と呼ばれる．$g \not\equiv -\infty$ なら g が $(-\infty, +\infty]$-値であることに注意する．

定理 A.6. $f \ (\not\equiv +\infty)$ は $\mathbb{R}^n$ 上の $(-\infty, +\infty]$-値の関数とし f の凸包を g とする．任意の $x \in \mathbb{R}^n$ に対し

$$g(x) = \inf\left\{\sum_{i=1}^{k} \lambda_i f(x_i) \colon x = \sum_{i=1}^{k} \lambda_i x_i\right\} \tag{A.7}$$

$$= \inf\left\{\sum_{i=1}^{n+1} \lambda_i f(x_i) \colon x = \sum_{i=1}^{n+1} \lambda_i x_i\right\}. \tag{A.8}$$

上の (A.7) の $\inf$ は凸結合による x の表示のすべてについてとり，(A.8) の $\inf$ は高々 $n+1$ 個の凸結合による x の表示についてとる．

証明. まず $x = \sum_{i=1}^{k} \lambda_i x_i$ を x の任意の凸結合表示 $(\lambda_i > 0, x \in \mathbb{R}^n)$ とすると，$g \leq f$ で g は凸関数だから

$$g(x) \leq \sum_{i=1}^{k} \lambda_i g(x) \leq \sum_{i=1}^{k} \lambda_i f(x_i).$$

それゆえ $g(x) \leq$ [(A.7) の inf]．また [(A.7) の inf] $\leq$ [(A.8) の inf] は明らか．

逆に，任意の $x \in \mathbb{R}^n$ と $t > g(x)$ に対し $(x,t) \in \mathrm{epi}\, g = \mathrm{conv}(\mathrm{epi}\, f)$ だから，$(x,t) \in \mathrm{conv}\{(x_i, t_i)\}_{i=1}^m$ である $(x_i, t_i) \in \mathrm{epi}\, f$ $(1 \leq i \leq m)$ がとれる．そこで m はこのような $\{(x_i, t_i)\}_{i=1}^m$ が存在する最小なものとすると，定理 A.5 より $m \leq n+2$ である．さらに $\{(x_i, t_i)\}_{i=1}^m$ が張る超平面で定理 A.5 を用いると，$\Delta := \mathrm{conv}\{(x_i, t_i)\}_{i=1}^m$ は $m-1$ 次元単体でなければならない．いま $m = n+2$ と仮定して $t_0 := \min\{t' \in \mathbb{R} : (x, t') \in \Delta\}$ とすると，$t_0 \leq t$ であり，(x, t_0) は Δ のフェイス (face) の 1 つに属する．よって (x, t_0) は $\{(x_i, t_i)\}_{i=1}^{n+2}$ の $n+1$ 個の凸包に属する．すると $n+1$ 個の (x_i, t_i) に対し $s_i \geq t_i$ がとれて，(x, t) は $n+1$ 個の $(x_i, s_i) \in \mathrm{epi}\, f$ の凸結合になる．これは m のとり方に反する．それゆえ $m \leq n+1$ がいえる．これで [(A.8) の inf] $\leq g(x)$ が示せた． $\square$

$\mathbb{R}^n$ の部分集合上の関数の場合は次が成立する．

命題 A.7. f は $\mathbb{R}^n$ の部分集合 S 上の $(-\infty, +\infty]$-値の関数とし $f \not\equiv +\infty$ とする．S 上で $g \leq f$ を満たす $\mathrm{conv}\, S$ 上の最大の凸関数を g (f の凸ルーフと呼ぶ) とすると，任意の $x \in \mathrm{conv}\, S$ に対し

$$g(x) = \inf\left\{\sum_{i=1}^k \lambda_i f(x_i) : x = \sum_{i=1}^k \lambda_i x_i,\, x_i \in S\right\} \tag{A.9}$$

$$= \inf\left\{\sum_{i=1}^{n+1} \lambda_i f(x_i) : x = \sum_{i=1}^{n+1} \lambda_i x_i,\, x_i \in S\right\}. \tag{A.10}$$

上の (A.9) の inf は $x_i \in S$ の凸結合による x の表示のすべてについてとり，(A.10) の inf は高々 $n+1$ 個の $x_i \in S$ の凸結合による x の表示についてとる．

さらに S がコンパクト集合で f が S 上の実数値連続関数なら，(A.9) と (A.10) の inf は min になる．

証明. f を $\mathbb{R}^n$ 全体に

$$\overline{f}(x) := \begin{cases} f(x) & (x \in S) \\ +\infty & (x \in \mathbb{R}^n \setminus S) \end{cases}$$

と拡張する．$\overline{f}$ に対する (A.6) で定義される関数を $\overline{g}$ とすると $g = \overline{g}|_{\mathrm{conv}\, S}$ が簡単に分かる．したがって (A.9), (A.10) は (A.7), (A.8) で f を $\overline{f}$ に置き換えれば得られる．実際，ある i で $\lambda_i > 0$, $x_i \notin S$ なら $\sum_i \lambda_i \overline{f}(x_i) = +\infty$ だから，$\overline{f}$ に対する (A.7), (A.8) は $x_i \in S$ に制限したものと同じである．

最後の主張は (A.10) について示せば十分．$\Delta_{n+1} := \{(\lambda_i)_{i=1}^{n+1} : \lambda_i \geq 0, \sum_{i=1}^{n+1} \lambda_i = 1\}$ として，$\left((\lambda_i)_{i=1}^{n+1}, (x_i)_{i=1}^{n+1}\right) \mapsto \sum_{i=1}^{n+1} \lambda_i f(x_i)$ はコンパクト集合 $\Delta_{n+1} \times S^{n+1}$ 上で連続だから最小値をとる． $\square$

A.5 相対モジュラー作用素

相対エントロピーを一般の von Neumann 環の設定で定義する目的で Araki [12] によっ

て導入された相対モジュラー作用素について，ここでは有限次元の $B(\mathcal{H})$ の設定で説明する．相対モジュラー作用素は第 4–6 章で基本的に使われる．

$\mathcal{H}$ を有限次元 Hilbert 空間とする．$B(\mathcal{H})$ は **Hilbert–Schmidt 内積** $\langle X, Y \rangle_{\mathrm{HS}} :=$ $\mathrm{Tr}\, X^* Y$ $(X, Y \in B(\mathcal{H}))$ により Hilbert 空間になる．$\rho, \sigma \in B(\mathcal{H})^+$ とする．ρ, σ は $B(\mathcal{H})$ 上の正の汎関数 $X \mapsto \mathrm{Tr}\, \rho X, \mathrm{Tr}\, \sigma X$ $(X \in B(\mathcal{H}))$ を定める．ρ の左掛け算と右掛け算をそれぞれ L_ρ, R_ρ で表す．つまり $L_\rho X := \rho X, R_\rho X := X\rho$ $(X \in B(\mathcal{H}))$．σ^{-1} は σ の一般逆 ($\sigma^0 \mathcal{H}$ に制限した逆作用素)，つまり $\sigma^{-1} := (\sigma|_{\sigma^0 \mathcal{H}})^{-1} \sigma^0$ とする．

有限次元の $B(\mathcal{H})$ の設定では，ρ, σ の**相対モジュラー作用素** $\Delta_{\rho,\sigma}$ は $(B(\mathcal{H}), \langle \cdot, \cdot \rangle_{\mathrm{HS}})$ 上の作用素であり，

$$\Delta_{\rho,\sigma} := L_\rho R_{\sigma^{-1}}$$

と定義できる．$L_\rho, R_{\sigma^{-1}}$ は明らかに可換であり，$\langle X, L_\rho X \rangle_{\mathrm{HS}} = \mathrm{Tr}\, X^* \rho X \geq 0$, $\langle X, R_{\sigma^{-1}} X \rangle_{\mathrm{HS}} = \mathrm{Tr}\, X^* X \sigma^{-1} \geq 0$ だから正作用素である．よって $\Delta_{\rho,\sigma}$ は正作用素である．

命題 A.8. $\rho, \sigma, \rho_i, \sigma_i \in B(\mathcal{H})^+$ $(i = 1, 2)$ とする．
(1) $\Delta_{\rho,\sigma}$ のサポート射影は $s(\Delta_{\rho,\sigma}) = L_{\rho^0} R_{\sigma^0}$.
(2) $\rho_1 \leq \rho_2$ なら $\Delta_{\rho_1,\sigma} \leq \Delta_{\rho_2,\sigma}$. また $s(\sigma_1) = s(\sigma_2)$, $\sigma_1 \leq \sigma_2$ なら $\Delta_{\rho,\sigma_1} \leq \Delta_{\rho,\sigma_2}$.
(3) $\Delta_{\rho_1+\rho_2,\sigma} = \Delta_{\rho_1,\sigma} + \Delta_{\rho_1,\sigma}$.

証明. (1) $L_\rho, R_{\sigma^{-1}}$ は $(B(\mathcal{H}), \langle \cdot, \cdot \rangle_{\mathrm{HS}})$ 上の可換な正作用素だから，

$$s(\Delta_{\rho,\sigma}) = s(L_\rho) s(R_{\sigma^{-1}}) = L_{s(\rho)} R_{s(\sigma^{-1})} = L_{\rho^0} R_{\sigma^0}.$$

(2) $\rho_1 \leq \rho_2$ なら，$L_{\rho_1} \leq L_{\rho_2}$ だから $\Delta_{\rho_1,\sigma} \leq \Delta_{\rho_2,\sigma}$. $s(\sigma_1) = s(\sigma_2)$, $\sigma_1 \leq \sigma_2$ なら，$\sigma_1^{-1} \geq \sigma_2^{-1}$ だから，$R_{\sigma_1^{-1}} \geq R_{\sigma_2^{-1}}$. よって $\Delta_{\rho,\sigma_1} \geq \Delta_{\rho,\sigma_2}$.

(3) は明らか． $\square$

ρ, σ のスペクトル分解を

$$\rho = \sum_{a \in \mathrm{Sp}(\rho)} a P_a, \qquad \sigma = \sum_{b \in \mathrm{Sp}(\sigma)} b Q_b$$

($\mathrm{Sp}(\rho)$ は ρ の固有値 (スペクトル) 全体) と書くと，$L_{P_a} R_{Q_b}$ $(a \in \mathrm{Sp}(\rho), b \in \mathrm{Sp}(\sigma))$ は互いに直交する射影で $\sum_{a,b} L_{P_a} R_{Q_b} = I_{B(\mathcal{H})}$. よって

$$\{t_1, \ldots, t_n\} := \{ab^{-1} \colon a \in \mathrm{Sp}(\rho), b \in \mathrm{Sp}(\sigma), a, b > 0\},$$
$$E_{\rho,\sigma}(t_i) := \sum_{a,b>0,\, ab^{-1}=t_i} L_{P_a} R_{Q_b} \qquad (i = 1, \ldots, n)$$

とすると $s(\Delta_{\rho,\sigma}) = \sum_{i=1}^n E_{\rho,\sigma}(t_i)$ であり，$\Delta_{\rho,\sigma}$ のスペクトル分解は

$$\Delta_{\rho,\sigma} = \sum_{a,b>0} ab^{-1} L_{P_a} R_{Q_b} = \sum_{i=1}^n t_i E_{\rho,\sigma}(t_i) \tag{A.11}$$

と書ける．任意の関数 $f \colon [0, \infty) \to \mathbb{R}$ に対し，$(B(\mathcal{H}), \langle \cdot, \cdot \rangle_{\mathrm{HS}})$ 上の関数カルキュラス

$f(\Delta_{\rho,\sigma}) = f(L_\rho R_{\sigma^{-1}})$ が

$$f(\Delta_{\rho,\sigma}) = f(0)s(\Delta_{\rho,\sigma})^\perp + \sum_{a,b>0} f(ab^{-1}) L_{P_a} R_{Q_b}$$

$$= f(0)s(\Delta_{\rho,\sigma})^\perp + \sum_{i=1}^n f(t_i) E_{\rho,\sigma}(t_i) \tag{A.12}$$

と定まる.

A.6 Schwarz 写像の乗法的領域

ここでは $\Psi\colon B(\mathcal{H}) \to B(\mathcal{K})$ は単位的な Schwarz 写像として, 4.1 節で使う Ψ の乗法的領域について説明する. (以下の説明は Ψ が単位元をもつ一般の C^*-環の間の単位的な Schwarz 写像ならそのまま成立する.)

定義 A.9. Ψ の**乗法的領域 (multiplicative domain)** を

$$\mathcal{M}_\Psi := \{X \in B(\mathcal{H})\colon \Psi(X^*X) = \Psi(X)^*\Psi(X), \Psi(XX^*) = \Psi(X)\Psi(X)^*\}$$

と定める.

命題 A.10. 任意の $X \in B(\mathcal{H})$ に対し

$$\Psi(X^*X) = \Psi(X^*)\Psi(X) \iff \Psi(YX) = \Psi(Y)\Psi(X) \ (Y \in B(\mathcal{H})), \tag{A.13}$$

$$\Psi(XX^*) = \Psi(X)\Psi(X^*) \iff \Psi(XY) = \Psi(X)\Psi(Y) \ (Y \in B(\mathcal{H})). \tag{A.14}$$

よって

$$\mathcal{M}_\Psi = \{X \in B(\mathcal{H})\colon 任意の \ Y \in B(\mathcal{H}) \ に対し$$
$$\Psi(YX) = \Psi(Y)\Psi(X), \Psi(XY) = \Psi(X)\Psi(Y)\}$$

であり, $\mathcal{M}_\Psi$ は $B(\mathcal{H})$ の *-部分環である.

証明. いま

$$\mathcal{R}_\Psi := \{X \in B(\mathcal{H})\colon \Psi(X^*X) = \Psi(X)^*\Psi(X)\},$$
$$\mathcal{L}_\Psi := \{X \in B(\mathcal{H})\colon \Psi(XX^*) = \Psi(X)\Psi(X^*)\}$$

とすると $\mathcal{R}_\Psi^* = \mathcal{L}_\Psi$. (A.14) は (A.13) から直ちに従うから, (A.13) だけ示せばよい. $B(\mathcal{H}) \times B(\mathcal{H})$ 上の $B(\mathcal{K})$-値の双 1 次形式を

$$D(Y_1, Y_2) := \Psi(Y_1^* Y_2) - \Psi(Y_1)^*\Psi(Y_2), \qquad Y_1, Y_2 \in B(\mathcal{H})$$

と定める. Ψ が Schwarz 写像だから $D(Y,Y) \geq 0 \ (Y \in B(\mathcal{H}))$ であり, $X \in \mathcal{R}_\Psi$ つまり $D(X,X) = 0$ なら, 任意の $\xi \in \mathcal{K}$ と $Y \in B(\mathcal{H})$ に対し Schwarz の不等式より

$$|\langle \xi, D(Y,X)\xi \rangle| \leq \langle \xi, D(Y,Y)\xi \rangle^{1/2} \langle \xi, D(X,X)\xi \rangle^{1/2} = 0.$$

よって $D(Y,X) = 0$ だから (A.13) の右側が成立する．逆は (A.13) で $Y = X^*$ とすればよい．(A.13) と (A.14) より $\mathcal{R}_\Psi$ と $\mathcal{L}_\Psi$ が $B(\mathcal{H})$ の部分環であることがいえる．それゆえ $\mathcal{M}_\Psi = \mathcal{R}_\Psi \cap \mathcal{L}_\Psi$ は $B(\mathcal{H})$ の *-部分環である． $\square$

いま Ψ が $B(\mathcal{H})$ からそれ自身への写像のとき，Ψ の不動点集合を

$$\mathcal{F}_\Psi := \{X \in B(\mathcal{H}) \colon \Psi(X) = X\}$$

と定める．一般に $\mathcal{F}_\Psi$ と $\mathcal{M}_\Psi$ の包含関係はない．しかし次が成立する．

命題 A.11. Ψ が $B(\mathcal{H})$ からそれ自身への単位的な Schwarz 写像とする．$\omega \circ \Psi = \omega$ である忠実な正の汎関数 $\omega \in B(\mathcal{H})^*$ が存在するなら，

$$\mathcal{F}_\Psi = \{X \in B(\mathcal{H}) \colon 任意の\ Y \in B(\mathcal{H})\ に対し$$
$$\Psi(YX) = \Psi(Y)X,\ \Psi(XY) = X\Psi(Y)\} \subset \mathcal{M}_\Psi$$

であり，$\mathcal{F}_\Psi$ は $B(\mathcal{H})$ の *-部分環である．

証明. いま $\mathcal{F}_\Psi$ と等しいことを証明すべき与えられた集合を $\mathcal{A}_\Psi$ と書く．$\mathcal{F}_\Psi \supset \mathcal{A}_\Psi$ は明らか ($Y = I$ とおけ)．逆に $X \in \mathcal{F}_\Psi$ なら，$X^*X = \Psi(X)^*\Psi(X) \leq \Psi(X^*X)$ であり $\omega(\Psi(X^*X) - X^*X) = 0$ だから $\Psi(X^*X) = X^*X = \Psi(X)^*\Psi(X)$．同様に $\Psi(XX^*) = XX^* = \Psi(X)\Psi(X)^*$．よって $X \in \mathcal{M}_\Psi$ であり，命題 A.10 より $X \in \mathcal{A}_\Psi$ が分かる．それゆえ $\mathcal{F}_\Psi = \mathcal{A}_\Psi \subset \mathcal{M}_\Psi$ が示せた．最後の主張は $\mathcal{A}_\Psi$ を定める条件から直ぐに分かる． $\square$

例えば，$B(\mathcal{H})$ の $I_\mathcal{H}$ を含む *-部分環 $\mathcal{A}$ に対し $E_\mathcal{A}$ を $B(\mathcal{H})$ から $\mathcal{A}$ へのトレースに関する条件付き期待値 (例 1.11 を見よ) とすると，$\mathcal{M}_{E_\mathcal{A}} = \mathcal{F}_{E_\mathcal{A}} = \mathcal{A}$ である．実際，$\mathcal{F}_{E_\mathcal{A}} = \mathcal{A}$ は明らかであり，$X \in \mathcal{M}_{E_\mathcal{A}}$ なら

$$E_\mathcal{A}((X - E_\mathcal{A}(X))^*(X - E_\mathcal{A}(X))) = E_\mathcal{A}(X^*X) - E_\mathcal{A}(X)^*E_\mathcal{A}(X) = 0$$

だから $\mathrm{Tr}((X - E_\mathcal{A}(X))^*(X - E_\mathcal{A}(X))) = 0$．よって $X = E_\mathcal{A}(X) \in \mathcal{A}$．それゆえ $\mathcal{M}_{E_\mathcal{A}} \subset \mathcal{F}_{E_\mathcal{A}}$．逆は命題 A.11 による．

A.7 POVM の凸集合に関する補題

$\mathcal{H}$ を有限次元 Hilbert 空間とし，$\mathcal{X}$ を有限集合とする．$\mathcal{X}$ を測定値の集合とする $\mathcal{H}$ 上の測定 (POVM) $\mathcal{M} = (M_x)_{x \in \mathcal{X}}$ (つまり $M_x \in B(\mathcal{H})^+$, $\sum_{x \in \mathcal{X}} M_x = I$) の全体を $\mathrm{POVM}(\mathcal{X}, \mathcal{H})$ と表す．$\mathcal{M}_1 = (M_{1x})_{x \in \mathcal{X}}$, $\mathcal{M}_2 = (M_{2x})_{x \in \mathcal{X}} \in \mathrm{POVM}(\mathcal{X}, \mathcal{H})$, $0 \leq \lambda \leq 1$ に対し $\lambda\mathcal{M}_1 + (1-\lambda)\mathcal{M}_2 = (M_x)_{x \in \mathcal{X}} \in \mathrm{POVM}(\mathcal{X}, \mathcal{H})$ を

$$M_x := \lambda M_{1x} + (1-\lambda)M_{2x}, \qquad x \in \mathcal{X}$$

と定めると，$\mathrm{POVM}(\mathcal{X}, \mathcal{H})$ は $B(\mathcal{H})^\mathcal{X}$ の部分集合としてコンパクト凸集合である．

次の補題は 4.4 節で使われる．

補題 A.12. $\mathcal{M}$ が POVM$(\mathcal{X}, \mathcal{H})$ の端点なら

$$|\{x \in \mathcal{X} \colon M_x \neq 0\}| \leq d^2 \quad (\text{ただし } d := \dim \mathcal{H}).$$

証明. すべての $x \in \mathcal{X}$ に対し $M_x \neq 0$ としてよい. $|\mathcal{X}| > d^2$ と仮定して $\mathcal{M}$ が端点でないことを示す. 各 $x \in \mathcal{X}$ に対し $P_x := M_x^0$ (M_x のサポート射影) とおき, $P_x\mathcal{H}$ の正規直交基底 $\{e_{ij}^{(x)}\}_{i=1}^{m_x}$ をとる. 仮定より $\sum_{x \in \mathcal{X}} m_x > d^2$ だから, $\{|e_i^{(x)}\rangle\langle e_j^{(x)}| \colon 1 \leq i, j \leq m_x,\ x \in \mathcal{X}\}$ は $B(\mathcal{H})$ (d^2 次元複素線形空間) で 1 次従属である. よって少なくとも 1 つは 0 でない $\alpha_{ij}^{(x)} \in \mathbb{C}$ ($1 \leq i, j \leq m_x,\ x \in \mathcal{X}$) が存在して

$$\sum_{x \in \mathcal{X}} \sum_{i,j=1}^{m_x} \alpha_{ij}^{(x)} |e_i^{(x)}\rangle\langle e_j^{(x)}| = 0.$$

いま $T_x := \sum_{i,j=1}^{m_x} \alpha_{ij}^{(x)} |e_i^{(x)}\rangle\langle e_j^{(x)}| \in B(P_x\mathcal{H}) = P_x B(\mathcal{H}) P_x$ とすると, 少なくとも 1 つの $x \in \mathcal{X}$ に対し $T_x \neq 0$ であり $\sum_{x \in \mathcal{X}} T_x = 0$. そこで $S_x := \operatorname{Re} T_x$ ($x \in \mathcal{X}$) または $S_x := \operatorname{Im} T_x$ ($x \in \mathcal{X}$) とすると, 少なくとも 1 つの $x \in \mathcal{X}$ に対し $S_x \neq 0$ であり $\sum_{x \in \mathcal{X}} S_x = 0$. さらに十分小さい $\varepsilon > 0$ をとると $-M_x \leq \varepsilon S_x \leq M_x$ ($x \in \mathcal{X}$). そこで

$$M_x' := M_x + \varepsilon S_x, \qquad M_x'' := M_x - \varepsilon S_x \qquad (x \in \mathcal{X})$$

と定めると, $\mathcal{M}' := (M_x')_{x \in \mathcal{X}}$, $\mathcal{M}'' := (M_x'')_{x \in \mathcal{X}} \in \text{POVM}(\mathcal{X}, \mathcal{H})$ であり, $\mathcal{M}' \neq \mathcal{M}''$, $\mathcal{M} = \frac{1}{2}(\mathcal{M}' + \mathcal{M}'')$ だから, $\mathcal{M}$ は POVM$(\mathcal{X}, \mathcal{H})$ の端点でない. $\qquad\square$

A.8　複素補間ノルムと Riesz–Thorin の定理

有限次元 Hilbert 空間 $\mathcal{H}$ の $B(\mathcal{H})$ 上のノルムを考える. $B(\mathcal{H})$ 上の von Neumann–Schatten p-ノルム $\|X\|_p = (\operatorname{Tr}|X|^p)^{1/p}$ について, $\|\cdot\|_p$ ($1 \leq p \leq \infty$) が $\|\cdot\|_\infty$ (作用素ノルム) と $\|\cdot\|_1$ (トレース・ノルム) の複素補間ノルムであることはよく知られている. この節では $\sigma \in B(\mathcal{H})^{++}$ (可逆な正作用素) を固定して, σ に付随する p-ノルムに対する複素補間性を説明する. 以下の議論は $\sigma = I$ とすると, 通常の p-ノルム $\|\cdot\|_p$ の場合に帰着する. この付録の結果は 5.2 節で重要な役割をもつ.

定義 A.13. $1 \leq p \leq \infty$, $1/p + 1/q = 1$ のとき

$$\|X\|_{p,\sigma} := \|\sigma^{-1/2q} X \sigma^{-1/2q}\|_p, \qquad X \in B(\mathcal{H}) \tag{A.15}$$

と定める. また $B(\mathcal{H}) \times B(\mathcal{H})$ 上の双対形式を

$$\langle X, Y \rangle_\sigma := \operatorname{Tr} X \sigma^{-1/2} Y \sigma^{-1/2}, \qquad X, Y \in B(\mathcal{H}) \tag{A.16}$$

と定める.

補題 A.14. $1 \leq p \leq \infty$, $1/p + 1/q = 1$ のとき, (A.15) の $\|\cdot\|_{p,\sigma}$ は $B(\mathcal{H})$ 上のノルムであり, 双対形式 (A.16) により $(B(\mathcal{H}), \|\cdot\|_{q,\sigma})$ は $(B(\mathcal{H}), \|\cdot\|_{p,\sigma})$ の双対空間である. つまり

$$(B(\mathcal{H}), \|\cdot\|_{p,\sigma})^* \cong (B(\mathcal{H}), \|\cdot\|_{q,\sigma}) \quad (\text{等距離同型}).$$

証明. $\|\cdot\|_{p,\sigma}$ がノルムであることは直ぐに分かる. 定理 1.51 の下で述べたように, 双対形式 $(X,Y) \mapsto \mathrm{Tr}\,XY$ により $(B(\mathcal{H}), \|\cdot\|_p)^* \cong (B(\mathcal{H}), \|\cdot\|_q)$ (等距離同型) だから, 任意の $Y \in B(\mathcal{H})$ に対し

$$
\begin{aligned}
\|Y\|_{q,\sigma} &= \|\sigma^{-1/2p}Y\sigma^{-1/2p}\|_q = \sup_{\|X\|_p=1} |\mathrm{Tr}\,X\sigma^{-1/2p}Y\sigma^{-1/2p}| \\
&= \sup_{\|X\|_{p,\sigma}=1} |\mathrm{Tr}\,\sigma^{-1/2q}X\sigma^{-1/2p}\sigma^{-1/2p}Y\sigma^{-1/2p}| \\
&= \sup_{\|X\|_{p,\sigma}=1} |\mathrm{Tr}\,X\sigma^{-1/2}Y\sigma^{-1/2}| = \sup_{\|X\|_{p,\sigma}=1} |\langle X,Y\rangle_\sigma|.
\end{aligned}
$$

よって双対性の主張がいえた. $\qquad\square$

　ここで複素補間ノルムの定義について有限次元の簡易化された設定で触れておく. まずよく知られた **Hadamard の 3 線定理**を証明なしで与える.

補題 A.15 (3 線定理). $f\colon \{0 \leq \mathrm{Re}\,z \leq 1\} \to \mathbb{C}$ が有界連続で $0 < \mathrm{Re}\,z < 1$ で正則ならば, 任意の $\theta \in [0,1]$ に対し

$$
|f(\theta)| \leq \left(\sup_{t\in\mathbb{R}} |f(it)|\right)^{1-\theta} \left(\sup_{t\in\mathbb{R}} |f(1+it)|\right)^\theta.
$$

$\mathcal{V}$ を有限次元ベクトル空間とし, $\|\cdot\|_0, \|\cdot\|_1$ を $\mathcal{V}$ 上の 2 つのノルムとする. $\mathcal{V}$ は任意のノルム (有限次元空間上のノルムはすべて同値) で Banach 空間とみなす. さて, 有界連続な関数 $f\colon 0 \leq \mathrm{Re}\,z \leq 1 \to \mathcal{V}$ で $0 < \mathrm{Re}\,z < 1$ で正則なもの全体を $\mathcal{F} = \mathcal{F}(\mathcal{V})$ で表す. 任意の $f \in \mathcal{F}$ に対し

$$
\|f\|_\mathcal{F} := \max\left\{\sup_{t\in\mathbb{R}} \|f(it)\|_0, \sup_{t\in\mathbb{R}} \|f(1+it)\|_1\right\}
$$

と定め, 任意の $\theta \in (0,1)$ に対し

$$
\|x\|_{C_\theta} := \inf\{\|f\|_\mathcal{F}\colon f(\theta) = x\}, \qquad x \in \mathcal{V}
$$

と定めると, $\|\cdot\|_{C_\theta}$ は $\mathcal{V}$ 上のノルムになる. これを $\|\cdot\|_0$ と $\|\cdot\|_1$ の**複素補間ノルム**という. $(\mathcal{V}, \|\cdot\|_{C_\theta})$ を $(\mathcal{V}, \|\cdot\|_0)$ と $(\mathcal{V}, \|\cdot\|_1)$ の**複素補間 (Banach) 空間**と呼び

$$
(\mathcal{V}, \|\cdot\|_{C_\theta}) = C_\theta((\mathcal{V}, \|\cdot\|_0), (\mathcal{V}, \|\cdot\|_1))
$$

と書く. (関数 $f \in \mathcal{F}$ として $\|f(it)\|, \|f(1+it)\| \to 0 \ (|t| \to \infty)$ も仮定するのが通常のやり方であるが, ここでの設定ではこの仮定を付けなくても同じである.)

定理 A.16. $1 \leq p_1 < p_0 \leq \infty$ とすると, 任意の $\theta \in (0,1)$ に対し

$$
\frac{1}{p_\theta} = \frac{1-\theta}{p_0} + \frac{\theta}{p_1}
$$

とすると,

$$
(B(\mathcal{H}), \|\cdot\|_{p_\theta,\sigma}) = C_\theta((B(\mathcal{H}), \|\cdot\|_{p_0,\sigma}), (B(\mathcal{H}), \|\cdot\|_{p_1,\sigma})).
$$

つまり $\|\cdot\|_{p_\theta,\sigma}$ は $\|\cdot\|_{p_0,\sigma}$ と $\|\cdot\|_{p_1,\sigma}$ の複素補間ノルムである.

証明. $1/p_i + 1/q_i = 1$ $(i = 0, 1)$, $1/p_\theta + 1/q_\theta = 1$ とする. よって $1/q_\theta = (1-\theta)/q_0 + \theta/q_1$. $\mathcal{F} = \mathcal{F}(B(\mathcal{H}))$ とおき次の2つを示せばよい:

(a) 任意の $f \in \mathcal{F}$ に対し $\|f(\theta)\|_{p_\theta,\sigma} \le \|f\|_{\mathcal{F}}$.

(b) 任意の $X \in B(\mathcal{H})$ に対し $f(\theta) = X$ を満たす $f \in \mathcal{F}$ が存在して $\|X\|_{p_\theta,\sigma} = \|f\|_{\mathcal{F}}$.

(a) を示す. 補題 A.14 より $\|X\|_{q_\theta,\sigma} = 1$ で $\|f(\theta)\|_{p_\theta,\sigma} = \langle X, f(\theta) \rangle_\sigma$ を満たす $X \in B(\mathcal{H})$ が存在する. $\|X\|_{q_\theta,\sigma} = 1$ だから $\left\|\sigma^{-\frac{1}{2p_\theta}} X \sigma^{-\frac{1}{2p_\theta}}\right\|_{q_\theta} = 1$. よって $\sigma^{-\frac{1}{2p_\theta}} X \sigma^{-\frac{1}{2p_\theta}}$ を極分解すると, $D \ge 0$ とユニタリ作用素 U が存在して

$$X = \sigma^{\frac{1}{2p_\theta}} U D^{1/q_\theta} \sigma^{\frac{1}{2p_\theta}}, \qquad \mathrm{Tr}\, D = 1$$

と書ける. そこで $0 \le \mathrm{Re}\, z \le 1$ に対し

$$X(z) := \sigma^{\frac{1}{2}(\frac{1-z}{p_0} + \frac{z}{p_1})} U D^{\frac{1-z}{q_0} + \frac{z}{q_1}} \sigma^{\frac{1}{2}(\frac{1-z}{p_0} + \frac{z}{p_1})},$$
$$g(z) := \langle X(z), f(z) \rangle_\sigma = \mathrm{Tr}\, X(z) \sigma^{-1/2} f(z) \sigma^{-1/2}$$

と定める. $X(\theta) = X$ だから $\|f(\theta)\|_{p_\theta,\sigma} = g(\theta)$. $X(z)$ が $0 \le \mathrm{Re}\, z \le 1$ で有界連続で $0 < \mathrm{Re}\, z < 1$ で正則であるから, $g(z)$ もそうである. よって補題 A.15 より

$$\|f(\theta)\|_{p_\theta,\sigma} \le \left(\sup_{t \in \mathbb{R}} |g(it)|\right)^{1-\theta} \left(\sup_{t \in \mathbb{R}} |g(1+it)|\right)^\theta$$
$$\le \left(\sup_{t \in \mathbb{R}} \|X(it)\|_{q_0,\sigma} \|f(it)\|_{p_0,\sigma}\right)^{1-\theta}$$
$$\cdot \left(\sup_{t \in \mathbb{R}} \|X(1+it)\|_{q_1,\sigma} \|f(1+it)\|_{p_1,\sigma}\right)^\theta \quad \text{(補題 A.14 より)}.$$

ところで

$$\|X(it)\|_{q_0,\sigma} = \left\|\sigma^{\frac{it}{2}(-\frac{1}{p_0} + \frac{1}{p_1})} U D^{1/q_0} D^{it(-\frac{1}{q_0} + \frac{1}{q_1})} \sigma^{\frac{it}{2}(-\frac{1}{p_0} + \frac{1}{p_1})}\right\|_{q_0}$$
$$= \|D^{1/q_0}\|_{q_0} = 1,$$
$$\|X(1+it)\|_{q_1,\sigma} = \left\|\sigma^{\frac{it}{2}(-\frac{1}{p_0} + \frac{1}{p_1})} U D^{1/q_1} D^{it(-\frac{1}{q_0} + \frac{1}{q_1})} \sigma^{\frac{it}{2}(-\frac{1}{p_0} + \frac{1}{p_1})}\right\|_{q_1}$$
$$= \|D^{1/q_1}\|_{q_1} = 1.$$

(ただし $D^{it(-\frac{1}{q_0} + \frac{1}{q_1})}$ は $\ker D$ 上では $0^{it(-\frac{1}{q_0} + \frac{1}{q_1})} = 1$ として定める.) それゆえ

$$\|f(\theta)\|_{p_\theta} \le \left(\sup_{t \in \mathbb{R}} \|f(it)\|_{p_0,\sigma}\right)^{1-\theta} \left(\sup_{t \in \mathbb{R}} \|f(1+it)\|_{p_1,\sigma}\right)^\theta \le \|f\|_{\mathcal{F}}$$

であり (a) が示せた.

次に (b) を示す. $\|X\|_{p_\theta,\sigma} = \left\|\sigma^{-\frac{1}{2q_\theta}} X \sigma^{-\frac{1}{2q_\theta}}\right\|_{p_\theta} = 1$ としてよい. 極分解すると, $D \ge 0$ とユニタリ作用素 U が存在して

$$X = \sigma^{\frac{1}{2q_\theta}} U D^{1/p_\theta} \sigma^{\frac{1}{2q_\theta}}, \qquad \mathrm{Tr}\, D = 1 \tag{A.17}$$

と書ける. そこで

$$f(z) := \sigma^{\frac{1}{2}(\frac{1-z}{q_0} + \frac{z}{q_1})} U D^{\frac{1-z}{p_0} + \frac{z}{p_1}} \sigma^{\frac{1}{2}(\frac{1-z}{q_0} + \frac{z}{q_1})} \quad (0 \le \mathrm{Re}\, z \le 1) \tag{A.18}$$

と定めると, $f(z)$ は $0 \le \mathrm{Re}\, z \le 1$ 上で有界連続で $0 < \mathrm{Re}\, z < 1$ で正則であり, $f(\theta) = X$

を満たす. さらに

$$\|f(it)\|_{p_0,\sigma} = \left\|\sigma^{\frac{it}{2}\left(-\frac{1}{q_0}+\frac{1}{q_1}\right)} U D^{1/p_0} D^{it\left(-\frac{1}{p_0}+\frac{1}{p_1}\right)} \sigma^{\frac{it}{2}\left(-\frac{1}{q_0}+\frac{1}{q_1}\right)}\right\|_{p_0} \tag{A.19}$$
$$= \|D^{1/p_0}\|_{p_0} = 1,$$

$$\|f(1+it)\|_{p_1,\sigma} = \left\|\sigma^{\frac{it}{2}\left(-\frac{1}{q_0}+\frac{1}{q_1}\right)} U D^{1/p_1} D^{it\left(-\frac{1}{p_0}+\frac{1}{p_1}\right)} \sigma^{\frac{it}{2}\left(-\frac{1}{q_0}+\frac{1}{q_1}\right)}\right\|_{p_1} \tag{A.20}$$
$$= \|D^{1/p_1}\|_{p_1} = 1.$$

よって $\|f\|_{\mathcal{F}} = 1 = \|X\|_{p_\theta,\sigma}$ が示せた. $\qquad\square$

上の定理で特に $p_0 = \infty$, $p_1 = 1$, $\theta = 1/p$ とすると次がいえる: 任意の $p \in (1,\infty)$ に対し

$$(B(\mathcal{H}), \|\cdot\|_{p,\sigma}) = C_{1/p}((B(\mathcal{H}), \|\cdot\|_{\infty,\sigma}), (B(\mathcal{H}), \|\cdot\|_1)).$$

つまり $\|\cdot\|_{p,\sigma}$ は $\|\cdot\|_{\infty,\sigma}$ と $\|\cdot\|_1$ の複素補間ノルムである.

いま $\Psi: B(\mathcal{H}) \to B(\mathcal{K})$ ($\mathcal{K}$ も有限次元 Hilbert 空間) は線形写像とし, $\sigma \in B(\mathcal{H})^{++}$, $\hat{\sigma} \in B(\mathcal{K})^{++}$ とする. $1 \le p, \hat{p} \le \infty$ に対し, Ψ を

$$\Psi: (B(\mathcal{H}), \|\cdot\|_{p,\sigma}) \to (B(\mathcal{K}), \|\cdot\|_{\hat{p},\hat{\sigma}})$$

としたときのノルムを $\|\Psi\|_{(p,\sigma)\to(\hat{p},\hat{\sigma})}$ と表す. つまり

$$\|\Psi\|_{(p,\sigma)\to(\hat{p},\hat{\sigma})} = \sup_{X \in B(\mathcal{H}),\, X \neq 0} \frac{\|\Psi(X)\|_{\hat{p},\hat{\sigma}}}{\|X\|_{p,\sigma}}. \tag{A.21}$$

Banach 空間の複素補間理論で成立する一般的な **Riesz–Thorin の定理** を定理 A.16 の場合に適用すると次が得られる. ここでは直接証明を与えておく.

定理 A.17. Ψ, σ, $\hat{\sigma}$ は上の通りとし, $1 \le p_1 < p_0 \le \infty$, $1 \le \hat{p}_1 < \hat{p}_0 \le \infty$ とする. 任意の $\theta \in (0,1)$ に対して $1/p_\theta = (1-\theta)/p_0 + \theta/p_1$, $1/\hat{p}_\theta = (1-\theta)/\hat{p}_0 + \theta/\hat{p}_1$ とすると,

$$\|\Psi\|_{(p_\theta,\sigma)\to(\hat{p}_\theta,\hat{\sigma})} \le \|\Psi\|_{(p_0,\sigma)\to(\hat{p}_0,\hat{\sigma})}^{1-\theta} \|\Psi\|_{(p_1,\sigma)\to(\hat{p}_1,\hat{\sigma})}^{\theta}.$$

証明. $X \in B(\mathcal{H})$, $\|X\|_{p_\theta,\sigma} = 1$ とする. X を (A.17) のように書き, $f \in \mathcal{F}(B(\mathcal{H}))$ を (A.18) で定める. さらに $\hat{f}(z) := \Psi(f(z))$ と定めると $\hat{f} \in \mathcal{F}(B(\mathcal{K}))$ であり, $f(\theta) = X$ より $\hat{f}(\theta) = \Psi(X)$. よって定理 A.16 より

$$\|\Psi(X)\|_{\hat{p}_\theta,\hat{\sigma}} \le \left(\sup_{t\in\mathbb{R}} \|\hat{f}(it)\|_{\hat{p}_0,\hat{\sigma}}\right)^{1-\theta} \left(\sup_{t\in\mathbb{R}} \|\hat{f}(1+it)\|_{\hat{p}_1,\hat{\sigma}}\right)^{\theta}$$

$$\le \left(\sup_{t\in\mathbb{R}} \|\Psi\|_{(p_0,\sigma)\to(\hat{p}_0,\hat{\sigma})} \|f(it)\|_{p_0,\sigma}\right)^{1-\theta}$$

$$\cdot \left(\sup_{t\in\mathbb{R}} \|\Psi\|_{(p_1,\sigma)\to(\hat{p}_1,\hat{\sigma})} \|f(1+it)\|_{p_1,\sigma}\right)^{\theta}$$

$$= \|\Psi\|_{(p_0,\sigma)\to(\hat{p}_0,\hat{\sigma})} \|\Psi\|_{(p_1,\sigma)\to(\hat{p}_1,\hat{\sigma})} \quad ((A.19), (A.20) \text{ より}).$$

これより結論がいえる. $\qquad\square$

A.9　Fekete の補題

劣 (または優) 加法的な数列の収束に関する次の補題は **Fekete の補題**と呼ばれ有用である．これは 5.4 節で使われる．

補題 A.18. $\{a_n\}$ が $[-\infty, +\infty)$ に値をもつ劣加法的，つまり $a_{m+n} \leq a_m + a_n$ $(m, n \geq 1)$ である数列とすると，$\lim_{n \to \infty} \frac{a_n}{n}$ が $[-\infty, +\infty)$ に存在して

$$\lim_{n \to \infty} \frac{a_n}{n} = \inf_{n \geq 1} \frac{a_n}{n}.$$

また，$\{a_n\}$ が $(-\infty, +\infty]$ に値をもつ優加法的，つまり $a_{m+n} \geq a_m + a_n$ $(m, n \geq 1)$ である数列とすると，$\lim_{n \to \infty} \frac{a_n}{n}$ が $(-\infty, +\infty]$ に存在して

$$\lim_{n \to \infty} \frac{a_n}{n} = \sup_{n \geq 1} \frac{a_n}{n}.$$

証明. 前半だけ証明する．(後半の証明も同様．あるいは $\{-a_n\}$ に前半を適用すればよい.) $\{a_n\}$ は劣加法的として $\alpha := \inf_{n \geq 1} \frac{a_n}{n}$ とする．任意の実数 $\beta > \alpha$ に対し $m \geq 1$ が存在して $\frac{a_m}{m} < \beta$．任意の $n \geq m$ に対し $n = km + r$ $(0 \leq r < m)$ とすると，劣加法性より

$$a_n \leq k a_m + a_r \leq k m \beta + a_r.$$

$v := \max\{0, a_1, \ldots, a_{m-1}\} \in [0, +\infty)$ とすると

$$\frac{a_n}{n} \leq \frac{km}{n} \beta + \frac{v}{n}.$$

$n \to \infty$ なら $\frac{km}{n} \to 1$, $\frac{v}{n} \to 0$ だから $\limsup_{n \to \infty} \frac{a_n}{n} \leq \beta$．よって $\beta \searrow \alpha$ として

$$\limsup_{n \to \infty} \frac{a_n}{n} \leq \alpha = \inf_{n \geq 1} \frac{a_n}{n} \leq \liminf_{n \to \infty} \frac{a_n}{n}.$$

これより結論を得る． $\qquad\square$

A.10　ピンチングに関する補題

$\mathcal{H}$ は有限次元の Hilbert 空間とし，$A \in B(\mathcal{H})^{\mathrm{sa}}$ のスペクトル分解を $A = \sum_{i=1}^{k} a_i E_i$ とする．A の相異なる固有値の個数 k を $v(A)$ で表す．A に付随する**ピンチング**を

$$\mathcal{P}_A(X) := \sum_{i=1}^{k} E_i X E_i, \qquad X \in B(\mathcal{H})$$

と定める．$\mathcal{P}_A$ は $B(\mathcal{H})$ から $\{A\}'$ $(:= \{X \in B(\mathcal{H}) : XA = AX\})$ への Tr を保存する**条件付き期待値** (例 1.11 参照) であることに注意する．

次の補題は 5.4 節および 6.5 節で使われる．

補題 A.19. (1) 任意の $B \in B(\mathcal{H})^+$ に対し $B \leq v(A)\mathcal{P}_A(B)$．
(2) $\lim_{n \to \infty} \frac{1}{n} \log v(A^{\otimes n}) = 0$．

証明. (1) 線形性より $B = |u\rangle\langle u|$ ($u \in \mathcal{H}$) に対して示せば十分である. 上記の A のスペクトル分解により, 任意の $\xi \in \mathcal{H}$ に対し

$$\langle \xi, |u\rangle\langle u|\xi\rangle = |\langle u, \xi\rangle|^2 = \left|\sum_{i=1}^{k} \langle u, E_i\xi\rangle\right|^2 \leq k \sum_{i=1}^{k} |\langle u, E_i\xi\rangle|^2$$

$$= k \sum_{i=1}^{k} \langle \xi, E_i(|u\rangle\langle u|)E_i\xi\rangle| = k\langle \xi, \mathcal{P}_A(|u\rangle\langle u|)\xi\rangle.$$

(2) $A^{\otimes n}$ の固有値は $a_1^{n_1} \ldots a_k^{n_k}$ ($n_i \geq 0$, $\sum_{i=1}^{k} n_i = n$) からなる. よって $v(A^{\otimes n}) \leq (n+1)^k$ であるから, $\frac{1}{n} \log v(A^{\otimes n}) \leq k\frac{\log(n+1)}{n} \to 0$ ($n \to \infty$). $\square$

A.11 漸近極限の公式

非負の実数列 $\{x_n\}$, $\{y_n\}$ に対して次が成立:

$$\limsup_{n\to\infty} \frac{1}{n} \log(x_n + y_n) = \max\left\{\limsup_{n\to\infty} \frac{1}{n} \log x_n, \limsup_{n\to\infty} \frac{1}{n} \log y_n\right\}, \tag{A.22}$$

$$\liminf_{n\to\infty} \frac{1}{n} \log(x_n + y_n) \geq \max\left\{\liminf_{n\to\infty} \frac{1}{n} \log x_n, \liminf_{n\to\infty} \frac{1}{n} \log y_n\right\}, \tag{A.23}$$

$$\liminf_{n\to\infty} \frac{1}{n} \log(x_n + y_n) \leq \max\left\{\liminf_{n\to\infty} \frac{1}{n} \log x_n, \limsup_{n\to\infty} \frac{1}{n} \log y_n\right\}. \tag{A.24}$$

(A.24) は 6.3, 6.5 節で使う. (A.22) と (A.23) は本書で使わないが便宜的に書いた. (これらの証明は読者の演習問題としておく.)

A.12 大偏差原理 (Cramér の定理)

大偏差原理は強力で応用範囲の広い確率論の定理である. 大別して, 古典的な Cramér の定理, Gärtner–Ellis の定理, Sanov の定理の 3 つのタイプがある. 本格的な解説は [41], [42] などに譲ることにして, ここでは 6.2 節および 6.5 節で使われる Cramér の定理についてだけごく簡単に説明する.

確率空間 $(\Omega, \boldsymbol{P})$ 上の独立同分布 (i.i.d.) の実数値確率変数の列 $(X_1, X_2, \ldots)$ が与えられたとする. 各 X_k の同一の確率分布 ($\mathbb{R}$ 上の確率) を μ とする. 各 $n \in \mathbb{N}$ に対し

$$U_n := \frac{1}{n} \sum_{k=1}^{n} X_k$$

と定めて, U_n の確率分布を $\mu_n = \mu_{U_n}$ とする. つまり, 任意の Borel 集合 $\Gamma \subset \mathbb{R}$ に対し

$$\mu_n(\Gamma) = \boldsymbol{P}(\{U_n \in \Gamma\}).$$

対数モーメント母関数 (logarithmic moment generating function) と呼ばれる $\mathbb{R}$ 上の関数を

$$\Lambda(s) := \log \boldsymbol{E}(e^{sX_1}) = \log \int_{\mathbb{R}} e^{sx} \, d\mu(x), \qquad s \in \mathbb{R} \tag{A.25}$$

と定める. さらに, Λ の **Fenchel–Legendre 変換**を

$$\Lambda^*(x) := \sup_{s\in\mathbb{R}}\{sx - \Lambda(s)\}, \qquad x \in \mathbb{R} \tag{A.26}$$

と定める．このとき，次の **Cramér の定理**が成立する．

定理 A.20. 上の仮定と定義の下で，確立分布の列 (μ_n) がレイト関数 Λ^* をもつ大偏差原理を満たす．つまり，以下の 2 つが成立する：

(a) 上限性：任意の閉集合 $F \subset \mathbb{R}$ に対し

$$\limsup_{n\to\infty} \frac{1}{n}\log\mu_n(F) \leq -\inf_{x\in F}\Lambda^*(x).$$

(b) 下限性：任意の開集合 $G \subset \mathbb{R}$ に対し

$$\liminf_{n\to\infty} \frac{1}{n}\log\mu_n(G) \geq -\inf_{x\in G}\Lambda^*(x).$$

例えば，$a, b \in \mathbb{R}$, $a < b$ として，$\Lambda^*(x)$ が a, b で連続なら，

$$\lim_{n\to\infty}\frac{1}{n}\log\boldsymbol{P}(\{a < U_n < b\}) = \lim_{n\to\infty}\frac{1}{n}\log\boldsymbol{P}(\{a \leq U_n \leq b\}) = -\inf_{a<x<b}\Lambda^*(x)$$

がいえる．よって

$$\boldsymbol{P}(a < U_n < b) \approx \exp\left\{-n\inf_{a<x<b}\Lambda^*(x)\right\}$$

となる．

A.13 Minimax 定理

数学のいろいろな場面で有用な **minimax 定理**は種々のものが知られているが，ここでは 7.1 節で使われる範囲に限定して解説する．

次の **Sion の minimax 定理**は minimax 定理として標準的なものである．

定理 A.21. X は線形位相空間のコンパクト凸集合とし，Y は線形位相空間の凸集合とする．関数 $f\colon X \times Y \to \mathbb{R}$ が次を満たすとする：

(i) 任意の $y \in Y$ に対し $f(\cdot, y)$ は X 上で下半連続かつ擬凸 (quasi-convex)，つまり任意の $c \in \mathbb{R}$ に対し $\{x \in X : f(x, y) \leq c\}$ は凸集合．

(ii) 任意の $x \in X$ に対し $f(x, \cdot)$ は Y 上で擬凹 (quasi-concave)，つまり任意の $c \in \mathbb{R}$ に対し $\{y \in Y : f(x, y) \geq c\}$ は凹集合．

このとき

$$\min_{x\in X}\sup_{y\in Y} f(x, y) = \sup_{y\in Y}\min_{x\in X} f(x, y).$$

量子ダイバージェンスに関連する関数は $\mathbb{R} \cup \{+\infty\}$ に値をもつことが多く，次の補題はしばしば有用である．

補題 A.22. X はコンパクト集合とし，Y は有向集合とする．関数 $f\colon X \times Y \to \mathbb{R} \cup \{\pm\infty\}$ が次を満たすとする：

(i) 任意の $y \in Y$ に対し $f(\cdot, y)$ は X 上で下半連続 (また上半連続).

(ii) 任意の $x \in X$ に対し $f(x, \cdot)$ は Y 上で単調増加 (また単調減少).

このとき

$$\min_{x \in X} \sup_{y \in Y} f(x,y) = \sup_{y \in Y} \min_{x \in X} f(x,y) \quad \left(\text{また} \max_{x \in X} \inf_{y \in Y} f(x,y) = \inf_{y \in Y} \max_{x \in X} f(x,y) \right).$$

証明. (i) の下半連続性より $f(\cdot, y)$ および $\sup_y f(\cdot, y)$ は X 上で min をとる. Minimax 等式を示すには

$$\min_{x \in X} \sup_{y \in Y} f(x,y) \leq \sup_{y \in Y} \min_{x \in X} f(x,y) \tag{A.27}$$

を示せば十分である (逆向きの不等号は明らか). いま $c < \min_x \sup_y f(x,y)$ とすると, 任意の $x \in X$ に対し $y \in Y$ が存在して $f(x,y) > c$, つまり $\bigcap_{y \in Y} \{x: f(x,y) \leq c\} = \emptyset$ が成立する. 各 $\{x: f(x,y) \leq c\}$ は閉集合だから, 有限個の $y_1, \ldots, y_k \in Y$ が存在して $\bigcap_{i=1}^{k} \{x: f(x,y_i) \leq c\} = \emptyset$, つまり $c < \min_x \max_{1 \leq i \leq k} f(x,y_i)$. Y は有向集合だから, $y_i \leq y_0$ $(1 \leq i \leq k)$ である $y_0 \in Y$ がとれる. このとき (ii) より $\max_{1 \leq i \leq k} f(x,y_i) \leq f(x,y_0)$ がすべての $x \in X$ に対し成立するから,

$$c < \min_{x \in X} f(x,y_0) \leq \sup_{y \in Y} \min_{x \in X} f(x,y)$$

である. これで (A.27) が示せた. もう一方の場合は上の場合を $-f$ に適用すれば直ぐに分かる. □

A.14　文献ノート

　A.1 節は命題 2.14 の Fannes の不等式の証明の補足である. Fannes の不等式の証明は [122, p. 23] と [118, p. 512] にあるがこの部分は省略されている. 補題 A.3 は [66] の Appendix A からとった. A.4 節は [134] を参考にした. A.5 節の相対モジュラー作用素は Araki [12] によって相対エントロピーを一般の von Neumann 環の場合に拡張するために導入された. この概念は正の汎関数 ρ, σ に対する一種の Radon–Nikodym 微分であり, von Neumann 環上の非可換解析で極めて有用である. A.5 節では有限次元の $B(\mathcal{H})$ の設定で簡潔に説明したが, モノグラフ [69], [70] に詳しい解説がある. A.6 節の乗法的領域に関する命題 A.10 は Ψ が単位的な 2-正写像のときに Choi [30] によって証明された. この証明は [1] に基づいた. A.7 節は [38] を参考にした. A.8 節の複素補間 L^p-ノルムは, 5.5 節で述べたように Kosaki [92] により von Neumann 環の設定で導入された. A.10 節のピンチングについては Hayashi [57] の 3.8 節の説明を参考にした. ピンチングの手法は以前の論文 [76] でも使われた. A.12 節の大偏差原理の本格的な解説は Dembo–Zeitouni [41] と Deuschel–Stroock [42] が詳しい (コンパクトな解説が Hiai [64] にもある). A.13 節の Sion の minimax 定理は [139]. これは有名な von Neumann の minimax 定理の一般化である. Sion の定理の短い証明が Komiya [90] にある.

参考文献

[1] L. Accardi and C. Cecchini, Conditional expectations in von Neumann algebras and a theorem of Takesaki, *J. Funct. Anal.* **45** (1982), 245–273.

[2] P.M. Alberti, A note on the transition probability over C^*-algebras, *Lett. Math. Phys.* **7** (1983), 25–32.

[3] P.M. Alberti and A. Uhlmann, On Bures distance and $*$-algebraic transition probability between inner derived positive linear forms over W^*-algebras, *Acta Appl. Math.* **60** (2000), 1–37.

[4] R. Alicki and M. Fannes, Continuity of quantum conditional information, *J. Phys. A: Math. Gen.* **37** (2004), L55–L57.

[5] T. Ando, Concavity of certain maps on positive definite matrices and applications to Hadamard Products, *Linear Algebra Appl.* **26** (1979), 203–241.

[6] T. Ando, Majorization, doubly stochastic matrices, and comparison of eigenvalues, *Linear Algebra Appl.* **118** (1989), 163–248.

[7] T. Ando, Majorization and inequalities in matrix theory, *Linear Algebra Appl.* **199** (1994), 17–67.

[8] T. Ando and F. Hiai, Log majorization and complementary Golden–Thompson type inequalities, *Linear Algebra Appl.* **197** (1994), 113–131.

[9] T. Ando and F. Hiai, Operator log-convex functions and operator means, *Math. Ann.* **350** (2011), 611–630.

[10] H. Araki, Relative Hamiltonian for faithful normal states of a von Neumann algebra, *Publ. Res. Inst. Math. Sci.* **9** (1973), 165–209.

[11] H. Araki, Relative entropy of states of von Neumann algebras, *Publ. Res. Inst. Math. Sci.* **11** (1976), 809–833.

[12] H. Araki, Relative entropy for states of von Neumann algebras II, *Publ. Res. Inst. Math. Sci.* **13** (1977), 173–192.

[13] H. Araki, On an inequality of Lieb and Thirring, *Lett. Math. Phys.* **19** (1990), 167–170.

[14] H. Araki and E.H. Lieb, Entropy Inequalities, *Comm. Math. Phys.* **18** (1970), 160–170.

[15] H. Araki and T. Masuda, Positive Cones and L_p-Spaces for von Neumann Algebras, *Publ. Res. Inst. Math. Sci.* **18** (1982), 339–411.

[16] K.M.R. Audenaert, J. Calsamiglia, Ll. Masanes, R. Muñoz-Tapia, A. Acin, E. Bagan and F. Verstraete, Discriminating states: the quantum Chernoff bound, *Phys. Rev. Lett.* **98** (2007), 160501, 4 pp.

[17] K.M.R. Audenaert and N. Datta, α-z-relative entropies, *J. Math. Phys.* **56** (2015), 022202, 16 pp.

[18] S. Beigi, Sandwiched Rényi divergence satisfies data processing inequality, *J. Math. Phys.* **54** (2013), 122202, 11 pp.

[19] V.P. Belavkin and P. Staszewski, C^*-algebraic generalization of relative entropy and entropy, *Ann. Inst. H. Poincaré Phys. Théor.* **37** (1982), 51–58.

[20] I. Bengtsson and K. Życzkowski, *Geometry of Quantum States: An Introduction to Quantum Entanglement*, Cambridge Univ. Press, Cambridge, 2006.

[21] C.H. Bennett, D.P. DiVincenzo, J.A. Smolin and W.K. Wootters, Mixed-state entanglement and quantum error correction, *Phys. Rev. A* **54** (1996), 3824–3851.

[22] M. Berta, O. Fawzi and M. Tomamichel, On variational expressions for quantum relative entropies, *Lett. Math. Phys.* **107** (2017), 2239–2265.

[23] M. Berta, V.B. Scholz and M. Tomamichel, Rényi divergences as weighted non-commutative vector valued L_p-spaces, *Ann. Henri Poincaré* **19** (2018), 1843–1867.

[24] R. Bhatia, *Matrix Analysis*, Springer, New York, 1996.

[25] R. Bhatia, *Positive Definite Matrices*, Princeton Univ. Press, Princeton, 2007.

[26] F.G.S.L. Brandão, M. Christandl and J. Yard, Faithful squashed entanglement, *Comm. Math. Phys.* **306** (2011), 805–830.

[27] E.A. Carlen, On some convexity and monotonicity inequalities of Elliott Lieb, Preprint, 2022, arXiv:2202.03591 [math.FA].

[28] E.A. Carlen, R.L. Frank and E.H. Lieb, Inequalities for quantum divergences and the Audenaert–Datta conjecture, *J. Phys. A: Math. Theor.* **51** (2018), 483001, 23 pp.

[29] E.A. Carlen and E.H. Lieb, A Minkowski-type trace inequality and strong subadditivity of quantum entropy II: Convexity and concavity, *Lett. Math. Phys.* **83** (2008), 107–126.

[30] M.-D. Choi, A Schwarz inequality for positive linear maps on C^*-algebras, *Illinois J. Math.* **18** (1974), 565–574.

[31] M.-D. Choi, Completely positive linear maps on complex matrices, *Linear Algebra Appl.* **10** (1975), 285–290.

[32] M.-D. Choi, Positive semidefinite biquadratic forms, *Linear Algebra Appl.* **12** (1975), 95–100.

[33] M.-D. Choi, Some assorted inequalities for positive linear maps on C^*-algebras, *J. Operator Theory* **4** (1980), 271–285.

[34] M. Christandl and A. Winter, "Squashed entanglement": An additive entanglement measure, *J. Math. Phys.* **45** (2004), 829–840.

[35] B.S. Cirel'son, Quantum generalizations of Bell's inequality, *Lett. Math. Phys.* **4** (1980), 93–100.

[36] T.M. Cover and J.A. Thomas, *Elements of Information Theory*, 2nd ed., Wiley-Interscience [John Wiley & Sons], Hoboken, NJ, 2006.

[37] I. Csiszár, Information-type measures of difference of probability distributions and indirect observations, *Studia Sci. Math. Hungar.* **2** (1967), 299–318.

[38] G.M. D'Ariano, P.L. Presti and P. Perinotti, Classical randomness in quantum measurements, *J. Phys. A* **38** (2005), 5979–5991.

[39] C. Davis, A Schwarz inequality for convex operator functions, *Proc. Amer. Math. Soc.* **8** (1957), 42–44.

[40] E.B. Davies and J.T. Lewis, An operational approach to quantum probability, *Comm. Math. Phys.* **17** (1970), 239–260.

[41] A. Dembo and O. Zeitouni, *Large Deviations Techniques and Applications*, Corrected reprint of the second (1998) edition, Stochastic Modelling and Applied Probability, Vol. 38, Springer, Berlin, 2010.

[42] J.D. Deuschel and D.W. Stroock, *Large deviations*, Pure and Applied Mathematics, Vol. 137, Academic Press, Boston, MA, 1989.

[43] M.J. Donald, Relative hamiltonians which are not bounded from above, *J. Funct. Anal.* **91** (1990), 143–173.

[44] W.F. Donoghue, Jr., *Monotone Matrix Functions and Analytic Continuation*, Springer, Berlin-Heidelberg-New York, 1974.

[45] M.J. Donald and M. Horodecki, Continuity of relative entropy of entanglement, *Phys. Lett. A* **264** (1999), 257–260.

[46] A. Ebadian, I. Nikoufar, and M.E. Gordji, Perspectives of matrix convex functions, *Proc. Natl. Acad. Sci. USA* **108** (2011), 7313–7314.

[47] E. G. Effros, A matrix convexity approach to some celebrated quantum inequalities, *Proc. Natl. Acad. Sci. USA* **106** (2009), 1006–1008.

[48] J. Eisert, A. Audenaert and M.B. Plenio, Remarks on entanglement measures and non-local state distinguishability, *J. Phys. A: Math. Gen.* **36** (2003), 5605–5615.

[49] H. Epstein, Remarks on two theorems of E. Lieb, *Comm. Math. Phys.* **31** (1973), 317–325.

[50] M. Fannes, A continuity property of the entropy density for spin lattice systems, *Comm. Math. Phys.* **31** (1973), 291–294.

[51] R.L. Frank and E.H. Lieb, Monotonicity of a relative Rényi entropy, *J. Math. Phys.* **54** (2013), 122201, 5 pp.

[52] U. Franz, F. Hiai and É. Ricard, Higher order extension of Löwner's theory: Operator k-tone functions, *Trans. Amer. Math. Soc.* **366** (2014), 3043–3074.

[53] C.A. Fuchs and J. van de Graaf, Cryptographic distinguishability measures for quantum mechanical states, *IEEE Trans. Inform. Theory* **45** (1999), 1216–1227.

[54] F. Hansen and G.K. Pedersen, Jensen's inequality for operators and Löwner's theorem, *Math. Ann.* **258** (1982), 229–241.

[55] P. Hausladen, R. Jozsa, B. Schumacher, M. Westmoreland and W.K. Wootters, Classical information capacity of a quantum channel, *Phys. Rev. A* **54** (1996), 1869–1876.

[56] M. Hayashi, Error exponent in asymmetric quantum hypothesis testing and its application to classical-quantum channel coding, *Phys. Rev. A* **76** (2007), 062301, 4 pp.

[57] M. Hayashi, *Quantum Information Theory: Mathematical Foundation*, 2nd ed., Graduate Texts in Physics, Springer, Berlin, 2017.

[58] M. Hayashi and H. Nagaoka, General formulas for capacity of classical-quantum channels, *IEEE Trans. Inform. Theory* **49** (2003), 1753–1768.

[59] M. Hayashi and M. Tomamichel, Correlation detection and an operational interpretation of the Rényi mutual information, *J. Math. Phys.* **57** (2016), 102201, 28 pp.

[60] P. Hayden, R. Jozsa, D. Petz and A. Winter, Structure of states which satisfy strong subadditivity of quantum entropy with equality, *Comm. Math. Phys.* **246** (2004), 359–374.

[61] F. Hiai, Equality cases in matrix norm inequalities of Golden–Thompson type, *Linear and Multilinear Algebra* **36** (1994), 239–249.

[62] F. Hiai, Matrix Analysis: Matrix Monotone Functions, Matrix Means, and Majorization, *Interdisciplinary Information Sciences* **16** (2010), 139–248.

[63] 日合文雄, 行列解析と量子情報, 数学 **65** (2013), 論説, 133–159.

[64] F. Hiai, A concise exposition of large deviations, in *Real and Stochastic Analysis*, World Sci. Publ., Hackensack, NJ, 2014, pp. 183–267.

[65] F. Hiai, Concavity of certain matrix trace and norm functions, *Linear Algebra Appl.* **439** (2013), 1568–1589.

[66] F. Hiai, Concavity of certain matrix trace and norm functions. II, *Linear Algebra Appl.* **496** (2016), 193–220.

[67] F. Hiai, Quantum f-divergences in von Neumann algebras I. Standard f-divergences, *J. Math. Phys.* **59** (2018), 102202, 27 pp.

[68] F. Hiai, Quantum f-divergences in von Neumann algebras II. Maximal f-divergences, *J. Math. Phys.* **60** (2019), 012203, 30 pp.

[69] F. Hiai, *Quantum f-Divergences in von Neumann Algebras: Reversibility of Quantum Operations*, Mathematical Physics Studies, Springer, Singapore, 2021.

[70] F. Hiai, *Lectures on Selected Topics in von Neumann Algebras*, EMS Press, Berlin, 2021.

[71] F. Hiai and M. Mosonyi, Different quantum f-divergences and the reversibility of quantum operations, *Rev. Math. Phys.* **29** (2017), 1750023, 80 pp.

[72] F. Hiai and M. Mosonyi, Quantum Rényi divergences and the strong converse exponent of state discrimination in operator algebras, *Ann. Henri Poincaré*, to appear; arXiv:2110.07320 [quant-ph].

[73] F. Hiai, M. Mosonyi, D. Petz and C. Bény, Quantum f-divergences and error correction, *Rev. Math. Phys.* **23** (2011), 691–747; Erratum: Quantum f-divergences and error correction, *Rev. Math. Phys.* **29** (2017), 1792001, 2 pp.

[74] F. Hiai, M. Mosonyi and T. Ogawa, Error exponents in hypothesis testing for correlated states on a spin chain, *J. Math. Phys.* **49** (2008), 032112, 22 pp.

[75] F. Hiai, M. Ohya and M. Tsukada, Sufficiency, KMS condition and relative entropy in von Neumann algebras, *Pacific J. Math.* **96** (1981), 99–109.

[76] F. Hiai and D. Petz, The proper formula for relative entropy and its asymptotics in quantum probability, *Comm. Math. Phys.* **143** (1991), 99–114.

[77] F. Hiai and D. Petz, From quasi-entropy to various quantum information quantities, *Publ. Res. Inst. Math. Sci.* **48** (2012), 525–542.

[78] F. Hiai and D. Petz, *Introduction to Matrix Analysis and Applications*, Universitext, Springer, Cham, 2014.

[79] F. Hiai, Y. Ueda and S. Wada, Pusz–Woronowicz functional calculus and extended operator convex perspectives, *Integr. Equ. Oper. Theory* **94** (2022), 1, 66 pp.

[80] A.S. Holevo, The capacity of the quantum channel with general signal states, *IEEE Trans. Inform. Theory* **44** (1998), 269–273.

[81] R.A. Horn and C.R. Johnson, *Matrix Analysis*, 2nd ed., Cambridge Univ. Press, Cambridge, 2013.

[82] R.A. Horn and C.R. Johnson, *Topics in Matrix Analysis*, Cambridge Univ. Press, Cambridge, 1991.

[83] M. Horodecki, Entanglement measures, *Quant. Inf. Comput.* **1** (2001), 3–26.

[84] M. Horodecki, P. Horodecki and R. Horodecki, Separability of Mixed states: necessary and sufficient conditions, *Phys. Lett. A* **223** (1996), 1–8.

[85] V. Jakšić, Y. Ogata, Y. Pautrat and C.-A. Pillet, Entropic fluctuations in quantum statistical mechanics. An introduction, In: *Quantum Theory from Small to Large Scales*, August 2010, Lecture Notes of the Les Houches Summer School, Vol. 95 (Oxford University Press, 2012), pp. 213–410; arXiv:1106.3786.

[86] V. Jakšić, Y. Ogata, C.-A. Pillet and R. Seiringer, Quantum hypothesis testing and non-equilibrium statistical mechanics, *Rev. Math. Phys.* **24** (2012), 1230002, 67 pp.

[87] A. Jamiołkowski, Linear transformations which preserve trace and positive semidefiniteness of operators, *Rep. Math. Phys.* **3** (1972), 275–278.

[88] A. Jenčová, Rényi relative entropies and noncommutative L_p-spaces, *Ann. Henri Poincaré* **19** (2018), 2513–2542.

[89] A. Jenčová, Rényi relative entropies and noncommutative L_p-spaces II, *Ann. Henri Poincaré* **22** (2021), 3235–3254.

[90] H. Komiya, Elementary proof for Sion's minimax theorem, *Kodai Math. J.* **11** (1988), 5–7.

[91] H. Kosaki, Interpolation theory and the Wigner–Yanase–Dyson–Lieb concavity, *Comm. Math. Phys.* **87** (1982), 315–329.

[92] H. Kosaki, Applications of the complex interpolation method to a von Neumann algebra: non-commutative L^p-spaces, *J. Funct. Anal.* **56** (1984), 29–78.

[93] F. Kraus, Über konvexe Matrixfunktionen, *Math. Z.* **41** (1936), 18–42.

[94] K. Kraus, *States, Effects and Operations: Fundamental Notions of Quantum Theory*, Lecture Notes in Physics, Vol. 190, Springer, Berlin-Heidelberg, 1983.

[95] F. Kubo and T. Ando, Means of positive linear operators, *Math. Ann.* **246** (1980), 205–224.

[96] S. Kullback and R.A. Leibler, On information and sufficiency, *Ann. Math. Statist.* **22** (1951), 79–86.

[97] L.J. Landau, On the violation of Bell's inequality in quantum theory, *Phys. Lett. A* **120** (1987), 54–56.

[98] C.-K. Li and R. Mathias, The Lidskii–Mirsky–Wielandt theorem—additive and multiplicative versions, *Numer. Math.* **81** (1999), 377–413.

[99] E.H. Lieb, Convex trace functions and the Wigner–Yanase–Dyson conjecture, *Adv. Math.* **11** (1973), 267–288.

[100] E.H. Lieb and M.B. Ruskai, Proof of the strong subadditivity of quantum-mechanical entropy, *J. Math. Phys.* **14** (1973), 1938–1941.

[101] E.H. Lieb and M.B. Ruskai, Some operator inequalities of the Schwarz type, *Adv. Math.* **12** (1974), 269–273.

[102] G. Lindblad, Expectations and entropy inequalities for finite quantum systems, *Comm. Math. Phys.* **39** (1974), 111–119.

[103] G. Lindblad, Completely positive maps and entropy inequalities, *Comm. Math. Phys.* **40** (1975), 147–151.

[104] K. Löwner, Über monotone Matrixfunctionen, *Math. Z.* **38** (1934), 177–216.

[105] A.W. Marshall, I. Olkin and B.C. Arnold, *Inequalities: Theory of Majorization and Its Applications*, 2nd ed., Springer, New York, 2011.

[106] K. Matsumoto, A new quantum version of f-divergence, In: *Reality and Measurement in Algebraic Quantum Theory*, Springer Proc. Math. Stat., Vol. 261, Springer, Singapore, 2018, pp. 229–273; オリジナル版は arXiv:1311.4722v2 (2013).

[107] M. Mosonyi and N. Datta, Generalized relative entropies and the capacity of classical-quantum channels, *J. Math. Phys.* **50** (2009), 072104, 14 pp.

[108] M. Mosonyi and F. Hiai, On the quantum Rényi relative entropies and related capacity formulas, *IEEE Trans. Inform. Theory* **57** (2011), 2474–2487.

[109] M. Mosonyi and T. Ogawa, Quantum hypothesis testing and the operational interpretation of the quantum Rényi relative entropies, *Comm. Math. Phys.* **334** (2015), 1617–1648.

[110] M. Mosonyi and T. Ogawa, Two approaches to obtain the strong converse exponent of quantum hypothesis testing for general sequences of quantum states, *IEEE Trans. Inform. Theory* **61** (2015), 6975–6994.

[111] M. Mosonyi and T. Ogawa, Strong converse exponent for classical-quantum channel coding, *Comm. Math. Phys.* **355** (2017), 373–426.

[112] M. Mosonyi and T. Ogawa, Divergence radii and the strong converse exponent of classical-quantum channel coding with constant compositions, *IEEE Trans. Inform. Theory* **67** (2021), 1668–1698.

[113] A. Müller-Hermes and D. Reeb, Monotonicity of the quantum relative entropy under positive maps, *Ann. Henri Poincaré* **18** (2017), 1777–1788.

[114] M. Müller-Lennert, F. Dupuis, O. Szehr, S. Fehr and M. Tomamichel, On quantum Rényi entropies: A new generalization and some properties, *J. Math. Phys.* **54** (2013), 122203, 20 pp.

[115] M. Nussbaum and A. Szkoła, The Chernoff lower bound for symmetric quantum hypothesis testing, *Ann. Stat.* **37** (2009), 1040–1057.

[116] H. Nagaoka, The converse part of the theorem for quantum Hoeffding bound, Preprint, 2006, arXiv:quant-ph/0611289.

[117] M.A. Nielsen, Continuity bounds for entanglement, *Phys. Rev. A* **61** (2000), 064301, 4 pp.

[118] M.A. Nielsen and I.L. Chuang, *Quantum Computation and Quantum Information*, Cambridge Univ. Press, Cambridge, 2000.

[119] Y. Ogata, A Generalization of Powers–Størmer inequality, *Lett. Math. Phys.* **97** (2011), 339–346.

[120] T. Ogawa and H. Nagaoka, Strong converse and Stein's lemma in quantum hypothesis testing, *IEEE Trans. Inform. Theory* **46** (2000), 2428–2433.

[121] T. Ogawa and H. Nagaoka, Strong converse to the quantum channel coding theorem, *IEEE Trans. Inform. Theory* **45** (1999), 2486–2489.

[122] M. Ohya and D. Petz, *Quantum Entropy and Its Use*, 2nd ed., Springer, Berlin, 2004.

[123] M. Ozawa, Quantum measuring processes of continuous observables, *J. Math. Phys.* **25** (1984), 79–87.

[124] M. Ozawa, Quantum measurement theory for systems with finite dimensional state spaces, Preprint 2021, arXiv:2110.03219 [quant-ph].

[125] A. Peres, Separability criterion for density matrices, *Phys. Rev. Lett.* **77** (1996), 1413–1415.

[126] D. Petz, Quasi-entropies for states of a von Neumann algebra, *Publ. Res. Inst. Math. Sci.* **21** (1985), 787–800.

[127] D. Petz, Quasi-entropies for finite quantum systems, *Rep. Math. Phys.* **23** (1986), 57–65.

[128] D. Petz, Sufficiency of channels over von Neumann algebras, *Quart. J. Math. Oxford Ser. (2)* **39** (1988), 97–108.

[129] D. Petz, *Quantum Information Theory and Quantum Statistics*, Springer, Berlin-Heidelberg, 2008.

[130] D. Petz and M.B. Ruskai, Contraction of generalized relative entropy under stochastic mappings on matrices, *Infin. Dimens. Anal. Quantum Probab. Relat. Top.* **1** (1998), 83–89.

[131] M.B. Plenio and S. Virmani, An introduction to entanglement measures, *Quant. Inf. Comput.* **7** (2007), 1–51.

[132] W. Pusz and S.L. Woronowicz, Functional calculus for sesquilinear forms and the purification map, *Rep. Math. Phys.* **5** (1975), 159–170.

[133] G.A. Raggio, Comparison of Uhlmann's transition probability with the one induced by the natural positive cone of von Neumann algebras in standard form, *Lett. Math. Phys.* **6** (1982), 233–236.

[134] R.T. Rockafellar, *Convex Analysis*, Princeton Univ. Press, Princeton, 1970.

[135] B. Schumacher and M.D. Westmoreland, Sending classical information via noisy quantum channels, *Phys. Rev. A* **56** (1997), 131–138.

[136] M. Seevinck and J. Uffink, Local commutativity versus Bell inequality violation for entangled states and versus non-violation for separable states, *Phys. Rev. A* **76** (2007), 042105, 6 pp.

[137] 清水明, 新版 量子論の基礎, 新物理学ライブラリ別巻2, サイエンス社, 2004.

[138] B. Simon, *Loewner's Theorem on Monotone Matrix Functions*, Grundlehren der mathematischen Wissenschaften, Vol. 354, Springer, Cham, 2019.

[139] M. Sion, On general minimax theorems, *Pacific J. Math.* **8** (1958), 171–176.

[140] W.F. Stinespring, Positive functions on C^*-algebras, *Proc. Amer. Math. Soc.* **6** (1955), 211–216.

[141] B. Synak-Radtke and M. Horodecki, On asymptotic continuity of functions of quantum states, *J. Phys. A* **39** (2006), L423–L437.

[142] M. Takesaki, *Theory of operator algebras I*, Reprint of the first (1979) edition, Encyclopaedia of Mathematical Sciences, Vol. 124, Springer, Berlin, 2002.

[143] M. Tomamichel, *Quantum Information Processing with Finite Resources. Mathematical Foundations*, SpringerBriefs in Mathematical Physics, Vol. 5, Springer, Cham, 2016.

[144] J. Tomiyama, On the geometry of positive maps in matrix algebras. II, *Linear Algebra Appl.* **69** (1985), 169–177.

[145] A. Uhlmann, The "transition probability" in the state space of a *-algebra, *Rep. Math. Phys.* **9** (1976), 273–279.

[146] H. Umegaki, Conditional expectation in an operator algebra, IV (entropy and information), *Kōdai Math. Sem. Rep.* **14** (1962), 59–85.

[147] G. Vidal, Entanglement measures, *J. Modern Optics* **47** (2000), 355–376.

[148] R.F. Werner, Quantum states with Einstein–Podolsky–Rosen correlations admitting a hidden-variable model, *Phys. Rev. A* **40** (1989), 4277–4281.

[149] M.M. Wilde, *Quantum Information Theory*, 2nd ed., Cambridge Univ. Press, Cambridge, 2017.

[150] M.M. Wilde, A. Winter and D. Yang, Strong converse for the classical capacity of entanglement-breaking and Hadamard channels via a sandwiched Rényi relative entropy, *Comm. Math. Phys.* **331** (2014), 593–622.

[151] A. Winter, Coding theorem and strong converse for quantum channels, *IEEE Trans. Inform. Theory* **45** (1999), 2481–2485.

[152] S.L. Woronowicz, Positive maps of low dimensional matrix algebras, *Rep. Math. Phys.* **10** (1976), 165–183.

[153] H. Zhang, From Wigner–Yanase–Dyson conjecture to Carlen–Frank–Lieb conjecture, *Adv. Math.* **365** (2020), 107053, 18 pp.

[154] J.I. Fujii and E. Kamei, Relative operator entropy in noncommutative information theory, *Math. Japon.* **34** (1989), 341–348.

[155] 石坂智, 小川朋宏, 河内亮周, 木村元, 林正人, 量子情報科学入門, 共立出版, 2012.

[156] 林正人, 量子情報への表現論的アプローチ, 共立出版, 2014.

[157] 日合文雄, 柳研二郎, ヒルベルト空間と線型作用素, 牧野書店, 1995; オーム社, 2021.

[158] C.A. McCarthy, C_p, *Israel J. Math.* **5** (1967), 249–271.

[159] T. Ogawa, An information-spectrum approach to hash properties for quantum states and relation to channel coding, In: Proceedings of The 38th Symposium on Information Theory and its Applications (SITA2015), Kojima, Okayama, Japan, Nov. 24–27, 2015, pp. 299–304.

索　　引

著者略歴

日合 文雄
ひ あい ふみ お

1975 年　東京工業大学大学院理学研究科数学専攻修士課程修了
1979 年　理学博士
　　　　　北海道大学応用電気研究所助教授，茨城大学理学部教授，東北大学大学院情報科学研究科教授を経て，
現　　在　東北大学名誉教授
専門・研究分野　関数解析学，量子情報理論
主要著書
ヒルベルト空間と線型作用素 (共著, 牧野書店, 1995, オーム社, 2021)
The Semicircle Law, Free Random Variables and Entropy (共著, AMS, 2006)
Introduction to Matrix Analysis and Applications (共著, Springer, 2014)

SGC ライブラリ-183

行列解析から学ぶ **量子情報の数理**

2023 年 1 月 25 日 ©　　　　　　　初 版 第 1 刷 発 行

著　者　日合 文雄

発行者　森 平 敏 孝
印刷者　中 澤　　眞
製本者　小 西 惠 介

発行所　　**株式会社　サイエンス社**

〒151–0051　東京都渋谷区千駄ヶ谷 1 丁目 3 番 25 号
営業 ☎ (03) 5474–8500 （代）　振替 00170–7–2387
編集 ☎ (03) 5474–8600 （代）
FAX ☎ (03) 5474–8900　　　　表紙デザイン：長谷部貴志

組版 プレイン　印刷 (株)シナノ　製本 (株)ブックアート

《検印省略》

ISBN978-4-7819-1566-1

PRINTED IN JAPAN

サイエンス社のホームページのご案内
https://www.saiensu.co.jp
ご意見・ご要望は
sk@saiensu.co.jp　まで.